No.154

いろいろな角度から基本イメージをつかむ

達人への道 電子回路のツボ

CQ出版社

いろいろな角度から基本イメージをつかむ

達人への道 電子回路のツボ

トランジスタ技術 SPECIAL 編集部 編

CONTENTS

表紙／扉デザイン：ナカヤ デザインスタジオ（柴田 幸男）
表紙／扉写真：PIXTA　本文イラスト：神崎 真理子

▶本書は，トランジスタ技術に掲載された以下の記事をベースに再編集したものです．
トランジスタ技術 2015年5月号 特集「要点300超！ 百戦錬磨の回路図」
トランジスタ技術 2015年10月号 特集「お手本！ トランジスタ＆定番IC回路見本市」

第1章

世界中にも通用するエンジニアの当たり前

回路図の描き方の基本

宮崎 仁

設計を始める前に知っておくこと…回路図の描き方には常識がある

基本①…回路図の描き方は国際規格で定められている

回路にどんな電気素子が使われており，素子と素子がどのように電気的に接続されているかが示された大切な図面「回路図」は，世界中の電子技術者が設計の意図を確認し合うための大切なツールです．ルールを守って描かないと意図が伝わりません．

国際規格IEC 61082（日本ではJIS C1082）で，回路図を含む電気技術文書の描き方の一般的な原則が規定されています．図記号は，国際規格IEC 60617（日本ではJIS C0617）で規定されています．自社や納入先に社内規定があるならもちろんそれに従います[注]．

基本②…A3サイズに横描き

表1に示すように用紙サイズはISOで定められているA0，A1，A2，A3，A4で，A3が推奨されています．基本は横置きですが，A4は縦置きでも使用できます．上，右，下の3辺には10 mm以上，左辺にはとじしろを含めて20 mm以上の余白を残して枠線を描きます（**図1**）．また，枠線内の右下にタイトル欄を設け，文書の所有組織，作成者名，タイトル，文書ID，版，発行日，使用言語などの情報を書きます．

基本③…配置に暗黙の常識がある

実際の基板上の部品配置とは関係なく，信号の流れ

表1　用紙のサイズはA3が推奨されている

標準		延長（3枚分）		延長（4枚分）		延長（5枚分）	
判	寸法［mm］	判	寸法［mm］	判	寸法［mm］	判	寸法［mm］
A0	841 × 1189	−	−	−	−	−	−
A1	594 × 841	−	−	−	−	−	−
A2	420 × 594	A3 × 3	420 × 891	A3 × 4	420 × 1189	−	−
A3	297 × 420	A4 × 3	297 × 630	A4 × 4	297 × 841	A4 × 5	297 × 1050
A4	210 × 297	−	−	−	−	−	−

ポイント
- A2の標準サイズはA3の2枚分．横幅を増やしたい場合は，3～4枚分の延長サイズを使用できる．
- A3の標準サイズはA4の2枚分．横幅を増やしたい場合は，3～5枚分の延長サイズを使用できる．
- すべて横置きが原則．A4のみ縦置きも可．

注：本書ではわかりやすさを優先し，昔の記法を採用しています

コラム1　配線が接続しているかいないかの表現について

宮崎 仁

回路図の描き方は時代とともに変遷しています．対象となる回路が複雑，大規模になっているので，図の描き方はなるべく単純化しようというのが理由の1つです(**表A**)．

例えば，ほとんどの回路図には配線が交差する部分ができます．配線が交差しているか，接続されているかを確実に見分けることが必要です．

昔は，**表A**(**a**)のように交差部分は線をまたぐ記号を使っていました．

これをいちいち描くのはたいへんなので，**表A**(**b**)のように接続部には必ず黒点を付け，黒点がなければ交差という描き方になりました．

いちいち接続点を付けるのはたいへんですし，付け忘れることも多かったので，最近は接続点を使わない描き方も多くなっています．**表A**(**c**)のようにT字の部分は接続，十字の部分は交差というのがルールです．

重要なのは，これらの描き方を混在させず，1枚の図面の中では統一することです．

表A　配線の交差と接続の示し方
(a)は見分けやすいが，描くのがたいへんなので最近は使わない．(b)と(c)はどちらも用いられているが，同じ回路図の中で混用しないことが重要

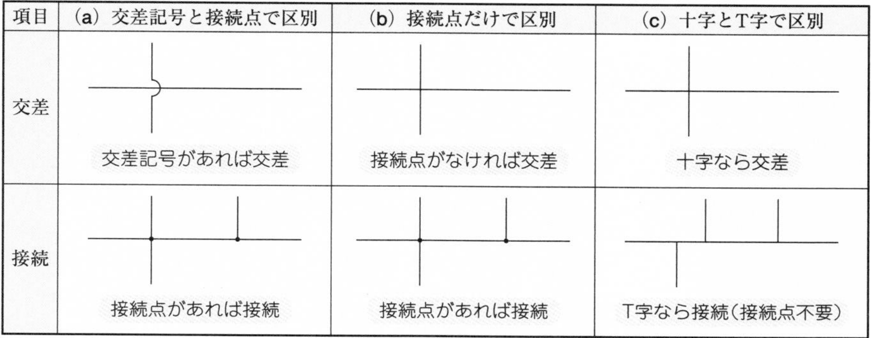

項目	(a) 交差記号と接続点で区別	(b) 接続点だけで区別	(c) 十字とT字で区別
交差	交差記号があれば交差	接続点がなければ交差	十字なら交差
接続	接続点があれば接続	接続点があれば接続	T字なら接続(接続点不要)

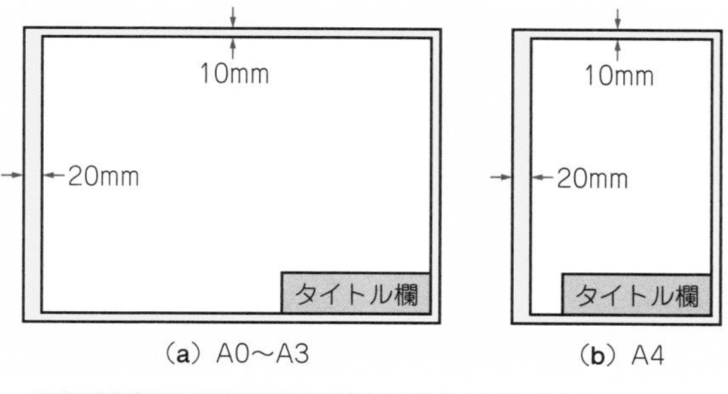

● ポイント
- A0～A3は左側短辺，A4は長辺に20mm以上のとじしろを取る．他の辺には10mm以上の余白をとる．
- A4は縦置きなら左とじ，横置きなら上とじとする．
- タイトル欄は右下に書き，横幅は最大170mmとする

図1　用紙に枠線を描いて必要な情報をすっきり明示する

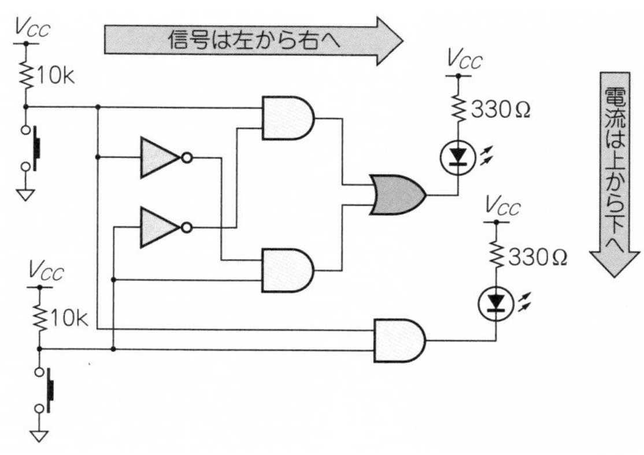

● ポイント
- 素子は機能ごとにまとめて，配線はできるだけ左から右，上から下に進むように描く．
- 電源やグラウンドの配線はなるべく省略し，電源記号とグラウンド記号で描く

図2　信号の流れを意識すると回路の動作がわかりやすくなる

がわかりやすくなるように心がけます．なるべく次の3つの作法に従います(**図2**)．

(1)信号は左から右に進むように
(2)電流は上から下に流れるように
(3)電圧が高い部分を上，低い部分は下

実際には，信号が枝分かれしたり元に戻ったり複雑につながるので，部分的には右から左，下から上の部分ができてしまうのは致しかたありません．

信号の配線は，垂直方向と水平方向に直線で描き，斜め線や曲線は使いません．ただし，ブリッジ回路やバス・エントリなど特定の部分では斜め線を使うこともあります．

コラム2　文字の向きの暗黙ルール

宮崎 仁

回路図には，配線名や素子名，回路定数などを文字で表記します．このとき，文字の向きは，図面の下側から読める向きか，右側から読める向きのどちらかにします．手書きのときはあまり間違えないと思いますが，回路図エディタで書くと自由に回転して配置できます．ときどき逆向きに書いている回路図を見かけるので注意が必要です．

コラム3　回路記号はわかりやすいものを使い統一する

宮崎 仁

トランジスタやダイオードの回路記号は，昔は○で囲んでいましたが，今は○を付けないことが多くなっています．ダイオードは昔は黒く塗りつぶしていましたが，今は塗りつぶさないのが普通です［**表B**(**a**)］．コンデンサは，昔は外側になる極板を曲線で描いていましたが，今は平行の直線で描くのが普通です［**表B**(**b**)］．

全体的には，曲線や塗りつぶしをやめ，単純な直線を用いる傾向です．手描きするのも楽ですし，CADの主流がペン・プロッタだった時代には出力時間を短縮できました．

しかし，単純化しすぎるとかえってわかりにくくなります．JISでは，1999年以降はIEC規格の記号を採用しています(JIS C 0617)が，IECの記号にはわかりにくいものがあり，従来からの記号も使われ続けています．

抵抗は，IECの記号は箱型ですが，他の部品と見分けやすい従来のジグザグの記号も広く使われています［**表B**(**c**)］．スイッチは，IECは○を使わないシンプルな記号ですが，電極や可動部の支点を○で描く従来の記号も広く使われています［**表B**(**d**)］．

いずれにしても，1枚の図面の中で複数の描き方を混在させず，統一することが大切でしょう．ただし，回路図エディタを使う場合には，既存の部品ライブラリに複数の描き方が混在していることが少なくありません．統一感のある回路図を描こうとすると，ライブラリの部品を自分で修正するために手間がかかってしまいます．

表B　回路記号の変遷

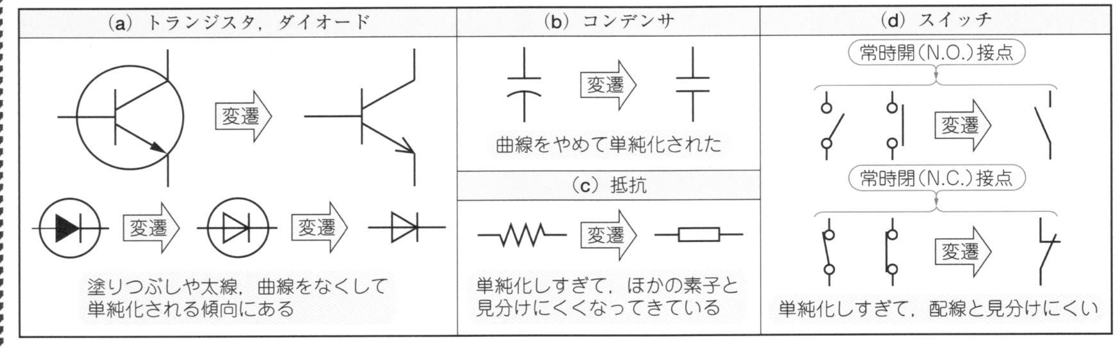

基本④…配線を見やすくする

● 電源とグラウンドは記号だけで配線は省略

複雑な回路でも図面が煩雑になりすぎないように，配線を省略するときの約束ごとがいくつかあります．

電源とグラウンドの配線は基本的には省略し，電源の回路記号，グラウンドの回路記号で描きます．実際に回路を組み立てる際には，電源記号同士，グラウンド記号同士がつながるように配線を行います．

どうしても配線を描きたいときは，図の一番上側に正電源のレール，単電源なら一番下側にグラウンドのレールにします．負電源はグラウンドよりさらに下に負電源のレールを描きます．

素子の物理的寸法，実装方法，固定ねじ，スペーサ，コネクタのハウジングなど，機構部品の記号も基本的

コラム4　出図用の回路図では未使用ピンやパスコンを忘れずに

宮崎 仁

回路図を描くとき，未使用の素子や電源は省略することがよくあります．しかし，基板を設計・製造するなら，実際のICパッケージが備える未使用ピンや電源ピンを含むすべてのピンを記入する必要があります．

機能だけを表現した回路図では，電源のパスコンは省略してもよいでしょう．通常は，基板の設計や製造を前提にしているので，回路図にはパスコンを必ず表記します．

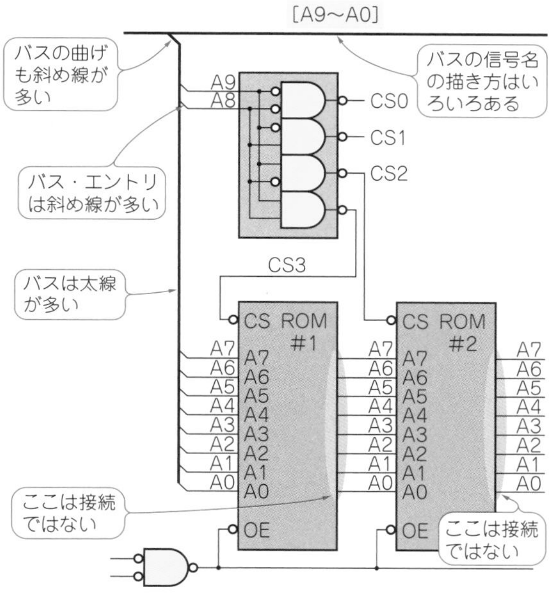

図3　信号の配線が多い場合は省略して描く方が見やすい

には描きません．スイッチやコネクタも，通常，接点だけを記号で示します．ただし最近は，回路図エディタなど設計支援環境の都合で，集合抵抗，DIPスイッチ，多ピン・コネクタなど実際の部品も描くことが増えています．

● 信号線が多い場合…バス配線は1本にまとめる

マイコンのデータ・バスやアドレス・バスのように複数ビットの信号を並列伝送するバス配線は1本にまとめることができます(**図3**)．一般の信号線と区別できるように，バスは太線で描くか，短い斜線を付けます．それだけではわかりにくいので，バスのビット数やバスを構成する信号名を付記して示すようにします．バスに限らず長い信号線には信号名を付記しましょう．

● 信号線が長い場合…名前を付けて途中を省略

長い信号線は電源線のように途中を省略することもあります．回路図が複数の図面に分かれている場合には図面をまたがる信号線もあります．それらの場合は，同じ信号名同士がつながるように，端点に信号名を書いておきます．

コラム5　FPGA時代の論理回路は昔のMIL-STD-806記号が直感的

宮崎 仁

IECやJISが定めている回路図記号の中でも，2値論理素子や増幅器などは特にその機能が直感的でなくわかりにくいと感じています．

2値論理素子の回路図記号は，1950～1960年代に米空軍が定めたスタンダードMIL-STD-806で決められたものが普及しました．その後，IEEEに引き継がれて広く使われましたが，複雑で大規模なロジックICの機能を表せないため，1980年代にIEEEが新しい論理記号を定めました．IECやJISはこの記号を採用しています．

IECの記号は，四角い枠を基本として，複雑な論理機能や増幅器などのアナログ機能を統一的に表現しようとした結果，従来のように直感的に形で見分けることが難しくなりました．しかし，74シリーズなどの汎用ロジックICではなく，ASICやFPGAで大規模な論理回路を実現するようになった今どきは，回路上で複雑な機能を表す必要が減っているので，逆にMIL-STD-806のほうがわかりやすく使いやすいと感じています．

第2章

電子部品入手の基本

回路図には書いてない部品のこと

加藤 高広

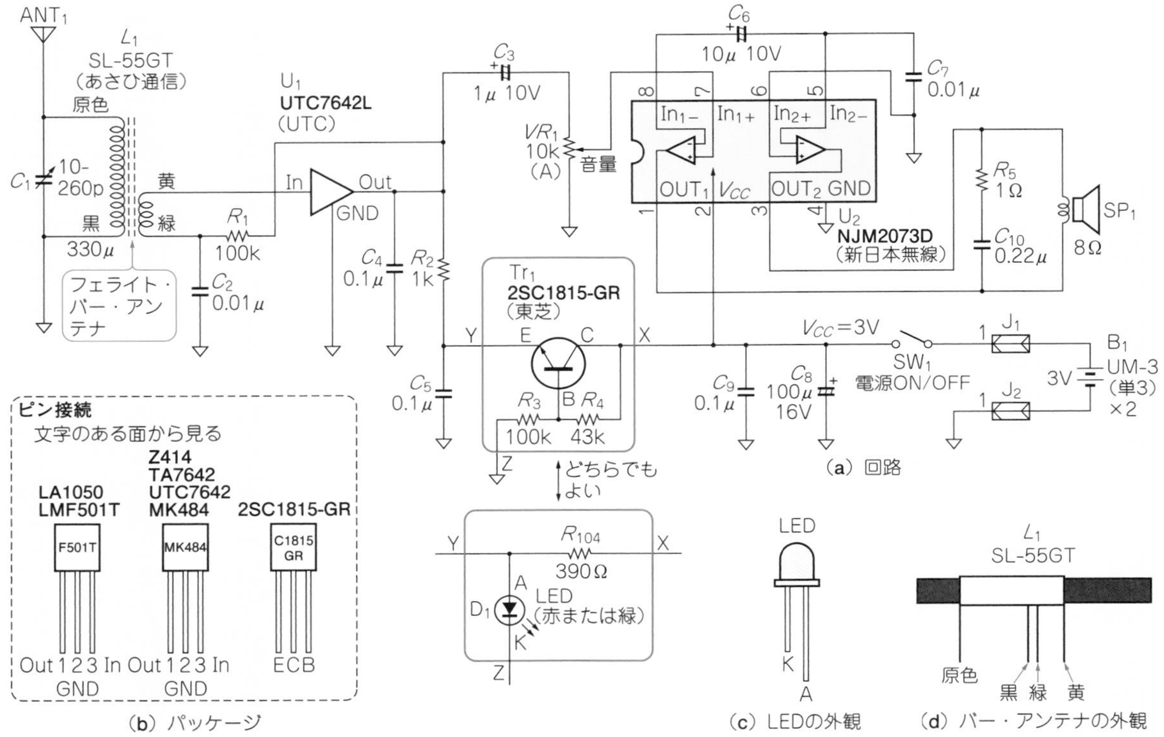

図1 この回路を作るのに必要な電子部品を購入するとする(3端子ICを使った中波ラジオの回路)

本稿では，設計通りに動く回路を作りたいときに，必要な部品を自力で調達するための心得を紹介します．

先輩からラジオの回路図(**図1**)を手渡され，部品の買い出しを頼まれたとして，あなたは必要な部品をそろえられますか？

基本①…
回路図に書いていない部品も必要

● 仕上がりをイメージして部品リストを作る

まずは回路図に描かれた情報を頼りに，**表1**に示すような部品表にまとめる段階が大切です．

回路図のコピーを手にいきなり秋葉原などの電気街に飛び込んでもまともな買い物になりません．回路図には必要な部品は網羅され，その接続方法が描かれています．しかし，実際に作るには回路図にない部品も必要です．

例えば，実装するためのプリント基板や配線材料，はんだなどは回路図に記載されていません．さらに，ここで想定している製作物はラジオなので，バリコンやボリウムにはダイヤルやつまみも必要です．このように実際に作るときには不可欠でも，メカ的な部品は回路図に表現されていないことが多いのです．

作ろうとするものの形状・デザインまで含めて，具体的にイメージして部品表にまとめることができなく

表1　購入前に部品リストを準備する

大分類	番号	種類	型名・種別	値など	備　考
半導体	U_1	集積回路	**UTC7642L**(UTC)	3端子ラジオ	LA1050, TA7642, MK484 などでもよい
	U_2		**NJM2073D**(新日本無線)	低周波増幅	–
	Tr_1	トランジスタ	**2SC1815-GR**(東芝)	–	2SC2458-GRでもよい
	D_1	発光ダイオード	赤色または緑色	特には問わない	LEDを使うときのみ使用
抵抗	R_1	抵抗器	カーボン型	100 kΩ, 1/4 W	誤差±5%
	R_2			1 kΩ, 1/4 W	
	R_3			100 kΩ, 1/4 W	
	R_4			43 kΩ, 1/4 W	
	R_5			1 Ω, 1/4 W	
	R_{104}			390 Ω, 1/4 W	誤差±5%, LEDを使うときに使う
	VR_1	可変抵抗器	ϕ 16 mm	10 kΩ, A型	–
コンデンサ	C_1	可変コンデンサ	ポリバリコン	260 pF	250 p～300 pFのもの
	C_2	コンデンサ	セラミック	0.01 μF, 50 V	–
	C_3		アルミ電解	1 μF, 10 V	極性あり．配線注意
	C_4		セラミック	0.1 μF, 25 V	–
	C_5		セラミック	0.1 μF, 25 V	–
	C_6		アルミ電解	10 μF, 10 V	極性あり．配線注意
	C_7		マイラ・フィルム	0.01 μF, 50 V	–
	C_8		アルミ電解	100 μF, 16 V	極性あり．配線注意
	C_9		セラミック	0.1 μF, 25 V	–
	C_{10}		マイラ・フィルム	0.22 μF, 50 V	
コイル	L_1	バー・アンテナ	SL-55GT(あさひ通信)	330 μH	SL-45GT, SL-50GTも可
機構部品	SW_1	スナップ・スイッチ	–	1回路2接点	3P型
	SP_1	スピーカ		8 Ω, 10 cm	8 Ωなら何でもよい
	–	ツマミ		C_1用, VR_1用	2個使用・デザインは好みで
	–	延長シャフト	ϕ 6 mm　L=10 mm	ポリバリコン用	–
	J_1	電源端子	–	–	
	J_2				
	–	ICソケット	3ピン	シングル・インライン	トランジスタ用など
	–		8ピン	デュアル・インライン	DIP型
その他	B_1	乾電池	UM-3(単3)	–	2個使用
	–	ユニバーサル基板	ICB-93S(サンハヤト)	–	70×90 mmくらいのもの

※主に配線基板の上に載せる電気部品の一覧である．ケースに収納するための部品は他に必要．
配線には細い電線とはんだが必要である．ブレッドボードでの試作も推奨する．

てはなりません．実装用小物や外装部品までパーツ・リストに盛り込めるか否かで欠品のない買い物ができるかが決まります．

基本②…抵抗やコンデンサは用途に合った種類を選ばなければならない

● 代替品まで決めておくのが理想

回路図上の部品も適切なリストアップが必要です．半導体は指定品が前提ですが，可能なら代替品も考慮しておきます．

抵抗器R，コンデンサCなどの受動部品の選択は奥が深いものです．

抵抗器ですが，**図1**のラジオ程度の回路なら選択は難しくありません．いくつか種類がありますが，一般的なカーボン型か金属皮膜型を選び，抵抗値と必要精度を間違えなければ失敗はありません．

コンデンサはどんな回路にも不可欠ですが，選定は易しくない部品と言えます．これは万能に使えるコンデンサというものがないからです．

図2と**図3**にコンデンサの容量範囲と適用周波数範囲を示します．これらの図のほかに，使われる材料や構造など，コンデンサに関する詳しい知識も不可欠なので，特徴をよく掴んでおく必要があります．

コンデンサは，使われている誘電体の種類で分類されますが，同じセラミック・コンデンサでも高誘電率系と低誘電率系(温度補償系とも言う)では性能や性質がまるで違います．用途によっては互換できません．

回路図から各部品がどんな性能が必要なのかを読み取る能力と，どの種類を選べばよいのか，第2候補にはどれが使えるかを決められる知識が求められます．

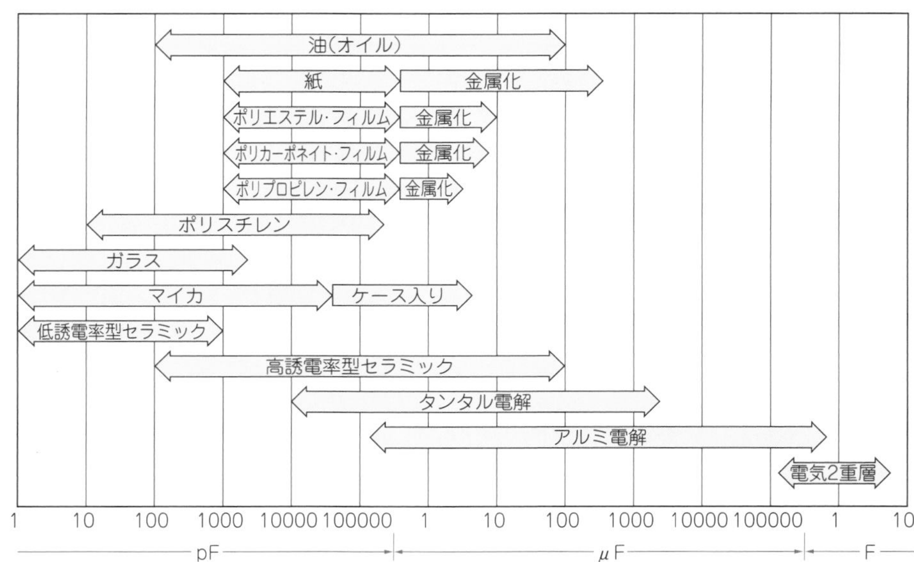

図2(2) 抵抗と並んでよく利用する基本電子部品「コンデンサ」は種類によって静電容量範囲が全然違う

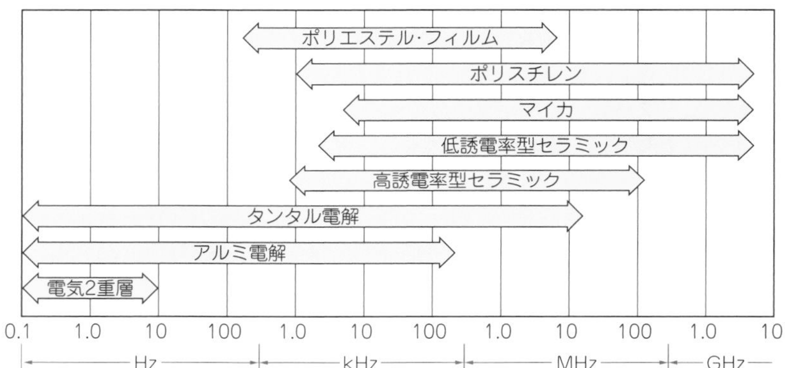

図3(1) 抵抗と並んでよく利用する基本電子部品「コンデンサ」は種類によって使える周波数範囲が全然違う

基本③…限られた部品から選ぶのがふつう

資材係の担当者がいる会社では，社内のデータベースに登録された部品を使って設計を行うケースもあります．この場合は，試作品の製作でも秋葉原などの電気街へ買い物に行くことはないかもしれません．しかし，秋葉原で部品を買うときと同じように，部品選定の知識は不可欠です．

設計に必要な部品の出庫を資材係に依頼するには，具体的な部品の指定が必要です．例えば0.1 μFのコンデンサを探すとします．データベースを開くと同じ容量，耐圧のコンデンサがたくさんリストアップされています．この大量なリストの中から，回路に必要な性能を持った適切な部品の選定ができなければ目的の部品を調達できません．今では表面実装で作るのが常識なので，形状寸法の指定も重要です．

＊

エレクトロニクスは具体的に動くもの(使えるもの)が作れてこそ意味があります．シミュレーションを離れて現実に使われる部品の知識を深くしておくことは設計者としてのたしなみでしょう．

美味しい料理を作る料理人が素材の持ち味を的確に押さえているのと同じです．素材を知って回路屋の腕を磨きましょう．

◆参考文献◆

(1) トランジスタ技術編集部 編；別冊トランジスタ技術 第2版，1985年2月，p.37，おもなコンデンサの周波数特性図，CQ出版社．
(2) トランジスタ技術編集部 編；別冊トランジスタ技術 第2版，各種コンデンサの静電容量，1985年2月，p.38，電子回路品活用ハンドブック，CQ出版社．

第1部

「基本電子回路」のツボ

第3章

まずはここから始める

OPアンプの基本的な使い方

瀬川 毅

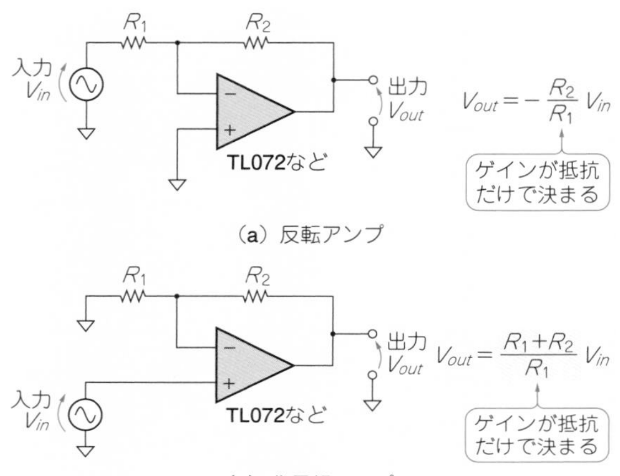

図1 アナログICの代表格「OPアンプ」ICの基本的な使い方
抵抗2本で増幅回路を作ることができ，そのゲインはそれらの値で設定できる

OPアンプ増幅回路は抵抗2本でゲインが決まる

●「反転」アンプの場合

図1(a)は，反転アンプ(Inverting Amplifier)です．反転アンプの入力V_{in}と出力V_{out}の関係は式(1)で表すことができます．

$$V_{out}=-\frac{R_2}{R_1}V_{in} \cdots\cdots (1)$$

式(1)で明らかなようにゲイン(増幅度ともいう)は，外部に接続されたR_1とR_2の2本の抵抗で決まります．抵抗だけでゲインが決まるなんて，画期的ですね．また，反転アンプは，入力とは逆の極性の電圧が出力されます．ゲインを与える式にマイナス符号「－」がついているのは，極性が逆つまり「反転」の意味です．

●「非反転」アンプの場合

図1(b)は，非反転アンプ(Non Inverting Amplifier)です．非反転アンプの入力V_{in}と出力V_{out}の関係は式(2)で表すことができます．

$$V_{out}=\frac{R_1+R_2}{R_1}V_{in} \cdots\cdots (2)$$

式(2)でゲインは，反転アンプと同じように外部に接続されたR_1とR_2の2本の抵抗で決まります．

＊

反転アンプであれ非反転アンプであれ，回路のゲインは外部に接続された2本の抵抗だけ，さらに書くと2本の抵抗の比率だけで決まります．これはOPアンプ回路を作るうえで知っておくべき重要な特徴です．

抵抗値の選び方

● 値の選び方

OPアンプ設計の第一歩は，抵抗の選定にあります．抵抗をどのように選定すべきか，考えてみましょう．

抵抗の選定で最初に困るのは，任意の値がないことです．例えば，整数のきりの良い抵抗値が意外に少ないことに驚きます．1kΩ，2kΩ，3kΩは存在しますが，4kΩ，5kΩ，6kΩ，7kΩ，8kΩ，9kΩはありません．これでは10倍の非反転アンプを設計するとき，1kΩと9kΩの組み合わせは使えません．

仮に9kΩの抵抗があれば，1kΩと9kΩの組み合わせで，

$$V_{out}=\frac{R_1+R_2}{R_1}V_{in}=\frac{1\,\text{k}+9\,\text{k}}{1\,\text{k}}V_{in}=10\,V_{in} \cdots (3)$$

表1 抵抗値はJIS規格で定められた定数列(E系列と呼ばれる)から選ぶ
E24系列は1桁の間が24等分されている．どんな抵抗値でも手に入るわけじゃない

番号	1	2	3	4	5	6	7	8	9	10	11	12	13	14	15	16	17	18	19	20	21	22	23	24
E系列	1.0	1.1	1.2	1.3	1.5	1.6	1.8	2.0	2.2	2.4	2.7	3.0	3.3	3.6	3.9	4.3	4.7	5.1	5.6	6.2	6.8	7.5	8.2	9.1

表2　反転アンプのゲインが整数倍になる抵抗値の組み合わせ

ゲイン＼抵抗	R_1 [Ω]	R_2 [Ω]
1倍	10k	10k
2倍	10k	20k
3倍	10k	30k
4倍	30k	120k
5倍	20k	100k
6倍	20k	120k
7倍	13k	91k
8倍	15k	120k
9倍	20k	180k
10倍	10k	100k

表3　非反転アンプのゲインが整数倍になる抵抗値の組み合わせ

ゲイン＼抵抗	R_1 [Ω]	R_2 [Ω]
1倍	なし	短絡
2倍	10k	10k
3倍	10k	20k
4倍	10k	30k
5倍	30k	120k
6倍	20k	100k
7倍	20k	120k
8倍	13k	91k
9倍	15k	120k
10倍	20k	180k

と簡単に10倍のアンプが実現できます．現実の抵抗はどうなっているのでしょうか．

抵抗は，JIS C 5063の規格で1～10の間を等比数列で24通りに分けた配列になっています．これをE24系列と呼びます(**表1**)．

欲しい抵抗値がなく最初から思い通りに行かないのでは，希望に満ちた新入エンジニアのやる気もそがれてしまうでしょう．そこで，**表2**に反転アンプ，**表3**に非反転アンプが整数倍のゲインになる抵抗値を示しました．ビギナの人は，まずこの抵抗値で回路設計してみてください．また，抵抗の種類ですが，ここでは温度による抵抗の変化によってゲインが変わることを最小限におさえる目的で，金属皮膜抵抗をおすすめします．

● 周辺抵抗は数kΩがいい…値が小さすぎるとOPアンプが駆動できない

もう少し深入りしましょう．先にOPアンプのゲインは2本の抵抗の比率だけで決まると書きましたが，抵抗の比率だけ合っていればよいわけではありません．**図2**を見てください，2倍の反転アンプ，3倍の非反転アンプで，比率はバッチリです．でも現実は**図2**の回路では全く動作しないでしょう．

図2の回路が動作しない原因はOPアンプの出力電流I_{out}にあります．OPアンプの出力電流I_{out}は，無限に流れるのではありません．各デバイスによって多少の違いはありますが，せいぜい10 mA以下です(**図3**)．ですから，出力電圧V_{out}を10 Vとすれば反転アンプでR_2は，

$$R_2 = \frac{V_{out}}{I_{out}} = \frac{10}{0.01} = 1\,\mathrm{k\Omega} \quad \cdots\cdots (4)$$

程度が下限の値です．

● 抵抗値が大きすぎると誤差が出る

抵抗値が低いと問題がありました，抵抗値を非常に大きくした**図4**ではどうでしょうか．こちらは使えるOPアンプが非常に限定されます．原因は，OPアンプ自身の入力端子に流れる電流，つまりバイアス電流I_Bです．通常は，OPアンプの出力端子に流れる電流I_{out}の1/1000以下のバイアス電流I_BのOPアンプを選定すればよいでしょう．

つまり，現実のOPアンプには，出力端子に上限の電流I_{out}があり，入力端子にもバイアス電流I_Bが流れるので，これらを考慮するとOPアンプ回路には最適な抵抗値が存在するのです．先の**表2**，**表3**はこうしたことを考慮した結果なのです．

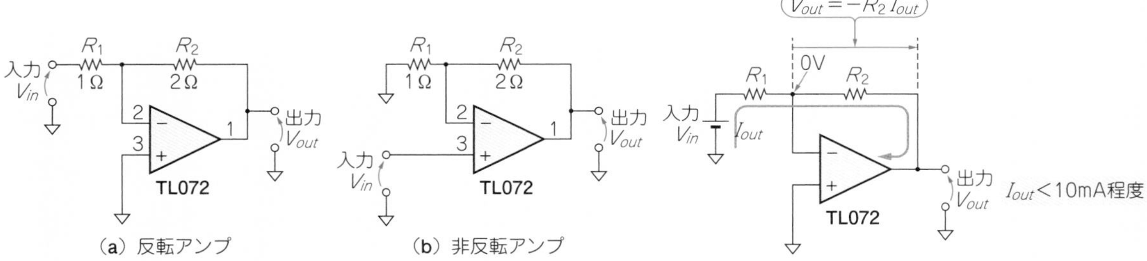

図2　抵抗比率が正しくても値が小さすぎるとOPアンプ回路は動作しない
抵抗の比率(R_1/R_2)だけ正しい回路

図3　OPアンプの出力電流I_{out}が10 mA以下となるように抵抗値を選ぶ

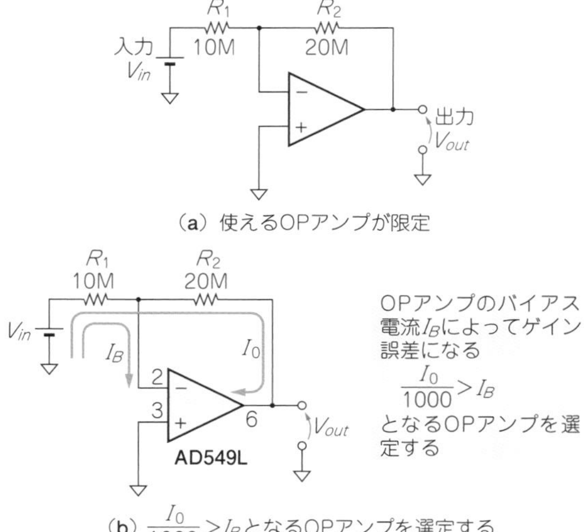

図4　OPアンプ回路の抵抗に10 MΩ以上の高抵抗が必要なときは低バイアス電流のOPアンプを選定する

表4　OPアンプには用途に特化した特徴的な製品がいろいろある

用　途	型番(メーカ名)
汎用	TL072(テキサス・インスツルメンツ), μPC842G2(ルネサス エレクトロニクス)
高精度	LTC1050(アナログ・デバイセズ), NJMOP1772(新日本無線)
高速 (広帯域)	AD817(アナログ・デバイセズ), LT1190(アナログ・デバイセズ)
低ノイズ	LT1028(アナログ・デバイセズ), AD797(アナログ・デバイセズ)
低バイアス電流	AD549L(アナログ・デバイセズ)
オーディオ	NJM5532(新日本無線), AD712(アナログ・デバイセズ)
単電源	NJM2119(新日本無線), μPC358G2(ルネサス エレクトロニクス)
レール・ツー・レール	NJM8532(新日本無線), AD822(アナログ・デバイセズ)

■ **データシートの表記例：高精度OPアンプ「NJMOP1772」の低オフセット低ドリフトな性能**
- **高精度**：V_{IO} = 最大値60 μV，V_{IO} = 最大値100 μV(T_A = −40～+85℃)
- **低温度ドリフト**：$\Delta V_{IO} / \Delta T$ =最大値1.2 μV/℃(T_A = −40～+85℃)

反転アンプ回路のツボ

● 信号源のインピーダンスが大きいとゲインが変わる

反転アンプは，入力インピーダンスが入力抵抗R_1だけで決まるので，困ったことがあります．**図5**のように出力インピーダンスR_Sが大きい信号源では，OPアンプから見た入力抵抗は，$R_1 + R_S$となりゲインが，

$$-\frac{R_2}{R_1} \rightarrow -\frac{R_2}{R_1 + R_S} \cdots\cdots (5)$$

と低下します．

この対策は，第1に信号源の出力インピーダンスR_Sを知ること，第2にR_Sよりも入力抵抗R_1を大きくすることです．でもバイアス電流I_Bの影響があるのでむやみに大きくできません．その場合は非反転アンプで回路を構成するとよいでしょう．

用途に合った OPアンプの選び方

OPアンプは，各デバイスによって特徴が異なるので，用途に合わせて選ぶ必要があります．しかし，一般の電子回路の教科書では，OPアンプによって特徴が異なる点や，用途に合わせた選び方などは解説されていません．

表4に，筆者の主観でOPアンプの特徴の違いを大きく分類してみました．

汎用OPアンプでも入力電圧±0.1 V程度で，出力電圧±10 Vまでならば，十分な性能があります．ビギナにはおすすめで，反転アンプ，非反転アンプの実験をするにはうってつけです．

● DCから1 kHz以下の微小信号には高精度OPアンプ

信号の電圧が10 mV，20 mV，100 mV以下になってくると，OPアンプの選定も慎重になります．入力

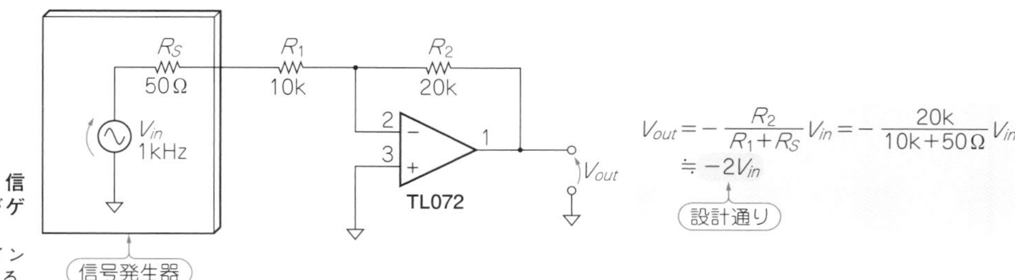

図5　反転アンプでは，信号原インピーダンスがゲインに影響する
$R_1 \gg R_S$とすると信号原インピーダンスの影響は低減する

電圧0 VのときにOPアンプの出力電圧がDCで10 mV，といった現象が発生します．これはとてもわずかですがOPアンプ自身のDCの誤差です．このOPアンプ自身のDC電圧の誤差をオフセット電圧と呼びます．

オフセット電圧は，出力電圧を入力に換算した値で表現されるのが一般的です．10倍のアンプで入力電圧0 V時に出力電圧10 mVならば，オフセット電圧1 mVという感じです．

増幅すべき信号が20 mVに対してオフセット電圧が1 mVもあると，その分誤差を含みます．さらに困ったことにこのオフセット電圧は，温度によって変化（温度ドリフトと呼ぶ）します．それでDCから1 kHz以下の微小信号を扱うには，オフセット電圧もその温度ドリフトも少ない高精度OPアンプと呼ばれているOPアンプをおすすめします．

● 高精度OPアンプのコツ…温度ドリフトの小さいOPアンプがいい

図6に高精度OPアンプの優れた低オフセット電圧，低ドリフトの性能を示します．

現代の電子機器は，CPUなどを使いますから，オフセット電圧やゲインのばらつきは，ソフトウェアで補正できます．ですからオフセット電圧があっても温度ドリフトが少ないOPアンプが好ましく，抵抗も精度よりも温度によるゲインの変動が少なくなるような金属皮膜抵抗が適していると考えています．

● 広い周波数帯域，高速応答が必要なら高速OPアンプ

OPアンプの用途もなかには1 MHzを超える信号を扱ったり，パルスなどで急峻な立ち上がりが必要だったりする場合も増えてきました．そうした用途に向けて高速アンプが販売されています．

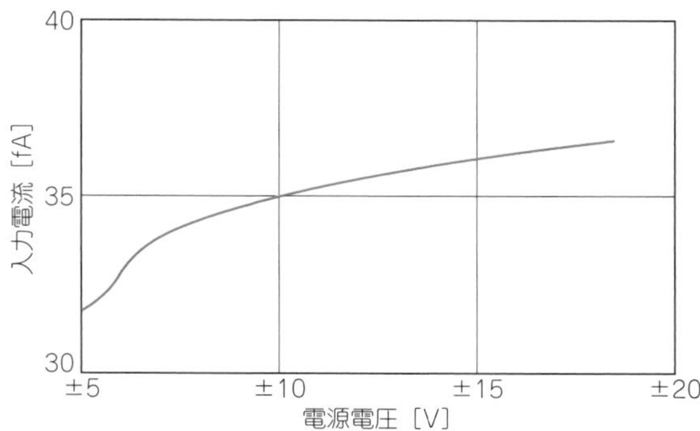

図6　低バイアスOPアンプの入力電流特性
縦軸の単位はf（フェムト）A．f（フェムト）は10^{-15}

高速アンプの定義は曖昧ですが，OPアンプ自体のゲイン*GBW*（ジービー積と呼ぶ）が50 MHzを超えると高速OPアンプと呼んでもよいと思います．

図7に汎用OPアンプTL072［**図7(a)**］と高速OPアンプAD817［**図7(b)**］の*GBW*の特性を示します．**図7**でゲインが0 dBとなる周波数に注目してください．*GBW*とはこの周波数を示しています．TL072とAD817では*GBW*に10倍近い違いがあります．

今度は周波数から時間軸へ話題を変えます．先にパルスの急峻（きゅうしゅん）な立ち上がりと書きましたが，このパルスの立ち上がりがOPアンプ自体で制限されては好ましくありません．

そこでOPアンプの最速立ち上がり（立ち下がりでもOK）をスルー・レート（slew rate）と呼びます．1 μsの間に上昇する電圧と定義され，単位は［V/μs］としてデータシートに書かれています．このスルー・レートと*GBW*は密接な関係があり，*GBW*が高いと

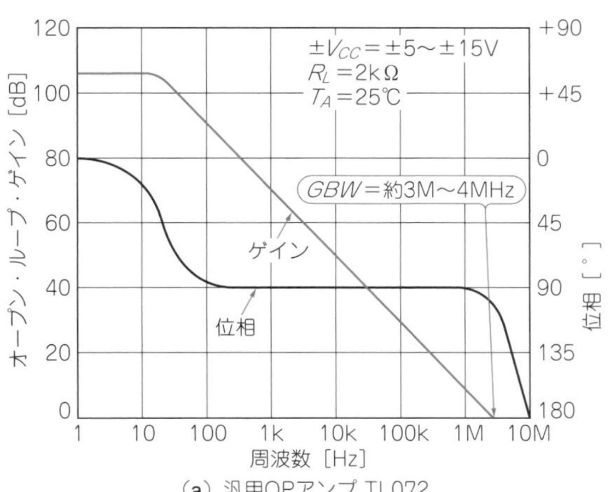

(a) 汎用OPアンプ TL072

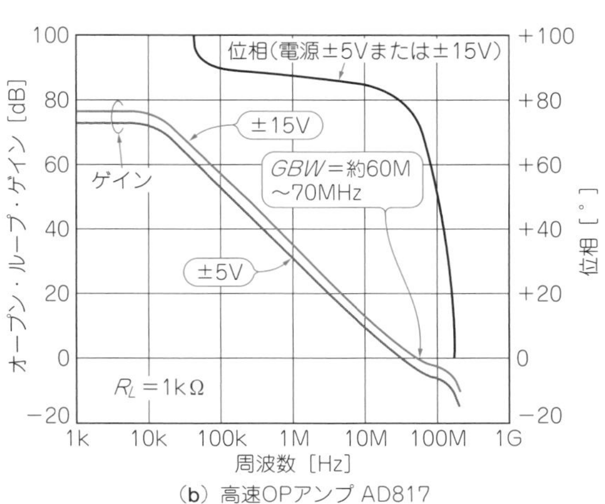

(b) 高速OPアンプ AD817

図7　高速OPアンプは*GBW*が汎用OPアンプより大きい

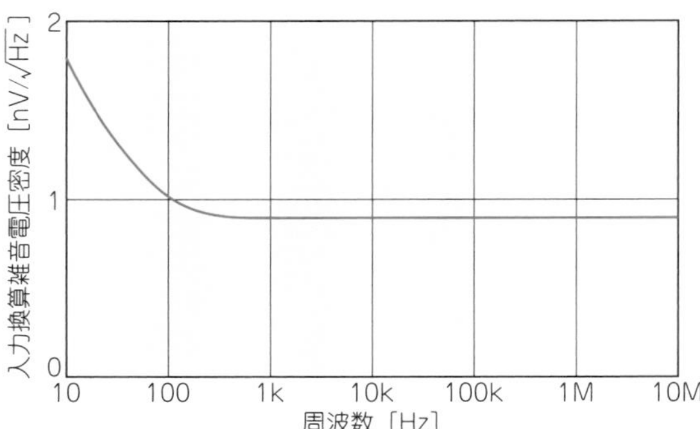

図8　低ノイズOPアンプAD797入力に換算したノイズ

スルー・レートも大きいのです．**図7**で例にあげたTL072のスルー・レートは13 V/μsですが，AD817ではなんと350 V/μsもあります．高速OPアンプの意味がハッキリと分かる数字です．

● 高速OPアンプ回路のコツ…チップ部品を選んでグラウンドも広く

高速OPアンプを使うときには，高い周波数を扱うのですから，グラウンドのパターンを幅広くしてバイパス・キャパシタ(bypass capacitor)もしっかりとOPアンプの端子の根本に実装しましょう．抵抗もリード線のタイプより小さな形状の1608などのチップ型が適しています．製品化はパッケージが小さいSMD(Surface Mount Device)の方が適しています．

● センサなどの微小信号には低ノイズOPアンプ

用途は少ないのですが，センサなどの微小な信号をアンプする場合は，OPアンプ自身のノイズも気になることもあります．そのときは躊躇(ちゅうちょ)せず低ノイズのOPアンプをおすすめします．現実の低ノイズOPアンプはどの程度のノイズなのかを**図8**に示します．

入力側に換算したノイズが1 kHzで，なんと1 nV/$\sqrt{\text{Hz}}$以下と素晴らしい特性を示しています．

● 低ノイズOPアンプを使うコツ①…抵抗の熱雑音に配慮する

低ノイズOPアンプを使うような場合は，OPアンプだけでなく抵抗自体が発生するノイズも気になります．つまり抵抗がノイズ源になるのです．抵抗のノイズ電圧V_N［V_{RMS}］は次式で表されます．

$$V_N = \sqrt{4kTRB} \quad \cdots\cdots (6)$$

ここで，

k：ボルツマン定数［J/K］，T：絶対温度［K(ケルビン)］，R：抵抗値［Ω］，B：帯域幅［Hz］

この式のルーツは熱力学にあり抵抗内部の電子のランダムな動き(ブラウン運動)が，外から見るとノイズに見えるという奥が深い話です．式(6)は熱雑音，またはこの現象を発見したベル研究所のジョン・バートランド・ジョンソン(John Bertrand Johnson)とハリー・ナイキスト(Harry Nyquist)の名前からジョンソン・ナイキスト・ノイズ(Johnson-Nyquist noise)と呼ばれます．

エンジニアの立場から絶対温度$T = 288(= 15℃)$と計算を簡略化すれば，式(6)は，

$$V_N\ [\mu\text{V}_{\text{RMS}}] = 0.126\sqrt{R[\text{k}\Omega]\,B[\text{kHz}]} \quad \cdots\cdots (7)$$

になります．

式(7)より低ノイズのOPアンプを使うときは，できる限り低い値の抵抗を使います．具体的には，フィードバックの抵抗は1 kΩ程度が目安になります．

● 低ノイズOPアンプを使うコツ②…リニア電源使用＆浮遊容量対策

低ノイズのOPアンプは，高速OPアンプ同様グラウンドのパターンを幅広くして他からのノイズが入らないようにします．バイパス・キャパシタもしっかりとOPアンプの端子の根本に実装しましょう．

プリント基板のパターン間で生じるキャパシタンス成分(ストレ・キャパシティ：stray capacity)によってノイズが混入するとOPアンプの性能を生かせません．パターンの配線ごとにグラウンドを入れてその影響を低減させましょう．

微小信号を扱うのですから，OPアンプの電源としてノイズが発生するスイッチング方式のDC-DCコンバータを使ってはいけません．必ずリニア電源，さらにその中でも低ノイズなタイプを使用しましょう．電源電流も汎用OPアンプより多く10 mA以上流れます．さらに信号によって出力電圧が大きく振れると，さらに電源電流は流れます．複数の低ノイズOPアンプを使う場合には，リニア電源の電源電流にも注意が必要です．

● 単電源だけで動作させたいときは単電源用のOPアンプ

電子機器全体の都合でプラス・マイナスの電源が用意できない場合も多いです．そこで電源がプラスだけの単電源で動作するタイプもあります．もちろん汎用OPアンプも単電源で動作できるのですが，動作できる電圧範囲が狭いのが難点です．単電源で使用する場合は，以下に登場するレール・ツー・レール型OPアンプを含めてその条件で動作することを前提に設計されたOPアンプを使うことをおすすめします．

コラム1　2つの性能を両立したいなら根気強く探そう

瀬川　毅

高精度OPアンプはDC付近の性能は素晴らしいですが，10 kHz以上の周波数の特性は汎用OPアンプにおよびません．これが現実とはいえ，残念です．

DCから20 kHz程度までアンプする用途では，低オフセット電圧，低ドリフト電圧と周波数特性がほどよく両立するOPアンプを探しましょう．

探す方法は2つあります．汎用OPアンプでDCの特性が良いデバイスか，高精度OPアンプのうちで周波数特性の良いデバイスを探します．もちろん，でき上がった回路が仕様を満たしていることが大前提です．

このように両方の特性のバランスを見て用途に合った最適のOPアンプを見つけることは，回路設計の醍醐味の1つです．

● 電源電圧が高くないときはレール・ツー・レールOPアンプ

近年，半導体デバイスの電源電圧が低下し，それにつれてOPアンプも低い電源電圧で動作させる必要も出てきました．とはいえ入力するアナログ信号の大きさは大きな変化はありません．そこで電源電圧いっぱいに入力できるOPアンプ，電源電圧に近い電圧が出力できるOPアンプが登場しています．レール・ツー・レール(rail to rail)と呼ばれています．

レール・ツー・レールのOPアンプは，汎用OPアンプと同じようにとっても使いやすいです．注意点だけ書き留めましょう．

▶その1：出力電圧は電源電圧より50 mVから100 mV程度低い

いくらレール・ツー・レールといっても完全に電源電圧まで出力電圧が振れる訳ではありません．振れ幅はデバイスによっても異なりますが，電源電圧より50 m～100 mV程度低いと認識しておくとトラブルは少ないように思います．

▶その2：電源電圧のばらつきがOPアンプの振幅に影響を及ぼす

レール・ツー・レールですから，電源電圧付近までOPアンプの出力電圧は振れます．ですがここで電源電圧がばらつくと出力電圧までばらつくことになります．これは結構困った問題です．

対策は電源電圧のばらつきが少ない電源を選ぶか，電源電圧のばらつき分だけ出力電圧に余裕をみた設計にするかです．

後者は何のためにレール・ツー・レールにしたのか設計していて悲しくなりますが，それでもメリットは十分あると思います．

▶その3：OPアンプの出力のインピーダンスが大きい

レール・ツー・レールのOPアンプは内部回路の構成上出力インピーダンスが大きいことがあげられます．この特徴は普通何ら問題を起こしませんが，容量性負荷が接続されると発振しやすい可能性があります．

そのため現実の製品が，OPアンプとして発振を防ぐために*GBW*が低く抑えられているのは少々残念です．

▶その4：3通りのデバイスが販売されている

入力電圧が電源電圧付近まで入力可能な入力レール・ツー・レール型，出力電圧が電源電圧近くまで振れる出力レール・ツー・レール型，入力出力がレール・ツー・レール型の3通りのデバイスが販売されています．

◆参考文献◆

(1) TL072データシート，SLOS080L，テキサス・インスツルメンツ．

(2) AD817データシート，REV. B，アナログ・デバイセズ．

第4章

これ1つマスタすれば広がる電子回路の世界

達人への道 OPアンプ回路のツボ

瀬川 毅

その①…低ノイズのOPアンプ増幅回路

低ノイズOPアンプと汎用OPアンプの違い

図1(a)は，低ノイズOPアンプを使ったゲイン10倍のアンプです．低ノイズOPアンプは，自分自身が発生するノイズが非常に少ないOPアンプです．微小な信号などノイズを嫌う用途にピッタリです．

こうしたOPアンプを使う場合は，ゲインを決める抵抗を極力小さい値にするのがポイントです．詳しくは後述しますが，抵抗自体でもノイズを発生し，その抵抗値が大きいほどノイズも増加します．ですからせっかくの低ノイズOPアンプの性能を生かすには，ゲインを決める抵抗値もできる限り小さな値にします．図1(a)は，その前提で可能な限り低抵抗で10倍となるように組み合わせてみました．

この回路の欠点も書きます．出力を大きな電圧で例えば±10Vに振ると，OPアンプの出力端子の6番ピンから電流として抵抗R_2に±5mAもの電流が流れます．OPアンプを使う回路で5mAもの電流が流れると，OPアンプ自体の発熱やひずみが増加します．このとき入力電圧は±1Vですから，そもそもこうした低ノイズOPアンプを使う必要性がありません．つまり，図1(a)は入力電圧が100μV，1mVといった電圧で，その場合はゲインも100倍以上に設計しますが，その性能の良さが際立つ回路なのです．

対して図1(b)は，汎用OPアンプによる10倍のアンプの事例です．出力を大きな電圧で例えば±10Vに振ってもOPアンプの出力端子の1番ピンから電流として抵抗R_2に±50μAと，とても小さな電流で動作します．OPアンプの発熱やひずみが増加することもないでしょう．

低ノイズOPアンプの方を選ぶ時の基準

比較のために低ノイズOPアンプのAD797を使って図1(b)の抵抗値を使ってアンプを構成すると，入力電圧が0.1V程度までは図1(a)との差はハッキリしないでしょう．ですが，入力電圧が100μV～1mV以下になると抵抗値のノイズの影響が見えてくると思います．図1(b)でさらに低ノイズな回路にするには，抵抗R_1，R_2の抵抗値を1桁小さな値にするとよいでしょう．さらに低ノイズな回路を望む場合は，図1(a)

入力が未接続時にV_{in}=0Vとする抵抗
R_1 200Ω
R_2 1.8k
R_3 100k
入力 V_{in}
出力 V_{out}
AD797
(アナログ・デバイセズ)

(a) 低ノイズ・タイプ(ゲイン10倍)

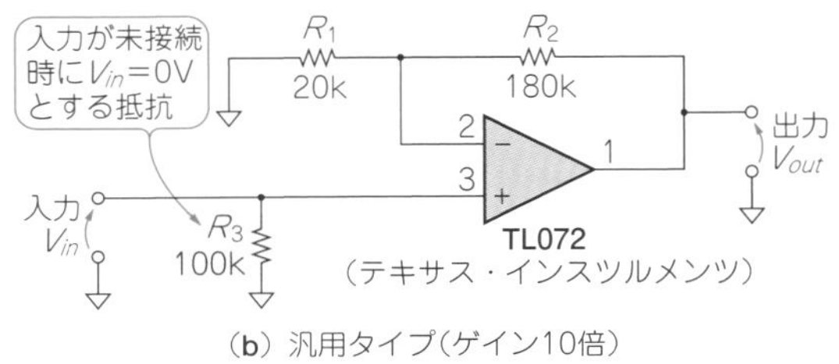

(b) 汎用タイプ(ゲイン10倍)

図1 低ノイズ・タイプと汎用タイプのOPアンプ増幅回路の違い(本例のゲインは10倍)

を推奨します．

いい換えましょう，入力電圧が100 mV程度までは汎用OPアンプ［**図1(b)**］で十分ですが，100 μVにもなるときは，**図1(a)**の低ノイズOPアンプを使いましょう．

その②…OPアンプの入出力保護回路

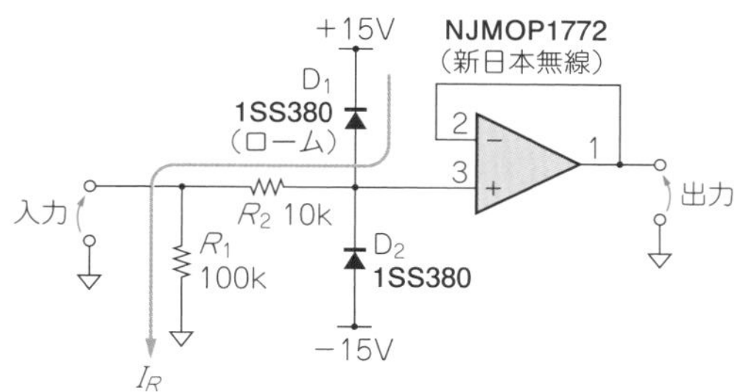

図2　OPアンプの入力保護回路…ダイオード(D_1，D_2)を入れる
I_Rによるオフセット電圧は低いほど良い

OPアンプ入力は，センサなどの信号源と直結されます．信号源が外部にあると，コネクタとケーブルの接触不良などが発生したときノイズが侵入します．「想定外なのでOPアンプ回路が壊れました．誤動作しました」では全く使いものになりません．もし医療機器だったら，患者の生命に危険を与えてしまいます．

OPアンプの入力保護回路

● ダイオードを入れる

混入してくるノイズを除去するには，フィルタが有効ですが，接触不良などが原因で過大電圧が発生して入力される可能性がある場合は，**図2**に示すようにダイオードで対策します．入力電流は，R_2を通過してダイオード(D_1，D_2)を通して電源に流れます．OPアンプの入力電圧は，電源電圧＋ダイオードの順方向降下電圧V_F(約0.6 V)以上にはなりません．

● ツボ…オフセットの要因になる逆方向電流の小さいダイオードを選ぶ

ここでダイオードD_1，D_2の特性が重要です．一言で書くと，ダイオードが逆バイアスされたときにカソードからアノードに流れる逆方向電流(I_R)が少ないほど良いのです．この電流(I_R)は抵抗(R_1)に流れると，オフセット電圧と等価な電圧がOPアンプの入力に生じてしまいます．**図2**の回路でI_R = 1 μAとした場合，

$$V_S = 100\,\mathrm{k\Omega} \times 1\,\mu\mathrm{A} = 100\,\mathrm{mV}$$

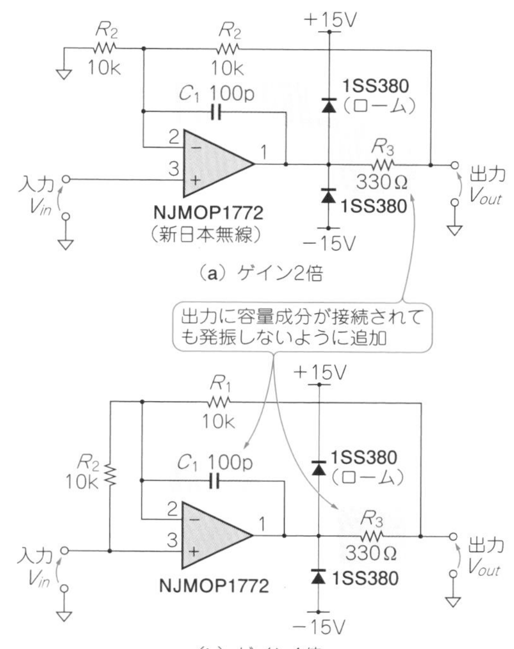

図3　OPアンプの出力保護回路

のオフセット電圧が生じます．この電流は温度によって変動します．

図2のD_1，D_2のダイオード1SS380(ローム)はI_R = 0.01 μA(最大値)ですから，保護回路であるダイオードによるオフセット電圧は最大でも1 mV以下になります．ダイオードD_1，D_2に低V_Fを期待してショットキー・バリア・ダイオードを使うと，I_Rが10 μA程度はあるために大きなオフセット電圧を生じるので，まったく推奨しません．

OPアンプの出力保護回路

入力保護を示したので今度は出力の保護です．OPアンプの出力側が機器の出力となっている場合，その出力に他の機器から大きな電圧が加わったときの保護回路が**図3**です．C_1，R_3は，OPアンプの出力に容量性に負荷が接続されたとき発振を防止する回路です．

その③…A-Dコンバータのプリアンプ回路

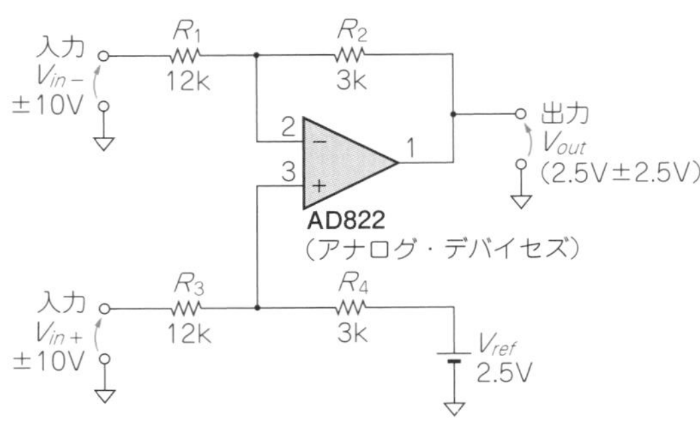

(a) 差動±10V→2.5V±2.5V

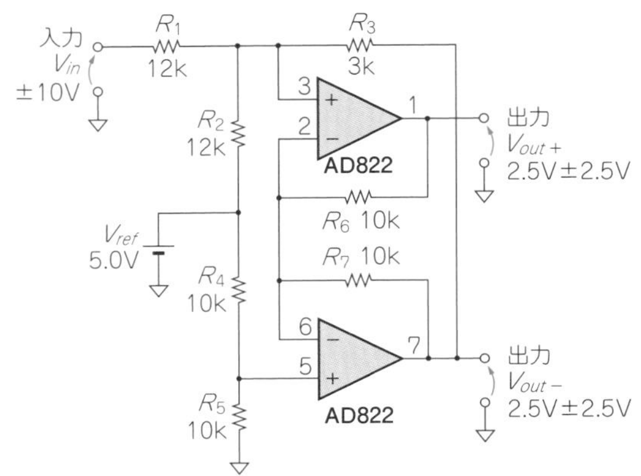

(b) シングルエンド±10V→2.5V±2.5V

図4 汎用A-Dコンバータと高分解能A-Dコンバータ(12ビット以上)**の入力アンプ**

A-Dコンバータは，入力電圧がプラス側だけのユニポーラ特性が多いです．12ビット以上の高分解能A-Dコンバータでは，差動入力が普通です．アナログ信号は，センサなどの制約があるため，OPアンプ回路でセンサとこれらのA-Dコンバータをインターフェースします．

信号とA-Dコンバータ入力のレベルを合わせるための「プリアンプ」

● 正電圧入力型のA-Dコンバータを使う場合

図4(**a**)に示すのは，±10Vの入力信号をA-Dコンバータの入力電圧レンジである0～5Vの信号に変換するプリアンプです．入力の差動電圧が0Vのときには，出力電圧は基準電圧(V_{ref} = 2.5V)になります．

V_{ref}を変えると入力0Vのときの出力電圧が変わります．V_{ref}はA-Dコンバータの基準電圧を利用するとよいと思います．

R_1，R_2，およびR_3，R_4の抵抗値ですが，入力の差動電圧±10V(ピーク・ツー・ピークで20V)に対して出力電圧0～5Vですから，ゲインが，

$$5/20 = 1/4 = R_2/R_1 = R_4/R_3$$

となるように抵抗値を決めます．

● 高分解能の差動入力型A-Dコンバータを使う場合

図4(**b**)に示すのは，入力電圧±10Vを差動出力の0～5V(2.5V±2.5V)に変換するプリアンプです．差動入力の分解能12ビット以上の高精度A-Dコンバータを使うことを前提にしています．この回路はDC電圧が2種類(5Vと2.5V)必要なのが欠点ですが，抵抗R_4，R_5によってシンプルに2.5Vを得ています．

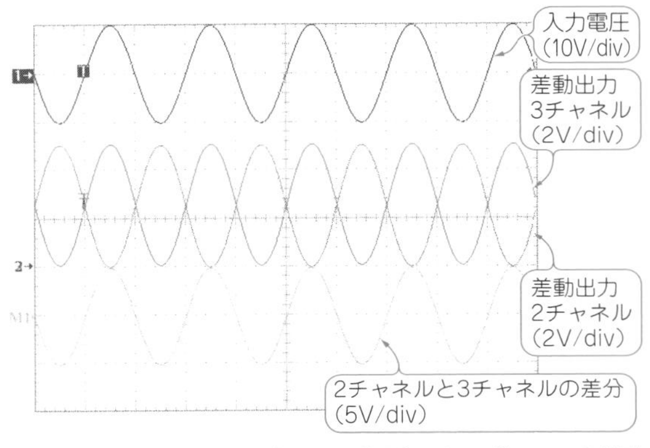

図5 A-Dコンバータのプリアンプ回路でシングルエンド差動出力の動作波形(500 μs/div)

この回路の入出力の関係では$R_1 = R_2$として，R_3/R_1の比率によって望む関係を得ています．入力電圧±10Vのとき出力電圧は0～5V(2.5V±2.5V)ですから，R_3/R_1 = 5/20の比率になります．したがって，$R_1 = R_2$ = 12kΩ，R_3 = 3kΩです．R_3/R_1の比率を守ればよいのですから，$R_1 = R_2$ = 120kΩ，R_3 = 30kΩでも問題なく動作します．**図5**でその動作波形を示します．

● OPアンプ選びのツボ

OPアンプは汎用タイプで問題ありません．入力電圧±10Vを扱いますから，電源電圧はレール・ツー・レール型のOPアンプなら±12V，それ以外は±15Vで動作させられるデバイスを選びます．**図4**は，レール・ツー・レール型で低オフセット(1mV以下)のOPアンプAD822を±12Vで動作させました．

その④…性能がばらつかない実用的なローパス・フィルタ

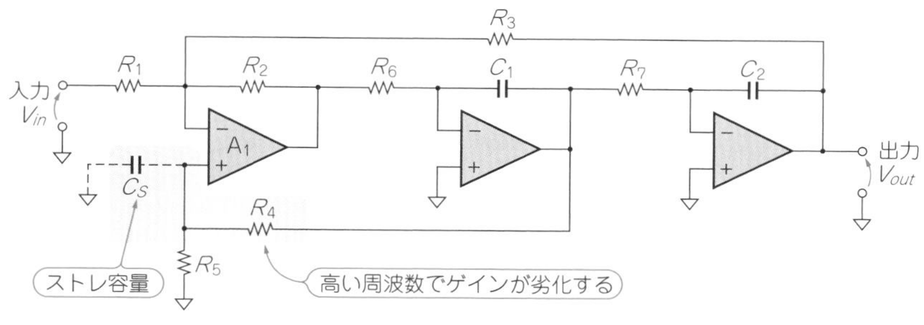

図で $R_1=R_2=R_3$, $R_6=R_7=R_F$, $C_1=C_2=C_F$ とすると，
カットオフ周波数 f_C は，

$$f_C=\frac{1}{2\pi R_F C_F}$$

通過域をフラットにするには，

$$Q=\frac{1}{3}\left(1+\frac{R_4}{R_5}\right)=0.707\left(=\frac{1}{\sqrt{2}}\right)$$

にするとよい．よって，

$$\frac{R_4}{R_5}=3\times0.707-1=1.121$$

$R_5=10\mathrm{k}$, $R_4=11\mathrm{k}$

とする

（a）反転型

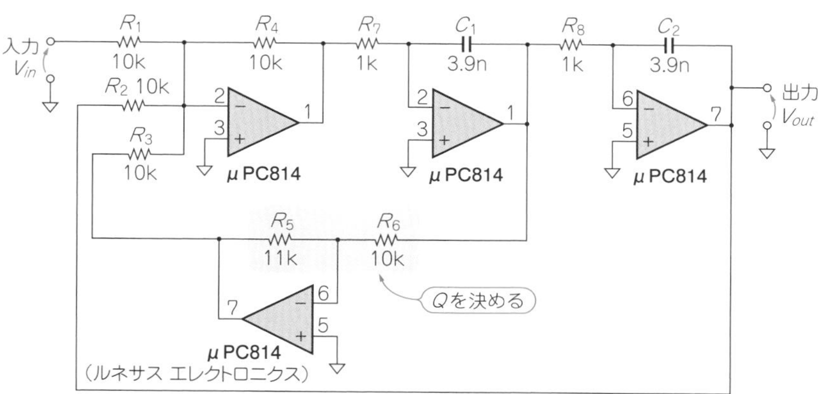

（b）非反転入力端子のストレ容量による周波数特性の劣化のないタイプ

図6　抵抗やキャパシタの値がばらついても周波数特性に影響があまり出ないステート・バリアブル・フィルタ

図6は，ステート・バリアブル型と呼ばれるアクティブ・フィルタです．素子のばらつきが特性に与える影響が他のアクティブ・フィルタより少なく(素子感度が低いという)，量産に向いています．

図6(a)は，フィルタの専門書に書かれているステート・バリアブル・フィルタです．反転アンプ構成なので，簡単にフィルタの通過域のゲインを1倍に設定できます．入力電圧と出力電圧は反転します．

ローパス・フィルタ(LPF)，ハイパス・フィルタ(HPF)，バンドパス・フィルタ(BPF)の出力が得られますが，ここでは一番実用的なLPFを紹介します．

アクティブ・フィルタ回路のツボ …非反転入力を避ける

図6(a)の欠点は，OPアンプA_1の非反転入力が使われていることです．OPアンプの非反転入力にストレ容量(C_S)があると，R_4との間にLPF回路が形成されて，高い周波数で特性が劣化する可能性があります．

この欠点を解決するのが**図6(b)**です．**図6(a)**のOPアンプA_1は加算回路になっています．反転アンプで加算回路を構成できれば**図6(a)**の欠点は解消するはずです．**図6(b)**では，カットオフ周波数f_Cを40 kHzで設定しました．設計の過程も提示しましょう．計算式は次式でした．

$$f_C = \frac{1}{2\pi C_F R_F}$$

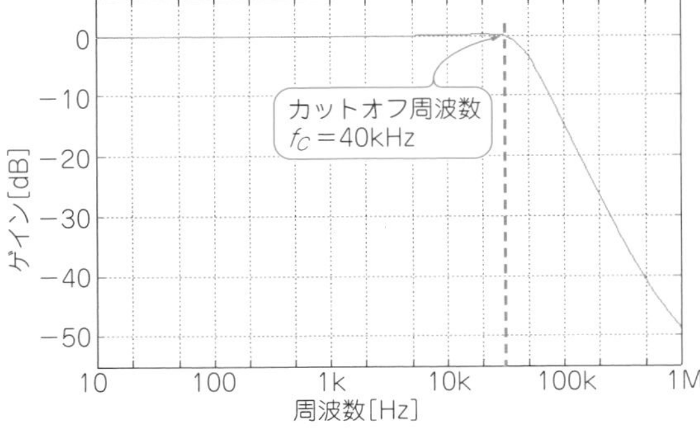

図7　カットオフ周波数(f_C)を40 kHzと高めにして実験した図6(b)の周波数特性

定数の決め方

図6(a)で，$R_1 = R_2 = R_3$，$C_1 = C_2 = C_F$とするのが一般的です．さらに$R_6 = R_7 = R_F$とした場合の，カットオフ周波数f_C［Hz］は次式で簡単に表すことができます．

$$f_C = \frac{1}{2\pi C_F R_F}$$

通過域をフラットにするには次式のようにQを0.707にしましょう．

$$Q = \frac{1}{3}\left(1 + \frac{R_4}{R_5}\right) = 0.707\left(= \frac{1}{\sqrt{2}}\right)$$

もう少し検討しましょう．上式からR_4とR_5の比率は次式です．

$$\frac{R_4}{R_5} \fallingdotseq 3 \times 0.707 - 1 = 1.121$$

ここで，$R_5 = 10\ \mathrm{k\Omega}$とした場合は，$R_4 = 11.21\ \mathrm{k\Omega}$です．$R_4$は11 kΩが良さそうで，12 kΩでも使えそうです．ここまで来ると，カットオフ周波数(f_C)によってC_F，R_Fの値を決めればよいでしょう．

● 定数を変えながら何度も計算して最適な答えを導く

カットオフ周波数$f_C = 40$ kHzと既知ですが，キャパシタC_F，抵抗R_Fを決める必要があります．設計式が1つで求めるパラメータが2つですから，代数的に答えは求められません．

こうした設計では，キャパシタC_Fか抵抗R_Fのどちらか一方の値をとりあえず決めて，設計式に入れてもう一方を求めます．最初は選ぶ値が適切ではない場合も多いので，いくつかの値で計算してみましょう．さらに部品の系列(E12系列やE24系列)を考慮して近い値を選びます．実例を示します．

とりあえず抵抗$R_F = 1\ \mathrm{k\Omega}$として計算すると，

$$C_F = \frac{1}{2\pi f_C R_F} = \frac{1}{2\pi \times 40\ \mathrm{k} \times 1\ \mathrm{k}} = 3.98\ \mathrm{n}$$

となるので，キャパシタのE12系列から3.98 nFに一番近い値を選び$C_F = 3.9$ nF(3900 pF)としました．

1つの設計式から2つのパラメータを選定する事例は，いつもこんなにうまくはいきません．何度も何度も値を変えながら計算を繰り返して，最適値を選びましょう．設計した定数で実験して見ました．**図7**にその周波数特性を示します．

その⑤…高性能な差動インスツルメンテーション・アンプ

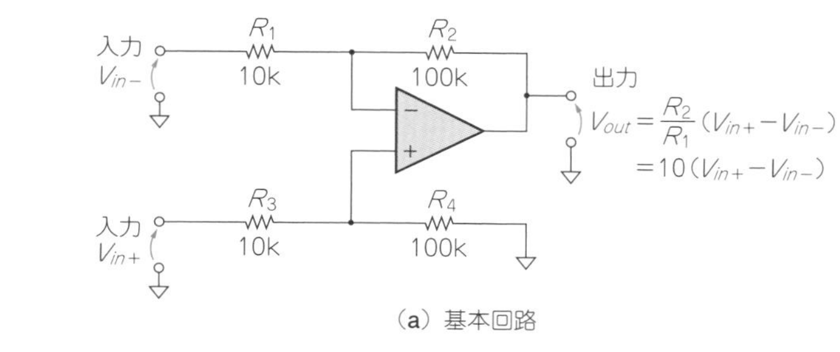

(a) 基本回路

(b) 入力インピーダンスが高いタイプ

図8 任意の2点につないで電圧差を増幅できる差動アンプ
ボルテージ・フォロワで入力インピーダンスを高めてある

差動アンプといえば，普通は**図8(a)**の回路です．入力側の信号源インピーダンスが低い場合は，何ら問題がありませんが，高い場合には，差動アンプのV_{in-}側の入力インピーダンスが低いので無視できません．そこでその欠点を改善したのが**図8(b)**です．早い話，差動アンプのV_{in-}側の入力にボルテージ・フォロワを追加して入力インピーダンスを上げました．

より高精度を求める差動インスツルメンテーション・アンプ

図8(b)の回路は追加したボルテージ・フォロワ(Voltage Follwer)の周波数特性が原因で，**図8(a)**の回路より高い周波数領域で*CMRR*(Common Mode Rejection Ratio)特性が少し劣化します．*CMRR*とは，オフセット電圧など2つの入力信号に共通する誤差成分を取り除く性能です．

それゆえ**図8(b)**の回路は，入力インピーダンスを高くしたいが，高*CMRR*は必要ないという用途に向いています．

入力インピーダンスも高く*CMRR*も欲張りたいときは，本格的なインスツルメンテーション・アンプ(Instrumentation Amplifier)を使います．

図9の回路で，$R_4=R_5$，$R_6=R_8$，$R_7=R_9$とする必要があり，この条件でアンプのゲインは，

$$Gain=\frac{R_7}{R_6}\left(1+\frac{2R_4}{R_3}\right)=\frac{10\text{ k}}{10\text{ k}}\times\left(1+\frac{2\times 10\text{ k}}{2.2\text{ k}}\right)\fallingdotseq 10.09$$

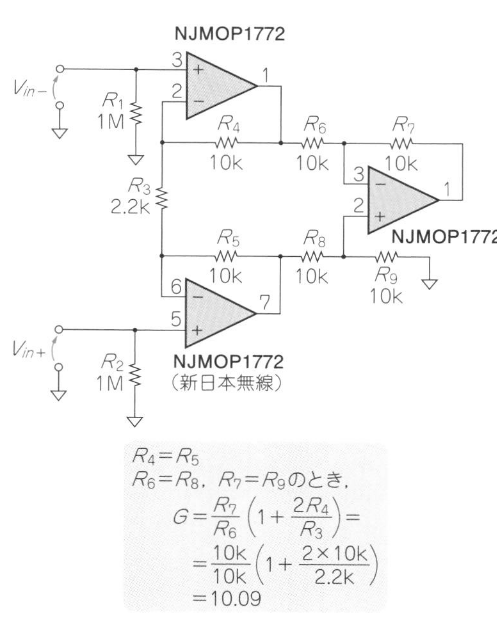

図9 高入力インピーダンスかつ高*CMRR*のインスツルメンテーション・アンプ

と10倍のアンプになります．*CMRR*を大きくするには，A_1，A_2に特性のそろった同一パッケージに2個入りのタイプOPアンプを使います．R_6，R_7とR_8，R_9には値のそろった高精度の抵抗を使うとよいでしょう．

第5章

実用的でマイコン周辺にもピッタリ

よく使う 基本機能回路あれこれ

登地 功

その①…増幅回路

非反転型の増幅回路です．**図1(a)**に示すのは教科書に載っている基本回路です．入出力を基板の外にも配線できる実用的な回路の作り方を紹介します．

基本…OPアンプ入力を保護する

● ダイオードで電源に逆バイアスする

入力に過大な電圧が加わったときでもOPアンプが壊れないように保護するのが実用化の第1歩です．

回路のアナログ入力端子が装置外部に出ている場合に，使う人が誤って過電圧を入力したり，接地されていない装置からのAC電源のリークなどで過電圧が加わることがあります．このような場合でも，回路が壊れないようにしなければなりません．

OPアンプの電源電圧よりプラス方向の過電圧が入力されるとD_1が導通します．マイナス方向の過大電圧の場合はD_2が導通します．この対策によってOPアンプの入力に過大な電流が流れ込むのを防ぐことがで

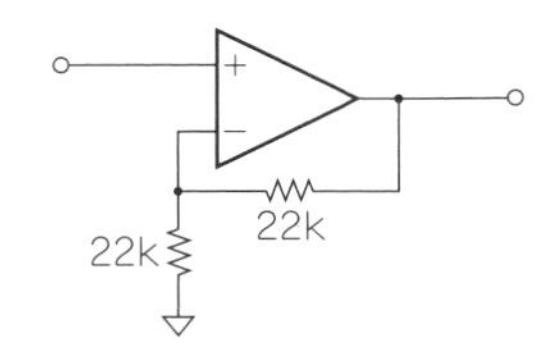

(a) 基本回路(教科書に載っている)

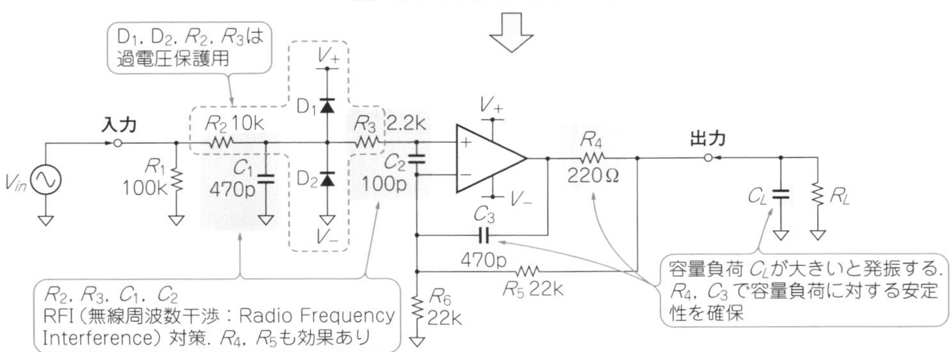

(b) 実用回路

図1 OPアンプを使った増幅回路といえばコレ「非反転増幅回路」

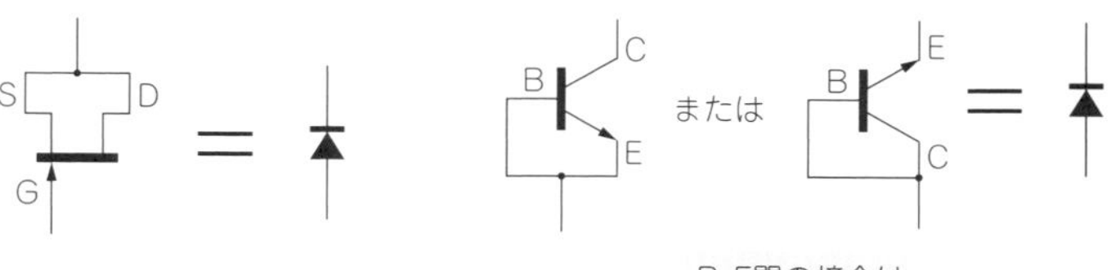

図2　OPアンプに過大な電圧が加わっても壊れないようにする対策の定石はダイオードの追加
リーク電流を小さくしたいときはJFETでダイオードを作る．JFETもバイポーラ・トランジスタも最大電流は5mAくらい

きます．

R_2はD_1，D_2に流れる電流を制限するための抵抗なので，予想される過大電圧が加わっても，D_1，D_2の許容電流を超えないように選びます．

● 入力保護ダイオードは低リークのものを選ぶ

精度に影響するので，D_1，D_2にはリーク電流が少ないタイプを選びます．特に低リークが必要な場合は，**図2**のようにJFETのドレイン-ソースをつないでダイオードとして使います．

バイポーラ・トランジスタのPN接合もかなり低リークです．どちらも許容電流は5 mA程度です．

● 入力寄生ダイオードは電流制限抵抗で保護する

OPアンプの入力端子には，電源に向かって逆バイアスになるような寄生ダイオードが入っている場合が多いので，D_1，D_2が導通したときに寄生ダイオードに流れる電流を制限する抵抗(R_2)を入れます．これは1 k～10 kΩくらいにします．

● 入力がオープンにならないように抵抗でプルダウン

R_1は，入力がオープンになったときに出力が不安定にならないようにするための抵抗です．信号源抵抗が大きいときは，精度に影響しないよう大きな値にしますが，オープンになったときの出力のふらつきは大きくなります．バイポーラOPアンプなら10 k～100 kΩ，JFETやCMOS OPアンプなら100 k～1 MΩが適当です．

電波や高周波雑音を拾わないようにする

● 高周波の妨害をローパス・フィルタで除去する

OPアンプの入力に，携帯電話やCB(Citizens' Band)無線などの高周波信号が加わると，IC内部のPN接合で整流されて，信号がふらつきます．

OPアンプの入力のR_2，C_1でローパス・フィルタを構成して，RF信号を除去します．不必要な信号の高域成分もここでカットできます．

● 外付け抵抗とOPアンプ入力容量でも高周波除去フィルタになる

R_3とOPアンプの入力静電容量でもローパス・フィルタになります．こちらは携帯電話などの高い周波数でも効果があるので，R_3とOPアンプの間のプリント・パターンはできるだけ短くして，ここにRF信号が混入しないようにします．

必要ならC_2を入れますが，ここにコンデンサを入れるとフィードバック回路の位相遅れが大きくなって，発振やオーバーシュートの原因になるので，容量は100 pF前後がいいところです．C_3を入れると，C_2の位相遅れが補償されるので動作が安定します．

出力に容量がつながれても発振しないようにする

● コンデンサで帰還信号を高速化して止める

OPアンプの負荷容量が大きくなると，位相遅れが起きて発振することがあります．

負荷そのものが容量性でなくても，負荷までの配線が長くて配線間の静電容量が大きい場合でも同じことが起きます．

容量負荷時に発振するのは，負荷からR_5を通して帰還するフィードバック信号の位相が遅れるためです．高域ではR_4で負荷を切り離し，C_3でフィードバック信号をバイパスして位相遅れが生じないようにします．

C_3の値は，負荷容量をC_Lとすると，

$$R_4 C_L = (R_5 /\!/ R_6) C_3$$

の関係になるようにすればよいのですが，一般的にはC_Lの値は不明なので，C_3は少し大き目にしておきます(//は並列接続という意味)．ただし，あまり大きくするとアンプの周波数特性が悪くなります．

汎用OPアンプなら，R_4は100～500 Ω，C_3は220 p～0.01 μFです．R_4は出力からのRFI対策にも役立つので，できるだけOPアンプの近くに取り付けます．

その②…ローパス・フィルタ回路

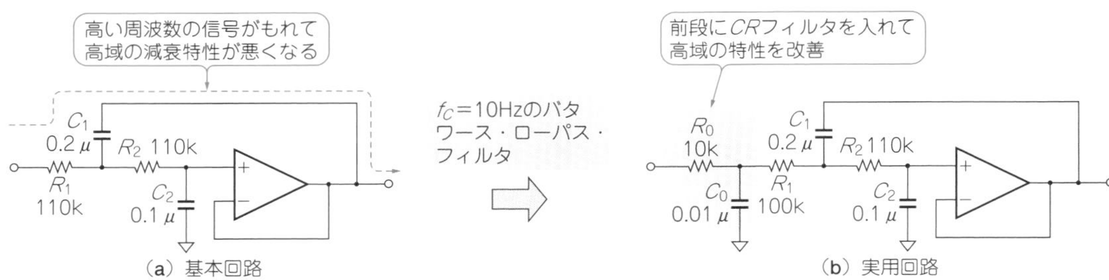

図3　OPアンプを使ったローパス・フィルタの基本回路「サレン・キー型」
基本形のままでは高域成分が漏れるので前段に*CR*フィルタをつける必要がある

OPアンプを使ったローパス・フィルタといったら，**図3**のサレン・キー型が代表的です．ここでは，高域までしっかり減衰する回路の作り方を紹介します．

フィルタ特性を劣化させる要因と対策

● 基本回路のままでは高域成分が減衰しない

図3(a)のローパス・フィルタに高周波成分を含む信号を入力すると，図の波線のように高周波信号が漏れて，高域の減衰特性が悪化することがあります．

これは，周波数が高くなるに従って，OPアンプの出力インピーダンスが高くなるのが原因です．ローパス・フィルタなのに高周波信号が漏れてしまっては困ります．

● 対策…入力に*CR*フィルタを入れる

図3(b)の実用回路のように前段に*CR*1段のローパス・フィルタを追加します．2次フィルタの特性を崩したくなければ，*CR*フィルタのカットオフ周波数をアクティブ・フィルタのカットオフ周波数の10倍以上にしておけば，ほとんど影響はありません．

$R_0 \ll R_1$とするか，もとのR_1の値からR_0の値を差し引いてR_1とします．

● レベルアップ…せっかくなので3次フィルタにする

せっかく，前段に*CR*を1段追加したのですから，いっそのこと3次フィルタにしてしまおうというのが，**図4**の回路です．*CR*がお互いに干渉するので定数の誘導はやや面倒です．この回路はGeffeの回路と呼ばれています[(1)]．

抵抗値は全部同じですが，コンデンサは容量が違うので，入手しやすい容量値にならないときは何個か並列にします．

カットオフ周波数f_C = 10 Hz，R = 100 kΩとするとCの値は，

$$C = \frac{1}{2\pi f_C R} \fallingdotseq 0.159\ \mu\mathrm{F}$$

になるので，これに各コンデンサの係数をかけると，

$$C_0 = 1.3926 \times 0.159 = 0.221\ \mu\mathrm{F}$$
$$C_1 = 3.5468 \times 0.159 = 0.565\ \mu\mathrm{F}$$
$$C_2 = 0.20245 \times 0.159 = 0.0332\ \mu\mathrm{F}$$

になります．

◆参考文献◆

(1) Valkenburg著，柳沢 健 監訳；アナログフィルタの設計，1985年，秋葉出版．

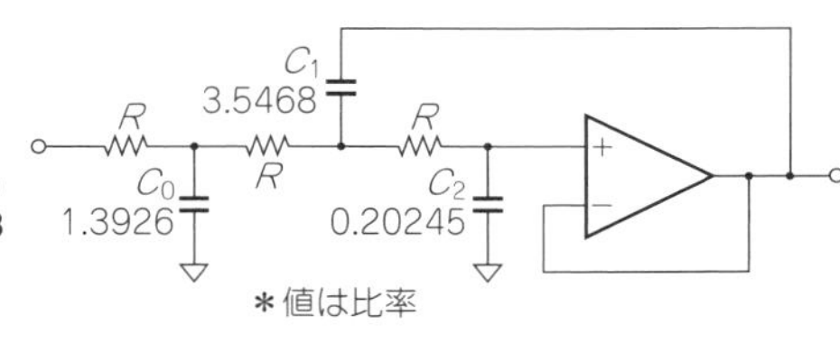

図4　図3(b)の回路の定数を調節すると高域の減衰性能をキープしたまま3次の減衰特性を実現できる
Geffeの回路と言う

$f_C = \frac{1}{2\pi CR}$
より，R[Ω]を決めてから，
$C = \frac{1}{2\pi f_C R}$
で，C[F]を決めれば良い

その③…3端子レギュレータ回路

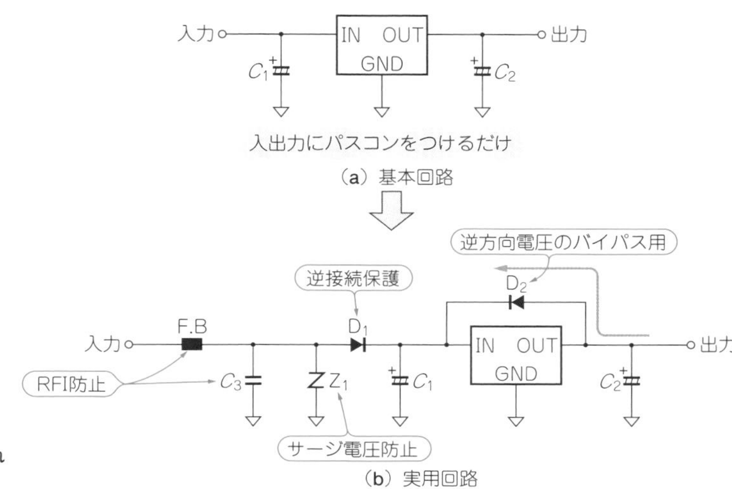

図5　必ずお世話になる! シンプルに電源を作れる定番IC 3端子レギュレータの使い方の基本

3端子レギュレータは，**図5(a)**の基本回路のように，入出力にバイパス・コンデンサを付けるだけで使えますが，使用条件によっては，いくつかの部品を追加する必要があります．

必要となる回路の保護対策

● 電源の逆接続をダイオードで保護

電源の極性を逆にすると，たいていレギュレータICが壊れます．

図5(b)の実用回路ではD_1で電源の逆接続保護をしています．D_1は損失の点からは順電圧降下が小さいショットキー・バリア・ダイオードが良いのですが，後で説明するように大きな逆電圧が加わる可能性がある場合には，耐圧400 V以上の汎用シリコン・ダイオードを使います．

● 外来サージをバリスタやツェナ・ダイオードで保護

自動車のバッテリ電源で動かす場合や，大型のモータなどの配線が近くを通っている場合は，電源に大きなサージ電圧が乗ってくることがあります．

電源の配線が長いと，電源がON/OFFしたときに，配線のインダクタンスと，レギュレータの入力側バイパス・コンデンサが共振して大きな電圧が発生します．

セラミック・コンデンサの場合はC_1のESR(等価直列抵抗)が小さいので，共振時の電圧がレギュレータを壊すほど大きくなることがあります．

このような異常電圧からレギュレータを保護するために，バリスタやツェナ・ダイオードをZ_1のところに入れます．

● 入力配線への電波混入をフェライト・ビーズやコンデンサで防ぐ

携帯電話や無線機からの電波で，レギュレータの出力電圧が変動することがあります．

入力側の配線が長いときは，フェライト・ビーズ(FB_1)やコンデンサ(C_3)を入れて高周波の侵入を防ぎます．

フェライト・ビーズは電流容量や効果がある周波数範囲によって，多くの種類があります．C_3は1000 p～0.01 μFくらいです．

● 入出力電圧の逆転に対してはダイオードで保護

レギュレータの出力側に大きなコンデンサが入っている場合や，入力側で短絡するなど電源入力が急激に下がった場合，レギュレータの出力電圧より入力電圧の方が低くなってICが壊れることがあります．

これを避けるためにダイオード(D_2)を入れて逆方向の電流をバイパスします．

その④…フォトカプラ回路

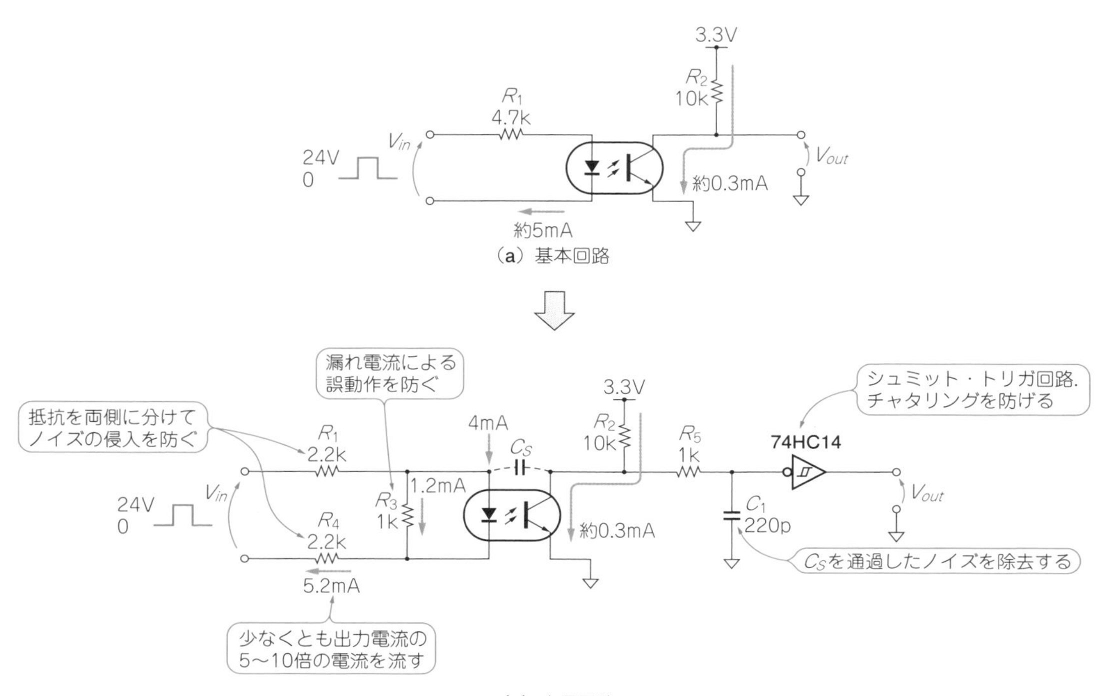

(a) 基本回路

(b) 実用回路

図6　フォトカプラの使い方

スイッチなどの接点や，ディジタル信号を絶縁するためにフォトカプラがよく使われます．ここでは誤動作を避ける方法を紹介します．

長時間確実に動作させるには

● 算出される最小LED電流の10倍流す

CTR（電流伝達比）は，トランジスタ出力型フォトカプラのLEDに流れる電流I_Fと，フォトトランジスタのコレクタ出力電流I_Cの比です．単位は［%］です．

$$CTR = (I_C/I_F) \times 100\ \%$$

一般的なフォトトランジスタ出力のフォトカプラでは，CTRは50〜600 %くらいですが，ダーリントン・トランジスタ出力タイプでは数千%，つまり数十倍です．ただし，ダーリントン・タイプは速度が遅いです．

CTRはメーカでランク分けしていることが多いのですが，それでも数倍の範囲でばらつきますし，温度やフォトトランジスタのコレクタ電流でも大きく変動します．さらに，長期間使用するとLEDの経年劣化でCTRは低下します．

確実に動作させるためには，CTRの最小値から計算されるLED電流の5〜10倍くらいの電流を流す必要があります．LEDの電流に余裕がないと，寒い日に動作しなかったり，出荷後数年経ってから動作しなくなったりします．

入力誤動作を防ぐには

● LEDに並列抵抗を入れて入力漏れ電流をバイパス

図6にフォトカプラ入力回路の例を示します．

フォトカプラ入力をオープン・コレクタ回路などの無接点信号で駆動している場合や，配線が長くて湿気の多い場所などでは，漏れ電流でフォトカプラ入力が誤動作します．入力配線と動力配線が並行していると，誘導電流で誤動作することもあります．

このために，LEDに並列に抵抗(R_3)を入れて，

コラム1　サージ対策部品を選ぶときはリーク電流と静電容量に気をつける　　登地 功

過電圧から回路やICを保護する部品として，バリスタやツェナー・ダイオードがよく使われます（**写真A**）．どちらも動作電圧が低くて，電流容量が大きいものほど，静電容量とリーク電流が大きい傾向があるので，高インピーダンス回路や，高周波回路では部品の選択に注意が必要です．

雷サージのように大きなサージ電流を抑えるためには，ガス入り放電管であるガス・アレスタとバリスタを組み合わせます．雷の直撃が予想される場合は，さらに放電ギャップを設けたり，電源側に耐雷トランスを入れたりします．

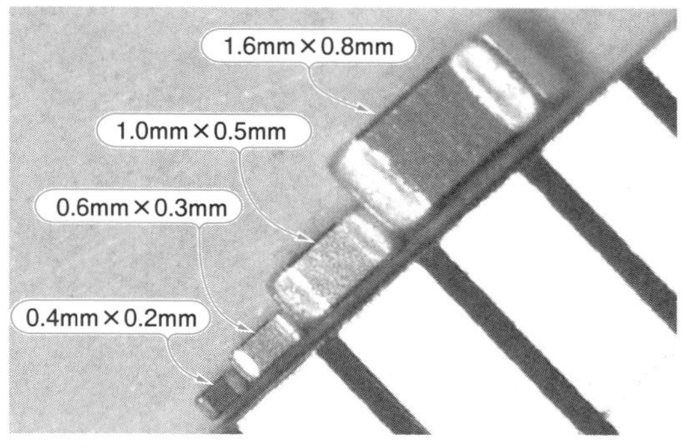

写真A[(1)]　**静電気などから回路を保護したいときに有効な対策部品「バリスタ」**（TDK）

コラム2　挙動不審！アナログICには高過ぎる信号と速すぎる信号は禁物　　登地 功

OPアンプに限らず，他のアナログICやディスクリート回路でも同様ですが，回路で扱える周波数帯域以上の信号を入れると，出力電圧がふらついたり，信号が変調されている場合は検波したような信号が出力に現れたりします．どのような影響が出るか予測できないので，高周波信号が混入しないようにしなければなりません．

立ち上がり時間が極端に速い信号を入れたときも，出力が予想外の動きをすることがあります．どちらも，簡単な*CR*フィルタで予防できます．

0.5 mA程度の入力電流ではLEDに電流が流れないようにバイパスします．

2次側に侵入するノイズを防ぐには

● 1次-2次間容量から侵入するノイズを*CR*フィルタで除去

モータなど誘導性負荷のON/OFFやリレーの動作に伴うスパイク状のノイズが多い環境で，フォトカプラによる絶縁が必要とされます．

フォトカプラで絶縁しても，カプラの入出力間に静電容量（C_S）がありますから，特に立ち上がりの鋭いノイズは侵入します．インパルス・ノイズ・シミュレータ試験で誤動作するのは，これが原因になっています．

これを防ぐために，カプラの出力側にR_5とC_1による*CR*フィルタを入れます．接点入力でチャタリングを除去したい場合は時定数を大きく，例えばR_5 = 100 kΩ，C_1 = 0.01 μFくらいにして，シュミット・トリガ回路で波形整形します．

その⑤…接点入力回路

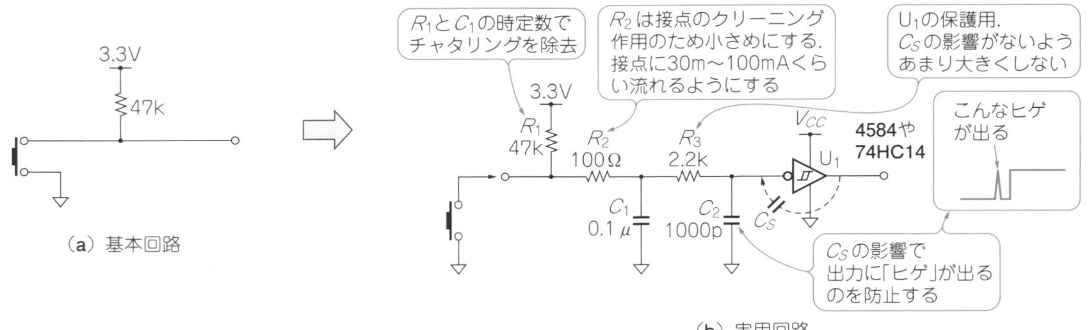

図7　スイッチやリレーなど機械接点のON/OFF信号が確実にマイコンに入力される回路

図7はスイッチやリレーなど機械接点のON/OFF信号を確実に取り込む回路です．機械接点は，接点のはね返りや摺動（しゅうどう）によって，ON/OFFが断続するチャタリング現象を起こします．マイコンやFPGAに入力する場合は，ソフトウェア処理やディジタル回路でチャタリングを除去できますが，チャタリングが残っていると誤動作します．

確実に動作させるには

● 接点動作時のチャタリングを除去する

チャタリングはCRによる時定数回路で取り除くことができます．

図7の回路は，接点が閉じたときはR_2を通してC_1の電荷が素早く放電しますが，接点が開いたときはR_1を通してC_1を充電するので，立ち上がりはゆっくりです．接点が閉じてC_1が放電すると，少しくらい接点がばたついてもC_1の電圧は上昇しません．

● シュミット・トリガで受ける

C_1の電圧変化が緩やかなので，U_1にはCD4000シリーズの4584や74HC14といったシュミット・トリガICを使います．

R_3はU_1の保護用です．C_1の容量が比較的大きいので，電源電圧が急激に低下したり，電源を短絡したりしたような場合に，C_1の電荷がU_1を通って放電するとU_1がラッチアップを起こして壊れるので，R_3で電流を制限します．

U_1の入出力の配線パターンが近づいていると，寄生容量(C_S)の影響で，出力の立ち上がりにスパイクが出るので，C_2を入れて防止します．

長期間動作させるには

● 数十mAの電流を流すと接点の酸化による接触不良を防止できる

スイッチなどの接点は，金めっきされたものは酸化しにくいのですが，銀やニッケルなどの接点材料が使われている場合は，表面が酸化したり硫化したりして接触不良の原因になります．

接点のON/OFF時に，数十mAの電流を流すと，酸化被膜などが破壊されて接触状態が良くなるので，R_2の値を小さめにしてC_1の放電電流をある程度大きくしています．

● 実際の動作波形

図8が実際の動作波形です．上がスイッチの接点信号，下が74HC14の出力です．相当にくたびれたスイッチを使ったので，接点信号にはかなりのチャタリングが出ていますが，出力はきれいになっています．

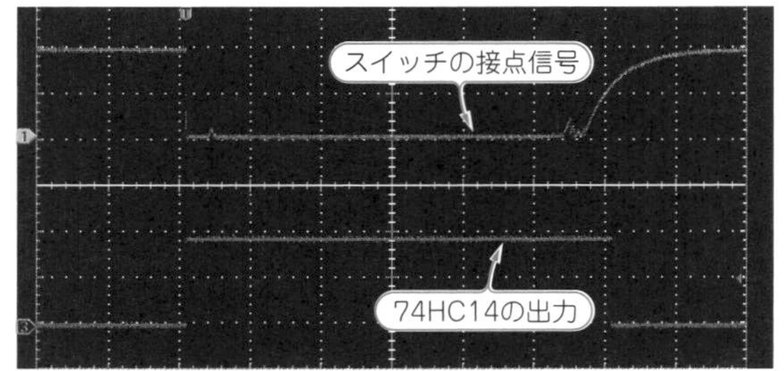

図8　接点入力回路の動作波形(2 V/div，10 ms/div)

その⑥…電流制限回路

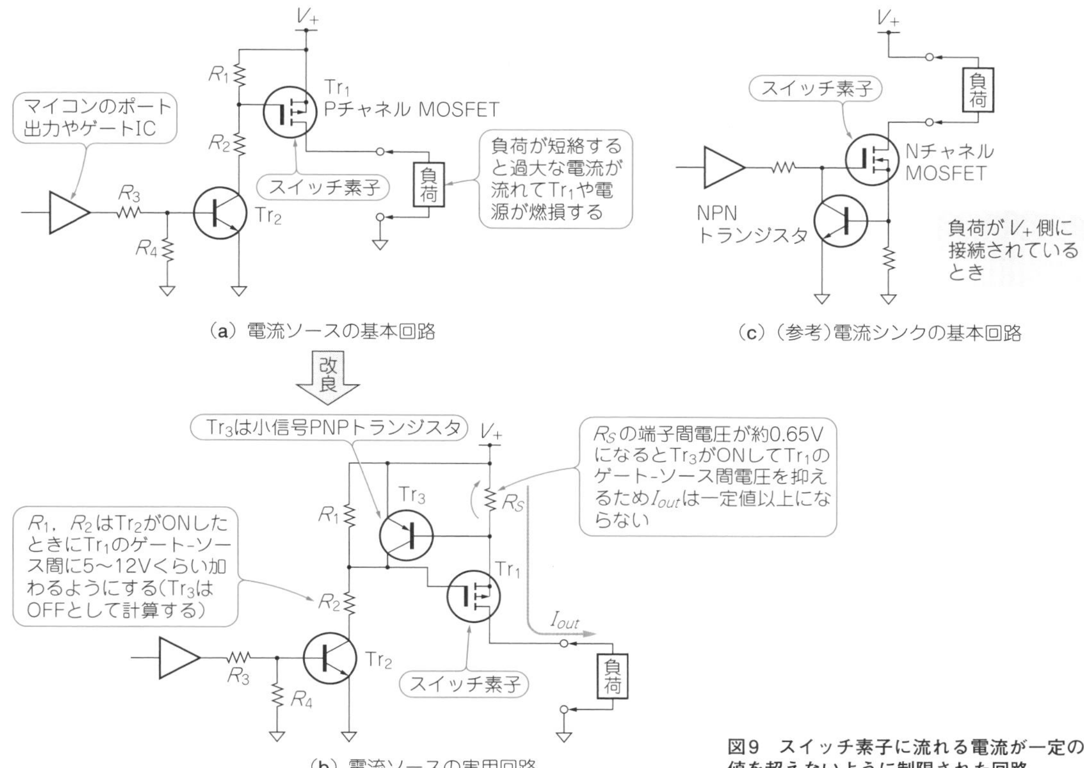

図9　スイッチ素子に流れる電流が一定の値を超えないように制限された回路

マイコンやFPGAの出力で，外部の負荷に供給する電源をON/OFFしたいことがよくあります．MOSFETやバイポーラ・トランジスタをスイッチ素子として使うと，負荷が短絡(ショート)したとき，スイッチ素子や電源回路が過電流で壊れます．装置の電源と，負荷に供給する電源が一緒の場合は，装置の電源電圧が下がるので，装置が停止したり，誤動作したりすることがあります．ここでは，スイッチ素子に流れる電流が一定の値を超えない制限回路を紹介します．

基本回路

図9(a)の基本回路では，マイコンのポートが "H" になると，トランジスタTr_2がONになり，Tr_1のゲートがソースに対してマイナスになることでTr_1がONします．

電源電圧V_+が高いときはTr_1のゲート-ソース間に過大な電圧が加わらないよう，R_1，R_2で分圧してゲート電圧を10 V程度に制限します．

スイッチ素子であるTr_1(PチャネルMOSEFT)がONして負荷に電圧が加わっているときに，負荷や配線が短絡しても電流制限がかからないので，電源が供給できる最大電流が流れます．

実際の回路

図9(b)に示すのは，電流検出抵抗R_SとPNPトランジスタTr_3で作る電流制限回路です．

負荷電流I_{out}が増えてR_Sの端子間電圧が0.65 V程度になるとTr_3がONしてMOSFET(Tr_1)のゲート - ソース間電圧が小さくなるように電流を流すことで，Tr_1の電流を制限します．電流の制限値I_{limit}は，

$$I_{limit} \fallingdotseq 0.65/R_S \text{ [A]}$$

になりますから，例えば$R_S = 65\ \Omega$のときは出力電流は約10 mAで制限されて，それ以上は流れません．

Tr_3がONし始めるベース電圧は，周囲温度によって変わるので，温度が高くなるとI_{limit}は小さくなりま

す．設計値には多少余裕を見ておかなければなりません．

図9(c)は負荷が電源側に接続されている場合の回路例です．電流制限時には，制御信号がNPNトランジスタでGND側にバイパスされるので，抵抗を入れて電流制限します．

負荷短絡時の対策

負荷が短絡されると，Tr_1には電源電圧のほぼ全部か加わるので，I_{limit}が大きいときはTr_1の発熱が大きくなります．

電源電圧V_+が24 V，I_{limit}が100 mAなら，Tr_1の損失は24 V × 100 mA = 2400 mW(= 2.4 W)になります．

損失の大きさによっては，Tr_1にヒートシンクを付けたり，基板の銅はくを広くとったりして放熱対策します．

その⑦…リセット回路

マイコンのリセット回路は，ほとんど専用ICを使うようになりました．しかし，ノイズで誤動作するトラブルに要注意です．

リセット信号へのノイズは誤動作に直結

マイコンやFPGAのリセット回路は，たいてい非同期タイプです．リセット入力にフィルタが入っていないと，細いパルス・ノイズが入っただけで簡単に誤動作します．

インパルス・ノイズ試験や，静電気放電試験でリセットがかかるという現象が起きたときは，リセット・ラインが原因のことが多いです．

とくにオープン・コレクタやオープン・ドレイン出力タイプのリセットICを使っている場合は，リセット・ラインのインピーダンスは，プルアップ抵抗と配線の静電容量だけなので，インピーダンスが高いです．これは，ノイズが乗りやすい条件といえます．

ノイズ対策

● 配線は極力短くしてノイズ源から遠ざける

図10にリセット回路を示します．

リセット・ラインにノイズが乗らないようにするためには，配線をできるだけ短くしてノイズ源から離します．

● リセットICにはパスコンを忘れずに

マイコンなどのリセット入力ピンの近くにコンデンサを入れてノイズを抑えます．容量があまり大きいとリセット信号の立ち上がりがなまって，きちんとリセットがかからなくなります．1000 pFくらいが適当です．

リセットICの電源または電源電圧センス・ピンの直近には，必ずパスコンを入れます．

リセットICは，オープン・コレクタでなく，プッシュプル出力の方が出力インピーダンスが低いので誤動作は少なくなります．

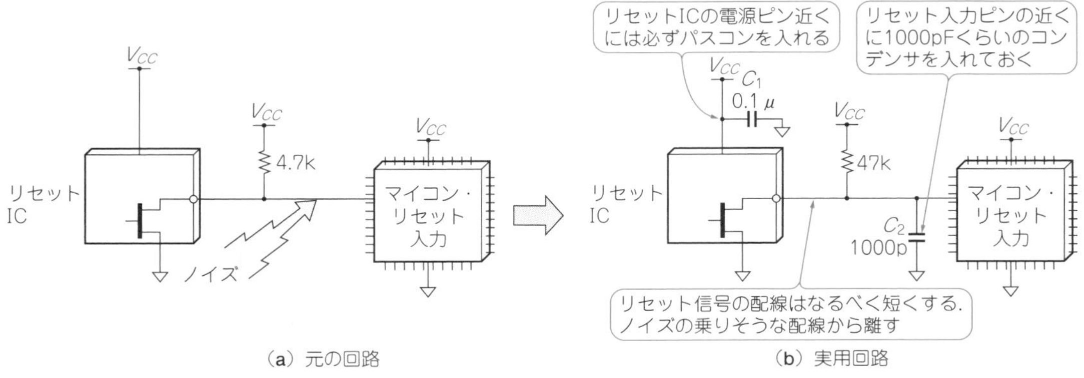

図10　実用的なマイコンのリセット回路

その⑧…三角波発振回路

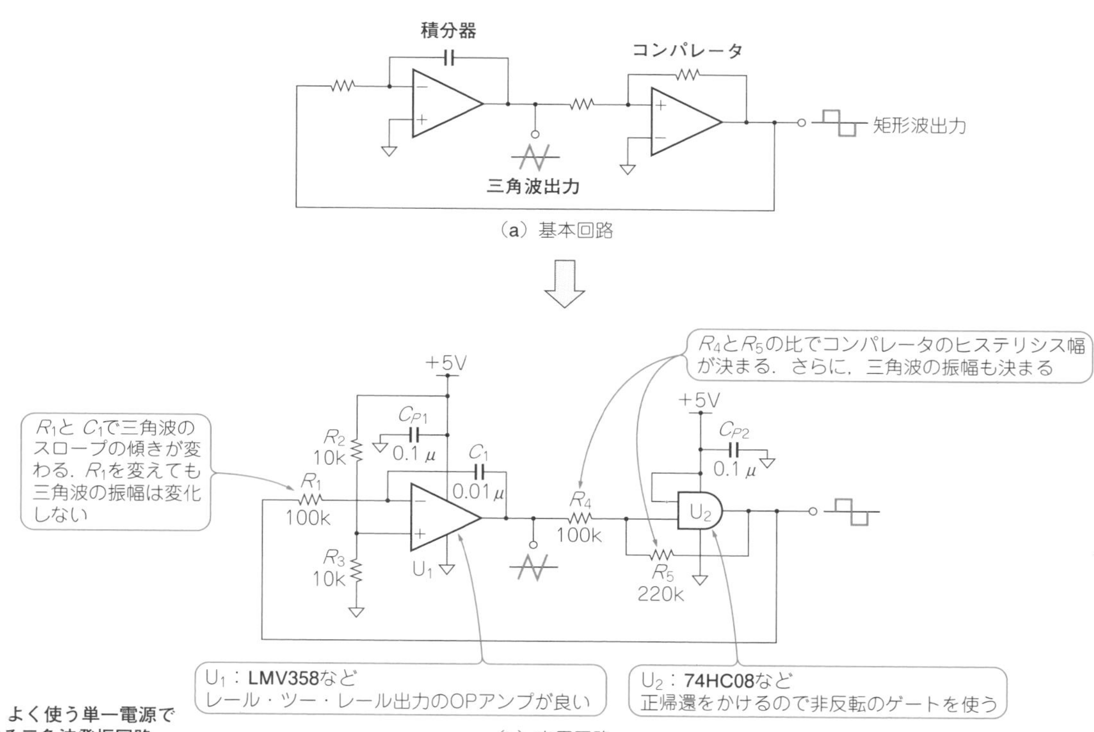

図11 よく使う単一電源で動作する三角波発振回路

三角波は，スイッチング電源のパルス幅をコントロールする回路や，LED照明の明るさを調節するPWM調光回路などに広く使われています．三角波を発生するには，コンデンサを定電流で充放電するのがもっとも一般的です．定電流をスイッチングする回路や，積分器を使った回路があります．

● 5V単一電源動作が実用的

図11(a)のように，教科書的な回路(基本回路)のように，正負両電源で動作する積分器とコンパレータを使った回路になっていますが，実際には単一電源で動作させたいことが多いものです．

そこで，5V単一電源で動作する三角波発振回路を作ってみました［**図11(b)**］．

● ツボ…コンパレータにゲートICを使う

プラスの単一電源動作なので，積分器の基準電位は電源電圧の1/2にします．R_2，R_3で電源を2分圧して，U_1の非反転入力を2.5Vにバイアスします．

複数の発振回路がある場合は，1つの分圧回路を共用することもできますが，この場合は干渉を防ぐために，0.1μFのパスコンを入れます．

コンパレータはOPアンプやコンパレータICを使ってもよいのですが，ここではCMOSゲートICを使ってみました．非反転ゲートの入出力間に抵抗で正帰還をかけてヒステリシス特性を得ています．

ゲートICは動作が高速ですし，負荷抵抗が大きければ，出力電圧もほぼ電源とグラウンド電位近くまで振ることができるので，このような用途には好適です．CMOSゲートのしきい電圧は，ほぼ電源電圧の1/2です．この用途には74HCTなどしきい電圧が偏っているゲートは向きません．

ヒステリシス幅は，(R_4/R_5)×電源電圧になるので，$R_4 < R_5$でないとヒステリシス幅が電源電圧を超えてしまって，U_1で駆動できなくなります．ヒステリシス幅は，そのまま三角波の振幅になります．

その⑨…*LC*ローパス・フィルタ回路

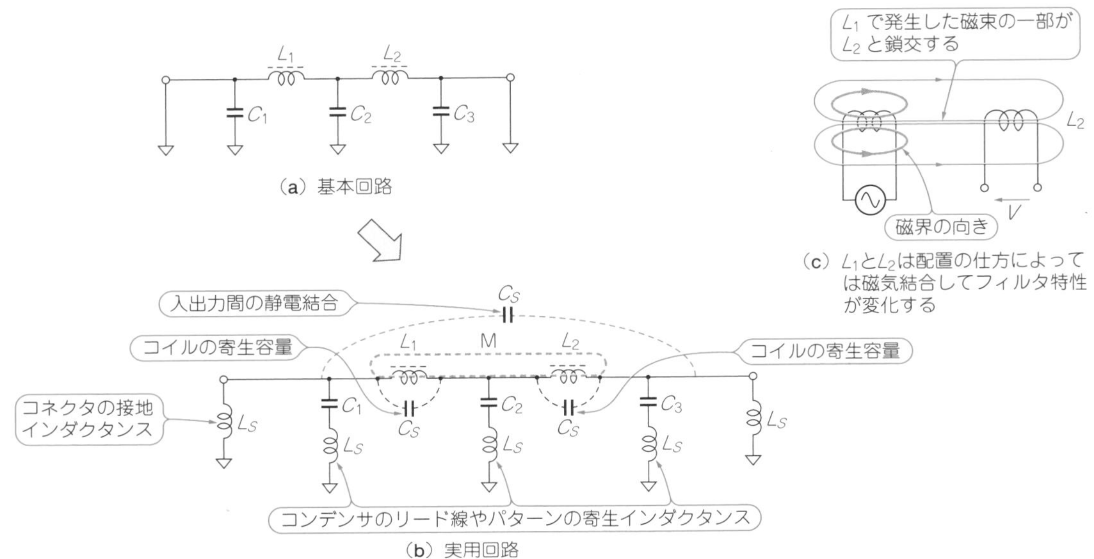

図12　高周波回路や電源の雑音除去に利用する*LC*ローパス・フィルタの基本回路

*LC*ローパス・フィルタは無線通信の高周波回路はもとより，スイッチング電源のリプル・フィルタや電子機器のRFI対策など，いろいろなところで使われています．最近ではフィルタ設計するのに，自動設計ソフトウェアが利用できます．Excelなどを使って自分でツールを作ることができます．SPICEシミュレータを使えば，設計値と実際の減衰特性の差や，原因を明らかにすることもできます．

フィルタ特性劣化の要因…寄生成分

コイルには寄生容量が，コンデンサにはリード線などの寄生インダクタンスがあります．配線にも容量とインダクタンスが必ず存在します．コイル同士も漏れ磁束による結合があります．

図12に寄生成分を含めた実際の回路を示します．こういった寄生成分が減衰特性劣化の原因です．

対　策

● 部品配置や配線を工夫して特性を出す

図13は，寄生成分を考慮して改良した回路です．

コイルは複数に分けたり，巻き線を分割して寄生容量の影響を小さくしたりして，自己共振周波数を高めます．異なるステージのコイルは，配置を直角にするか，磁気シールド・タイプのコイルを使って，磁気結合を防ぎます．

● 寄生インダクタンスの小さいコンデンサを使い配線を短く

コンデンサの寄生インダクタンスは，フィルタの高域減衰量を劣化させる主因なので，なるべくインダクタンス分が小さいコンデンサを使って，最短距離で配線します．配線はT分岐でコンデンサに接続するのではなく，コンデンサの端子のところで入出力の配線を

コラム3　まだまだ現役！ 往年の名シリーズ

登地 功

CD4000シリーズや74HCシリーズのゲートICや，4051～4053，4016などのアナログ・スイッチはアナログ回路に大量に使われています．

特徴は，なんといっても安価なことで，製造しているメーカが複数あって供給が安定しています．

CD4000シリーズは，とても古い製品群で，高機能の演算回路ICなどは製造中止になったものが多いのですが，ゲートやアナログ・スイッチについては，最近になって製造を始めたメーカもあって，当分の間，供給に問題はなさそうです．

性能面では，データシート上のリーク電流の仕様値が大きいので，実力値設計にならざるを得ないといった欠点もありますが，市場で大量に使われているので，品質が安定していると考えることもできます．

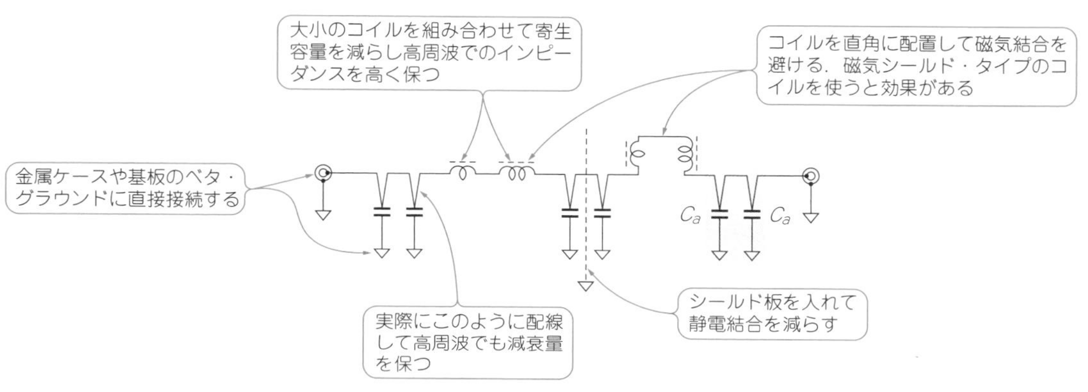

図13　LCローパス・フィルタの寄生成分を考慮して改良した回路

接続します．

入出力間やステージ間にシールド板を入れると良い効果が得られます．

● コンデンサを並列接続すると生じる共振を弱める

コンデンサのインピーダンスを下げるためには，複数のコンデンサを並列にするとよいのですが，コンデンサの組み合わせによっては注意が必要です(**図14**)．

容量が大きく異なるコンデンサを組み合わせると，大容量のコンデンサの寄生インダクタンスと，小容量のコンデンサが並列共振を起こして，特定の周波数でインピーダンスが上昇します．とくに，Qの値が高い良質のコンデンサほど共振時のインピーダンス上昇が顕著です．

アルミ電解コンデンサやタンタル・コンデンサは等価直列抵抗が大きく，Qの値が低くなるので，目立ったインピーダンス上昇は起きません．

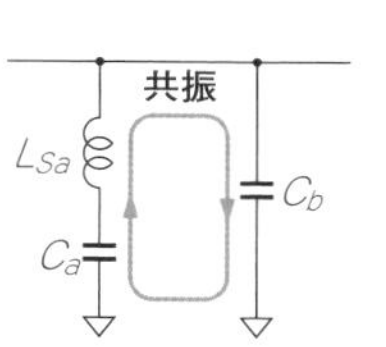

高周波ではC_aを短絡と見なせるので，C_bとL_{Sa}が並列共振して，インピーダンスが高くなる

(a) $C_a \gg C_b$で，C_aの寄生インダクタンスL_{Sa}が無視できないときの等価回路

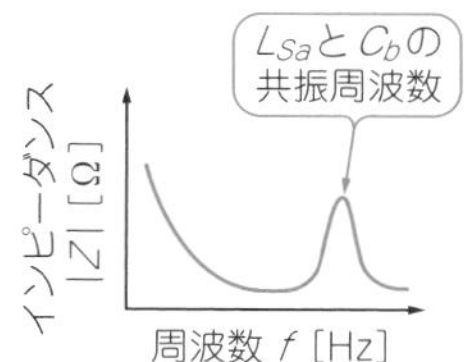

(b) 図15(a)の回路のインピーダンス-周波数特性

図14　図12において$C_a \gg C_b$のとき，C_aの寄生インダクタンスL_{Sa}が無視できなくなり，L_{Sa}とC_bの並列回路が共振する周波数においてインピーダンスが上がり減衰性能が低下する

図12のコンデンサは，寄生インダクタンスの小さいものを2個並列にするとインピーダンスが下がって大きなフィルタ効果が得られる．しかし容量の組み合わせが悪いと($C_a \gg C_b$)，特定の周波数(C_bとL_{Sa}の共振周波数)でインピーダンスが増大してフィルタ効果が得られなくなる

第6章

基本3端子レギュレータを使いこなす

達人への道 電源回路のツボ

脇澤 和夫

その①…5V出力リニア電源回路

電源は，電子回路に安定なエネルギを供給する装置の心臓部です．電源回路を作るときに一度はお世話になるのが3端子レギュレータです．**図1**に示すのは3端子レギュレータの定番78シリーズを使った最もオーソドックスな単電源出力の電源です．

電源ICといえば 3端子レギュレータ「78シリーズ」

3端子レギュレータとは3本のリードをもった安定化電源用のICで，固定電圧出力型，可変出力型，低損失型，スイッチング型などさまざまな種類があります．有名なのは78シリーズと呼ばれるとても使いやすいICで，多くの半導体メーカが生産しています．

①入力 ②出力 ③グラウンド

のたった3本しかピンがありませんが，高性能な電源に仕上げるためのポイントがいくつかあります．

● 基本回路構成

図1に示すのは，5V/1A出力の3端子レギュレータIC 7805で構成したよくある電源です．

平滑コンデンサ(C_1)の充電電圧は，充放電を繰り返しています．負荷回路に電流を供給している間は充電電圧が低下します．C_1の容量を小さくしすぎると，その電圧低下分が大きくなって，3端子レギュレータICが出力電圧を一定にキープするのに必要な入力電圧の最低値を下回ります．**図1**では，IN端子の電圧が7V_{DC}を下回らないように，電源トランス2次側の交流電圧を8V_{RMS}(10～11V_{P-P})になるように設計します．

3端子レギュレータICの入力電圧には上限もあり，7805の場合は35Vです．よってC_1の充電電圧の最大値が35Vを超えないようにする必要があります．

大きくなりがちな発熱への対策

● 消費電力

3端子レギュレータは発熱が小さくないので，たいてい放熱器と組み合わせて使います．発熱を計算しないで作ると基板のはんだが溶けたり，内部の過熱保護回路が動作して出力が停止したりします．

3端子レギュレータの消費電力P_{out}［W］は次式で求まります．

$$P_{out} = (V_{in} - V_{out}) I_{out}$$

ただし，V_{in}：入力電圧［V］，V_{out}：出力電圧［V］，I_{out}：出力電流［A］

この熱を逃がす放熱器が必要です．

● 放熱器の設計の要点

3端子レギュレータ自体の消費電流は出力電流と比べると無視できるくらい小さいので，入力電流と負荷電流はほぼ同じと考えることができます．この熱を逃がすためには，3端子レギュレータのケースに放熱器を取り付けてやる必要があります．

放熱器を選ぶときに注目すべき特性は「熱抵抗」です．単位は［℃/W］または［K/W］（ケルビン毎ワット）です．1Wの熱エネルギを空気中に逃がすときにどれだけ温度が上昇するかを表すパラメータで，小さいほどよく熱を空中に逃がしてくれます．

▶計算例

入力電圧10V，出力電圧5V，負荷電流600mAと

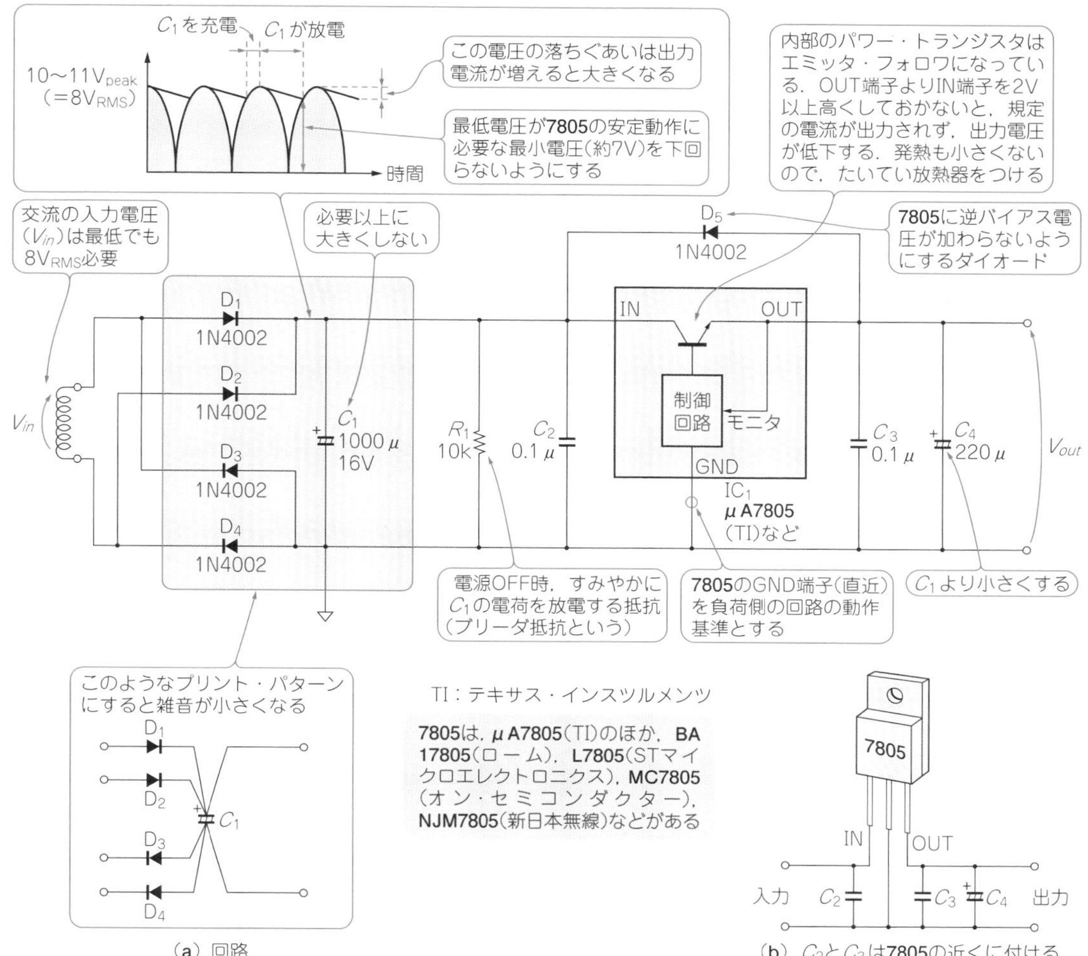

図1　定番3端子レギュレータIC「78シリーズ」でシンプルに構成したリニア電源回路

すると，上式から3端子レギュレータから3 Wの熱エネルギを発生します．パッケージがTO-220と呼ばれる規格サイズで，放熱器がないままで使ったときの内部の半導体チップから空気までの熱抵抗は50 ℃/W以上あり，内部の半導体チップとの温度差は，

$$3\,\mathrm{W} \times 50^\circ\mathrm{C}/\mathrm{W} = 150^\circ\mathrm{C}$$

もあり，室温を25℃とすると，パッケージ内部にあるチップの温度は，175℃（＝25℃＋150℃）になります．実際にこの条件で動かすと，パッケージが火傷するほど熱くなり，はんだも溶けてしまう危険があります．

経験的に，温度上昇は30℃以下に収めるのが無難です．熱抵抗約12 ℃/W（参考サイズ 36×16×25 mm）の放熱器を3端子レギュレータに取り付けると，温度上昇は先ほどの150℃から36℃（＝3 W×12 ℃/W）に激減します．小型ファンを使って風を当てると温度上昇はより大きく抑えられます．

電圧誤差の要因と対策

回路図に描かれた配線のインピーダンスは0 Ωです．しかし実際の配線のインピーダンスは有限の値をもっていますから，電流が流れると電圧降下が発生します．7805は，グラウンド端子を基準にして，出力端子の電圧をぴったり5.0 Vに安定化させます．負荷と3端子レギュレータの間の配線が長いと電流が流れる分の誤差が発生し，負荷に加わる電圧は5.0 Vより低くなります．したがって，5 V端子と負荷との間の配線とグラウンド配線は，できるだけ太く短くします．**図2**に示すようにプリント・パターンを描くときは渡り配線ではなく放射状に配線します．

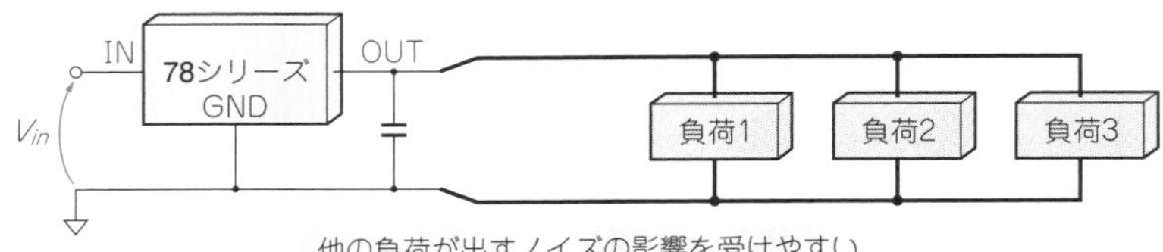

(a) 渡り配線(電源ラインに共通の線がある)

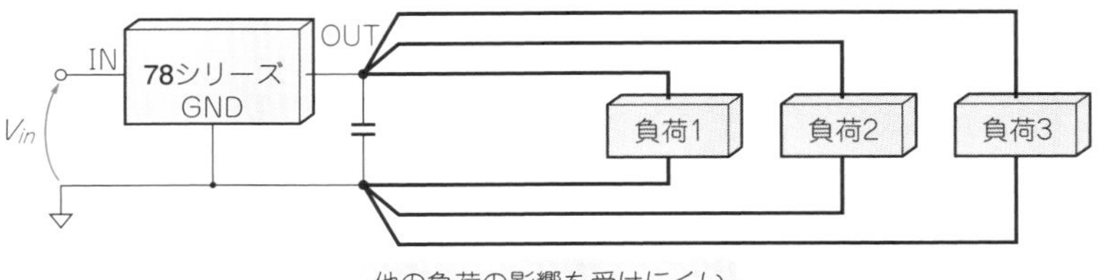

(b) 放射状配線(電源ラインに共通の線がない)

図2 負荷に加わる電圧の精度が高くなるプリント・パターンの描き方

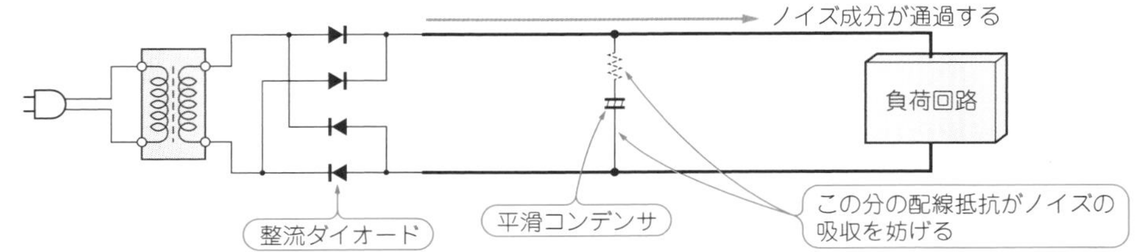

(a) 電流の流れを考えずに配線した場合(ノイズ成分が通過する)

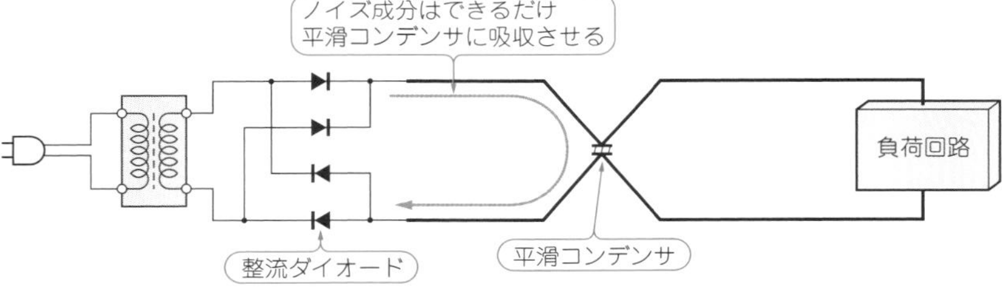

(b) 電流の流れを考えて配線した場合(ノイズ成分を平滑コンデンサに吸収させる)

図3 整流電源のリプル・ノイズが負荷に行かないように平滑コンデンサで食い止められる配線を心がける
正極と負極の各端子に整流ダイオードからの電線と負荷へ行く配線を平滑コンデンサの一点に集めて接続する

使用上の注意

出力側にある静電容量が入力端子側より大きいと，電源をOFFにした直後，出力端子のほうが入力端子より電位が高くなって，3端子レギュレータICが壊れることがあります．これを逆バイアスと呼びます．そうならないように出力側のコンデンサを入力側より小さくして，さらに放電用ダイオードをつけます．

ノイズが負荷に行かないようにするための平滑コンデンサと配線

電源を作るときに大切なのは，電流の流れを考えることです．

トランス，ダイオード(整流用)，コンデンサ(平滑用)で構成された電源は，ダイオードが導通してコンデンサにエネルギ(電荷)を充電する期間が，コンデンサがエネルギを放出(放電)する期間より短くなります．つまり，負荷にエネルギを供給している主役は平滑コンデンサです．

整流ダイオードの出力→平滑コンデンサ→負荷

という配線をします．

トランスとダイオードが作り出す脈流ノイズは，平滑コンデンサでできるだけ吸収して負荷に漏れないように食い止めます．**図3(b)**に示すように，平滑コンデンサの正極と負極の各端子に整流ダイオードからの電線と負荷へ行く配線を集めて1点で接続します．

平滑コンデンサに蓄えられた電圧は放電電流に比例して下がっていきます．高い電圧を扱う整流回路では特に重要ですが，平滑コンデンサにいつまでも電荷がたまっているのは安全とは言えません．必要に応じてブリーダ抵抗を入れ，電荷が残らないようにします．

その②…基本正負両電源回路

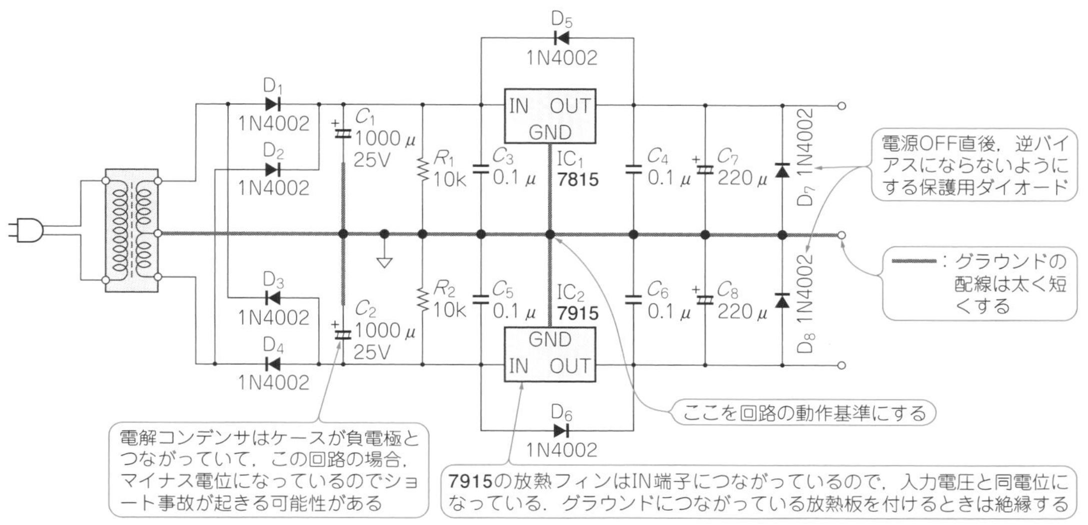

図4　正電源用と負電源用の2個の3端子レギュレータで構成した両電源回路

OPアンプを使ったアンプやフィルタは，±5～±15Vなどの正負の電源で動かすことが多いです．**図4**に示すのは，正電圧出力と負電圧出力の2個の3端子レギュレータ(7815と7915)を使った両電源回路です．

回路構成

図4に示すのは，正電源用と負電源用の2個の3端子レギュレータで構成した両電源回路です．

電圧の基準点が2カ所あるため，正電源につながる負荷の電流が共通のグラウンドを流れて負電源の基準を揺さぶったり，逆に負電源につながる負荷の電流が正電源の基準を揺さぶったりします．グラウンド配線はとにかく太く短く配線します．

使用上の注意

● 逆バイアス防止ダイオードを付ける

電源をOFFすると，正電源と負電源につながる負荷の違いが原因で，どちらかから放電が進みます．たいていは正電源につながる負荷インピーダンスのほうが低いので，正電源側の電圧が先に低下します．

もし正電源側が先に放電し，負電源側が－15Vを出し続けると，負荷を通じて正電源側の3端子レギュレータICの出力端子に負電圧が加わって壊れます．これを防止するために，出力端子に逆バイアス防止ダイオード(D_7とD_8)を追加します．

● 危険…負電源用「79シリーズ」使用上の注意

3端子レギュレータ79シリーズのパッケージに付いているフィンはIN端子とつながっているので，万一グラウンドとつながっているシャーシなどに接触すると短絡して火災などが発生します．3端子レギュレータに放熱器をつけてシャーシに固定するときは，フィンとシャーシの間に絶縁シートを，ネジとフィンの間には絶縁ワッシャを挟みます．

電解コンデンサのケースも要注意です．ケースは導電性のアルミでできていて，マイナス側のリードとつながっているので，同様にショート事故の原因になりえます．

● トランスの正と負の巻き線の仕様を同じにする

図5に示すように，電源トランスの巻き線の出力電圧や出力電流のバランスが悪いと，平滑回路でのリプルが大きくなって電源回路全体のノイズが増します．

2次側の出力電圧と出力電流が正極用と負極用で巻き線の仕様(太さや巻き数)が違うトランスを使って両

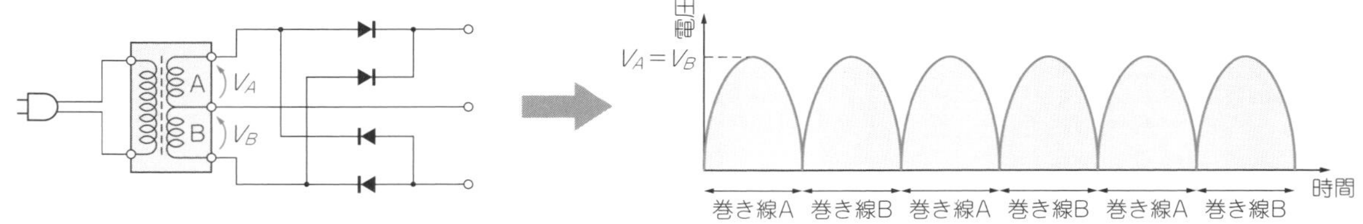

（a）巻き線Aと巻き線Bの巻き数が等しければ波高がそろう（$V_A=V_B$）

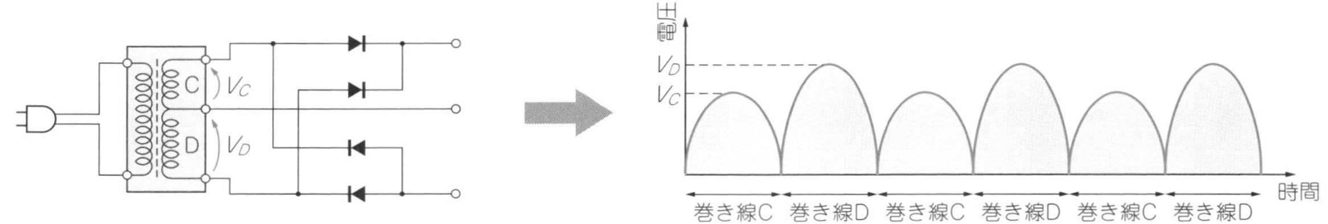

（b）巻き線Cと巻き線Dの巻き数が等しくないと波高がそろわない（$V_C \neq V_D$）

図5　両電源を作るときはトランスの正と負の巻き線の仕様を同じにする
出力電圧や出力電流のバランスが悪いと電源回路のノイズが増す

電源を作ると，整流後の電圧の波高値が増減します．周期は100 Hz（西日本は120 Hz）ではなく，50 Hz（西日本は60 Hz）です．

正負両電源を作るときは，同じ巻き線を2組もったトランス，またはセンタ・タップのあるトランスを使うのが基本です．

その③…出力電圧可変のリニア電源回路

3端子レギュレータの中には出力電圧を可変できる「フローティング・レギュレータ」があります．すべての端子がグラウンドから浮いた状態で動作するため，数百Vを入力する電源を作ることも可能です．

回路構成

図6に示すのは，出力電圧を可変できるタイプの3端子レギュレータを使った電源です．

LM317（テキサス・インスツルメンツ）は，出力電圧調整用端子（ADJ）と出力端子（OUT）の間の電圧を1.25 V一定に保つように動きます．基準点は電圧設定抵抗のグラウンド側で，LM317に基準点はありません．

出力電圧V_{out}［V］は2個の外付け抵抗で自由に設定できます．出力電圧は次式で決まります．

$$V_{out} = 1.25 \times (1 + R_3/R_2) + R_3 \times 0.0001$$

R_2とR_3に流す電流が小さ過ぎると，出力電圧の誤差が増えます．R_2は200 Ω程度に決めるとよいでしょう．

使用上の注意

● 数百Vの電源を作ることも可能なフローティング・レギュレータ

LM317のすべての端子は，特殊な場合を除いてグラウンドから浮いた状態で動作するため「フローティング・レギュレータ」と呼ばれています．このタイプのレギュレータはグラウンド端子をもたないので，各ピン間の最大電圧を超えないという条件が守られるなら数百Vの高電圧でも安定化させられます．実際，LM317のデータシートを見ると，絶対最大定格に最大動作電圧の項目はなく入出力電圧差だけが規定されています．

グラウンドにつながっているC_3とR_3には，十分な耐電圧と許容損失のあるものを使います．LM317は入出力間の電圧が最大規格の40 Vを超えなければ壊れることはありません．

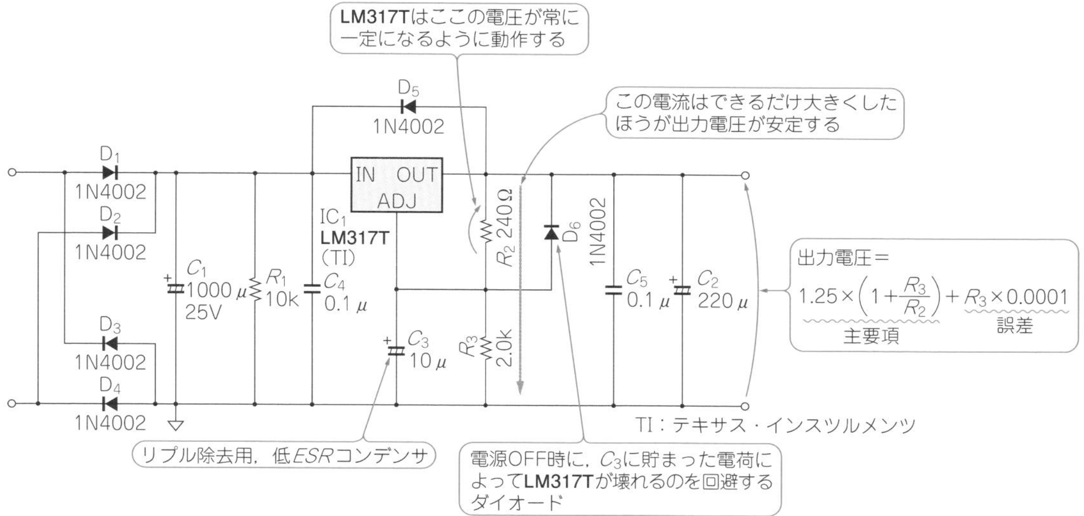

図6　出力電圧を可変できるタイプの3端子レギュレータ（フローティング・レギュレータ）を使ったリニア電源
数百Vの高電圧入力電源を作ることも可能（部品の耐圧は考慮する必要がある）

● フローティング・レギュレータを使うときは雑音バイパス用コンデンサを付ける

LM317はグラウンドが端子なく，出力端子とADJ端子の間が常に1.25 Vになるように動きます．内部回路は入力端子から電流を得て動いているため，ADJ端子に流れる電流は入力電圧に依存します．

R_3に流れる電流のほとんどはR_2から流れるものですが，LM317のADJ端子からも最大100 μAの電流が流れます．C_3を付けて電源の雑音をバイパスするとリプル除去性能が上がります．

LM317のADJ端子とグラウンド間にリプル除去性能向上用のコンデンサC_3を入れるときは，ADJ端子と出力端子の間にダイオード(D_6)を入れて，逆バイアス電圧が加わらないようにします．

電源をOFFしたとき，C_3に電荷が残っていると出力端子よりADJ端子の電位が高くなってICが壊れます．このダイオードはC_3がないときは必要ありません．

入力端子と出力端子の間にもダイオードが入っていますが，これはμA7805などと同じく，負荷側のコンデンサにたまった電荷がICを破壊するのを回避するためのものです．

低*ESR*コンデンサ(OSコンのようなポリマ系アルミ電解コンデンサなど)は等価直列抵抗*ESR*(Equivalent Series Resistor)が低く，高い周波数までインピーダンスが低いのが特徴です．

アルミ電解コンデンサを使うときは，0.01 μ～0.1 μFの積層セラミック・コンデンサを並列に追加して，高い周波数のインピーダンスを抑えます．

● 出力電圧可変にするには

図7に示すようにR_3を可変抵抗(VR_3)に交換すると，出力電圧可変型の電源を作ることができます．

可変抵抗器は，スライダ(ワイパ)に直流電流が流れ続けると，いずれ接触不良を起こしてオープンになることがあります．すると，出力電圧が一気に上がって負荷を壊してしまいます．可変抵抗の1番端子をグラウンドにするときは，2番と3番端子をADJ端子に接続して，スライダが接触不良を起こしても開放状態にならないようにしておきます．

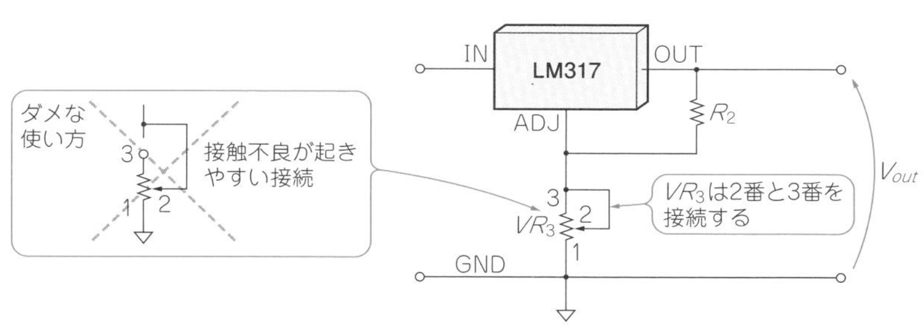

LM317は次式で求まる電圧を出力する．
V_{out} ＝1.25×(1＋VR_3/R_2)
可変抵抗VR_3が接触不良を起こすと，VR_3は最大になり，出力電圧がいきなり上昇する．この異常な高電圧が負荷を壊す．特にVR_3の端子1と端子2だけを使うと接触不良が発生しやすくなりVR_3の抵抗値は無限大になる．VR_3を可変抵抗にする場合は高品質なものを選び，左図のように配線する

図7　可変抵抗器はスライダの接触不良が起きてもオープン状態にならないようにして使う

その④…低ドロップ3.3 Vリニア電源

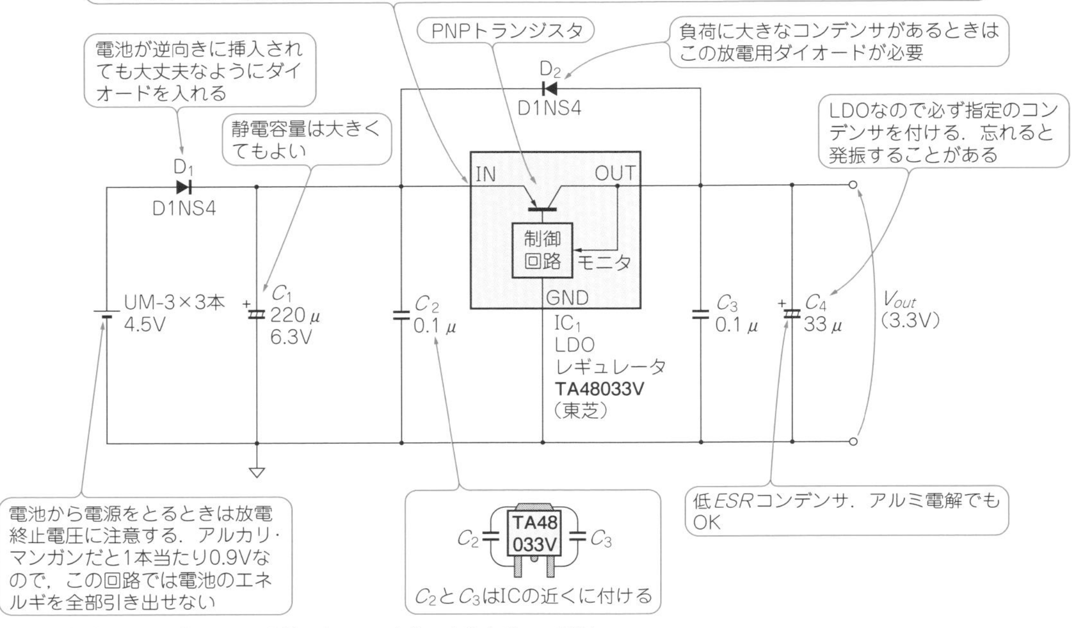

図8　低損失LDOレギュレータを使った3.3 V出力の高効率リニア電源

定番の3端子レギュレータ78シリーズは入出力間に2 V以上の電圧差がないと出力電圧が安定しません．**図8**に示すのは，入出力間電圧が0.数Vでも出力電圧が安定する低損失レギュレータを使った3.3 V電源です．うまく使えば損失が78シリーズの1/4に減ります．

低損失LDOレギュレータを使った3.3 V電源の回路動作

図8に示すのは，低損失レギュレータTA48033を使った3.3 V出力の電源です．アルカリ・マンガン電池3本を電源にしています．低損失レギュレータは，入力電圧と出力電圧の差が0.数Vと小さくても，出力電圧を一定にキープできるICで，LDOレギュレータ(Low Drop-Out Regulator)とも呼びます．

78シリーズに内蔵されているパワー・トランジスタはエミッタ・フォロワ構成になっていて，コレクタが入力端子に，エミッタが出力端子につながっています．そのため，入力電圧を出力電圧より常に，2 Vほど高い状態にキープしておかないと，規定の電流を取り出すことができません．規定の電流を取り出そうとすると出力電圧が低下します．

低損失レギュレータには，PNP型のパワー・トランジスタが内蔵されていて，エミッタが入力端子に，コレクタが出力端子につながっています．この回路構成のおかげで，入力電圧が低下して出力電圧とほとんど同じ電圧になっても出力電圧を一定にキープします．さらに入力電圧が低下すると，追従して出力電圧も低下します．

低損失LDOレギュレータを使うとどれくらいにできるか

● 負荷電流0.5 Aのとき(定格動作時)

入力電圧を下げた場合の損失を計算してみます．

出力電流を同じ0.5 Aと仮定してμA7805(1)とTA48033(2)の損失を計算してみます．

▶μA7805

入力電圧9 V，出力電圧はDC5 V，入出力間電圧差4 Vとすると，損失は約2 Wです．

▶TA48033

入力電圧4.3 V，出力電圧DC3.3 V，入出力間電圧

コラム1　エンジニアに必要なもの…「技術」と「技能」そして「勘」

脇澤 和夫

これらはよく似た言葉ですが全く違うものです.

▶技術

技術は, 書いて残せて, 本やインターネットから知ることができます. 本書(トランジスタ技術SPECIAL)も技術を学ぶうえでよい媒体だと思います.

▶技能

技能は自分が習得しなければ得られないものです. どんな本でもサイトでも, コンピュータによる通信技術がもっと進歩しても伝えられません. 人体の構造は本でも調べられますが, 歩き方は自分で練習して習得しなければならないのと似ています. マニュアル化できません. ねじの緩め方や締め方, はんだ付け, ケース加工, プログラミングその他, あらゆるものに「技能」が求められるのがエンジニアです.

▶勘

初めて回路を設計するときは電卓とにらめっこ…これが普通です. でも, 経験が増えるにしたがって暗算で概算値を決めて, だいたい動作する回路を作れるようになります. これはヤマカンではありません.「こうすればできる」という勘です. 最初の回路の値などはほとんど勘と暗算で選んでいます. 計算が後付けというわけではありませんが, なれればごく自然にできてしまいます.

＊

技能や勘は誰も教えてくれません. 手助けはできますが, 一番大切な部分は絵に描くことも文章にすることもできません. 自分で習得しておけば必ず役に立つ, そういうものです.

差1 Vとすると, 損失は約0.5 Wです.

● 負荷電流が0 Aのとき(無負荷時)

負荷電流0 Aのとき(無負荷時)の損失も比べてみます.

▶ μA7805

入力電圧を9 Vとするとμ A7805のバイアス電流は4.2 mAなので, 損失は37.8 mWです.

▶TA48033

入力電圧4.3 Vとすると, TA48033のバイアス電流は0.8 mAなので, 損失は3.44 mWです. μA7805と比べると10倍もの差があるので, 電池駆動の場合は気にする必要があります.

＊

LDOレギュレータを単純に従来の電源に使っている3端子レギュレータと交換しても, 損失が減ることはありません. 入力電圧を下げて使わなければメリットがありません.

使用上の注意

● 出力間に必ずコンデンサを付ける

TA48033は33 μFが推奨されています. 他の多くのLDOレギュレータも出力に付ける発振を抑えるコンデンサは10 μ～47 μFが推奨されています. 低*ESR*コンデンサを推奨するメーカもありますが, たいてい普通のアルミ電解10 μ～47 μFと0.1 μFの積層セラミックで問題はありません.

TPS715シリーズ(テキサス・インスツルメンツ)やS812シリーズ(エイブリック)のように, 内部のパワー・トランジスタがMOSFETのLDOレギュレータの多くは, 出力側のコンデンサが比較的小さい(約1 μF)積層セラミックで問題なく動作します. 商用電源を利用する場合も, 電池を利用する場合も,

入力側コンデンサの容量(C_1)＞出力側コンデンサの容量(C_4)とする

べきです.

● 無負荷時の消費電流が意外と大きい

電池電圧が低下したときに, PNP出力のLDOレギュレータの自己消費電流が1 mAを越えて電池寿命が短くなった経験があります. 電池の交換が簡単であれば寿命は大きな問題になりませんが, 外部電源のない場所に設置された監視システムなどでは, 電池電圧低下警報が出てから交換サービスが行われるまで1カ月ほどかかることがあります.

● 電池を電源にするときは逆接続対策も忘れずに

アルカリ・マンガン乾電池は放電とともに電圧が1.6 V(満充電)～0.9 V(放電終止)まで変化します.

図8に示すように, 3本直列に接続すれば3.3 V出力の電源を作ることができますが, 電池の放電終止電圧が2.7 Vなので, 電池にエネルギを残した状態でシャットダウンすることになります. 電池は交換時に逆に挿入される可能性があるので, 回路が壊れないように逆流防止ダイオードを入れます.

◆参考文献◆

(1) μA7800シリーズ データシート2012年版, テキサス・インスツルメンツ.
(2) TA48033データシート, 2004年7月版, 東芝.

その⑤…電池用スイッチング昇圧電源

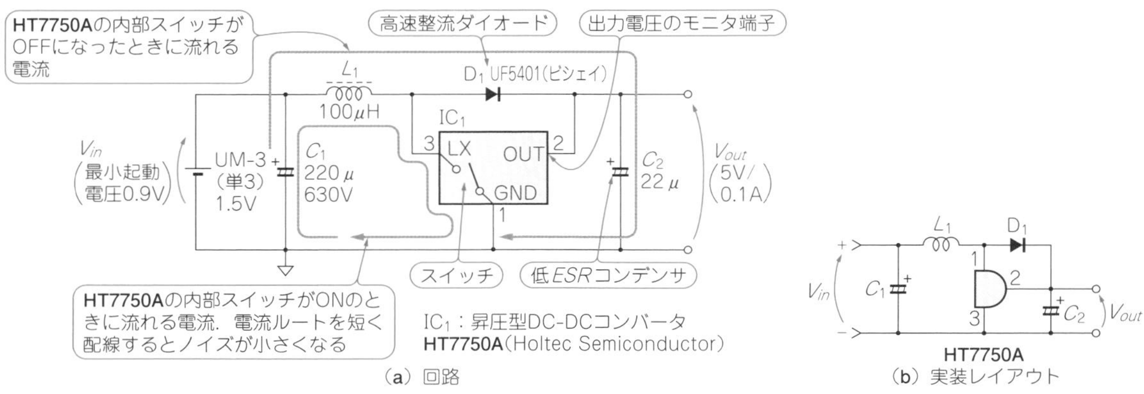

図9　DC-DCコンバータ制御ICを使った昇圧型DC-DCコンバータ(1.5 V入力，5 V/0.1 A出力の例)

図9に示すのは電池1本の電圧(1.5 V)を5 Vに昇圧できる高効率なDC-DCコンバータです．放電終止電圧の0.9 Vまで動作し続けます．ポイントはコイルと整流ダイオードの選定です．

回路動作

図9に示すのは，制御ICを使った1.5 V入力，5 V/0.1 A出力の昇圧型DC-DCコンバータです．回路方式はフライバック型です．ここで例に示した制御IC HT7750A(Holtec Semiconductor)は，アルカリ・マンガン乾電池の放電終了電圧(0.9 V)まで起動できるので，電池の全エネルギを引き出すことができます．

使用上の注意

● 平滑用コンデンサは低*ESR*タイプを

平滑用コンデンサ(C_2)には，等価直列抵抗*ESR*(Equivalent Series Resistance)が小さいタイプを選びます．メーカの資料では低*ESR*コンデンサが推奨されていますが，アルミ電解コンデンサを使う場合は，積層セラミック・コンデンサを並列に接続します．

● 磁気飽和しにくいコイルを使う

制御ICが，コイルに蓄えた電磁エネルギをダイオードを通じて出力に送り出すので，コイルが磁気飽和すると効率が一気に悪化します．

飽和しにくいドラム型コアをもつタイプがおすすめです．磁気シールドのあるタイプならノイズの発生も少なくなります．トロイダル・コアのコイルは磁束漏れが少なく，ノイズ発生は少ないですが飽和はしやすくなります．

● 高速整流ダイオードを使う

DC-DCコンバータICを使うときはいろいろなダイオードを試して比較しましょう．

UF5400シリーズ(ビシェイ)は，私が標準的に使っているものの1つで高速整流用です．ショットキー・バリア・ダイオードではないので損失は多めです．

D1NS4(新電元)も候補ですが，汎用ショットキー・バリアであり高速用ではありません．RB162M(ローム)は高速なショットキー・バリア・ダイオードですが，意外と接合容量が大きめでした．HT7750Aのデータシートで推奨している1N5817(オン・セミコンダクター)は，汎用のショットキー・バリア・ダイオードであり高速整流用ではありません．

● 電流経路はできるだけコンパクトに

HT7750A内蔵スイッチがON/OFFするたびに，次の2つの経路で電流が流れます．

- LX端子のスイッチがONの期間：C_1→L_1→$\mathrm{IC_1}$(HT7750A内のスイッチ)→C_1
- LX端子のスイッチがOFFの期間：C_1→L_1→$\mathrm{D_1}$→C_2→C_1

電流経路にはパルス電流が流れてノイズ源になるので，できるだけコンパクトに配置配線します．

第7章

データシートだけではつかめない設計のテクニック

達人への道 抵抗/コンデンサ応用回路のツボ

細田 隆之

設計はデータシートを読む＋αが必要

設計の前には，要求仕様を満たす回路をどのように構成してやろうかと思いを巡らせます．方式が決まってきたら，どのような部品や回路構成が適しているかを調べます．

インターネットの隆盛のおかげで，データシートをはじめとする技術情報が格段に簡単に得られます．しかし，網羅的で技術トレンドがわかりにくく，今では時代遅れの内容であったり，新しい部品の登場で設計のパラダイムが変わっていたりすることがあります．高性能化がかえって問題になることもあります．

本稿では，データシートのアプリケーション・ノートを読むだけではちょっとわかりにくい要点を，いくつかの回路を例にして，解説します．

その①…回路の性能を引き出すデカップリング・コンデンサと帰還抵抗

図1は，ICを2つ組み合わせた低雑音・高出力電流アンプです．データシートなどにあるアプリケーション回路例では，**図1(a)**のような回路ですが，実際にそのまま使える回路ではありません．電源のデカップリング，つまりバイパス・コンデンサ(パスコン)などを**図1(b)**のように組み込む必要があります．低雑音かつ低ひずみを実現するには，抵抗の値や品種の選択も重要です．

①-1　電源はしっかり安定化する

● データシートの応用回路ではパスコンが省略されることが多い

OPアンプやロジックICのデータシートを見ると，よく参考回路が掲載されています．これは一例を示したものであって，このまま自分用に使えるわけではありません．

パスコンをはじめとする電源のデカップリング部品は，省略されていることが多いです．要求性能や使用環境により，実際の回路がまちまちですし，アプリケーション例の回路としてはかえって見難くなったり煩雑であったりするからです．

● 電源のデカップリングは必須！ 性能が出なかったり誤動作したりする

電子部品の高性能化に伴い，デカップリングの重要度は増しています．デカップリングの必要性を認識できないまま，データシートをよく読まずに設計すると，電子回路としての性能が出ない，誤動作する，などのトラブルに見舞われます．

大規模FPGAのメーカに寄せられる動作不良のクレームの多くはパスコン不足で，パスコンが1つも付いていないということもあるようです．

図2は高速A-Dコンバータ・ドライバLMH6551のアプリケーション例です．電源のパスコンが明記されていません．

データシートをよく読むと，電源のデカップリングについて丹念にかかれていますし，**図3**に電源のパスコンの付け方も書かれています．

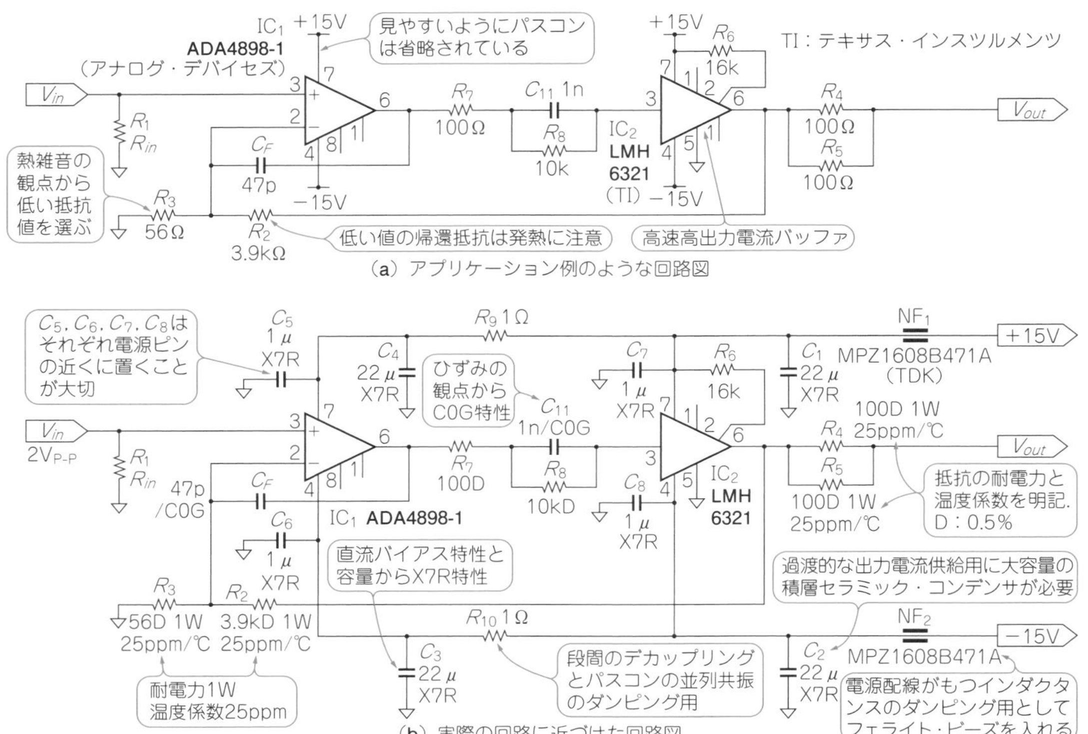

図1　低雑音・高出力電流のアンプは電源のデカップリングが重要
センサのプリアンプなどに使う50 Ω出力アンプ

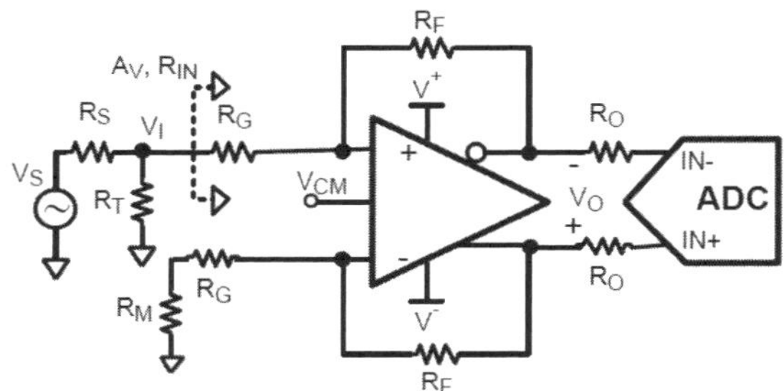

図2[1] **アプリケーション回路例は電源に関しての記述が省略されている**
高速ADCドライバLMH6551の例

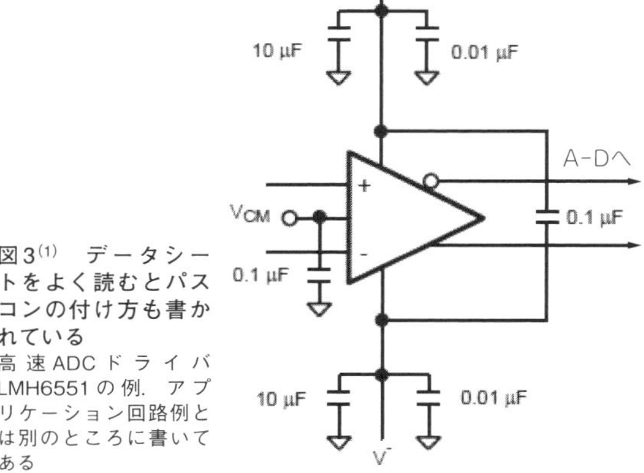

図3[1] **データシートをよく読むとパスコンの付け方も書かれている**
高速ADCドライバLMH6551の例．アプリケーション回路例とは別のところに書いてある

● パスコンの入れ方はリファレンス・デザインを参考にする

昨今では電子部品メーカから「ちゃんと作れば，少なくともこれくらいの性能は出ますよ」と参考回路と評価ボードが提供されていることがあります(**図4**, LMH6321評価ボード)．評価回路のリファレンス・デザインとともに推奨部品が明記されていることもあります．

パスコンは，ひとまずはリファレンス・デザインに則って実装します．ただし，他の箇所とのデカップリングの兼ね合いで部品追加，配置変更，定数変更をすることもあります．

「応用回路例」と「実際の回路」の違いを示したのが先掲の**図1**です．

図1(a)は応用回路例的に書いた回路図です．

注目してほしいのは，電源が± 15 Vで増幅度が8倍，低雑音特性を生かすため帰還部の抵抗が低めになっていて，電流バッファが付いている点です．

図1(b)は実際の回路的に書いた回路図です．電源ラインにいろいろな部品が増えています．

このアンプは，信号源抵抗50 Ωの熱雑音レベルに

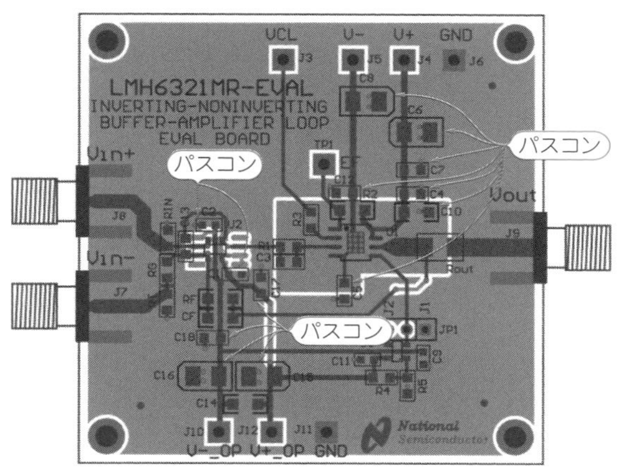

図4[2]　パスコンの施し方は評価ボードなどのリファレンス・デザインが参考になる
LMH6321評価ボードの例．これが必ずしもベストなわけではない

匹敵する低雑音で，直流から1 MHz近くまでの信号を増幅し，50 Ω負荷に最大＋20 dBm供給できることを目標としています．出力のダイナミック・レンジを増やすために電源電圧が±15 Vになっています．

各データシートには，OPアンプIC_1もバッファIC_2も，安定動作のためには各デバイスの電源端子の直近に100 nF(0.1 μF)くらいの積層セラミック・コンデンサ(MLCC)と，近くに10 μF程度のコンデンサが必要と書かれています．

それぞれのICが1つだけなら，データシート通りのパスコンでよいかもしれませんが，このような構成のアンプの場合は，さらに工夫が必要です．

● バッファ・アンプは特にガッチリ電源を安定化する

バッファ・アンプが消費する過渡的な出力電流はパスコンから供給されます．

パスコンを含めデカップリング・コンデンサの容量が不足していると，この電流はバッファの電源端子の電圧変動になり，初段のOPアンプ電源端子に伝わります．OPアンプの電源変動除去性能(*PSRR*：Power Supply Rejection Ratio)によっていくぶんは減衰しますが，信号経路へと混入してひずみ特性などを劣化させます．

初段(IC_1)は*PSRR*の大きな高性能OPアンプですが，データシート(**図5**)によると，100 kHz以上では*PSRR*が−80 dBよりも悪くなります．これでも相当高性能なのですが，帯域外の雑音電圧もドリフトやひずみの原因となるので，低雑音増幅器としては，電源からの雑音の混入を十分防ぐ必要があります．

● 電源のノイズは広帯域にわたり小さくする

100 k～1 MHzは，スイッチング電源やインバータ，

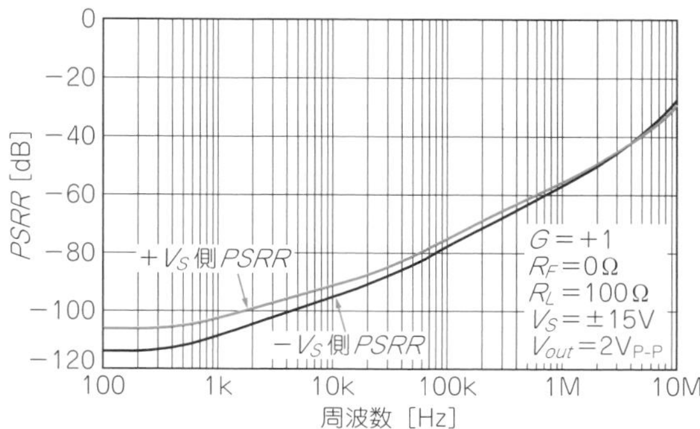

図5[3]　ICの電源ノイズ除去性能は周波数が高くなるほど悪化する
図は初段の高性能OPアンプADA4898-1の電源変動除去比(*PSRR*)

中波の放送まで，さまざまなノイズでいっぱいです．1 MHz以上の帯域外のノイズも，ドリフトやひずみの原因になります．

したがって，下は長波(数十kHz)から，上は無線LANや携帯などマイクロ波(GHz以上)まで考慮します．

● 100 kHz以上の電源ノイズを減らすにはフェライト・ビーズが効果的

図1(**b**)の＋15 V側を例にとって説明します．

まず，C_5，C_7は各ICの安定動作のために電源ピンの直近に置かれるパスコンです．

大容量のパスコン(C_1)だけでは，100 kHz以上のノイズを十分に減衰させることができません．電源ラインの入力に**図6**のような周波数特性をもつフェライト・ビーズ(MPZ1608B471A)を入れます．

この対策によって，デバイス・モデルを使ったオーバーオールの*PSRR*のシミュレーション結果(**図7**)では，プロット①とプロット②ほどの違いが表れます．

● 電源ラインのフェライト・ビーズとコンデンサの共振への対策

プロット②を見ると，10 kHz近くで*PSRR*が悪化し

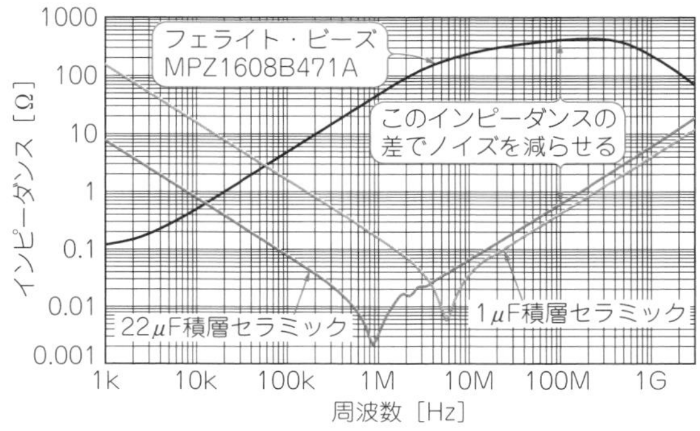

図6　電源デカップリングに使ったフェライト・ビーズと積層セラミック・コンデンサのインピーダンス

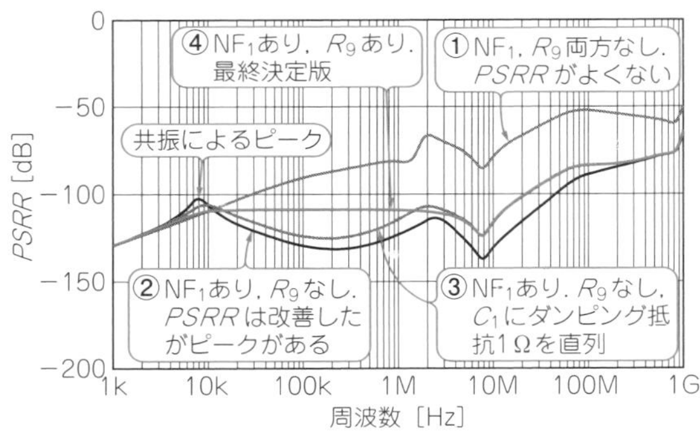

図7　図1(b)に示した回路の電源ノイズ除去性能（シミュレーション）
単にパスコンを入れるだけでなく，フェライト・ビーズや抵抗をうまく組み合わせると広い帯域で良好な除去性能が得られる

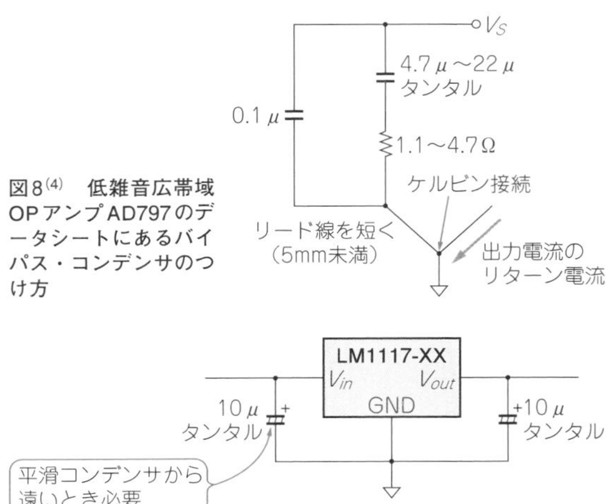

図8[(4)]　低雑音広帯域OPアンプAD797のデータシートにあるバイパス・コンデンサのつけ方

図9[(5)]　低ドロップアウト3端子レギュレータLM1117のデータシートにある応用例

ています．NF_1（フェライト・ビーズ）のインダクタンスとC_1およびC_4の共振に起因します．

この共振をダンピングするために，**図8**のようにC_1に直列に抵抗を入れると，プロット③になります．接地インピーダンスが上がって，高域での減衰量が悪化するわりに，共振の低減効果は限定的です．

ダンピング抵抗はC_1と直列に入れてはいけません．電源の段間にR_9（1Ω）を入れます．RCローパス・フィルタとして働かせて電源変動の影響を抑えつつ，C_4との共振を抑え込みます．プロット④のシミュレーションでは，10 MHz以下のピークがなくなっています．

主な出力電流はIC_2が受け持っているため，IC_1の電源電流の変動は小さくなっています．したがって，IC_1の電源ラインに1Ωを入れることは問題になりません．

シミュレーションでは広帯域に電源ノイズを80 dB以上減衰させることができましたが，現実的には，80 dB以上の減衰は，実装上の理由からなかなか容易ではありません．しかし，このように考えていくことは，1つの指針になります．

図1(b)の回路図には，帯域外の30 MHz以上に対して特段の対策を入れていません．それでも，配線抵抗とインダクタンスを考慮したこのシミュレーションでは，高性能なフェライト・ビーズと積層セラミック・コンデンサのおかげで，比較的良好に（60 dB以上）減衰しています．

①-2　コンデンサの選び方

● タンタルより積層セラミックや固体アルミ電解を使う

電源IC（**図9**）や高性能OPアンプ（先掲の**図8**）などで，電源のデカップリング・コンデンサ，いわゆるパスコンに10 μF前後の固体タンタル・コンデンサを推奨してあり，併せて10 n（0.01 μ）～100 nF（0.1 μF）程度の比較的小容量のセラミック・コンデンサを並列接続にして使用している例が多く見受けられます．

昔は，10 MHz以上まで使える1 μ～33 μFくらいの容量のコンデンサが固体タンタルしかありませんでした．

大容量積層セラミック・コンデンサや固体アルミ電解コンデンサが入手しやすくなった今は，電源ラインに固体タンタル・コンデンサを積極的に使う理由はありません．

● 積層セラミック・コンデンサには必要に応じて直列に抵抗を入れる

固体タンタル・コンデンサに寄生する1Ω程度の内部抵抗は必要なことがあります．固体タンタルを大容量積層セラミック・コンデンサに置き換えると，ESRが低すぎて並列共振が起こることがあります．そのときは1～数Ωの直列抵抗を追加します．

● レギュレータ出力はある程度内部抵抗をもったコンデンサがいい

▶電源レギュレータが安定動作しやすい

シリーズ・レギュレータの過渡特性は出力に付けたコンデンサで電流を補えば改善できます．ところがシリーズ・レギュレータの動作は直流アンプと同じなので，出力の容量負荷が低すぎると位相余裕が減少して，かえって負荷変動に弱くなったり，場合によっては発振を起こしてしまいます．

固体タンタル・コンデンサは，周波数特性が良いだけでなく，1Ω前後のESR（等価直列抵抗）があるため，シリーズ・レギュレータの安定動作のために，出力用

コラム1　5％より精度を上げたいなら素直に1％品に変える

細田 隆之

● 5％抵抗に5％抵抗を追加しても精度は上がらない

たまに，抵抗値の誤差を減らすため，誤差5％の抵抗を並列に接続するという話を耳にすることがあります．意味はあるのでしょうか．

部品同士の誤差に相関がなければn個の部品を並列（または直列）すれば，誤差はおよそ$1/\sqrt{n}$に減りそうに思えます．でも，そのためには「相関がない」という前提が必要です．品質管理がされている電子部品が，同じロットで相関がないと言えるでしょうか？

別の問題もあります．並列もしくは直列接続には副作用があって，n個並列にした場合には端子間の容量がn倍以上になりますし，直列にした場合には寄生インダクタンスがn倍以上になります．部品代はn倍になるにもかかわらず，故障率もn倍になってしまいます．良い所がありませんね．

● 精度5％品も1％品もたいして価格は変わらない

実のところ，電力用の大きなものでなければ誤差5％品と1％の品の価格差は，ごくわずかです（**表A**）．誤差5％が少しでも気になるのなら，素直に1％品を選ぶのが正しいやり方です．

● 50℃の温度変化で1％も変動する抵抗もある

誤差5％の抵抗の温度係数は200 ppm/℃程度ですが，誤差1％の抵抗の温度係数は50～100 ppm/℃程度です．温度係数が200 ppm/℃の抵抗では，例えば周囲温度が50℃変わるとそれだけで1％の変動になってしまいます．自分自身や周囲の部品の発熱も考えると変動はもっと大きくなります．

誤差5％のものから誤差の少ないものを選別したとしても，温度係数から大して意味が無いことがわかります．

＊

もちろん，消費電力の大きい抵抗をいくつかに分けて熱的に発熱の分散を図る場合には，意味があります．温度係数が同じなら，抵抗の温度上昇が$1/n$近くに抑えられる分だけ温度係数に起因する抵抗値の変動も減りますし，ディレーティング・カーブにかからなければ消費可能な電力の余裕も出来ます．

表A　誤差5％の抵抗と誤差1％の抵抗のコストはほぼ同じ
1 kΩ，1608サイズの抵抗の単価（1000個購入時），電子部品通販サイトDigi-Key，2015年2月調べ．価格は参考

メーカ	型　名	参考価格	耐電力	許容差	温度係数
ローム	MCR03ERTJ102	0.245円	1/10 W	5％	±200 ppm/℃
ローム	MCR03ERTF1001	0.275円	1/10 W	1％	±100 ppm/℃
進工業	RR0816P-102-D	2.188円	1/16 W	0.5％	±25 ppm/℃

のコンデンサとして，ちょうど良かったのです．

▶コンデンサの内部抵抗が適度に共振を抑えてくれる

湿式アルミ電解コンデンサなどの巻きもの系のコンデンサは，並列接続すると，大きな*ESL*（等価直列インダクタンス）によってセラミック・コンデンサと共振することがあります．*ESL*が小さく，かつダンピングには適度な*ESR*があって，その温度変動も少ない個体タンタル・コンデンサがちょうど良かったのです．

昔ながらのOPアンプ回路で使われる±15 Vの電源には耐圧35 V（サージ耐圧46 V@85℃，22 V@125℃）の固体タンタル・コンデンサがよく使われたものでした．

①-3　固体タンタル・コンデンサについて

● 信頼性の確保が難しい

固体タンタル・コンデンサの故障モードは90％以上が短絡で，発火に至ることも稀ではありません．ヒューズ内蔵の固体タンタル・コンデンサなら発火は防げますが，RoHS指令以降，一気に製品がなくなりました．信頼性も供給も一層厳しくなっています．

● もしタンタルを使うなら使用電圧の3～5倍の定格電圧

▶定格電圧の0.2～0.4倍でしか使えない

図10に示すように，固体タンタル・コンデンサの故障率[6]は，アレニウスの法則に従い，電圧の3乗に比例し，温度が10℃ごとに2倍になります．

サージ耐圧が3倍以上もある低電圧用セラミック・コンデンサなどと違い，固体タンタル・コンデンサのサージ耐圧[8]はある温度での定格電圧の1.3倍しかありません．

ここでのサージ耐圧とは，ある使用温度でコンデンサに瞬間的に印加できる電圧です．1 kΩ±100 Ωの

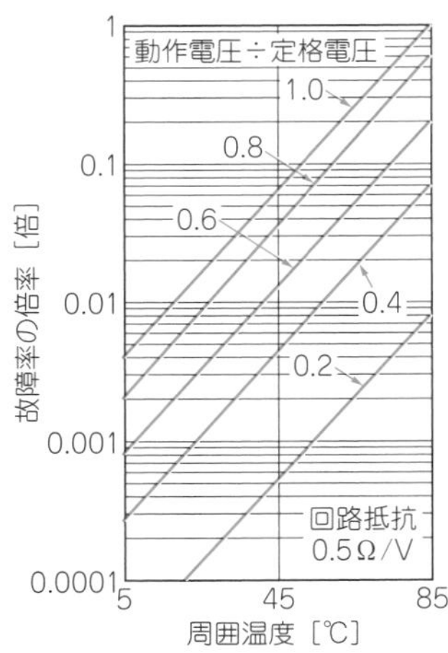

図10[7]　固体タンタル・コンデンサの故障率を下げるには，使用電圧の3倍以上の定格電圧から選び，温度を上げずに使う

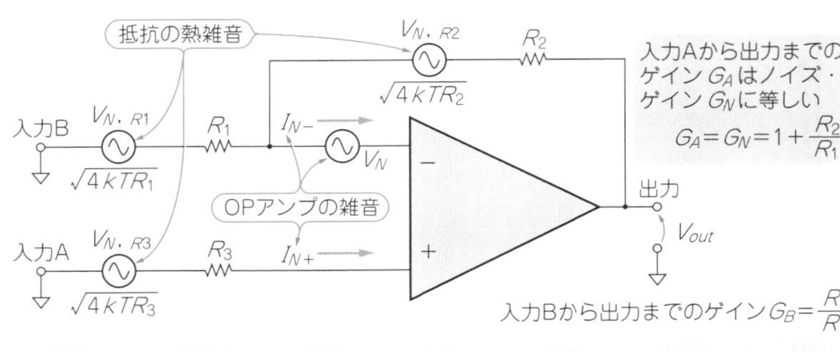

図11[3]　OPアンプ回路の雑音の見積もり方

抵抗を介して，30秒間充電，5分30秒間放電のサイクルを1000回繰り返したときに耐えられる電圧で，JIS C 5101-3では定格電圧およびカテゴリ電圧の1.3倍となっています．

温度によっても電圧のディレーティングが必要で，125℃では85℃での定格の0.63倍の軽減が必要です．

電源以外に使う場合でも，定格電圧の0.2～0.4倍で使います．

▶電流制限抵抗を入れると故障率は下がるがパスコンとしては役立たず

固体タンタル・コンデンサは，電源回路などの低インピーダンス回路では突入電流により故障率が増大します．そこで，故障率の軽減のために電流を制限する直列抵抗を入れることが推奨されています．

印加電圧1V当たり，3Ωの直列抵抗を入れることが推奨されています．10Ω/V以上の直列抵抗を入れると，故障率が1けたくらい下がります．

ですが，電源ラインのパスコンとして使うにはESRと保護抵抗を含めて数Ω以下でなくては使いにくく，故障率が下がる直列抵抗を入れて使うことはできません．

①-4　低雑音・低ひずみアンプのキモ「帰還抵抗」

● 雑音源になるため帰還抵抗の値は小さめが良い

図1の低雑音アンプの帰還抵抗の値は，どのように決まっているのでしょうか．

抵抗の熱雑音密度は$\sqrt{4kTR}$ [$V_{RMS}/\sqrt{Hz}$] で決まります．kはボルツマン定数1.380649×10^{-23}[J/K]（定義値），Tは絶対温度［K］，Rは抵抗［Ω］です．それに対して初段のOPアンプの入力換算雑音電圧は0.9 $nV_{RMS}/\sqrt{Hz}$で，50Ω抵抗の熱雑音に匹敵します．

図11のように，データシート中に雑音解析モデルの記載があります．OPアンプの低雑音性能を引き出すには，帰還抵抗の値を十分小さくする必要があります．

● 帰還抵抗が小さすぎるとOPアンプが駆動できなかったり発熱したり

帰還抵抗を10Ωなどと低くすればよいのかというと，そうはいきません．OPアンプだけでは目標の大振幅では電流が大きすぎて出力できませんし，仮にできたとしても，アンプ内部での消費電力が大きくなると，ひずみや雑音も大きくなります．さらに，熱による雑音や，熱勾配による熱起電力の影響も現れます．場合によっては発熱で壊れてしまうかもしれません．

かといって，帰還抵抗を上げて増幅度をむやみに上げるとひずみ特性が悪化したり，周波数特性が悪化（**図12**）したり，セトリング特性が悪化したりします．

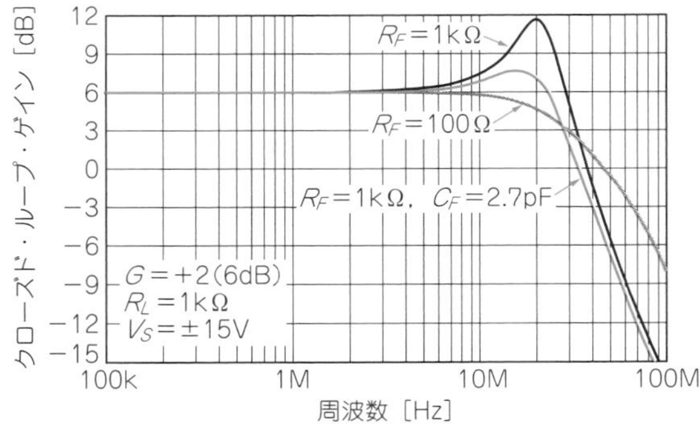

図12[3]　OPアンプ回路の周波数特性は信号源抵抗でも変わる

● バッファ・アンプを追加して帰還抵抗を小さくする

図1の回路は，出力を増すためだけにバッファがついているのではありません．低雑音・低ひずみを担う初段のOPアンプの負荷を軽くして，涼しく(発熱させずに)使ってやるためでもあるのです．

バッファを使ったからといって，帰還抵抗をいくらでも下げてよいわけではありません．帰還抵抗に流れる信号電流は電源から供給されてグラウンドに流れます．

大きな信号電流が流れると，磁界を撒き散らします．グラウンドも電源もインピーダンスがゼロではありませんので，共通インピーダンスを介して他の回路に影響を与える恐れもあります．

基板パターンの銅箔も，抵抗体としては抵抗器に比べて銅の温度特性は悪く，性能に悪影響を与えます．消費された電力は熱となって，直流ドリフトから回路の信頼性にまで影響します．

● 帰還抵抗が発生する雑音とOPアンプの雑音が同程度になる抵抗値を選ぶ

では，帰還抵抗はどれくらいが良いのでしょう．

低ひずみ・低雑音アンプでは，信号源抵抗を鑑(かんが)みつつ，使用するOPアンプの入力換算雑音の等価抵抗近くに選ぶのが1つの目安です．

● ＋入力，－入力の間でインピーダンスがほぼ同じ値になるようにしてひずみを小さくする

図1の回路は，帰還抵抗の熱雑音の影響を減らすために，信号源抵抗が50Ωのときに特性がバランスするよう，帰還抵抗の並列合成抵抗が50Ωになっています．

一般に，OPアンプの入力から見たインピーダンスが＋入力と－入力の間で同じになったときに，直流オフセットやドリフトだけでなく，ひずみも小さくなります．それはOPアンプ内部のトランジスタの動作点の違いによるひずみが出にくくなるからです．

実績のある低ひずみOPアンプを使っていて，パスコンもちゃんと入れてある，雑音と周波数特性からちゃんと低めの値のチップ抵抗を使っているのに，なぜか相互変調ひずみが多い，低周波の大振幅でひずみが多い，などの納得のいかないひずみに悩まされることがあります．

信号経路に高誘電系のセラミック・コンデンサが入ってるなんていうのは論外です．容量の電圧依存性があるためひずみ発生器になります．

①-5 抵抗の発熱によるひずみと対策

ひずみの原因の1つに，抵抗の発熱があります．

写真1 帰還抵抗の発熱によるひずみ対策に！ 高電力でも高精度が得られる金属皮膜チップ抵抗器(進工業PRGシリーズ)

抵抗の許容電力しか見ないで安易にチップ抵抗を使うと，放熱の悪い配置にしたり，温度特性の悪い品種を選んだりしてトラブることがあります．

低周波の大振幅の信号が入ったときや，平均電力が変動するような信号が入ったときに，「自分自身の発熱×熱抵抗×温度係数」により，抵抗値が変動します．帰還抵抗の値とともに，増幅度が変動して，振幅変調が発生してひずみます．熱勾配の変動で熱起電力が変化して，低周波のドリフトや雑音が増加することもあります．

● 帰還抵抗まわりの配線は広くし，温度係数が小さく放熱性の良い抵抗を選ぶ

抵抗の発熱によるひずみは，抵抗のパッドや配線を太くしたり，低温度係数の抵抗にしたり，同じサイズでも**写真1**のような幅広型のチップ抵抗(進工業 PRGシリーズなど)を選んで対策します．このタイプの抵抗は，端子間の熱勾配ができにくく，熱起電力の点でも有利です．熱伝導性の良い基板や構造にすると改善することがあります．

◆参考・引用*文献◆

(1)* LMH6551データシート，テキサス・インスツルメンツ．
(2)* AN-1461 LMH6321(PSOP and TO-263)Single Open Loop High - Speed Buffer Evaluation Boards User's Guide, SNOA486C，テキサス・インスツルメンツ．
(3)* ADA4898-1/ADA4898-2データシート, Rev.D, アナログ・デバイセズ．
(4)* AD797データシート，Rev.I，アナログ・デバイセズ．
(5)* LM1117-N，LM1117Iデータシート，SNOS412M，テキサス・インスツルメンツ．
(6) 電子機器用固定タンタル固体電解コンデンサの使用上の注意事項ガイドラインRCR-2368B，一般社団法人 電子情報技術産業協会．
(7)* コンデンサデータブック，P0470EDTM01VOL03J，NECトーキン．
(8) 電子機器用固定コンデンサ-第3-1部：ブランク個別規格：表面実装用固定タンタル固体(MnO_2)電解コンデンサ 評価水準 EZ，JIS C 5101-3，日本工業標準調査会．

その②…故障や動作不良を防ぐ回路

図13(a)に示すのは，低ドロップアウト(LDO)3端子レギュレータを使った電子回路です．出力に抵抗とコンデンサの直列回路があります．この抵抗とコンデンサを**図13(b)**のように入れ替えて実装すると，性能が落ちたり故障の可能性が高くなったりします．

②-1　大容量セラミック・コンデンサの機械的ストレス対策

抵抗とコンデンサの直列回路は，抵抗とコンデンサを入れ替えても電子回路網としては等価です．しかし，入れ替えると性能や信頼性の低下，あるいは誤動作すら招く場合があります．

図13(a)に示す4.2 V/800 mAのリニア電源にはR_3，C_3が直列になっている回路があります．ここを**図13(b)**のように入れ替えるのはダメです．

この部分は，リニア・レギュレータICの出力のパスコンです．LM1117のデータシートによると，出力パスコンは*ESR*が0.3～22 Ωの間でなければなりません．安定動作のために，*ESR*(等価直列抵抗)の低い大容量積層セラミック・コンデンサに意図的に直列抵抗を入れています．この理由だけなら，入れ替えは特に問題ありません．

入れ替えてはダメな理由は，金属の熱膨張によって，積層セラミック・コンデンサが壊れる可能性が上がるからです．

大容量積層セラミック・コンデンサは，積層電極間の誘電体厚が薄く，クラックが発生すると，開放状態になったり，短絡したりします．

電源のパスコンは，端子の片側が，広い表面べたグラウンドや放熱用パッドに接続されます．はんだ付け時に，広いパッド側のはんだが多くなり，冷えるのが遅くなります．すると，冷えたときに広いパッド側に引っ張り応力が加わり，基板のたわみで，コンデンサにクラックが入ることがあります(**図14**)．

電源レギュレータのICは，コンデンサの片側が面積の広いグラウンド・パターンになりがちです．クラックによる短絡故障が起きて，電源ラインが短絡するリスクが上がります．もし，コンデンサが短絡故障すると，直列の抵抗が保護素子の役割を担うので，発火しない部品である必要があります．**図13**の電源ICは放熱用のタブが出力になっているため，出力側のパターンは面積が広くなっています．動作中はパターンの温度が高くなり，高温と低温のサイクルが発生します．**図13(b)**の配置では，無用なストレスがコンデンサに加わります．

● 対策①…端子両側でパターンの広さや温度を揃える

図15(a)では，熱伝導と熱収縮の分離・緩和のために，べたパターン側にスリットを入れてコンデンサが割れるリスクを減らしています．**図15(b)**のように抵抗をべたパターン側に入れて，熱的にも分離しつつ，コンデンサの両側のパッドの対称性を良くしたほうが，クラックのリスクはより軽減されます．

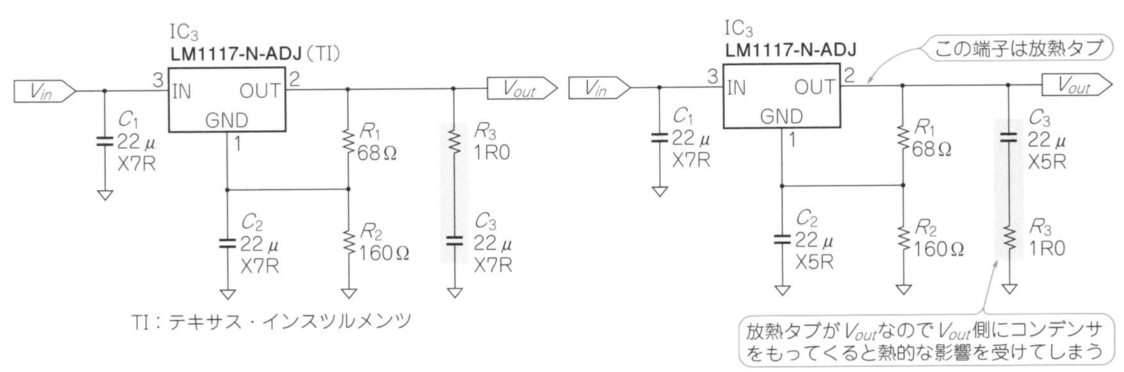

(a) 動作の安定性を高めるために出力側コンデンサに抵抗を直列に入れる

(b) 放熱を兼ねるV_{out}側にコンデンサを移動すると熱の影響を受けやすくなる

図13　部品配置が重要なレギュレータ回路の例

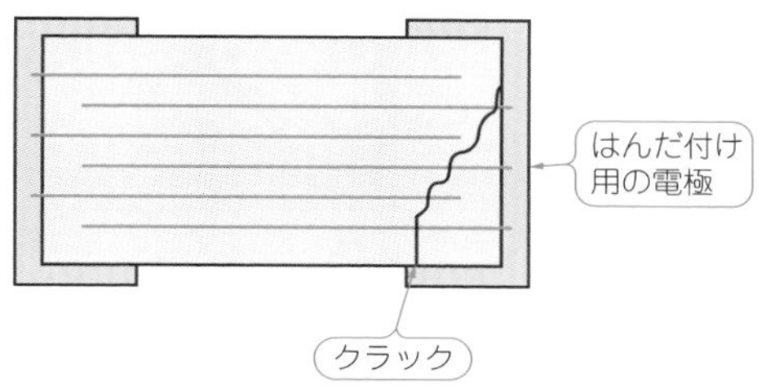

図14　積層セラミック・コンデンサは実装に気を付けないとクラックが入って短絡することがある
大容量品で起きやすい

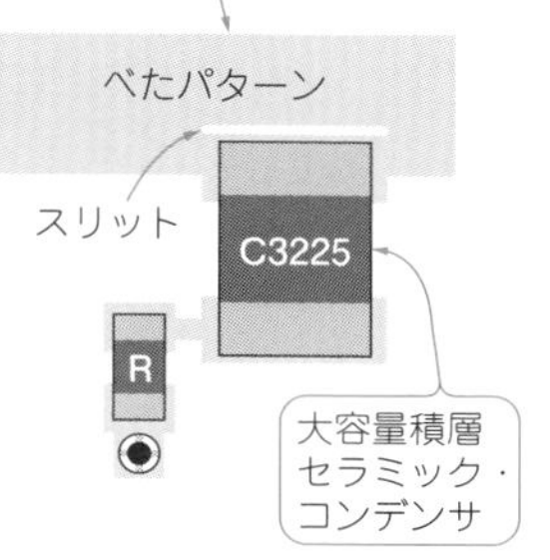

(a)　図13(b)のようにコンデンサがV_{out}側だと発熱の影響を受けやすい

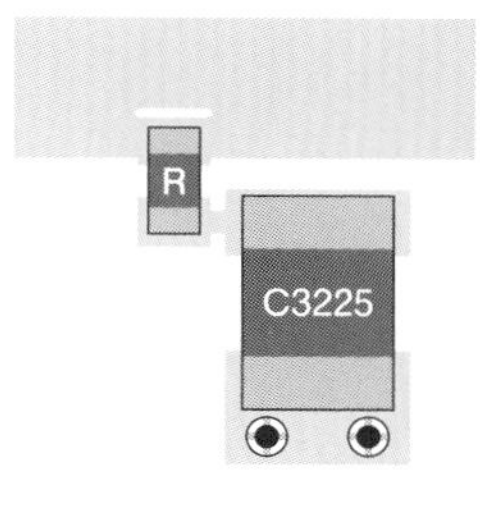

(b)　部品の順番を入れ替え，面積が広く，熱を持つパターンからコンデンサを分離すると良い

図15　図13のレギュレータ出力側のCとRの配置案

● 対策②…肉厚幅広のものほど割れにくい

セラミック・コンデンサの破壊係数は製品の幅と厚みに比例し，長さに反比例するので，3216サイズ厚み1.6 mmのものより，3225サイズ厚み2.5 mmのもののほうが頑丈です．

大容量セラミック・コンデンサはDCバイアス特性的にも，同じ容量であれば大きく厚みがあるもののほうが優れています(**図16**)．

②-2　積層セラミック・コンデンサの短絡故障について

5Vラインのパスコンの3216サイズの100 μF/6.3 V/X5R特性のコンデンサが短絡して，電源レギュレータの上限である350 mAの電流が流れ続けたことがあります．

原因は実験中の不適切なはんだ付けで，コンデンサは，1.1 Ω程の安定した短絡状態になっていました．それでも固体タンタル・コンデンサと違って，大容量セラミック・コンデンサは短絡しても発火しません．データシートで推奨されている固体タンタルに代えて大容量セラミック・コンデンサを使うことに大きな利点があります．

②-3　部品配置が原因で起こる想定外動作

図17(a)の灰色部分のCとRは，なぜ入れ替えるとダメなのでしょうか．

それは，回路図に現れない浮遊容量や配線インダクタンスなどがあるからです．

● RとCの位置が入れ替わると位相余裕が減ることがある

OPアンプIC_1の出力端子にR_3(100 Ω)が付いている**図17(a)**の状態では，それ以降の浮遊容量とIC_1の出力が分離されています．1608サイズの抵抗にも端子間容量はありますが，0.2 pFと小さいので，十分に分離されます．

R_3と$C_1//R_4$を入れ替えると，R_4とC_1の部品パッドの浮遊容量と，C_1を介したR_3への配線の浮遊容量，全部がIC_1の出力に，負荷容量として付加されます．

すると，OPアンプIC_1の位相余裕が減少して，周波数特性に不要なピークが発生したり，セトリング特性が悪化したりします．

● RとCの位置が入れ替わると発振回路が構成されることがある

最悪，**図17(b)**に示すように，出力負荷容量(C_{s2})，反転入力の入力容量や配線に伴う浮遊容量(C_{s1})，それに出力からR_2を通って反転入力への配線にあるインダクタンス(L_s)で，コルピッツ発振回路を形成することもあります．

発振回路ができあがっており，起こるべくして起こ

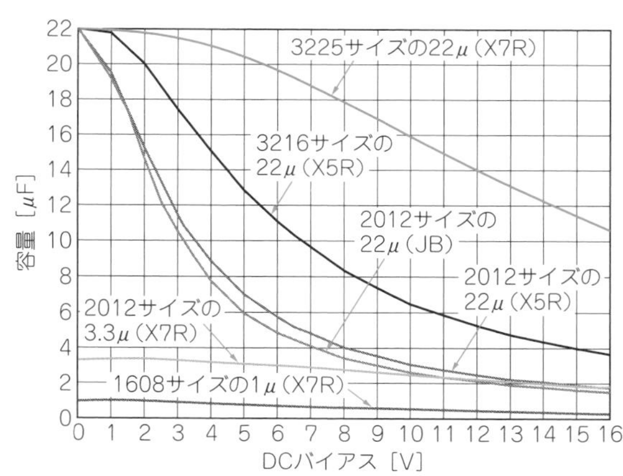

図16　高誘電率系のセラミック・コンデンサは直流印加時に容量が減少する
同じ公称容量でもJB，X5R特性よりはX7R特性のもののほうが，また大きく厚いほうが直流印加特性が良い

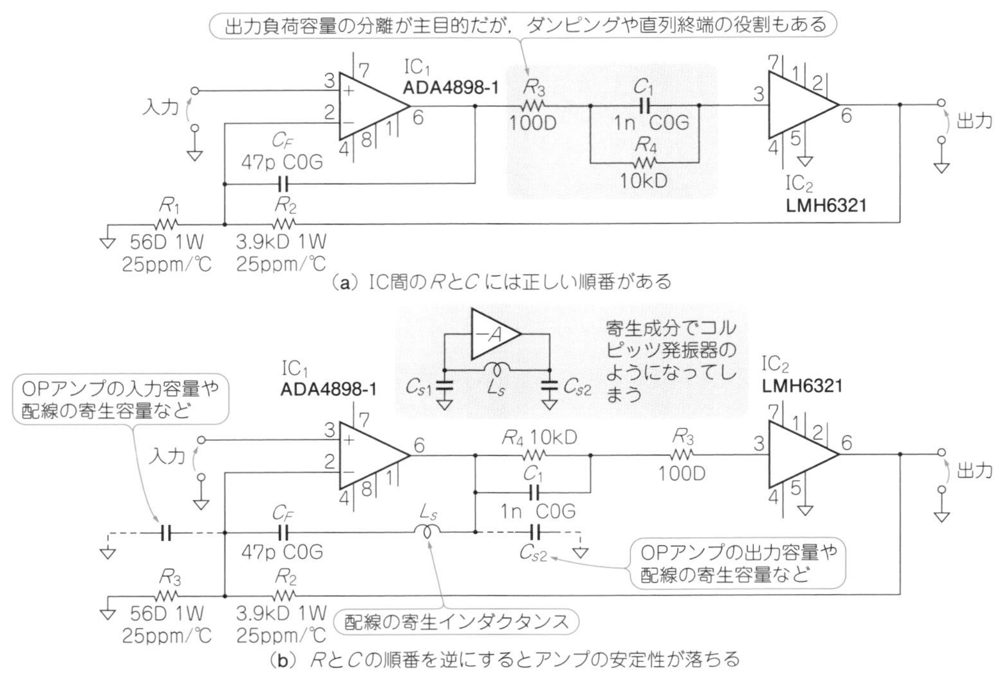

図17　部品配置が重要な低雑音・高出力電流アンプ回路の例

るので，小手先の対策では発振を止められません．

IC_1の出力の100 Ωの抵抗R_3は，別の働きもあります．IC_1からIC_2入力への配線のインダクタンスをダンピングしたり伝送線路に対する終端抵抗のように働いたりして，IC_2入力での寄生振動を防ぎます．

②-4　絶縁性を上げるには

● 絶縁したいときはフォトカプラなどを使う

動力制御装置が稼働している工場など電磁ノイズの多い環境では，絶縁性や安全性が必要です．ここで使用される電子回路では，互いの接続箇所にフォトカプラやトランスなどのアイソレータが利用されます．

とくにフォトカプラは直流～数Mbpsの信号を十分に伝送できるため広く利用されています．

● 絶縁性能が高い基板設計にする

フォトカプラを使うときには伝送速度や変換効率ばかりに注意が行きがちですが，最も大切な絶縁耐圧は，部品の定格だけ決まるわけではありません．

フォトカプラの絶縁が失われた場合に焼損や発火の恐れがあります．

フォトカプラに限りませんが，絶縁耐圧は次のような要素で決まります．

(1) 部品自体の絶縁耐圧(絶縁物厚)［図18(a),(b)］
(2) 電極間の沿面距離［図18(c)］
(3) 電極間の空間距離［図18(d)］
(4) 気圧
(5) 結露
(6) 汚れ

(1)は部品で決まりますが，(2)と(3)は設計で決まります．1次側と2次側のプリント・パターンが近づく箇所があれば，そこが空間距離，沿面距離ともに耐圧を制限する箇所になります．

耐圧が必要な場合は，1次と2次の間の距離がとれる大きなパッケージの部品に変えます．1次と2次のパターンの間に，絶縁用のスロット(基板に切り込みを入れる)を設けて沿面距離を稼ぐこともあります．

● 専用樹脂を使うと絶縁レベルがグンと上がる

標高2000 m以上の高所では(4)の気圧の低下によって絶縁耐圧が低くなります．気圧が低下すると放電電圧が低下するからです．このような場合は，絶縁が必要な箇所に専用の樹脂を充填するポッティングを行うと，樹脂で絶縁されるようになり，空間距離を確保できます．

(5)の結露や(6)の汚れによる絶縁低下の恐れがある場合にもポッティングを行い沿面距離を稼ぎます．

(6)の汚れで最悪なのは，カーボン・トナーや鉛筆の粉，煤煙などによる汚れです．これらは水や溶剤で

コラム2　上達の近道…配線パターンに流せる電流の求め方

細田 隆之

「電源電流が300 mA流れるのでパターン幅は1 mm以上にしてください」なんて会話をよく聞きます．諸条件を無視して安易にパターン幅を決めることはナンセンスです．

● 配線パターンの抵抗値

軟銅の25℃での電気抵抗率(ρ)は17.241 nΩ mで，温度係数(T_C)は3.93 m 1/℃です．

温度Tにおけるパターン幅W［m］，長さL［m］，厚みt［m］の銅箔パターンの抵抗(R_T)は，次の近似式で求まります．

$$R_T = \frac{\rho L}{Wt}\{1 + T_C(T - 25)\} \cdots\cdots (1)$$

式(1)は，－100～＋200℃の範囲で割と良く近似できています．

1/2オンス(平方フィート辺り)と称されることのある銅箔厚18 μmの基板で，パターン幅1 mm，長さ100 mmの場合の，式(1)から25℃で96 mΩです．

$$R_{25} = \frac{17.241\ \mathrm{n\Omega m} \times 100\ \mathrm{mm}}{1\ \mathrm{mm} \times 18\ \mu\mathrm{m}} \fallingdotseq 96\ \mathrm{m\Omega}$$

体温ほどの36.2℃ではちょうど100 mΩです．

幅1 mm，長さ100 mmのパターンに300 mAの直流が流れると，電圧降下は約30 mV，電力損失は9 mWで，たいていは問題になりません．配線長が1/4の25 mmしかないのなら，幅は1/4の0.25 mmでもかまいません．

● 配線パターンのインダクタンス

銅箔パターンのインダクタンスL_F［nH］は，次の近似式で求まります．

$$L_F = 2\times10^{-4}\times L\times\left\{\ln\left(\frac{2L}{W+T}\right)+0.5+0.2235\times\frac{W+H}{L}\right\} \cdots\cdots (2)$$

式(2)は，周りに導体がない真空中での近似式なので，実際のプリント基板の値とは異なりますが，目安としては十分有用です．

式(2)によると，先ほどの幅1 mm，長さ100 mmは116 nH，幅0.25 mm，長さ25 mmでは29 nHとなって，約4倍の違いが生じます．ほぼ長さに比例しています．

＊

電源ラインの場合には，配線がもつ抵抗，場合によってはインダクタンス分も，デカップリング用のインピーダンスとして利用することがあります．

は取り除けないうえに導電性があって，沿面放電が起こりやすくなります．そのような汚れの恐れがある箇所では，電極が露出しないようにポッティングを行います．回路自体を専用の樹脂で完全にモールドする場合もあります．

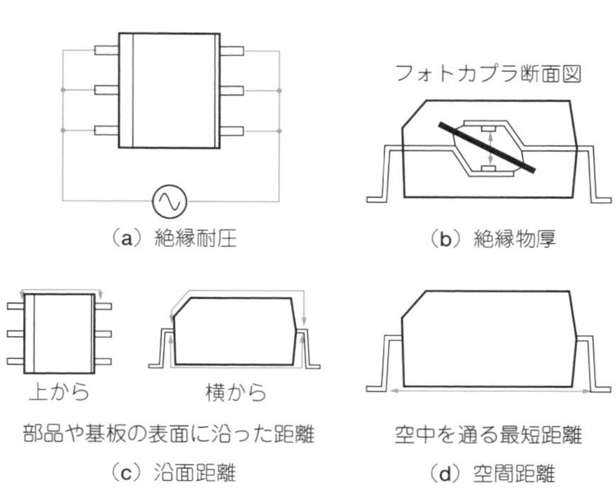

図18　フォトカプラなど絶縁を担当する部品で考慮しなければいけない耐圧や距離

コラム3　フォトカプラは外乱光で誤動作しないタイプを選ぶ

細田 隆之

● 1次側から2次側に光で信号を伝える

フォトカプラは光電効果を利用した素子です．

汎用フォトカプラは，1次側でLEDを光らせ，その光を2次側のフォトダイオードやフォトトランジスタなどの受光素子で検知することで，信号を伝達します．

フォトカプラの順方向伝達効率は，内部素子が同じなら，LEDから出た光がどれだけ受光素子に当たったかで決まります．

● 伝達効率を上げるために反射率の良い白色モールドを利用したフォトカプラがある

フォトカプラでは，パッケージ用のモールドの内面による光の反射も伝達に利用しています．1個入り（シングル・モールド品）では，安価に順方向伝達効率を上げるために，白色のモールドが使用されていることがあります．

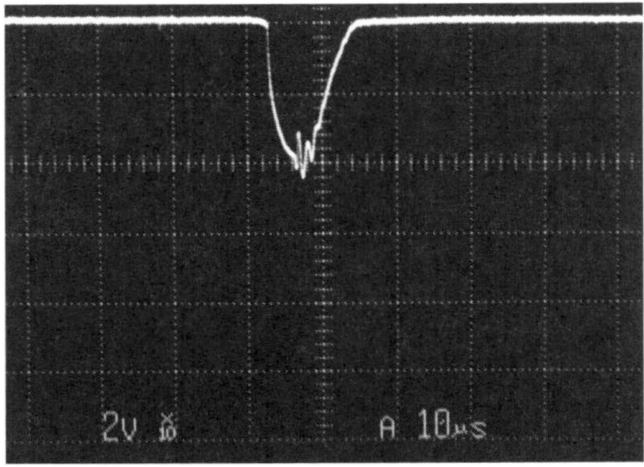

写真A　キセノン・フラッシュで誤動作したフォトカプラの出力波形

● 強力な光を当てると誤動作の可能性がある

ところが，普通の白色モールドは，黒色モールド樹脂に比べて光を透過しやすいため，キセノン・フラッシュ（カメラのストロボ）などの強力な光で誤作動することがあります．

写真Aは，至近距離でのキセノン・フラッシュで誤作動したフォトカプラの出力波形の例です．

● 光源によっては可視光以外の成分も大きく，可視光対策製品でも油断はできない

近年の小型パッケージ品では，1次と2次の間に可視光をカットする光伝達路を設けて，外乱光の影響を軽減しつつ伝達効率を向上したものが製品化されています．しかしながら，キセノン・フラッシュやHID光源では，赤外領域（可視表外）の輻射が大きく，またパルス性（直流光でない）なので油断できません．

● 光を遮断し，影響されにくい製品を選ぶ

外乱光による影響が懸念されるところでは，必要に応じてポッティングや遮光性のハウジングに入れ，外乱光の影響を受けにくい製品（一般的にはパッケージに厚みがあって黒色のもの）を選びます．

＊

フォトトライアックやディジタル出力タイプのフォトカプラは，フォトトランジスタ出力タイプに比べて誤動作しにくい，という理由で，積極的な外乱光対策されていないものもあります．

第2部

全ての基本
「トランジスタ」のツボ

第８章

バイブル教科書からきちんと理解しておく

基本トランジスタ回路のツボ

藤﨑　朝也

ビギナもベテランも教科書に立ち返る

● 回路の世界にはバイブル的教科書がある

仕事であれ趣味であれ電子回路を設計しようとした場合に，何の参照もなしにいきなり設計を始められる人は余程のベテランと言ってよいでしょう．そのベテランの人たちにしても，ビギナだった時代は必ずあるわけで，そのころには何らかの資料を参考にして回路を勉強したに違いありません．

参考にした資料はトランジスタ技術(CQ出版社)だったり，ICなどの部品メーカの用意するアプリケーション・ノートだったり，人によってまちまちでしょうが，回路の世界にも昔から「教科書」，場合によっては「バイブル」とまで言われる書籍があります(**写真1**，**写真2**)．

● 回路を作るためなら一度勉強したことでも目的をもって学べる

読者の皆さんの中にも，学生のころにそうした教科書を使った授業を受けた経験のある人もいるでしょう．ただ，学校の授業ではそれを勉強する背景や目的も分からず，ただ単位を取るための勉強になっていたかもしれません．

社会人になってエンジニアとしての仕事を始めてみると「あのときあの授業をもっときちんと勉強していればよかった」と思うこともあるでしょう．そう思えるということは，勉強する目的がはっきりした証拠でもあります．

そんなときにはもう一度教科書を開いてみると，学生のときよりももっと冷静に，要点だけを拾う読み方ができるかもしれません．

● 本稿の目的…基礎が網羅されている教科書でバイポーラ・トランジスタの動作をちゃんと理解する

本記事では，**写真2**の教科書を取り上げて，基礎的な部分をおさらいしていきます．この教科書は大学の講義で使われることも多く，私もその例に漏れず実際に学生のころに授業で使っていました．

アカデミックな内容ではありますが，アナログ回路を学ぶうえで基礎となる内容が網羅されています．

本稿では，この教科書に書かれている等価回路を使って，電子回路の基本となるバイポーラ・トランジスタ(以下，トランジスタ)の動作を解説します．

写真１　回路の世界のバイブル的書籍①…通称「グレイ・メイヤー」と呼ばれる教科書
オリジナルは英語で書かれているが，写真は日本語訳版

写真２　回路の世界のバイブル的書籍②…大学の授業で使われることも多い教科書
本記事で取り上げる．現在はオーム社から第２版が発行されている

前提…ICを作る人向け教科書をベースに

ここでは，**写真2**に示した書籍を参考にしますが，いくつかの前提を知っておくとよいでしょう．

大まかに言えば次に示す3つです．

(1) 集積回路の設計を前提とした教科書である
(2) *LCR*といった回路素子は理想的な特性をもっていることを前提としている
(3) 実体配線の際のケアや，ノイズ対策など，現実の回路を組む際の注意点はあえて省いてある

● 今回参考にする教科書はOPアンプICそのものを設計するための本

1つめの前提条件は，軽くカルチャーショックを受けるような内容かもしれません．

この教科書は，集積回路を設計をすることを念頭に置いて書かれているので，電子工作で行うような，個別のディスクリートのトランジスタを組み合わせて回路を構成したり，出来合いのOPアンプICを並べてみたりといった視点はありません．

むしろOPアンプICそのものを設計することがゴールだったりします．

● IC設計者と使用者の立場の違いを理解しておく

通常の電子工作でアンプを作ろうと思えば，ゲインを稼ぐ部分にはOPアンプを使って，出力を増強するためにエミッタ・フォロワを追加しようかな，というのがよくあるケースです．ところが教科書では，OPアンプIC内部のゲイン段に用いられるような回路の基礎から学ぶことになります．

ぱっと見には，「こんなことしなくてもOPアンプICでいいじゃないか」という印象を持ってしまうところでも，この前提条件に示したOPアンプICを作る人(この教科書の対象読者)とOPアンプICを使う人(われわれ)の立場の違いを理解しておくと「なるほどな」と思えます．

▶教科書ではここで使っているコンデンサの種類は何ですかという話にはならない

集積回路の設計を前提とするということは，抵抗やコンデンサ，インダクタもすべて集積回路内に作製するつもりで話が進みます．

シリコンの基板(ウェハ)上に回路を形成するので，例えばこの回路図にあるこのコンデンサはセラミックなのか電解なのか，という議論は発生しません．また，コンデンサがどのくらいの周波数帯域まで働くか，などの回路素子の理想からのズレはとりあえず脇に置いておいたうえで話が進みます．

▶教科書にはまずトランジスタだけに着目しなさいという親心がある

私は集積回路の設計を生業としていないので，集積回路上に形成する抵抗やコンデンサがどのような特性をもつのか詳しくは知りません．しかし，これらの素子が決して理想的な特性をもっているとは言えないと思います．教科書で，そうした回路素子の特性に触れていないのは，議論を複雑にしないための著者の配慮だと思います．

トランジスタという非線形の特性をもつ素子を扱うだけでも大変なのに，*LCR*もすべて変数だと考えて設計を始めたら頭の中はごちゃごちゃになってしまいます．まずはトランジスタのもつ特性をきちんと理解して，回路設計のスキルを磨きましょう，回路素子の理想からのズレはその後で考慮できるようにしましょう，というのが教科書の著者からのメッセージかもしれません(**図1**)．

▶教科書は回路図にない素子をもち出してこない

教科書に書かれている回路をいざ実現しようという際に，回路図どおりに回路素子を接続するだけでは不都合が生じることがあります．

配線のもつ直列抵抗や寄生インダクタンス，寄生容量が回路動作に支障を来たしたり，高インピーダンスの配線が外来ノイズを拾ったりする可能性があります．また，バイアス電流をどれだけ流すと各素子での消費電力はどのくらいで，それは部品の定格の範囲内に収まっているのかなども実際には考慮すべきです．

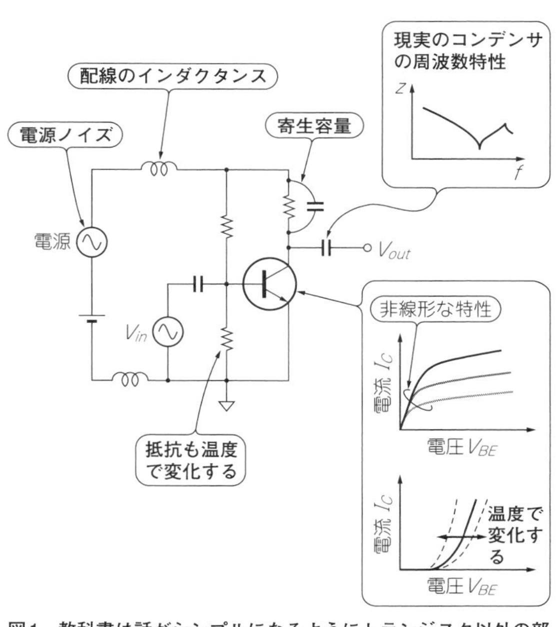

図1　教科書は話がシンプルになるようにトランジスタ以外の部品を理想的なものとあえて仮定している
非線形の特性をもつ素子のトランジスタを扱うだけでも大変なのに，*LCR*もすべて変数だと考えて設計すると混乱してしまう

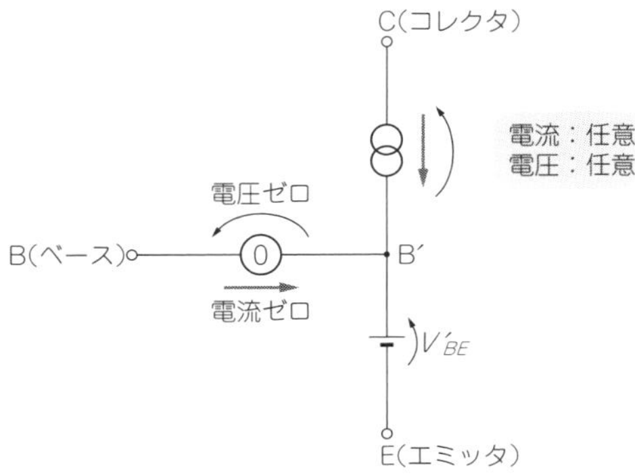

(a) ナレータとノレータを使って表したトランジスタ

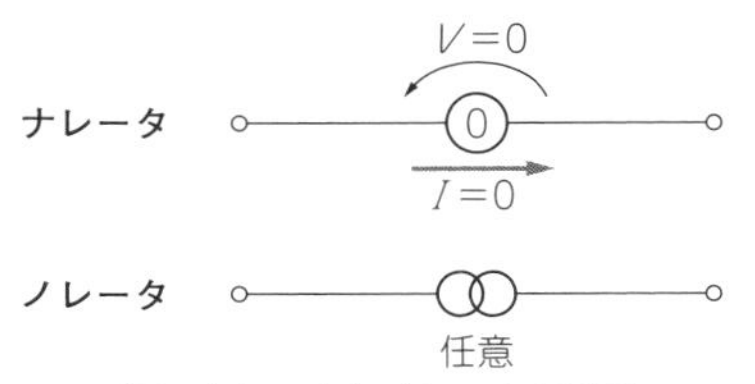

(b) ナレータとノレータの意味

図2　トランジスタ回路が楽になる等価回路その①…ナレータ・ノレータ・モデル

これらの内容はどちらかと言うとエンジニアリングに類することなので，アカデミックなトランジスタ回路の教科書からは思い切って省いていると思います．

▶バイパス・コンデンサも書かれていない

教科書中の説明がシンプルになる反面，実際の回路を組むときには考慮が足りない場合があることを知っておかなくてはなりません．配線の直列インピーダンスを考慮しないので，電源ラインにバイパス・コンデンサを入れることなどは検討しません．

トランジスタ回路を楽にする3大等価回路

● 教科書がすすめる3つの等価回路

トランジスタを正しく使いこなすには，その動作をしっかりと理解しなければなりません．計算するのが大好き！という方なら話は別でしょうが，トランジスタの動作を数式で表すと，式は複雑だし変数も多いしで大変です．

教科書では，等価回路というツールが紹介されます．ところが等価回路とひと口に言っても教科書には何種類も出てくるので初めは混乱します．

等価回路は「不必要に多くのことを考慮しすぎない」ためのツールなので，そこは割り切って，用途に応じて使い分けるとよいです．

今回取り上げている教科書から，以下の3つを取り上げます．ここではエミッタ接地でトランジスタを使うことを想定しています．

(1) バイアス条件を決めるための等価回路…ナレータ・ノレータ・モデル(**図2**)
(2) 低周波の小信号を扱うための等価回路…小信号(交流)等価回路(**図3**)
(3) 高周波の小信号を扱うための等価回路…高周波等価回路(**図4**)

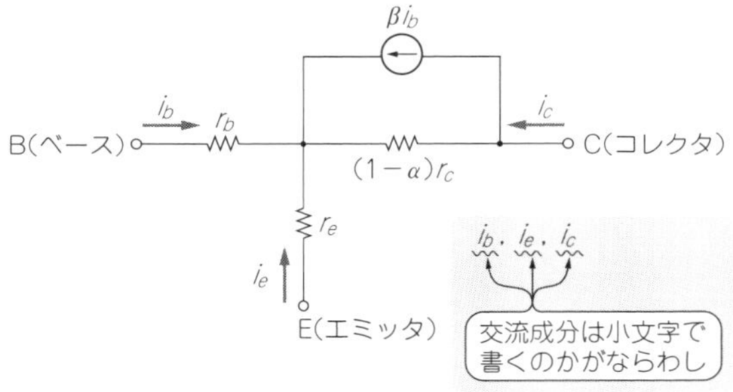

図3　トランジスタ回路が楽になる等価回路その②…小信号(交流)等価回路(エミッタ接地T型)

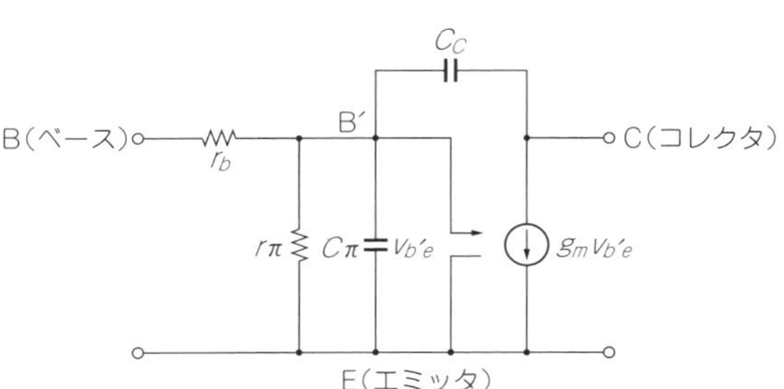

図4　トランジスタ回路が楽になる等価回路その③…高周波等価回路(エミッタ接地高周波ハイブリッドπ型)
ギリシャ文字のπ(パイ)の形をしている

使える等価回路その①…簡単「ナレータ・ノレータ・モデル」

教科書の解説

●「ベース電流はゼロ」「V_{BE}は0.6 V」あとは知らないよ

トランジスタ回路の設計で最初に行うのはバイアス条件の設定です．そこにはナレータ・ノレータ・モデルという等価回路を使いましょう，というのが教科書の主張です．

図2に示すように，ノレータと同じ記号を電流源として使う場合があります．混乱するかもしれませんが，通常の電流源とは全く関連はありません．

ナレータは両端の電位差がゼロで，そこを流れる電流もゼロという架空の回路素子，ノレータは逆に両端の電位差もそこを流れる電流も任意(外部要因によって決まる)という架空の回路素子です．

ナレータ・ノレータ・モデルを使ったトランジスタの等価回路を定性的に表現すると，「ベース電流がゼロであることと，ベース-エミッタ間電圧(V_{BE})が固定値(例えば0.6 V)であること以外，トランジスタは何も決めてくれない」ということになります．

コレクタに流す電流やエミッタ-コレクタ間に加わる電圧などは外部回路(何Ωの抵抗をどこにどう置くか)によって決めてあげましょう，という感じで解説されています．

図2のナレータ・ノレータ・モデルでは，電流増幅率h_{FE}という概念すらありません．ベース電流をゼロとした時点で，もはやバイアス設計にあたっては電流増幅率を考慮する必要がないということです．

用途限定の簡単モデルという位置づけだと理解して，これを使いこなすよりは，さっさと卒業することを目指しましょう．

実際の回路設計

● ベース電流をゼロと見なすのはなかなか大胆な仮定

実際にはどうでしょうか．**図5**に一般的なトランジスタとして2N3904(オン・セミコンダクター，旧フェ

Symbol	Parameter	Conditions	Min.	Max.	Unit
OFF CHARACTERISTICS					
$V_{(BR)CEO}$	Collector-Emitter Breakdown Voltage	I_C = 1.0 mA, I_B = 0	40		V
$V_{(BR)CBO}$	Collector-Base Breakdown Voltage	I_C = 10 μA, I_E = 0	60		V
$V_{(BR)EBO}$	Emitter-Base Breakdown Voltage	I_E = 10 μA, I_C = 0	6.0		V
I_{BL}	Base Cut-Off Current	V_{CE} = 30 V, V_{EB} = 3 V		50	nA
I_{CEX}	Collector Cut-Off Current	V_{CE} = 30 V, V_{EB} = 3 V		50	nA
ON CHARACTERISTICS(5)					
h_{FE}	DC Current Gain	I_C = 0.1 mA, V_{CE} = 1.0 V	40		
		I_C = 1.0 mA, V_{CE} = 1.0 V	70		
		I_C = 10 mA, V_{CE} = 1.0 V	100	300	
		I_C = 50 mA, V_{CE} = 1.0 V	60		
		I_C =100 mA, V_{CE} = 1.0V	30		
V_{CE}(sat)	Collector-Emitter Saturation Voltage	I_C = 10 mA, I_B = 1.0 mA		0.2	V
		I_C = 50 mA, I_B = 5.0 mA		0.3	
V_{BE}(sat)	Base-Emitter Saturation Voltage	I_C = 10 mA, I_B = 1.0 mA	0.65	0.85	V
		I_C = 50 mA, I_B = 5.0 mA		0.95	
SMALL SIGNAL CHARACTERISTICS					
f_T	Current Gain - Bandwidth Product	I_C = 10 mA, V_{CE} = 20 V, f = 100 MHz	300		MHz
C_{obo}	Output Capacitance	V_{CB} = 5.0 V, I_E = 0, f = 100 kHz		4.0	pF
C_{ibo}	Input Capacitance	V_{EB} = 0.5 V, I_C = 0, f = 100 kHz		8.0	pF

必ず測定条件をチェックする．自分の回路で使いたい条件とは違うときがある

コレクタ電流の値によってh_{FE}の値は異なる．このトランジスタは10mAくらいで使うのがよさそうだと読み取れる

測定条件に100MHzと書かれているので，100MHzの信号を入れたときのh_{fe}が3だということを意味する

図5[5] ナレータ・ノレータ・モデルは電流増幅率の概念がないが，実際のトランジスタのh_{FE}は数百である

コラム1　トランジスタ 電源なければ ただの石

藤﨑 朝也

トランジスタが信号を増幅するには電源が必要です．単純に「微小な信号を増幅してくれる」というと魔法のアイテムのようなものをイメージするかもしれませんが，増幅するにはエネルギが必要です．

エネルギを増幅できれば世界のエネルギ問題は解決しますが，残念ながらそうではありません．あくまでもエネルギは電源からもらったうえで，信号の振幅を大きくしてくれるのがトランジスタの役割です．

例えば，何かの噂を広めるときに，現代ならばTwitterやFacebookなどのSNSを使うと手っ取り早いでしょうが，それには自分と相手のスマホやパソコンのための電力(電気エネルギ)が必要です．また，携帯電話キャリアやその後ろのインターネットといった通信にも電力が必要です．

TwitterやFacebookのサーバを動かすのにも多大な電力を消費しています．昔であれば，お喋りな人を連れて来て噂を広めてもらったわけですが，それにもその人があちこちでお喋りするための運動エネルギが必要でした．信号の増幅には必ずエネルギを供給する必要があります．

ちなみに噂が広まっていくうちに尾ひれがついてもともとの情報と違ってしまうことがありますが，そういう状態を電気の世界では「信号がひずむ」と表現します．「伝言ゲーム」は人から人へ情報を伝達することを繰り返すと，途中で情報が失われてしまったり，嘘の情報が追加されてしまったりすることを実験するゲームでした．

1人から1人へ10回伝言するゲームを電気的に表現すると，ゲイン1倍のアンプを10段接続した場合のひずみのテストをすることに相当します．

いったん聞いた内容を頭の中に記憶して，さらにそれを取り出すという作業もあるので，10段のアンプの間にメモリが挟まっていて，同時にその書き込み/読み出しのエラーのテストもしていることになります．

アチャイルドセミコンダクター)のデータシートを示します．

一般的なトランジスタのh_{FE}はたかだか100程度なので，コレクタ電流の1/100くらいは流れるはずです．設計する回路によっては，コレクタ電流を10 mAに設定すればベース電流は100 μAになります．

ベース電位を決定するバイアス回路に数kΩくらいの抵抗を使うと，バイアス条件が数百mVずれることを意味します(**図6**)．

そのくらいのずれを許容できる設計であればナレータ・ノレータ・モデルで問題ありませんが，そうでなければベース電流の影響は別に見積もった方がよいです．

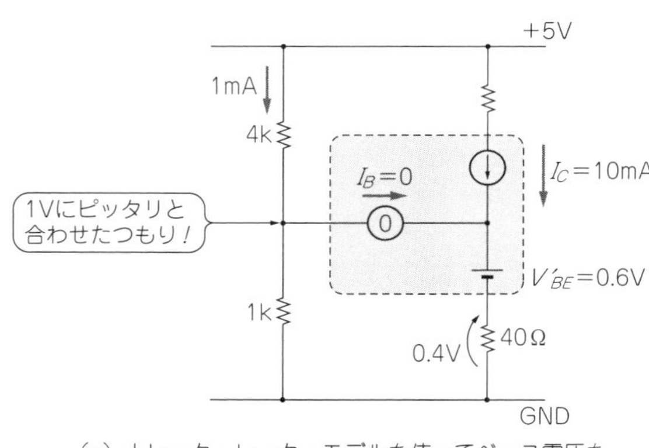

(a) ナレータ・レータ・モデルを使ってベース電圧を1Vピッタリに合わせた回路

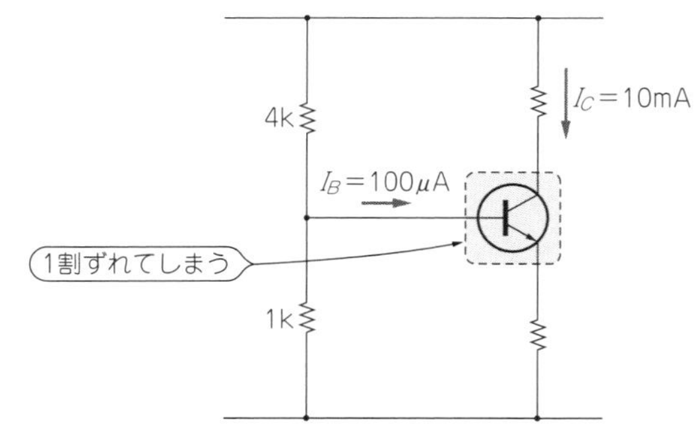

(b) 実際の回路ではベースに100μAほど流れ込んでベース電圧は1割ほどずれる

図6　ナレータ・ノレータ・モデルを使うときは実際のトランジスタとの差分を理解しておく
ベース電位を決定するバイアス回路に数kΩくらいの抵抗を使うとバイアス条件が数百mVずれてしまう

使える等価回路その②…低周波信号向き「小信号等価回路」

理想的な条件をナレータ・ノレータ・モデルで仮定してバイアス条件を設定した後は，実際に信号を増幅するための回路定数を決定しなければなりません．そこで登場するのが小信号等価回路(**図3**)です．

回路を構成する素子は，抵抗と電流・電圧源だけです．コンデンサやインダクタも登場しません．つまり，周波数特性をもった素子がないことを意味します．

小信号等価回路の最重要パラメータ…電流増幅率h_{fe}

ナレータ・ノレータ・モデルでは出てきませんでしたが，トランジスタが信号を増幅できるのは，h_{fe}のおかげです．

ベースから入れた電流がh_{fe}倍になってコレクタに流れてくれるのがトランジスタの基本機能です．コレクタ端子に抵抗をつないでおけば，h_{fe}倍になった電流が電圧に変換されて，電圧ゲインをもたせることもできます(**図7**)．

h_{fe}の効果によって回路のゲインがどうなるかを知るのに役立ちます．

理解しておきたいこと…流れるコレクタ電流は電圧に依存する

もう1つ，小信号等価回路から読み取りたいのは，コレクタ-エミッタ間電圧(V_{CE})によってコレクタ電流が変化するということです．

図3のコレクタ端子に入っている$(1-\alpha)r_c$に注目します．この抵抗がもし無限大だったら，コレクタ端子から流れる電流は電流源によってのみ決まることになります．電流源の電流値はベース電流のβ $(=h_{fe})$倍となっているので，ベース電流の大きさだけでコレクタ電流が決まります．

これを静特性(V_{CE}-I_C特性)のグラフで表現します．ベース電流が決まればコレクタ電圧によらずコレクタ電流は一定なので，平らなグラフになるはずです(**図8**)．これが理想のトランジスタです．

実際のトランジスタがどうなっているかというと，コレクタ電圧を加えるほどコレクタ電流が増加する，という方向の傾きをもっています．電流源で決まる一定の電流に加えて，電圧依存の電流が流れるということは，電流源に並列にある大きさの抵抗値が有限の値

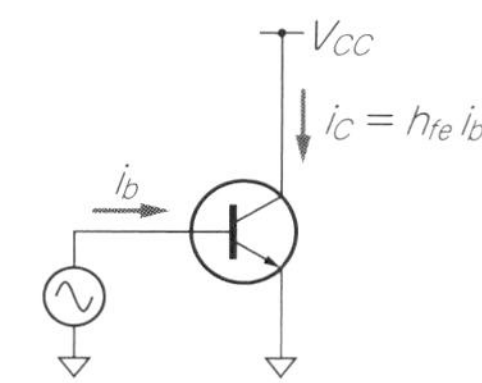

(a) ベースに入れた小信号の電流は，h_{fe}倍されてコレクタに流れる．これだと電流増幅だけ

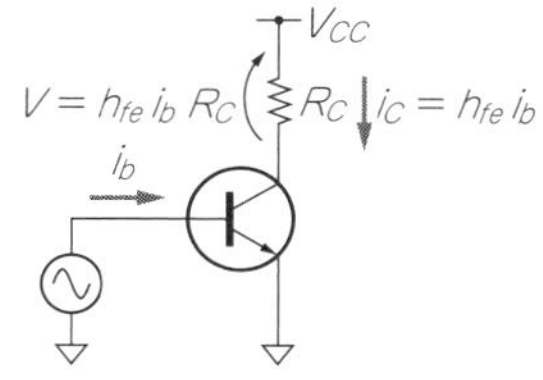

(b) コレクタに抵抗(R_C)があると，$h_{fe}\,i_b\,R_C$という電圧信号になる

図7　増幅した電流を抵抗に流せば電圧信号が得られる

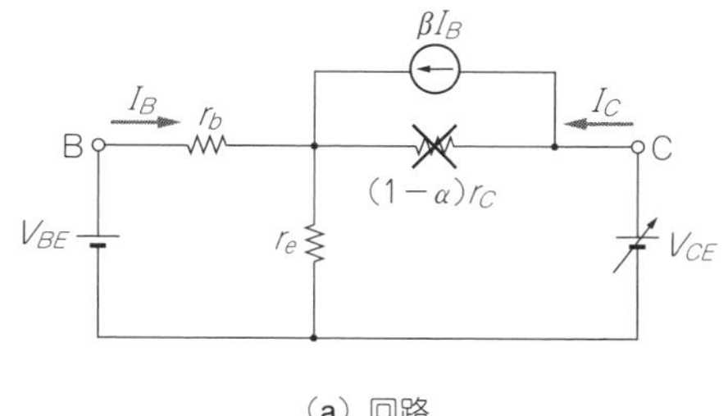

(a) 回路

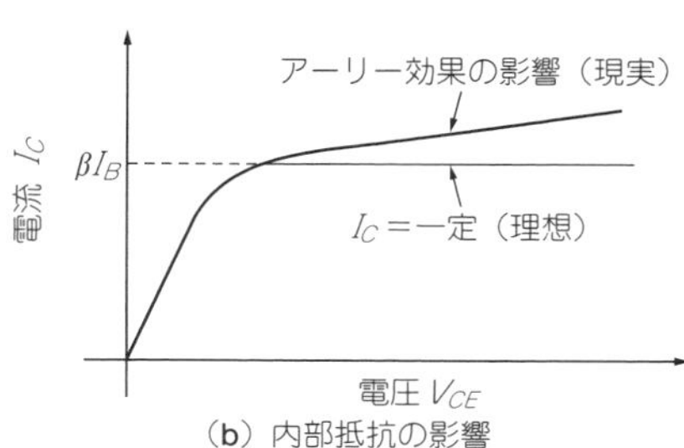

(b) 内部抵抗の影響

図8　仮に内部抵抗の影響を無視すると
$(1-\alpha)r_c$がなかったら(＝オープンだったら)，V_{CE}の値によらず，I_Cは一定値となるはず

コラム2　交流信号に対する電流増幅率h_{fe}と直流信号に対する電流増幅率h_{FE}　藤﨑 朝也

どの教科書もだいたい同じですが，h_{FE}という表記とh_{fe}という表記が混在しています．これは誤植でも何でもなく，別々の意味をもつ言葉として使い分けられています．

どちらも電流増幅率を表しているので，コレクタ電流をベース電流で割り算した値ですが，大文字表記のh_{FE}は直流での増幅率，小文字表記のh_{fe}は交流(小信号)での増幅率をそれぞれ指します．

図Aにこのようすを示しました．数字として互いに大きく異なる値になることはありませんが，厳密には違う意味をもつものなので注意が必要です．

ちなみにこれはhパラメータと呼ばれるもののうちの1つで，エミッタ接地回路に対する以下の式に出てくる4つのhパラメータのうちの1つです．

$$v_{be} = h_{ie} i_b + h_{re} v_{ce} \quad \cdots\cdots (A)$$

$$i_c = h_{fe} i_b + h_{oe} v_{ce} \quad \cdots\cdots (B)$$

式(2)では，コレクタ電流のうち，ベース電流に比例する成分の傾きがh_{fe}というパラメータです．もう1つの成分がコレクタ-エミッタ間電圧(V_{Ce})に比例する成分ですが，これはアーリー効果の影響を表しています．

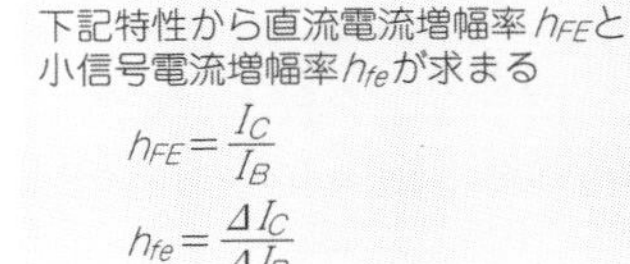

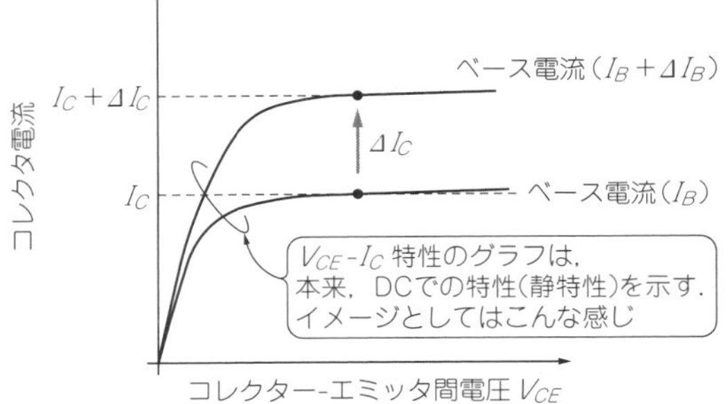

図A　2種類の電流増幅率h_{FE}とh_{fe}

で存在するはずです．

この等価回路はそれを表現しています．また，この傾き自体も，コレクタ電流が大きいほど増す(＝並列抵抗値が小さい)傾向がグラフからも確認できます．こうした特性をアーリー効果といいます．

等価回路はあくまでも「等価的」実素子の構造とは違う

この$(1-\alpha)r_c$という並列抵抗ですが，トランジスタの中にそういう抵抗が存在するわけではなく，トランジスタの動作としてコレクタ電圧の増加に従ってコレクタ電流が増えるという現実があります．それを回路的に表現するために便宜上追加したと考えた方がよいでしょう．

エミッタ抵抗r_eはベース-エミッタ間に存在するダイオードの交流抵抗に相当するものなので，本当にそういう抵抗があると考えて差し支えありません．いずれにせよ，これらの素子はトランジスタの理想からのずれを表現していると考えられます．

回路設計のツボ…h_{fe}のばらつきについて

●［教科書の解説］h_{fe}のばらつきについてはとりあえず目をつぶる

h_{FE}はトランジスタが信号を増幅する性能を示すパラメータなので非常に重要な値です．

教科書では，h_{fe}は固定値として扱われることが多いので，100と言われれば100としてベース電流を見積もりますが，実際にはもう少し考慮が必要です．

●［実際の回路設計］h_{fe}はばらつきが大きいのでデータシートを確認して最悪のケースを覚悟する

前述の**図5**では実際のトランジスタの例として，2N3904のデータシートを示しました．小信号で使うh_{fe}の記載はないので，直流のh_{FE}を参考にします．h_{FE}の値はコレクタ電流の値によっても大きく変わります．さらに最小値しか示されていないということは，個体ばらつきも大きいということを意味しています．

ものによっては同じ型名でも，h_{FE}ランクといって工場で実際に測定して選別したうえで出荷してくれているトランジスタもありますが，少数派です．

h_{fe}が大きすぎて困ることは少ないのですが，最小値は覚悟しておく必要があります．

回路設計のツボ…要求仕様と設計の関係

●［教科書の解説］等価回路などの定数が与えられて，そのときの回路としての動作を求める，という順序

アカデミックな教科書では，トランジスタの理解そのものを目標にしています．例えば演習問題を出すに

コラム3　小信号って何V？ 低周波って何Hz？…エレキ用語はあいまい

藤﨑 朝也

「小信号」という言葉の意味は，トランジスタのバイアス条件を乱すような大振幅の信号ではないということです．教科書では，その前提条件で，低周波の領域までは等価回路でトランジスタの動作を模擬しています．「低周波の領域」が実際に何Hzまでを指すのかは，使用するトランジスタによるとしか言えません．本文中の実験記事で静特性を測定したときにも，50 Hzや500 Hz程度の正弦波を使いました．その意味で厳密には全然「静」特性ではないのですが，このくらいの周波数に対する動作は直流の動作と変わらないだろうという暗黙の了解があります．

しても「こんな定数のときにはどういう動きをしますか」というほうが解説しやすいという実情があります．

回路設計を行うときにそういう状況はなかなかありません．先にトランジスタに期待する動作や，要求仕様があって，それを満たすようなトランジスタ回路の設計を前提としているからです．

●［実際の回路設計］先に要求仕様があって，それに合ったトランジスタを選び定数を決める，という順序

回路設計のプロセスでは，トランジスタをまず選定するところから始まります．小信号等価回路のレベルでは，どの型名のトランジスタを選んできたとしても顕著な差が生じるところといえばh_{FE}の値くらいです．

h_{FE}は確かに重要なパラメータではありますが，設計の際にはそれよりも先に見るべきパラメータがあるのです．

回路設計のツボ…定格を最優先して部品を選択する

●［教科書の解説］等価回路はブレークダウンもしないし燃えない

小信号等価回路はトランジスタの動作を表現してくれるものですが，あくまでトランジスタが正常に動作する条件を想定したときの話です．

部品の定格に対して電流を流しすぎたり，電圧をかけすぎたりすれば現実には故障が起きますが，等価回路はそこまでは面倒を見てくれません．

●［実際の回路設計］性能以前に壊れないことが大事

設計するときは，トランジスタにどれだけの電圧が加わって，どれだけの電流を流すのかがわかったうえでトランジスタを選ぶはずです．まずはその電流・電圧範囲に定格が収まっているトランジスタを選びます．

性能を出すことも大事ですが，安全に使うことが最優先です．まずは定格や所望のパッケージからトランジスタを選び，その後でh_{FE}の値がいくつなのかをデータシートで確認する，という流れが一般的です．

定格から選んだトランジスタをいくつか候補として挙げて，それらのh_{FE}やコストや周波数特性を天秤にかけながら最終的に選びます．

小信号等価回路の得意と不得意

小信号等価回路にでてくるh_{FE}の効果から，回路が持つゲインを把握できます．

アーリー効果による出力抵抗も再現できます．しかしこれが成立するのは低周波の領域だけです．

使える等価回路その③…
高周波信号向き「高周波等価回路」

特　徴

● ハイブリッドπ型回路とも呼ばれる

取り扱う信号の周波数がだんだんと高くなってくると，小信号等価回路では対応しきれなくなってきます．

トランジスタは2つのPN接合を組み合わせることで成り立っています．PN接合はその成り立ち上，静電容量を持っています．その効果を取り入れたのが，**図4**の高周波等価回路で，容量素子が追加されています．

また，これまではアルファベットのTの形をしていた回路がギリシャ文字のπ（パイ）の形をしています．T型の等価回路でも表せないことはないのですが，こうすることでより計算しやすくしています．

● h_{fe}の周波数特性も考慮できるように工夫

これまではベース電流をもとにした電流制御電流源だったところが，電圧制御電流源になっています．電流制御電流源のままでは，電流ゲイン（h_{fe}）の周波数依存性を式として代入しなければならないところを，電圧制御電流源の入力電圧に周波数依存性をもたせることで対応しています．これによって，g_mが定数であっても$g_m v_{b'e}$に周波数特性をもたせています．

基本的なふるまい

図4に示すのは高周波等価回路です．交流の電流増幅率（h_{fe}）は，ある周波数より上の帯域では低下することを意味しています．

この図では電圧$v_{b'e}$に比例（ここではg_mは固定値）したコレクタ電流が流れることになりますが，$v_{b'e}$はベース電流とr_π，C_πによって作り出される電圧です．低周波領域ではr_πだけで決まりますが，ベース電流が一定であれば，ある周波数を境に$v_{b'e}$は低下し始めるはずです．その影響からコレクタ電流も低下し始め，結果として電流増幅率が低く見えます．

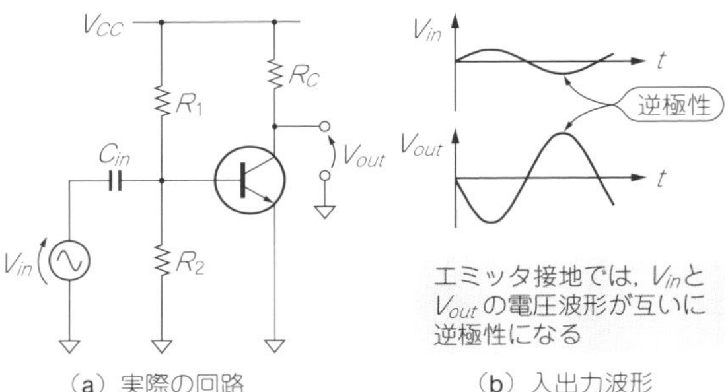

（a）実際の回路　（b）入出力波形

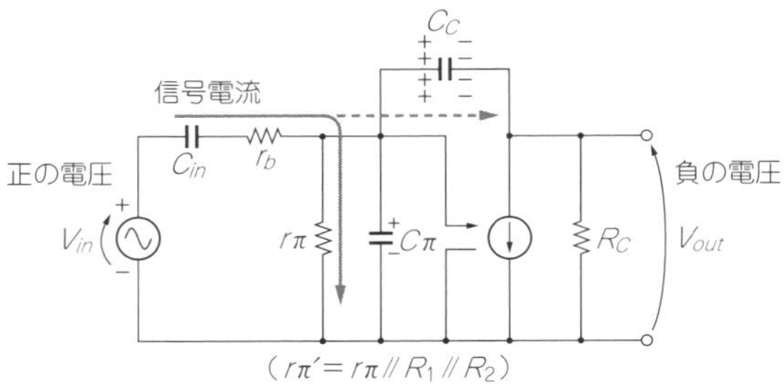

（c）等価回路

図9　電圧ゲインがあるとミラー効果が起きて周波数特性が悪化する

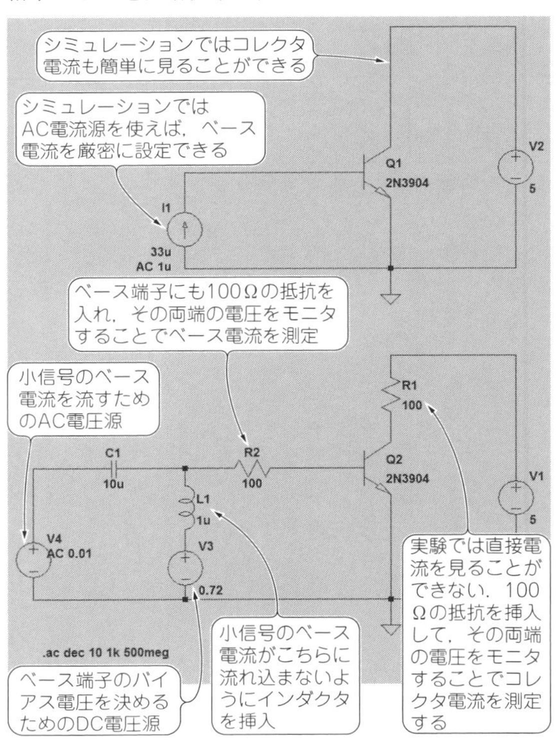

図10　トランジスタのゲインが1倍になる周波数の上限「遷移周波数（f_t）」を電子回路シミュレータLTspiceで調べる

● エミッタ接地増幅回路ではミラー効果で高域特性が低下する

高周波等価回路で，容量C_Cによって「ミラー効果」という嬉しくない現象が起こります．**図9**に示すようにエミッタ接地回路でアンプを形成した場合，入力電圧と出力電圧の波形はお互いに逆極性となります．

これを高周波等価回路で見てみると，ベース端子から信号として入力した電流は本来であればr_π，C_πのほうに流れて$v_{b'e}$を生成してほしいところですが，C_Cのほうへ取られることに相当します．しかももともとのC_Cの容量値よりもずっと大きな影響度で電流を取られるので，つまり，C_πの値がさらに大きく追加されたように見えるのです．

＊

ちなみにミラー効果のミラーはMillerさんという人名から来ています．カレント・ミラー回路のミラーはmirrorで鏡の意味です．カタカナで書くとどちらもミラーなので紛らわしいですね．

周波数特性

● データシートのトランジスタf_T値から周波数特性がわかる

こうした特性は実際のトランジスタのデータシートにはどう表されているのでしょう．**図5**に示した2N3904のデータシートにはf_Tという項目があります．f_Tとは遷移周波数(トランジション周波数)と呼ばれ，電流増幅率が1になる最高周波数を意味します．電流増幅率は高い周波数で1次ローパス・フィルタ特性のように低下していきます．

電流増幅率h_{FE}の値はコレクタ電流の大きさによって異なりますが，仮にこれを100とした場合，f_Tが300 MHzということはつまり3 MHzくらいからh_{FE}が低下し始めるということです．

● シミュレーションで動作を確認してみる

電子回路シミュレータLTspiceでそのようすを確認してみます．**図10**に回路を示します．

シミュレーションでは電流源として信号を設定したり，電流をモニタしたりすることも自在ですので，最も単純には上側の図のようになります．

実際のデバイスを使って評価する際には電流として信号を入れることは一工夫が必要ですし，直列抵抗を入れずに電流を測定することは困難なので，**図10**の下側のようなものになると思います．

● バイアスを決めるためのDC電圧源と小信号用のAC電圧源を別々に用意する

これはベースとコレクタに直列に入れた100 Ωの両端の電圧をオシロスコープでモニタして電流値を知るというイメージです．ベース電位を決めるために，DCの電圧源を用意し，インダクタを通してベース端子に電圧を与えます．

一方，ACの信号源は別途用意し，コンデンサを通して同じようにベース端子に接続します．AC信号源とDCバイアス源とで，お互いが測定の邪魔にならないような接続となっています．バイアス条件は，どちらもI_c = 10 mAとなるように電流電圧値を設定しています．

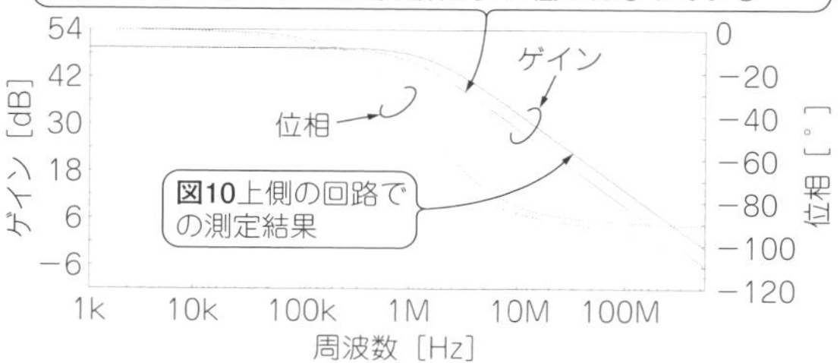

図11　図10の回路をLTspiceでシミュレーションした結果(f_Tの違いに注目！)

● どちらもだいたい同じ特性が得られた

AC解析の結果を**図11**に示します．2N3904のSPICEモデルはB_f = 300なので，低周波では300倍(= 49.5 dB)の電流増幅率です．それが1 MHz付近から低下し始め，0 dBまで低下するのは約400 MHzです．

図10の下側の回路のほうが，落ち始めの周波数が少し低いです．これはコレクタに抵抗を入れたことで電圧ゲインを持っているため，ミラー効果の影響が出ていることが原因です．

シミュレーション上でコレクタ抵抗を小さく設定してあげると，2本のグラフが近づくことが確認できます．

◆参考文献◆

(1) 藤井 信生；アナログ電子回路 －集積回路化時代の－，1998年4月，昭晃堂．

(2) P. R. グレイ/P. J. フルスト/S. H. レビス/R. G. メイヤー；システムLSIのためのアナログ集積回路設計技術 上，2004年6月，培風館．

(3) P. R. グレイ/P. J. フルスト/S. H. レビス/R. G. メイヤー；システムLSIのためのアナログ集積回路設計技術 下，2004年9月，培風館．

(4) 渋谷 道雄；回路シミュレータLTspiceで学ぶ電子回路，2011年7月，オーム社．

(5)＊ 2N3904データシート，2014年10月，フェアチャイルドセミコンダクタージャパン．

(6) TIP31Cデータシート，2014年11月，フェアチャイルドセミコンダクタージャパン．

Appendix 1

基本特性を測ると見えてくる

実測でつかむトランジスタの理想と現実

藤﨑 朝也

その①…電流増幅率の理想と現実

トランジスタの現実…データを探すより実物を測ってしまう方が早い

● トランジスタの静特性を測る

データシートは，ある一定の条件での特性しか示してくれません．それとは異なる条件での特性が知りたかったり，そもそもデータシートに載っていない特性が知りたかったりした場合には，あれこれ考えるよりも自分の手元にあるトランジスタを測定するのが早道です．

ここでは，一般にトランジスタの静特性(V_{CE}-I_C特性)と呼ばれるものを簡易的に評価してみます．

● 測定方法

通常はカーブ・トレーサや半導体パラメータ・アナライザ(略して半パラ，**写真1**)を用いて評価しますが，どちらも1台で何百万円もする高価な装置です．

価格に見合うだけの高い性能(電流・電圧範囲や確度)を備えていますが，おいそれとは手が出ません．今回は，個人でも入手しやすい測定器Analog Discovery(Digilent，**写真2**)を使います．

2チャネルのファンクション・ジェネレータと，2チャネルのオシロスコープが一体となっており，ミニ・カーブ・トレーサとして機能させることができます．評価対象には2N3904(オン・セミコンダクター)を選びました．

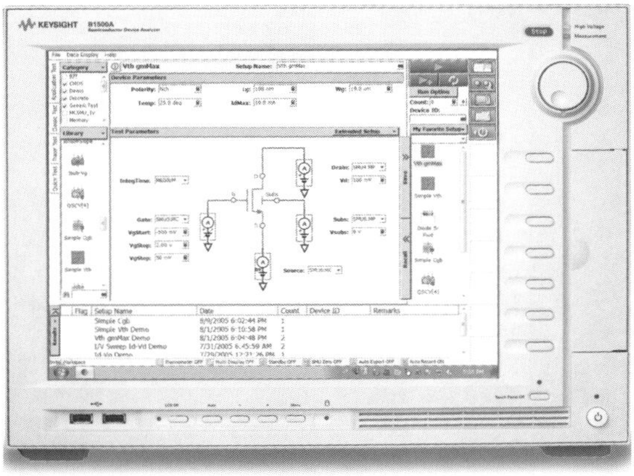

写真1　トランジスタの特性を評価できる実際の測定器「半導体パラメータ・アナライザ」
B1500A(キーサイト・テクノロジー)

トランジスタのV_{CE}-I_C特性の測定

●「ベース電圧を設定したらコレクタ電圧を掃引」を繰り返す

接続図を**図1**に示します．これは一般にエミッタ接地と呼ばれる構成です．まずベース電流を設定し，エ

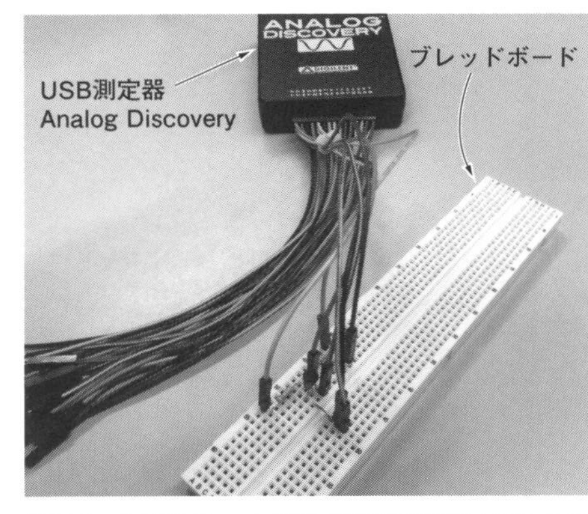

写真2　今回のV_{CE}-I_C特性の測定では個人でも入手しやすいUSB測定器Analog Discoveryを例に使った

コラム1　ラジオ放送を聴けるのはトランジスタの「増幅作用」のおかげ

藤﨑 朝也

トランジスタを説明するときに，教科書ではいきなり増幅の話に入りますが，まずは目的をはっきりさせておく方がよいでしょう．

増幅という漢字は,「幅」を「増」やすと書きます．何の幅かと言えば，電子回路ですから電圧か電流かその両方(電力)かしかありません(**図A**)．電圧や電流の振幅が増えると何が嬉しいのでしょうか．

例えばアンテナが遠くのラジオ局からのわずかな電波を拾ってできた電気信号があったとして，そのままでは大きなスピーカはおろか，小さなイヤホンですら鳴らすことはできません(ここでは復調の処理については考えない)．

アンテナの拾った小さな電気信号も，電圧としての振幅を増したり電流としての振幅を増したりすることで大きなスピーカを鳴らすことができます．そうした電圧や電流の増幅といった手続きにトランジスタ，あるいはトランジスタの塊であるOPアンプが活躍します．

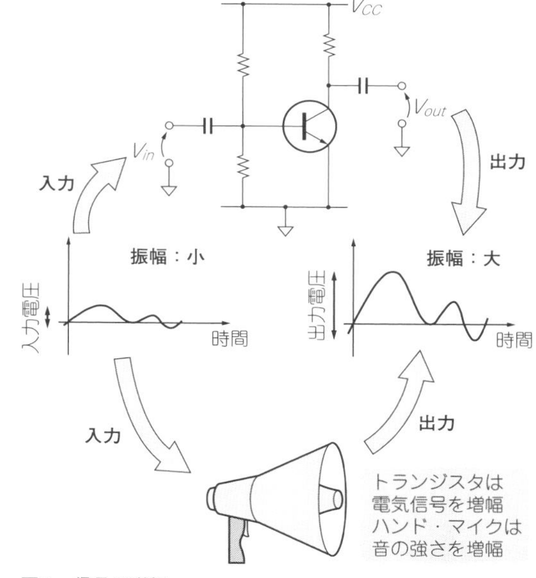

図A　信号の増幅

ミッタ-コレクタ間に加える電圧をスイープしてそのときに流れるコレクタ電流を測定します．次に再びベース電流を別の値に設定し，同じ測定を繰り返します．

本当は「ベース電流」として設定したいのですが，ファンクション・ジェネレータは電圧源なので，設定電圧値とベース抵抗の値から，簡易的にベース電流を見積もります．

オシロスコープがもう1チャネルあれば，ベース抵抗の両端の電位差から正確な値を知ることもできます．

● ファンクション・ジェネレータの波形設定

図2にファンクション・ジェネレータの波形設定を示します．ベース電圧を階段状に上げていき，その階段の1段ごとにコレクタ電圧を0～5Vの範囲で掃引します．

掃引は三角波でものこぎり波でもよいのですが，ここでは正弦波にしてあります．こうした時間波形データはAnalog Discovery上でも生成できますが，今回はExcelで作ったデータを取り込んで使いました．

これによって得られた時系列のデータは**図3**の左側のようになりました．これをもとにして，横軸がコレクタ電圧，縦軸がコレクタ電流となるようにプロットし直したのが**図3**の右側のX-Yプロットです．Excel

図1　USB測定器Analog Discoveryと静特性を測りたいトランジスタの接続
W1とW2の波型を図2のように変化させて特性を見る

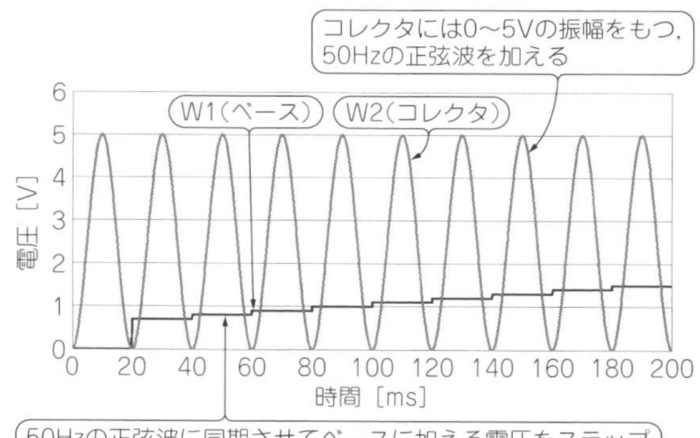

図2　ファンクション・ジェネレータの波形設定
ベース電圧を階段状に上げながらコレクタ電圧を自動掃引する

コラム2　製造工程が複雑な半導体は特性がばらつきがち

藤﨑 朝也

半導体に限らずとも，工業製品にはばらつきが必ず存在します．その理由を考えてみましょう．教科書に書かれている半導体の作り方にヒントがあります．

ダイオードやトランジスタはシリコン(Si)のウェハ上に形成されます(ガリウム・ヒ素GaAsなどシリコン以外の材料を用いたトランジスタは割愛)．

ダイオードもトランジスタもP型半導体とN型半導体を組み合わせることで動作するので，P型の領域やN型の領域などを順次ウェハ上に形成していきます．このとき，それぞれの領域に紛れ込ませる不純物の濃度や，領域の面積，厚みなど，管理しなければならないたくさんのパラメータがあります．それらをウェハの平面上にすべて均一にすることは難しいのです．

トランジスタの形成が完了したら，ウェハを個々に切断し，パッケージに封止することでわれわれが目にするトランジスタが出来上がります．

ウェハ上で隣同士だったトランジスタならば特性が近いことが予想されますが，端と端だったり，別のウェハ上だったりすると，特性に差が生まれてしまうことは止むを得ません．ただ，それを最小化するための努力は日夜行われています．

ディスクリート部品のダイオードやトランジスタはともかくとして，最近のプロセッサやメモリなどのLSIはものすごく微細かつ高密度になっており，原子が何層分とか何個分といったレベルに近づきつつあります．よって製造プロセスにおいてばらつきの管理はとても重要です．

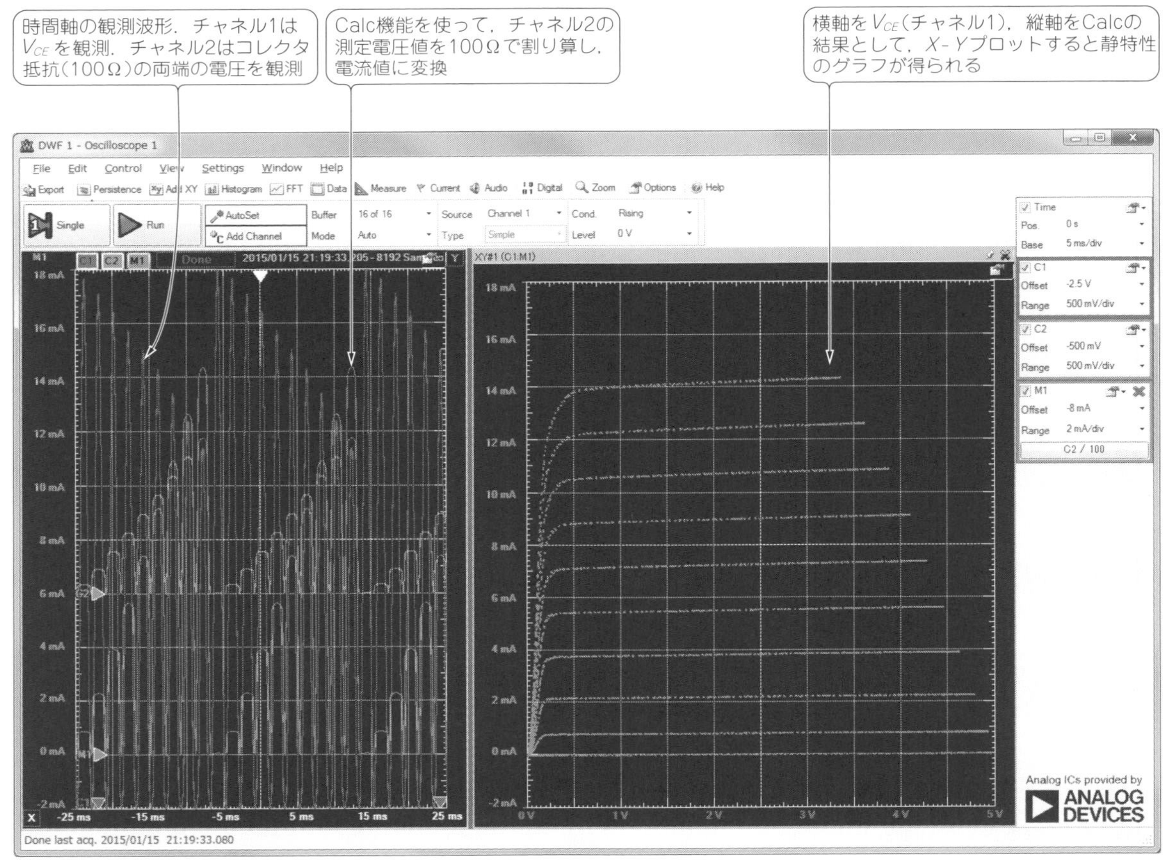

図3　実際のトランジスタ2N3904のV_{CE}-I_C特性(Analog DiscoveryのWaveForms画面)

コラム3　回路シミュレータのモデルは教科書の等価回路に似ている

藤﨑 朝也

本稿の実験では，2N3904の静特性についてLTspiceでシミュレーションを行いました．LTspiceに代表される回路シミュレータはトランジスタをどのように表現しているのでしょうか．以下がLTspiceに登録されていた，2N3904のモデルです．

```
.model 2N3904 NPN(IS = 1E-14 VAF = 100
+  Bf = 300 IKF = 0.4 XTB = 1.5 BR = 4
+  CJC = 4E-12  CJE = 8E-12 RB = 20 RC = 0.1 RE = 0.1
+  TR=250E-9  TF=350E-12 ITF=1 VTF=2 XTF=3 V
ceo = 40 Icrating = 200 m mfg = Philips)
```

実は回路シミュレータも，今回取り扱ったものと全く同一ではないのですが，等価回路を用いてトランジスタの動作を表現しています．

例を挙げると，Bfと書かれているパラメータがh_{FE}，βに相当するものです．順方向(forward)のベータ(β)なのでB_fです．Cxxと書かれているものは容量，Rxxは抵抗成分です．

回路シミュレータはトランジスタやOPアンプといったアクティブな素子の動作を再現してくれる貴重で便利なツールです．その中身は，各素子の実動作をできるだけ忠実に再現できるように設計された等価回路を，キルヒホッフの法則やオームの法則などに従って数値計算でゴリゴリと解くという操作を行っています．

にデータを取り込んで描き直し，ベース電流の値を書き入れたものを**図4**に示します．

ベース端子に加える電圧を10段階に設定したので，10本のカーブが描かれています．ベース電流の値は，かなり「えいや」ではありますが，トランジスタのベース-エミッタ間電圧(V_{BE})を0.6 V固定とみなして，ベース抵抗値である10 kΩから計算しました．

トランジスタのh_{FE}はV_{CE}によって変化する

h_{FE}の値は，第8章の図5に示したデータシートにはV_{CE} = 1.0 Vのときの値が書かれていました．**図4**のグラフで横軸1 Vのところに注目すると，I_Bが10 μAのときI_Cの値は0.9 mAくらい，I_Bが70 μAのときにはI_Cは10.8 mAくらいとなっています．ここからh_{FE}を計算するとそれぞれ90，154となります．

データシートには最小限値しか書かれていませんが，確かにこれを上回る値になっています．また，コレクタに10 mA程度の電流を流したほうがh_{FE}を大きく取れるという傾向もデータシートの通りです．

データシートには書かれていませんが，仮にV_{CE}が3 Vや5 Vといった条件でトランジスタを使いたいとしても，静特性を把握しておけば，その点のトランジスタの性能を知ることができます．

トランジスタのh_{FE}は個体によるばらつきも大きい

趣味の電子工作で1点もののアンプなどを作るのな

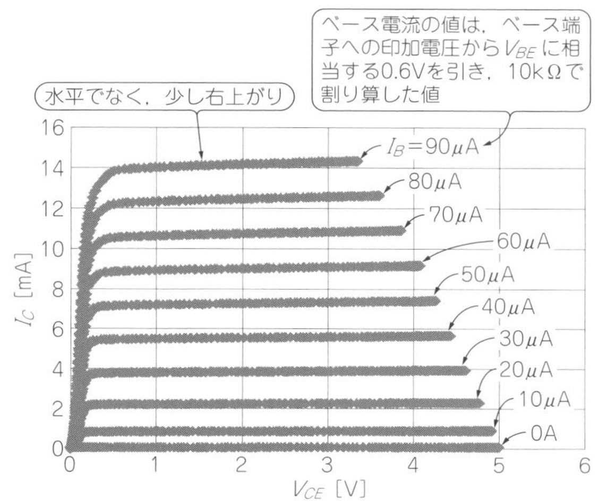

図4　図3の測定データをExcelに取り込んで描き直した

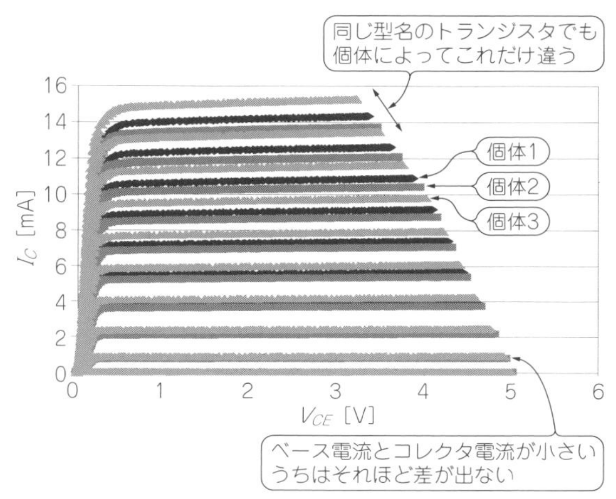

図5　2N3904複数個体を比較してみる

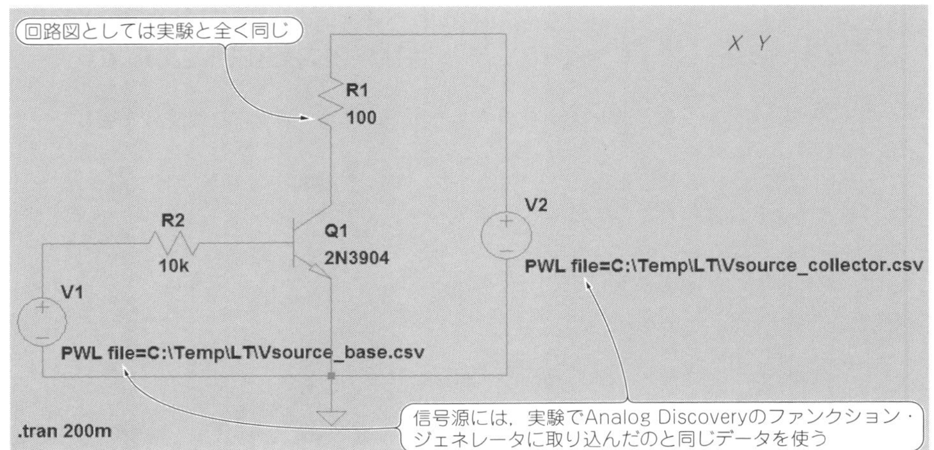

図6　LTspiceのシミュレーションでも同じことをやってみる

らばこれでよいのですが，量産品を設計するエンジニアは部品のばらつきも考慮する必要があります．

個体ごとのばらつきを見てみましょう．先ほどの方法で，同じ2N3904を3個体ほど測定して重ね描きしてみたのが**図5**のグラフです．予想以上にカーブのずれが大きくなっています．また，ずれはグラフの縦方向に起こっているので，やはりh_{FE}のばらつきが主要因だと考えられます．

これら3個のトランジスタは，別々のお店で買い求めたものではなく，同一のパーツ・キットに入っていたものです．普通にこのくらいのばらつきがあるものと思って設計する必要があります．

シミュレーションの結果は実デバイスと同じとは限らない

● SPICEモデルとの比較

Analog Discoveryのファンクション・ジェネレータの設定に用いた時間波形データをそのまま流用して，LTspiceを使ってシミュレーションします．

同条件で比較するために，直流スイープ解析ではなく，念のため時間軸での解析で行います．先ほどの測定に用いたものと同じ回路を使います(**図6**)．

信号源が出力する時間波形も，Analog Discoveryでの測定に用いたものと同じデータを使用します．2N3904のモデルはLTspiceにもともと入っているものを使いました．結果を**図7**に示します．

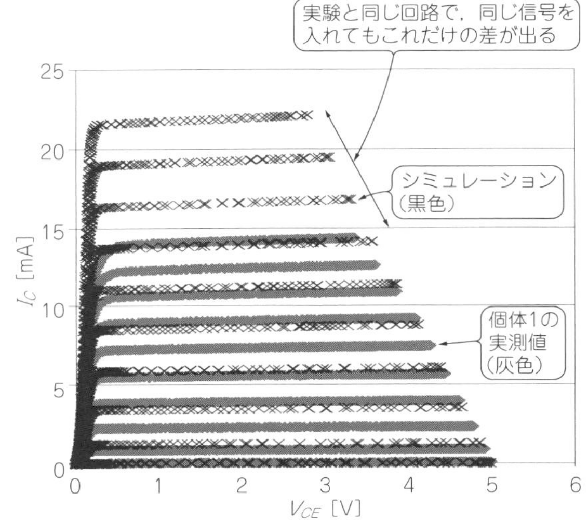

図7　実測値とSPICEシミュレーションを比較

● シミュレーションの過信は禁物

シミュレーション結果のほうが，h_{FE}の値が大きくなっています．コレクタ電流が立ち上がった後のカーブが急に見えます．

別にSPICEモデルにケチをつけているわけではありません．個体のばらつきだけでなく，シミュレーション用のSPICEモデルと実デバイスとの間にも差があることがあります．シミュレーションできちんと動作したから実機でも大丈夫とはいきません．

その②…ゲイン-周波数特性の理想と現実

トランジスタの周波数特性の測り方

● 低価格の測定器では帯域不足で測れない

トランジスタの実物を使って，周波数特性を観測したいところですが，シミュレーションの結果からは数百MHzの特性を観測できるシステムが必要です．

本来ならば広帯域のネットワーク・アナライザと呼ばれる測定器を用意すべきところですが，手元のAnalog Discoveryのオシロスコープはサンプリング・レートこそ100 MHzまで対応しているものの，アナログ帯域は5 MHzしかありません．ここでは2N3904の周波数特性を観測することは諦め，身の丈に合ったサンプルを選びます．

● オシロスコープを使った波形観測でゲインの周波数特性を測る

図8はサンプルとして選んだTIP31C（オン・セミコンダクター）のデータシートからの抜粋です．ハイ・パワーなトランジスタであるため，2N3904と比べてh_{FE}もf_Tも低い値となっています．バイアス条件としてコレクタ電流が500 mAのときの数字ですが，3 MHzのf_Tであれば，5 MHz帯域のオシロスコープでも周波数特性が観測できるかもしれません．

LTspiceでのシミュレーションに用いた第8章図10の下側と同じ回路で測定してみましょう．DCバイアス源の電圧はTIP31Cのコレクタ電圧をオシロスコープでモニタしながら，I_C = 10 mA，つまりコレクタ電位が電源に対して1 Vドロップとなる4 Vとなるように設定しました．

● 安定して測るために電流を小さくして発熱を抑える

データシートの条件はもっと大きな電流を流したときのものですが，仮に100 mA流すとトランジスタの消費電力は5 V電源では最大で0.5 Wになります．このくらいの電力を放熱器なしで消費させると，どんどん温度が上がり，安定して測定することができないので，10 mA程度に抑えた条件としました．

▶センス抵抗の値が同じなので，電圧比＝電流比

電流の測定は，シミュレーションと同じようにベースとコレクタに直列に入れた100 Ωの抵抗の両端の電圧をオシロスコープでモニタすることで行いました．

電流値に換算してからベース電流とコレクタ電流の比をとればよいのですが，同じ100 Ωで電流を電圧に変換しているので，単純に電圧同士の比をとれば済みます．

● それらしい周波数特性のグラフが取れた!

正弦波の信号の周波数を変化させながら波形をオシロスコープで観測し（**図9**），振幅をプロットしたものが**図10**です．100 kHzあたりからh_{FE}が低下しています．

2 MHzや5 MHzのデータはオシロスコープ自体の帯域の影響を受けているかもしれませんが，この調子で低下すると10 MHz程度でh_{FE}が1になりそうです．何とかh_{FE}の周波数特性が観測できました．

ちなみに50 kHzの測定値が盛り上がって見えるのは，信号源に直列に入れたL(1 μH)とC(10 μF)との共振によるものだと考えられます．

Electrical Characteristics

Values are at T_C = 25°C unless otherwise noted.

2N3904よりもだいぶh_{FE}の値が小さい

Symbol	Parameter		Conditions	Min.	Max.	Unit
V_{CEO}(sus)	Collector-Emitter Sustaining Voltage(1)	TIP31A	I_C = 30 mA, I_B = 0	60		V
		TIP31C		100		
I_{CEO}	Collector Cut-Off Current	TIP31A	V_{CE} = 30 V, I_B = 0		0.3	mA
		TIP31C	V_{CE} = 60 V, I_B = 0		0.3	
I_{CES}	Collector Cut-Off Current	TIP31A	V_{CE} = 60 V, V_{EB} = 0		200	μA
		TIP31C	V_{CE} = 100 V, V_{EB} = 0		200	
I_{EBO}	Emitter Cut-Off Current		V_{EB} = 5 V, I_C = 0		1	mA
h_{FE}	DC Current Gain(1)		V_{CE} = 4 V, I_C = 1 A	25		
			V_{CE} = 4 V, I_C = 3 A	10	50	
V_{CE}(sat)	Collector-Emitter Saturation Voltage(1)		I_C = 3 A, I_B = 375 mA		1.2	V
V_{BE}(on)	Base-Emitter On Voltage(1)		V_{CE} = 4 V, I_C = 3 A		1.8	V
f_T	Current Gain Bandwidth Product		V_{CE} = 10 V, I_C = 500 mA, f = 1 MHz	3.0		MHz

条件は500mAのコレクタ電流を流したときのもの．実験ではそこまで流さないのでどうなるか

Note:

1. Pulse test: pw ≤ 300 μs, duty cycle ≤ 2%.

図8　実際のトランジスタ(TIP31C)のゲイン周波数特性を測ってみる

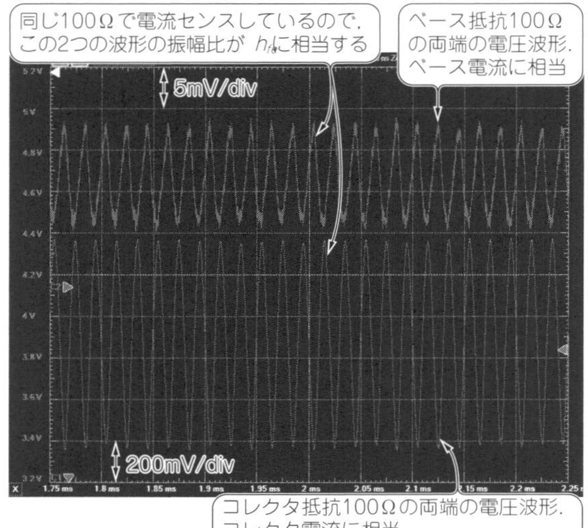

図9　帯域5 MHzのオシロスコープを使ってトランジスタのゲイン－周波数特性の測定に挑戦（結果は図3）

● 本来はネットワーク・アナライザで行う

今回はファンクション・ジェネレータとオシロスコープとで時間軸の波形を観測することによって周波数特性を観測しました．これを周波数軸で位相の情報も加えつつ測定・表示してくれる測定器がネットワーク・アナライザです．より正確にトランジスタやアンプの周波数特性を測定するならば，ネットワーク・アナライザが必要になります．

f_T値とh_{FE}値からトランジスタを選ぶ

●［教科書の解説］等価回路の定数とデータシートの値が直接的にはリンクしない

トランジスタのh_{FE}が周波数特性をもつことはわかりました．目の前にトランジスタのデータシートがあったとして，そこから高周波等価回路の定数を決めて計算することができれば実践的なのですが，実際には難しいと思います．

端子間の容量値がデータシートに示されている場合もありますが，バイアス電圧依存性ももっているのでなか決めきれません．仮に定数をうまく埋めることができたとしても，高周波等価回路は素子数も多いので手計算で解くのは厳しいです．

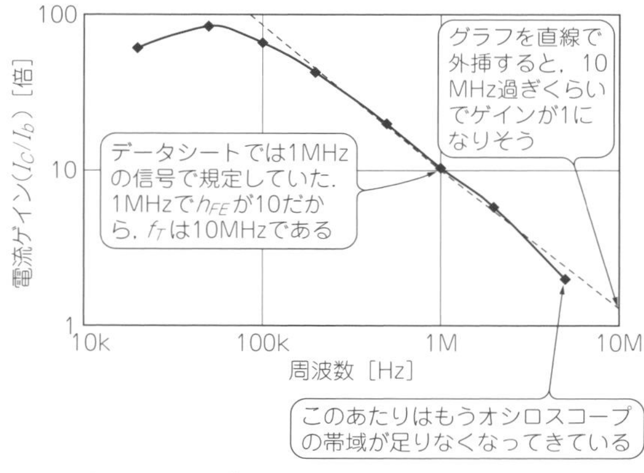

図10　実際のトランジスタ（TIP31C）のゲイン－周波数特性を測定した結果

●［実際の回路設計］f_Tの値とh_{FE}の値から自分の期待する電流ゲインが何Hzまで得られそうか予想する

SPICEモデルが提供されているトランジスタなら，安直にシミュレーションをやってみるという手はありますが，若手エンジニアが「シミュレーションで動いたからOKなはずです」などと言うと先輩に「ちゃんと考えてるのか!」と怒られるかもしれません．

自分で手計算はしないまでも，トランジスタがどうして周波数特性をもつのかは高周波等価回路で理解できます．それを踏まえつつ，データシートに書かれたf_Tの値とh_{FE}の値から，電流ゲインがどの周波数帯域までありそうかを推測することで部品選定や回路設計を行うというのが現実的な路線です．

そのプロセスを踏んだあとでシミュレーションをするぶんには先輩も許してくれるでしょう．

まとめ

自分の設計する回路が取り扱う周波数に対して，トランジスタの周波数特性がそれに見合っているかどうかをイメージできるようにしたいものです．

周波数が上がって損なわれていくのはh_{FE}です．データシートのf_Tの値とh_{FE}の値とをよく確認しましょう．くれぐれも「100 MHzまで使えるアンプを作るのだから，えーと，あ，このf_T = 300 MHzと書いてあるトランジスタで足りそうだぞ」なんてことのないようにした方がよいです．

＊

3つの等価回路を使ってトランジスタの静特性やh_{FE}の周波数特性について，直感的に理解できるようになることを目指して説明してきました．

h_{FE}の効果による電流増幅は，エミッタ接地でバイポーラ・トランジスタを使う場合のメインの機能といえます．まずは電流増幅が回路の中でどのような効果を生むかを理解したうえで，その増幅率が何によって変動しうるのかを知っておけば，トランジスタ回路を設計する際にトラブルに見舞われる可能性も減ることでしょう．

つまり，

①コレクタ電流の大きさによって変動する
②同じ型名のトランジスタでも個体差が大きい
③周波数特性をもつ
④温度特性をもつ(本編では触れませんでした)

を念頭に置いたうえで設計できるようになることが一人前の設計者への第一歩です.

◆引用文献◆

(1) TIP31Cのデータシート, フェアチャイルドセミコンダクター.

コラム4 トランジスタの定番回路「カレント・ミラー」と現実の誤差要因 藤﨑 朝也

電流がコピーされるトランジスタ・ペア「カレント・ミラー」

トランジスタ回路の例えば, カレント・ミラーと呼ばれる回路があります. **図B**のようにバイポーラ・トランジスタでも, あるいはMOSFETでもよいのですが, 2つのトランジスタを同じV_{BE}(MOSFETならばV_{GS})で動かすことで, 一方のトランジスタ(Tr_1)に流した電流I_{ref}と同じ値の電流を他方のトランジスタ(Tr_2)に流すことができる回路です. 片方の電流を鏡のように他方に写し取ることができることからその名がつきました.

用途としては定電流源や能動負荷として使われることが多い回路です. この回路は理想的には$I_{ref}=I_C$を期待できますが, 現実にはいろいろとズレの要因があります.

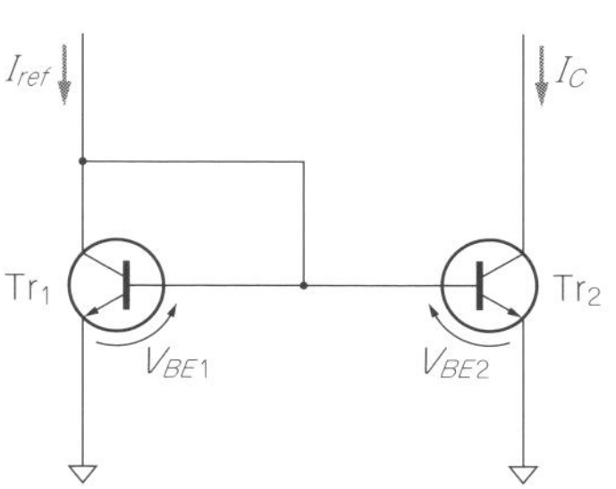

図B 定電流を流してくれるカレント・ミラー回路
I_{ref}を決めてあげると$I_C=I_{ref}$となるような定電流を流してくれる回路. 理想的には$I_C=I_{ref}$だけど, いろいろとずれの要因がある

ベース電流は基準電流(I_{ref})とミラー電流(I_C)の誤差の要因になる

理想的には$I_{ref}=I_C$となるカレント・ミラーですが, 残念ながら理想からのズレを生む要因がいくつかあります. その1つ目はベース電流によるものです(**図C**).

ナレータ・ノレータ・モデルを使用するときにはゼロとして無視するベース電流ですが, 実際にはゼロではありません. 2つのトランジスタに等しくベース電流I_Bを供給するとしたら, Tr_1のコレクタ電流はI_{ref}から$2I_B$を引いた値です. Tr_2のトランジスタに流す電流I_Cはそれと同じ値になろうと動作するので, ベース電流のぶんだけ$I_{ref}=I_C$の状態からはズレが生じます.

この影響を低減するには, ベース電流を小さく抑

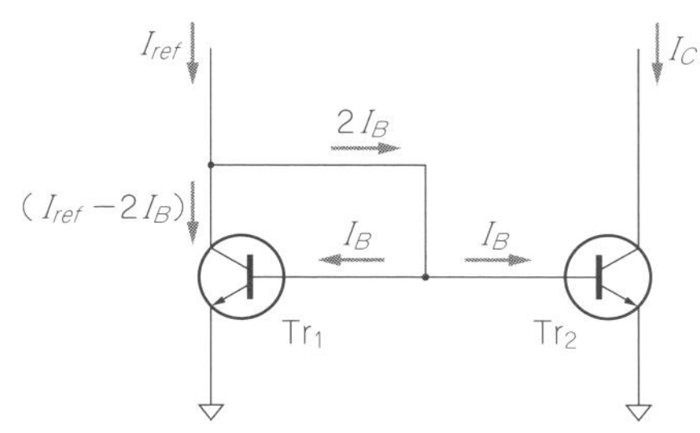

(a) 理想的には$I_{ref}=I_C$

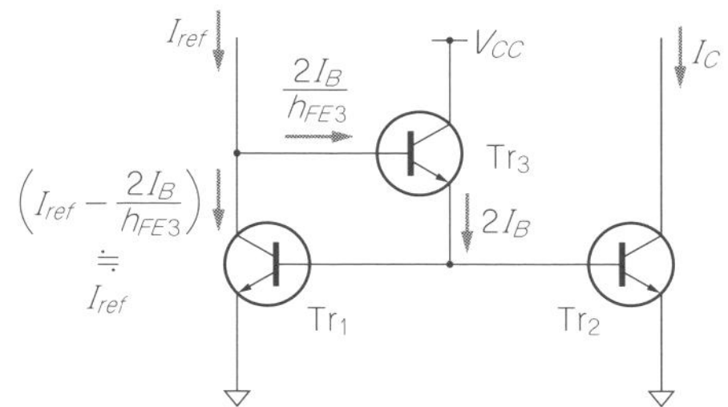

(b) Tr_1とTr_2にできるだけ大きなh_{FE}をもつトランジスタを使う手もある

図C 基準電流(I_{ref})とミラー電流(I_C)の誤差要因その①「ベース電流」

コラム4　トランジスタ・アンプの定番要素回路「カレント・ミラー」の誤差要因(つづき)

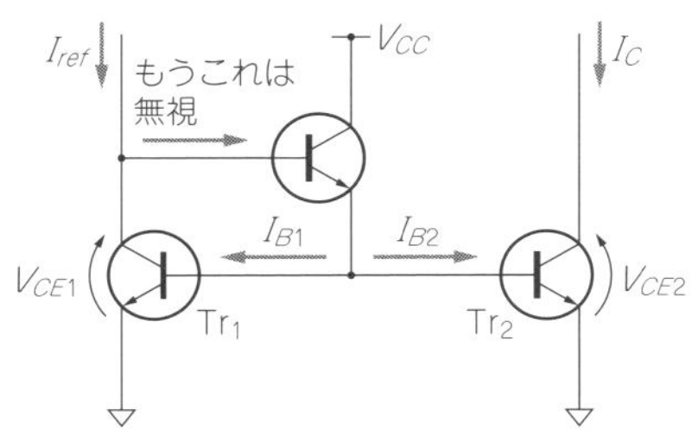

(a) 理想的には$I_{ref}=I_C$

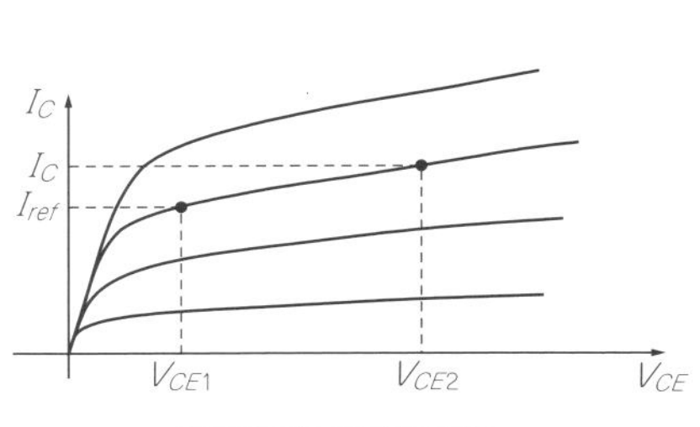

アーリー効果の影響で
$V_{CE1} \neq V_{CE2}$だと
$I_{ref}=I_C$とならない

(b) I_C-V_{CE}特性($I_{B1}=I_{B2}$とする)

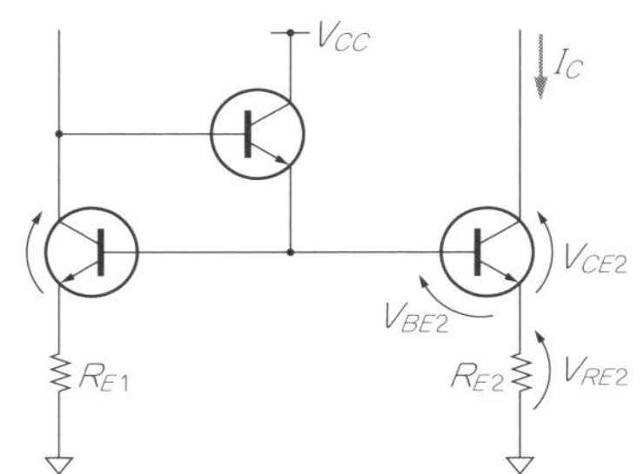

●エミッタに抵抗を入れる
① V_{CE2}が大きくなったとする
↓
② I_Cが増える(アーリー効果)
↓
③ V_{RE2}が増える(オームの法則)
↓
④ V_{BE2}が減る(ベース電位は不変とする)
↓
⑤ I_Cは減る(トランジスタのV_{CE}-I_C特性)
という負帰還がかかる

(c) エミッタに抵抗を入れる

図D　基準電流(I_{ref})とミラー電流(I_C)の誤差要因その②「アーリー効果」

える，つまりh_{FE}の大きなトランジスタを使うということも考えられます．さらに，もう1つのトランジスタTr_3を追加することで，等価的にTr_1，Tr_2のh_{FE}を大きく見せることができます．ただし，その代償としてTr_1のエミッタ-コレクタ間の電圧がV_{BE}2つぶんに増えてしまうので注意が必要です．

アーリー電圧は基準電流(I_{ref})とミラー電流(I_C)の誤差の要因になる

電流値のズレの要因の1つは，アーリー効果です(**図D**)．先ほどのベース電流の影響を無視できたとして，Tr_1とTr_2のV_{CE}が互いに等しければ$I_{ref}=I_C$を実現できますが，そうでない場合にはアーリー効果の影響によってズレが生じます．

小信号等価回路の$(1-\alpha)r_c$で表されるバイパス抵抗に流れる電流が異なるからです．トランジスタの選択のときにアーリー効果の小さい(＝アーリー電圧の高い)ものを選ぶと言っても限界があるので，この影響を低減するためにはエミッタに直列抵抗を挿入します．

これによって負帰還がかかり，V_{CE2}が変化してもI_Cを一定に保とうという動作になります．一方で，新たな部品としてR_{E1}，R_{E2}というものが追加になるので，これらのばらつきや温度特性にも気を配る必要があります．

ディスクリートでカレント・ミラーを作るときはマッチング・トランジスタを使う

ベース電流による影響と，アーリー効果による影響を抑えられれば$I_{ref}=I_C$に近づきます．それはトランジスタの特性がそろっていることが大前提です．

エミッタに抵抗を入れるのであればそれらの値も同じであり，熱結合もしっかり取れている必要があります．集積回路の中でならば，あるレベルまでは実現しやすいですが，ディスクリートでこの回路を組んで$I_{ref}=I_C$を期待するときは，マッチング・トランジスタやネットワーク抵抗を使います(**図E**)．

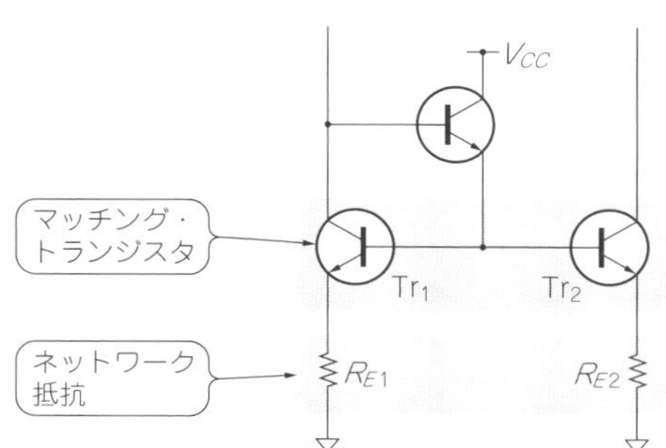

今までの話は,
- Tr_1とTr_2の特性がそろっている
- R_{E1}とR_{E2}の値が完全一致が前提

集積回路内だったらそこそこ簡単に実現できる.
もしディスクリートでやるなら
- Tr_1とTr_2はマッチング・トランジスタを使用すること.
- R_{E1}とR_{E2}は高精度のネットワーク抵抗を使用すること

図E　ディスクリート・トランジスタでカレント・ミラー回路を組む場合はマッチング・トランジスタやネットワーク抵抗を使う

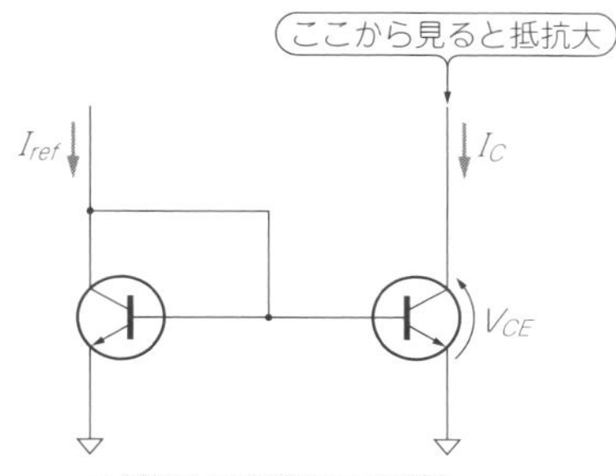

V_{CE}が大きく変わっても
I_Cは大して変化しない

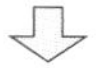

電圧を加えても電流が流れにくい

抵抗が大きい
(大きな値の抵抗の代わりになる)

これを能動負荷と呼ぶ

(a) V_{CE}が大きく変わってもI_Cはたいして変化しない

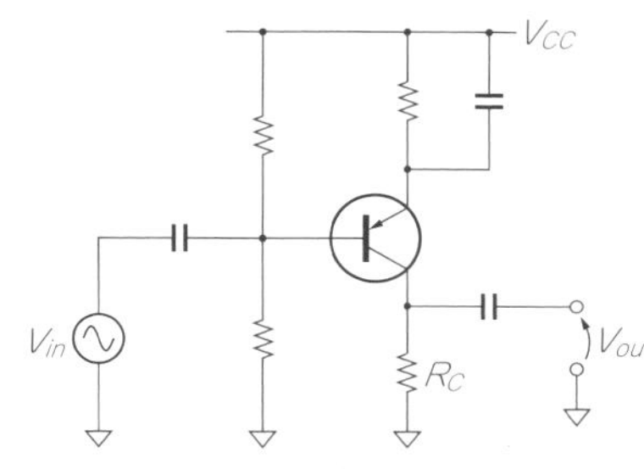

例えば,
エミッタ接地の電圧ゲインはR_Cの大きさに比例する

R_Cを大きくしたいが, 普通の抵抗で大きな値を入れると,
バイアス電流だけで電源電圧を食いつぶしてしまう

能動負荷を使う

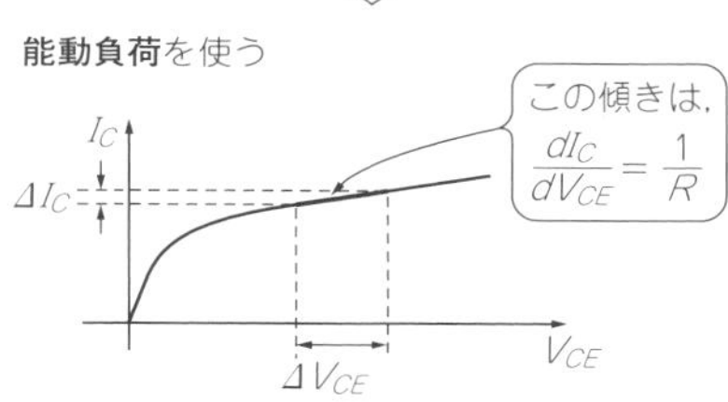

(b) R_Cを大きくしたいが, 普通の抵抗で大きな値を入れるとバイアス電流だけで電源電圧を食いつぶしてしまう

図F　カレント・ミラー回路を負荷にするとバイアス電流を大きくしてゲインを上げつつ大振幅出力を両立できる

カレント・ミラー負荷にするとバイアス電流を大きくしつつ大振幅出力が可能

定電流源のもつ特性を, 別の用途に使う場合があります. 例えば, エミッタ接地増幅器の電圧ゲインの大きさは, コレクタ抵抗の大きさに比例するので, ゲインを上げようと思えば大きな値のコレクタ抵抗を使いたくなります. しかし, バイアス電流として流れるDCのコレクタ電流による電圧降下があるので, あまりコレクタ抵抗を大きくしすぎると電源電圧を食いつぶしてしまいます.

DC電流による電圧降下を抑えられ, AC(小信号)に対しては大きな抵抗として見える素子がありがたいです. これは能動負荷と呼ばれます(**図F**).

カレント・ミラーは, V_{CE}が変化するとI_Cがアーリー効果の影響でわずかに変化します. 仮にアーリー効果がなければ, どんなに電圧をかけても電流が変化しない, つまり無限大の抵抗値をもつ素子になります.

無限大とまではいかなくても, この高い抵抗値を利用して電圧ゲインを確保できます. 通常はアンプ全体に負帰還をかけてバイアス状態を安定化させます.

第9章

選び方から性能の引き出し方まで

達人への道「FET」と「バイポーラ」のツボ

藤崎 朝也

本稿では，どうしてもアカデミックな内容になりがちだった第8章(教科書)とは対照的に，エンジニアリングに役に立つトランジスタ活用のための知識を取りそろえました．

1 種類

● トランジスタを大別するとFETとバイポーラの2つ

ひと口にトランジスタと言ってもさまざまな種類があります．大きなくくりとしては，バイポーラ・トランジスタ(BJT：Bipolar Junction Transistor)，電界効果トランジスタ(FET：Field Effect Transistor)の2種類に分類されます．それぞれ基本は3端子のデバイスですが簡単には，BJTはベース端子に流す電流によってコレクタ-エミッタ間に流れる電流を制御するのに対し，FETはゲート端子-ソース端子間に加える電圧によってドレイン-ソース間の電流を制御します(図1)．

● FETには構造の違うJFETとMOSFETの2つがある

FETのより細かい分類としては，

- 接合型FET(Junction FET，JFET)
- MOSFET(Metal Oxide Semiconductor FET)

の2種類です．

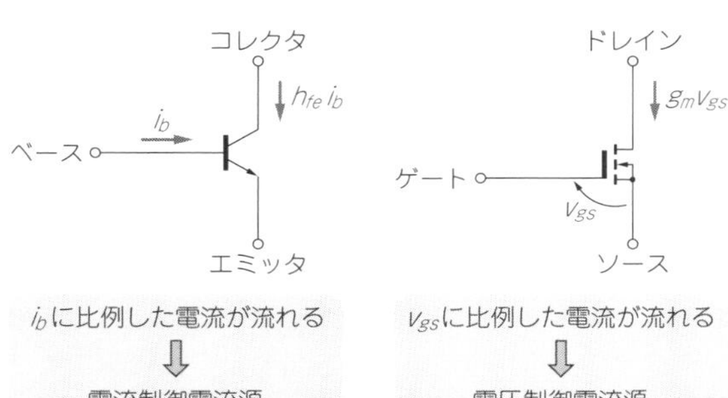

図1 BJT(バイポーラ・トランジスタ)とFETの動作の違い

FETはその名のとおり，ゲート端子付近に形成された電界によって電流の通り道(チャネルと呼ぶ)を太くしたり細くしたりして，電流の流れ具合を調整するデバイスです．そのチャネルを作るための構造がJFETとMOSFETとで異なります．

● MOSFETにはノーマリONとノーマリOFFがある

ゲート端子に電圧を加えていないときの状態にチャネルが形成されている(ONしている)か，していない(OFFしている)かによる分類があります．

JFETはすべてデプレッション型と呼ばれるノーマリONタイプです．MOSFETはどちらも存在しますが，市場に流通するMOSFETの大部分はエンハンスメント型と呼ばれるノーマリOFFタイプです．

● まとめると全8種類

BJTでは互いに逆極性の動作をするNPNトランジスタとPNPトランジスタ，FETではNチャネル，Pチャネルと呼ばれるものの2種類があります．トータルで8種類のトランジスタが存在します．記号は図2のとおりです．

2 特徴

● BJTは電流制御電流源，FETは電圧制御電流源

バイポーラ・トランジスタはベース端子に流れる電流のh_{FE}倍をコレクタに流すという動作を期待して使用するのに対して，理想的にはFETのゲート端子には電流は流れませんので，ゲート端子に加えた電圧値でトランジスタの動作状態を制御していることになります．

この差分は，例えば大電流を扱うときに顕著に表れます．バイポーラ・トランジスタでは大きなコレクタ電流を扱うには，その$1/h_{FE}$にあたるベース電流を流さなければなりません．FETではゲート電極に電圧を加えてしまえば大きなドレイン電流を扱えるので，一般に低消費電力な回路を構成できると言われていま

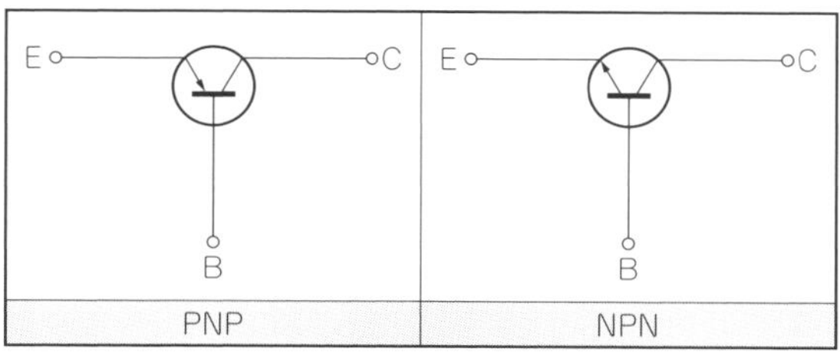

(a) バイポーラ・トランジスタ

構造＼極性		Nチャネル	Pチャネル
接合形FET			
MOSFET	エンハンスメント形		
	ディプリーション形		

(b) FET

図2 教科書によく出てくるバイポーラ・トランジスタとFETの回路図記号

す．ただし，ゲート電圧を変更する際に，ゲート容量を充電するための過渡的な電流が必要です．

● BJTやJFETは汎用，ディスクリートのMOSFETは大半がスイッチング電源向け

単体のトランジスタとしてパッケージされた部品の用途は次のとおりです．

- BJT：小信号，高周波，スイッチ(比較的大電力まで)
- JFET：小信号，高周波，スイッチ(小電力向け)
- MOSFET：スイッチング電源向けがほとんど(大電力)

BJTやJFETは比較的汎用向けに売られています．MOSFETについては小信号向けもあるにはあるのですが，ほとんどがスイッチング電源用途だと思います．1 kVを超える耐電圧をもつものや，数百Aを流せるものもあります．

● BJT，JFET，MOSFETは特徴を活かして使い分ける

小信号向けに使う場合には，これらは電流ノイズ，電圧ノイズなどの観点で一長一短があります．

さまざまな教科書や資料で取り上げられるトピックであるためここでは詳しくは扱いませんが，OPアンプでもBJT入力，JFET入力，CMOS入力と，差動入力部のトランジスタにどれを採用しているかでノイズ特性やバイアス電流，オフセット電圧など特性が異なります．一般的な傾向としては**表1**のようになります．

表1 OPアンプの性能は入力トランジスタの種類によって違う

種類＼性能	バイアス電流	オフセット電圧	電圧性ノイズ	電流性ノイズ
BJT入力	大	小	小	大
JFET入力	小	大	大	小
CMOS(MOSFET)入力	極小	極大	大	小

3 入手性

● BJT，MOSFETに比べてディスクリートのJFETは種類が少ない

入手性を確認するためにそれぞれの市場に出回る量(製品の種類の数)を例として調べてみました．こうしたディスクリート・トランジスタを広く手掛ける，メーカのWebサイトから製品数のデータを拾ってみると，本稿執筆時点ではBJTが954種(オン・セミコンダクター：以下，ON)と566種(旧フェアチャイルドセミコンダクター，現オン・セミコンダクター：以下，

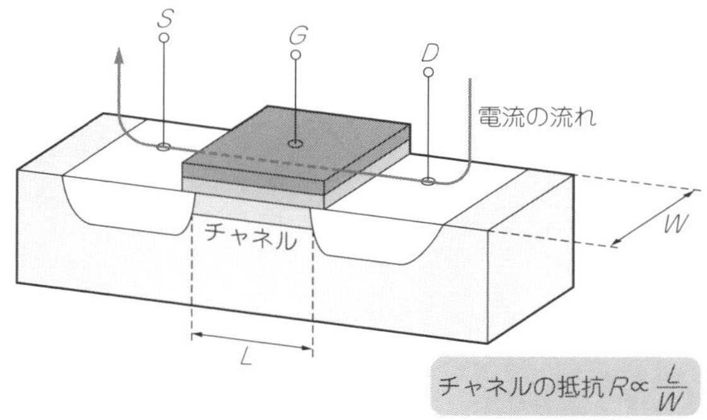

- Wが大きければ，大電流が流せる
- Lが大きければ，OFFしたときに高電圧に耐えられる
  →その代わり，抵抗値が上がる

図3 高耐圧と大電流の両立が難しいパワーMOSFETはチャネルの寸法で電流・電圧性能が決まる

Absolute Maximum Ratings(1), (2)

Stresses exceeding the absolute maximum ratings may damage the device. The device may not function or be operable above the recommended operating conditions and stressing the parts to these levels is not recommended. In addition, extended exposure to stresses above the recommended operating conditions may affect device reliability. The absolute maximum ratings are stress ratings only. Values are at T_A = 25°C unless otherwise noted.

Symbol	Parameter	Value	Unit
V_{CEO}	Collector-Emitter Voltage	40	V
V_{CBO}	Collector-Base Voltage	60	V
V_{EBO}	Emitter-Base Voltage	6.0	V
I_C	Collector Current - Continuous	200	mA
T_J, T_{STG}	Operating and Storage Junction Temperature Range	-55 to 150	°C

Notes:

1. These ratings are based on a maximum junction temperature of 150°C.
2. These are steady-state limits. Fairchild Semiconductor should be consulted on applications involving pulsed or low-duty cycle operations.

図4[3]　バイポーラ・トランジスタのデータシートに示された絶対最大定格
2N3904の例

FCS)，JFETが52種(ON)と54種(FCS)，MOSFETが677種(ON)と1547種(FCS)といった状況になっています．

● 高耐圧と大電流を両立するIGBTについて

電力用という意味では，IGBT(Insulated Gate Bipolar Transistor)と呼ばれる素子も成長が続いています．

先ほどMOSFETは高耐圧品も大電流品もそろうと書きましたが，その両立が原理的に困難です．定性的には電流の通り道になるチャネルの幅を広くすれば大電流が流せます．一方，チャネルの長さを長くすれば高耐圧となりますが，そのぶんチャネルの抵抗は増えるので大電流性能が落ちてしまいます(**図3**)．

詳しい原理は割愛しますが，これを両立しようというのがIGBTです．ただ，さすがに欠点はあり，MOSFETに比べてスイッチング速度は遅くなります．

アマチュアの電子工作でIGBTが登場することはあまりないでしょうが，RSコンポーネンツなどから個人でも購入できます．

4 バイポーラ・トランジスタの絶対最大定格

トランジスタを安全に使用するには，実条件がメーカが定める定格の範囲内に収まるように回路を設計する必要があります．

まずはバイポーラ・トランジスタ2N3904のデータシートを例に，最大定格の欄を見てみましょう．

図4はバイポーラ・トランジスタ2N3904の絶対最大定格です．

V_{CEO}，V_{CBO}，V_{EBO}はそれぞれ各端子間に加えられる最大の電圧値です．I_Cはコレクタ電流の最大値(DCで流した場合)，T_J，T_ST_Gは動作可能な温度，および保存可能温度(いずれもジャンクション温度)です．

● 最大電圧と最大電流の定格は，一瞬でも超えてはいけない

電圧値については単純です．これ以上の電圧をかけてはいけない値です．

これを超えた電圧を加えると，PN接合がブレークダウンを起こし，過大な電流が流れて，結果としてトランジスタが焼損します．

最大コレクタ電流もこの部品の場合はContinuous(DC)でしか規定されてないので単純です．これ以上の電流を流してはいけません．

● 最大コレクタ電流は発熱量だけで決まるわけではない

最大コレクタ電流は，トランジスタの発熱量だけで決まっているわけではありません．同じ200 mAでも，エミッタ-コレクタ間の電圧が1 Vであればトランジスタでの消費電力は0.2 Wですし，5 Vであれば1 Wになります．それなのに一律で200 mAというのは不公平に感じます．

このように表記されている場合は，半導体のダイ(トランジスタそのもの)，ボンディング・ワイヤ，あるいはパッケージの端子の電流容量のどこか一番弱い部分を考慮して定めているのだと思います(**図5**)．

必ずしもトランジスタにおける消費電力で最大電流が決まっているわけではありません．

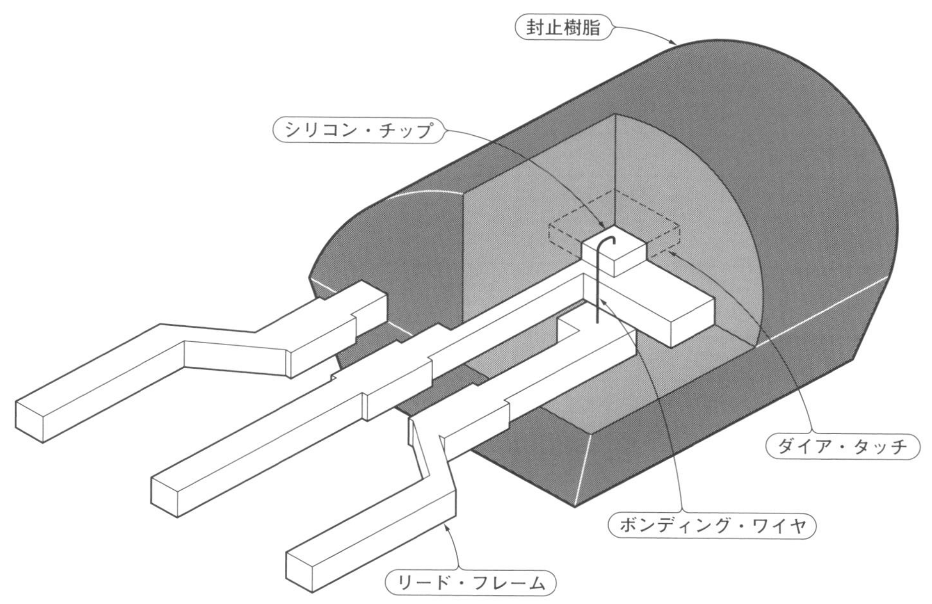

図5[10]　最大コレクタ電流は，トランジスタを構成するダイやボンディング・ワイヤなど一番弱い部分で決まる

● 半導体が故障なく動作できる温度範囲「ジャンクション温度(T_J)」

「ジャンクション」というのはPN接合のことを意味しています．

動作温度，保管温度については同じ温度が入っています．つまり理由はどうあれ，これ以上の温度にさらされると故障のおそれがあるという意味です．

半導体部品はおおむねこのくらいのジャンクション温度を上限としていますが，電力向けの部品ではもう少し高めに設定されているものもあります．

トランジスタに電圧を加えた場合は，その電圧が実際に加わるのはPN接合に対してです．ある電流が流れたとして，ジュール熱が発生するのはPN接合の部分です．

厳密には半導体のダイのうちのPN接合の部分，ということなのですが，シリコンのダイにおける熱伝導率はパッケージのそれと比較して良好なので，ダイ自体の温度と考えてよいです．

5 パワーMOSFETの絶対最大定格

スイッチング用途のパワーMOSFETの最大定格を見てみます．**図6**はNTD6414(オン・セミコンダクター)のデータシートからの抜粋です．

● 端子間電圧，ドレイン電流，温度については小信号向けとだいたい同じ書き方

端子間電圧(V_{DSS}，V_{GS})，動作温度(T_J)，保管温度(T_{Stg})に対しては先ほどと同様と考えてください．Continuousのドレイン電流(I_D)は2つの数字が書かれていますが，温度が高いときのほうが流せる電流が小さいというのは普通にイメージができると思います．

ちなみにこの欄に書かれているT_Cとはケース(Case)温度のことです．放熱用の大きな電極がついているこうした製品の場合は，その電極の温度と考えます．

● パワーMOSFETのソース電流はボディ・ダイオード電流のこと

ソース電流(I_S)と書かれている項目ですが，カッコ書きで「Body Diode」と追記されています．パワーMOSFETは構造上，ソース-ドレイン間に寄生的にダイオードが形成されています．

スイッチング電源を設計する際には，このダイオードに積極的に電流を流すような使い方をすることがあるため，その際の電流値の上限を定めています．

● アバランシェ耐量の範囲なら定格電圧を超えてもよい

次の項目(E_{AS})はアバランシェ耐量と呼ばれるパラメータです．こちらもスイッチング電源やモータ駆動に使うことを前提としている項目なのですが，回路の中にインダクタが含まれる場合に，このパワーMOSFETをスイッチ素子として動作させて電流を遮断したとします．

インダクタの作用として電流を継続しようと高い電

MAXIMUM RATINGS (T_J = 25°C unless otherwise noted)

Parameter			Symbol	Value	Unit
Drain-to-Source Voltage			V_{DSS}	100	V
Gate-to-Source Voltage − Continuous			V_{GS}	±20	V
Continuous Drain Current $R_{\theta JC}$	Steady State	T_C = 25°C	I_D	32	A
		T_C = 100°C		22	
Power Dissipation $R_{\theta JC}$	Steady State	T_C = 25°C	P_D	100	W
Pulsed Drain Current	t_p = 10 μs		I_{DM}	117	A
Operating and Storage Temperature Range			T_J, T_{stg}	−55 to +175	°C
Source Current (Body Diode)			I_S	32	A
Single Pulse Drain-to-Source Avalanche Energy (V_{DD} = 50 Vdc, V_{GS} = 10 Vdc, $I_{L(pk)}$ = 32 A, L = 0.3 mH, R_G = 25 Ω)			E_{AS}	154	mJ
Lead Temperature for Soldering Purposes, 1/8″ from Case for 10 Seconds			T_L	260	°C

Stresses exceeding those listed in the Maximum Ratings table may damage the device. If any of these limits are exceeded, device functionality should not be assumed, damage may occur and reliability may be affected.

ケース温度さえ25℃に保つことができれば，100Wまで消費できる

DCでは32Aまでだが10μs幅のパルスであれば117Aまで流せる

パワー半導体は175℃までのジャンクション温度を許容する製品も多い

アバランジェ耐量はJ(ジュール)で規定される

図6[4]　パワーMOSFETのデータシートに示された絶対最大定格
NTD6414の例

圧を発生します．これはスイッチングの速度とインダクタンスによって決まる電圧なので，瞬間的にはパワーMOSFETのソース-ドレイン間の耐電圧を超えます．ソース-ドレイン間にブレークダウン(アバランシェ降伏)が起こり電流が流れるのですが，その電流が流れる時間は比較的短いです．

多くのパワーMOSFETはその短時間であれば，アバランシェ電流とブレークダウン電圧との積(時間積分値)で表されるジュール熱に耐えらえるように設計されています．その基準を示したのが，このアバランシェ耐量という数値です．

● 最大定格の項目はトランジスタの用途によって変わる

最後の項目(T_L)は，このパワーMOSFETをプリント基板などにはんだ付けする際に許される端子温度を示しています．

絶対最大定格の記載の仕方や項目数はメーカによってもまちまちです．その部品がどんな用途に使われることを想定しているかによっても変わってきます．

例えばアバランシェ耐量が明記されていないトランジスタは，そうした状態になることを設計上想定していないということです．

このようにさまざまな項目が絶対最大定格としてデータシートに定められています．回路を設計する際には，通常はディレーティングと言って実使用条件に対して十分に余裕のある定格の部品を選定することで信頼性のマージンを確保しますが，行き過ぎるとコストやスペースを浪費してしまうことになります．バランスを考えて選定します．

6 パッケージと熱抵抗

● 半導体はパッケージされてから流通して使用される

トランジスタなどの半導体デバイスはシリコン基板(ウェハ)上に作製されます．

そのままでも動作するのですが，むき出しの状態では汚れや物理的なストレスに弱いことは否めませんし，そもそもどうやって配線すればよいのかわかりません．これをパッケージングすることで，よく見る黒いプラスチックから端子が出ているような部品としてメーカから供給されます．

写真1に代表的なトランジスタのパッケージを示します．

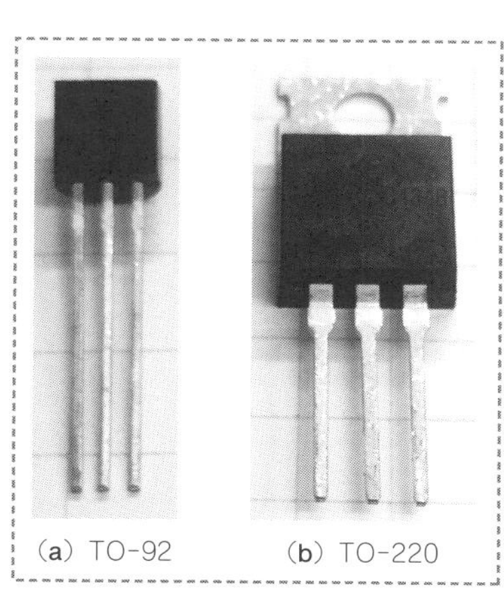

(a) TO-92　(b) TO-220

(c) SOT-23　(d) DPAK　(e) SOT-223　(f) D2PAK

写真1　代表的なトランジスタのパッケージ

● 用途に応じてさまざまなパッケージが存在する

近年ではプリント基板上での高密度実装や低背化に対応して，これら以外にもさまざまなバリエーションのパッケージが各メーカから提案されています．

手作りで電子工作する場合には部品が小さすぎると作業性が悪くて困ってしまいます．自動実装で量産するような回路を設計するならば，表面実装に対応し，サイズの小さいパッケージのほうが省スペースな製品を実現できます．ただし小さなパッケージは熱抵抗が高いため放熱に難があります．

その意味で消費電力の高い部品には不向きです．この熱抵抗という考え方について説明します．

● 消費電力の定格はパッケージの熱抵抗によって違う

図6に示したNTD6414の絶対最大定格のうち，消費電力の項目(P_D)を再び見てみましょう．ケース温度を25℃とした状態で100 Wまで消費できると書いてあります．これはパッケージ内の熱抵抗の情報を示しています．

ケース温度を25℃に保った状態で100 Wの電力をこのトランジスタに消費させると，そのときのジャンクション温度が定格である175℃になる，という意味です．

● 熱抵抗，消費電力，温度の間にオームの法則が成り立つ

図7にこの関係を示します．ある熱抵抗をもつパスに対して100 Wの電力が通過すると，温度こう配が生じます．これは電気回路におけるオームの法則と同じように考えることができます．

100 Wの電力が通過して150 ℃の温度差が生じると考えると，熱抵抗の値は150 ℃/Wとなります．

NTD6414のデータシートには**図8**のように熱抵抗の値が書かれていますが，ジャンクション-ケース間の熱抵抗($R_{\theta jc}$)としてこの値が記載されています．場合によっては熱抵抗の値がデータシートに明記されていない部品もあるのですが，その場合には最大の消費電力とジャンクション温度から先ほどのように計算できます．

● 空気に対する熱抵抗はプリント基板上のパターンも含めて規定

ジャンクション-ケース間の熱抵抗に加えて，ジャンクション-空気(雰囲気)間の熱抵抗($R_{\theta JA}$)が示されていることがあります．こちらはある実装条件において，周囲の空気とジャンクションとの間の熱抵抗です．

NTD6414の場合には，FR4という材質のプリント基板(ガラス・エポキシ基板)の表面に1オンス(＝厚

THERMAL RESISTANCE RATINGS

適切な放熱を施してケース温度を25℃に保ったとして，100Wを消費すればジャンクション温度は25℃＋100W×1.5℃/W＝175℃で，**図6**の記載とつじつまが合う

Parameter	Symbol	Max	Unit
Junction-to-Case (Drain) Steady State	$R_{\theta JC}$	1.5	°C/W
Junction-to-Ambient (Note 1)	$R_{\theta JA}$	37	

1. Surface mounted on FR4 board using 1 sq in pad size, (Cu Area 1.127 sq in [1 oz] including traces).

プリント基板への実装を行うときに，ある面積の放熱用の銅はくを用意することが前提

図8(4)　**パワーMOSFETの熱抵抗データ**
NTD6414の例

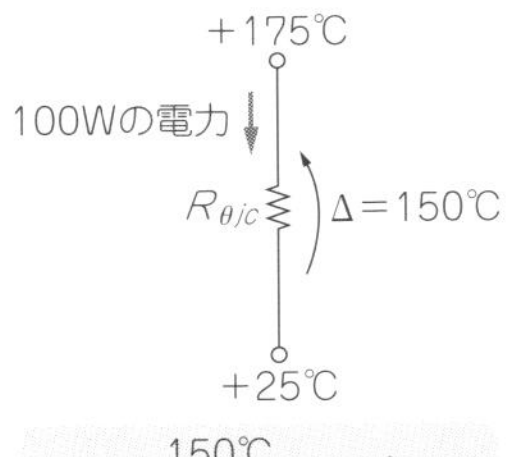

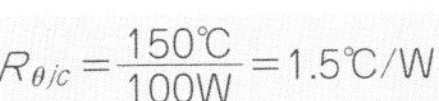

$$R_{\theta jc}=\frac{150℃}{100W}=1.5℃/W$$

図7　パッケージの放熱力を示す「熱抵抗」の考え方

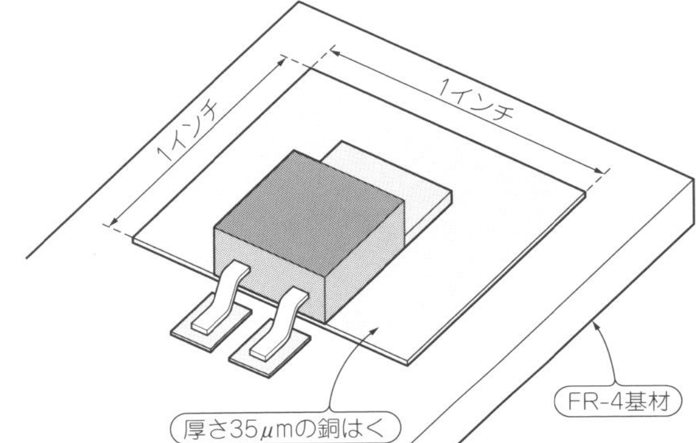

図9　プリント基板に実装すると熱抵抗が下がる
NTD6414のデータシートに書かれた$R_{\theta JA}$は，このような状態を想定している

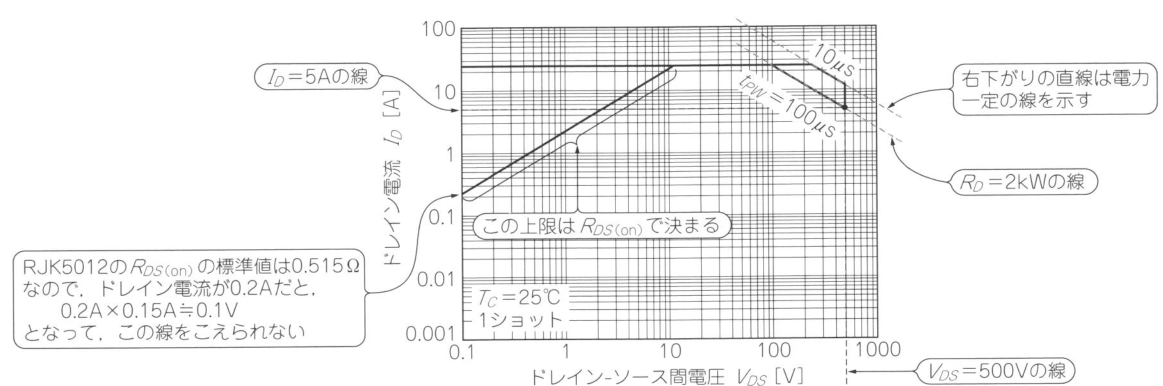

図10(5)　**ドレイン(コレクタ)電流の上限とドレイン-ソース(コレクタ-エミッタ)間電圧の上限を示す「安全動作領域」**

(Ta = 25°C)

Item	Symbol	Ratings	Unit
Drain to source voltage	V_{DSS}	500	V
Gate to source voltage	V_{GSS}	±30	V
Drain current	I_D Note4	12	A
Drain peak current	$I_{D\ (pulse)}$ Note1	24	A
Body-drain diode reverse drain current	I_{DR}	12	A
Body-drain diode reverse drain peak current	$I_{DR\ (pulse)}$ Note1	24	A
Avalanche current	I_{AP} Note3	4	A
Avalanche energy	E_{AR} Note3	0.88	mJ
Channel dissipation	Pch Note2	30	W
Channel to case thermal impedance	θch-c	4.17	°C/W
Channel temperature	Tch	150	°C
Storage temperature	Tstg	–55 to +150	°C

Notes: 1. PW ≤ 10 μs, duty cycle ≤ 1%
2. Value at Tc = 25°C
3. STch = 25°C, Tch ≤ 150°C
4. Limited by maximum safe operation area

ドレイン-ソース間電圧の定格とドレイン・ピーク電流の定格とをかけ算すると500 V×24 A＝12 kWとなってしまう.
→定格値を同時に満たせるわけではない

図11(5) **パワーMOSFETの絶対最大定格**
RJK5012の例

さ35 μm)の銅はくによる1平方インチの面積を持つパッドを用意し，その上にはんだ実装した場合というただし書きがついています．これは，**図9**のような実装をしたときにこのくらいの熱抵抗になりますよ，という表示です．

7 安全動作領域と過渡熱抵抗

● 使っていい電流電圧範囲を2次元のグラフで表示した安全動作領域「SOA」

前述した絶対最大定格に含めてもよいのでしょうが，**図10**のようなグラフがデータシートに記載されている場合があります．これはRJK5012(ルネサス エレクトロニクス)というMOSFETのデータですが，ドレイン-ソース間電圧，ドレイン電流の絶対最大定格はそれぞれ500 V，24 A(パルス時)となっているので(**図11**)，グラフも縦と横のリミットはその値となっています．ただし右上と左上が斜めにカットされた形をしています．これを安全動作領域，SOA(Safe Operating Area)と呼びます．

グラフの右上は電流も電圧も最大値付近となる条件を意味しています．絶対最大定格に書かれている電流値，電圧値はそれぞれ単独で考えた場合の数字ですので，それを同時に許容できるかというと別問題です．仮に500 Vと24 Aを掛け算すると12 kWというとてつもない電力になるので，短時間とは言え耐えることができません．

● パルス状に電力を加える場合，許容電力はパルス幅に依存する

このグラフは縦軸も横軸も対数軸となった，いわゆる両対数プロットですので，右下がりの直線は，

$$xy = 一定$$

という反比例の関係を表しています．つまり電力一定の線です．パルス幅100 μsの線に着目すると，500 V，4 Aの点を通っているので，2 kWという値です．一方，絶対最大定格の欄に書かれていた許容電力は30 Wという値で，100倍近い差があります．この差の意味は，後述の過渡熱抵抗という考え方で理解できます．

30 Wという数字は継続的にトランジスタが発熱する場合の上限値です．その場合の熱の伝導については先ほど熱抵抗の話の中で説明しました．しかし単発かつ短時間であれば，トランジスタのもつ熱容量のおかげでずっと大きな発熱まで許容できます．この特性を示しているのが過渡熱抵抗のグラフ(**図12**)です．

● 一瞬なら大電力を発生しても耐えられる

縦軸は継続して発熱する場合の熱抵抗を1として正規化した過渡熱抵抗の値です．右に行くほどパルスの幅が長くなり，1 msあたりから1に近づいています．

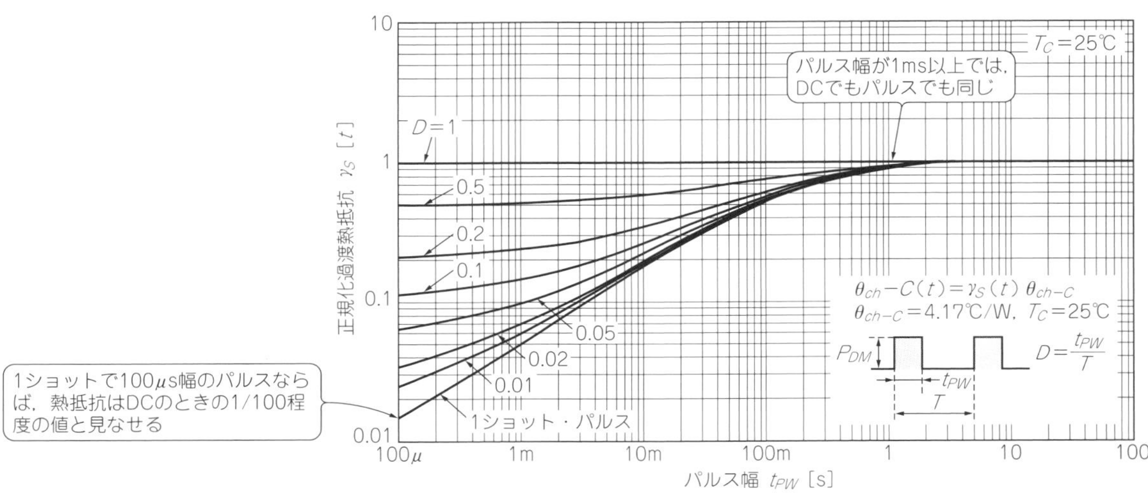

図12　パワーMOSFETの過渡熱抵抗データ
RJK5012の例．トランジスタは一瞬なら大電力に耐えられる

つまりこのトランジスタでは1ms以上の幅をもつパルスは放熱の観点ではDCと変わらないということです．一方，単発(1ショット)で100μsのポイントを見ると，0.01～0.02というあたりですので，100倍近く熱抵抗が低く見なせることになります．これがSOAの100μsの条件におけるリミットに対応しています．

SOAのグラフに戻って，今度は左上の斜線に注目すると，$R_{DS(\mathrm{on})}$によるリミットと書かれています．ドレイン-ソース間のオン抵抗を固定値だと思えば，ドレイン電流に応じてドレイン-ソース間電圧は一意に定まるはずです．こちらの斜線はその傾向を表しているので，超えてはいけない線というよりも，どうやっても原理的に超えられない線です．

8 故障対策に入れるゲート/ベース直列抵抗

● 壊れやすい高インピーダンス入力端子を保護する

トランジスタの故障を避けるための方策として，ベース端子およびゲート端子に直列抵抗を入れておくことがあります．

一般的にはゲート端子やベース端子は高インピーダンスなので外来ノイズの影響を受けやすくなります．またノイズではなくとも，ちょっとした過渡的な回路の動作で過大な信号が入って来ることもあるかもしれません．高インピーダンスということは，少しの電流が飛び込んだだけで高い電圧が発生するということなので，過電圧でトランジスタが壊れるおそれがあります．

直列抵抗を入れておくと，この直列抵抗とトランジスタの入力容量との間でRCフィルタが形成され，瞬間的なノイズを減衰させられます．

もう1つの意味としては仮にトランジスタが過電圧によってブレーク・ダウンしたとしても，この端子から流入する電流を抵抗で制限することで故障を回避できます．

● デメリット…高速動作には不向き

この手法は非常に有効な回路保護ではありますが，入力にRCフィルタを構成することになるのでトランジスタに高速な動作を期待する場合には不向きです．

自分の設計した回路の中で，そのトランジスタにどういった役割を求めているのかに応じて回路保護も使い分けたいところです．

9 複数個入りのトランジスタ

● さまざまな回路構成のモジュールがある

1つのパッケージ内に複数個のトランジスタを内蔵した製品も存在します．わかりやすいものとしては，2個のトランジスタをダーリントン接続することで，大きな電流増幅率をもつ1個のトランジスタとして使用できるものがあります．また，コンプリメンタリな2個のトランジスタ，つまり特性のよく似たNPN＋PNP，あるいはNMOS＋PMOSを1個にまとめたものもあります．これらは1個ずつ別々に用意して回路を組むこともできるものですが，あらかじめ1パッケージにしてくれているものを選定すれば回路に使用する部品の点数を削減できます．

部品点数を減らすことは，基板上のスペース削減，信頼性の向上，コストの削減といった意味で重要な意味をもちます．

コラム1　ICは便利だけど中身を理解して使う

藤﨑　朝也

トランジスタを組み合わせて実現できる動作であっても，回路設計の場面では専用ICを使うことが多くなります．同じ機能を実現するにしても，より高性能に，より省スペースに，より低コストに，より高信頼性に，というニーズに対して最適なものを選ぶというのが設計エンジニアの仕事です．

例えばリレー・スイッチを1個動かしたいと思えば，**図A**のようにトランジスタを接続し，ベースに信号を入力すればON/OFF制御できます．ただし，リレーの制御端子の中身は電磁石ですから，比較的大きな値のインダクタンスを持っています．

電磁石に流していた電流を急にOFFすると，トランジスタのコレクタ端子には瞬間的に過電圧がかかり故障するかもしれないので，通常は保護のためダイオードを電源電圧に向かって入れます．また大きなリレーになると，電磁石に流すべき電流値も大きくなるため，トランジスタをダーリントン接続にする必要が出てくるかもしれません．

同じようなリレーを複数個コントロールしたい場合もあるでしょう．そうすると1個ずつのトランジスタやダイオードを並べるよりも，専用ICを使ってしまったほうが結果的に省スペースで安上がりになります．

図Bはリレー・ドライバとして使えるなトランジスタ・アレイと呼ばれる製品です(MC1413，オン・セミコンダクター)．ダーリントン接続されたトランジスタとバイアス抵抗，保護ダイオードが組み合わされており，これが7チャネルぶん1個のパッケージに収められています．多数のリレーをコントロールするには，こうしたドライバICを使うのが一般的です．

これはあくまでも一例に過ぎませんが，このように便利なICを使うことでよりシンプルに回路設計を行うことができます．ただし，その場合にもICの中身がどのようになっていて，何に気を付ければ良いかはある程度理解したうえで使うことを心掛け，決してブラック・ボックス的にICを使うようなことのないようにしましょう．

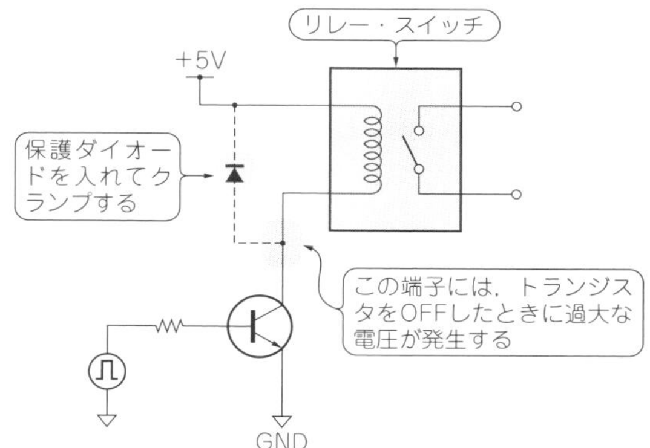

図A　ディスクリート・トランジスタでリレーを駆動する場合はこんな回路になる

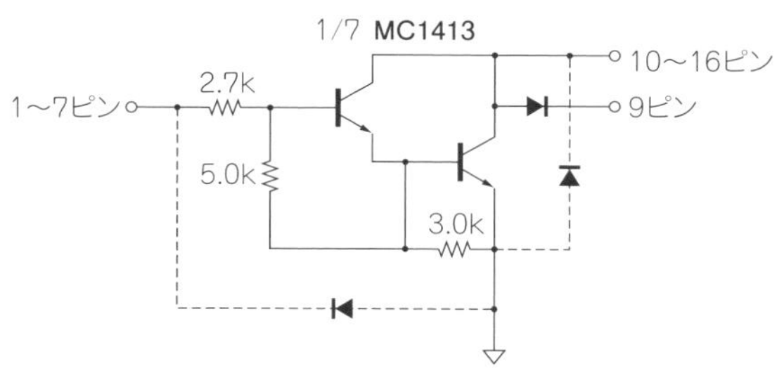

これが1チャネルぶんの回路ブロック．ダーリントン・トランジスタとバイアス抵抗，保護ダイオードがこのように接続されている

(a) 等価回路

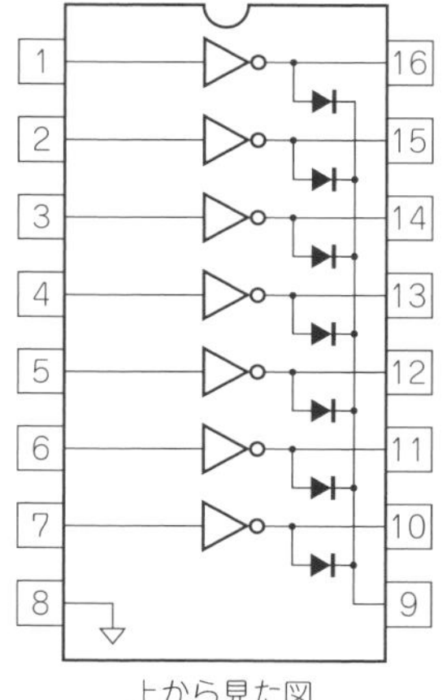

上の回路が全部で7チャネルぶんまとめて1つのIC内部に収められている

(b) 端子配列と内部ブロック

図B[(6)]　複数のリレーを駆動するときはこのようなトランジスタ・アレイIC(MC1413)を使ってシンプルに仕上げる
ディスクリート・トランジスタで作ると，1個のリレーを駆動するだけでも図Aのような回路が必要になることを理解したうえで使いたい

● 温度特性の良いアンプ作りにはマッチング・トランジスタがいい

その他には，マッチングの取れたトランジスタを複数個まとめてパッケージングした製品もあります．シリコンのウェハ上で近接した場所に作成したトランジスタは特性がそろっていることが期待されるので，それを一緒に切り出して1つのパッケージに収めてあります．V_{BE}やh_{FE}の特性のマッチングをデータシートで保証して(**図13**)いるので，例えば差動アンプの入力に用いたり，カレント・ミラーを構成したりといった用途に真価を発揮します．また，もともとの特性がそろっていることに加えて，互いのトランジスタ同士が熱的に結合していることがさらに重要なポイントです．

トランジスタの特性は温度係数をもっており，温度が変わればさまざまなパラメータも変化します．マッチングを期待するトランジスタ同士は同じ温度でいてくれなければ困るのです．その意味では，同じダイの上に形成されたトランジスタであれば，互いに低い熱抵抗で結合しているので温度もそろっていることが期待できます(**図14**)．

複数の個別トランジスタをヒートシンクに共締めしたりして熱結合する場合もありますが(3)，ジャンクション-ケース間の熱抵抗が存在するので，同一のダイの上に存在するトランジスタ同士の熱結合には敵うはずもありません．

＊

注意が必要なのは，仮に複数個のNPNトランジスタが1つのパッケージに入っている製品があったとして，それが必ずしもマッチング・トランジスタであるとは言えないということです．

複数個入りのトランジスタといっても，1個のトランジスタが形成されたダイを複数個まとめてパッケージしているだけかもしれません．単純に省スペース性だけを目的にしているのであればそれでもかまわないわけです．きちんとデータシートを見て，特性のマッチングについての記述があるか確認しましょう．

10 特徴的なトランジスタあれこれ

● 小さなスペースでちょこっと論理反転したいなら抵抗入りトランジスタ

最近増えつつあるのは抵抗内蔵型のトランジスタです．アマチュアが電子工作でトランジスタ回路を組む

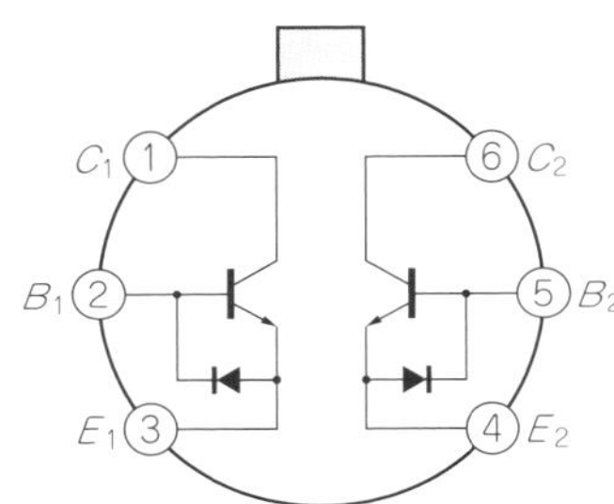

(a) 内部回路

Table 1.

Parameter	Symbol	Test Conditions/Comments	Min	Typ	Max	Unit
DC AND AC CHARACTERISTICS						
Current Gain[1]	h_{FE}	I_C = 1 mA	300	605		
		−40°C ≤ T_A ≤ +85°C	300			
		I_C = 10 μA	200	550		
		−40°C ≤ T_A ≤ +85°C	200			
Current Gain Match[2]	Δh_{FE}	10 μA ≤ I_C ≤ 1 mA		0.5	5	%
Noise Voltage Density[3]	e_N	I_C = 1 mA, V_{CB} = 0 V				
		f_O = 10 Hz		1.6	2	nV/√Hz
		f_O = 100 Hz		0.9	1	nV/√Hz
		f_O = 1 kHz		0.85	1	nV/√Hz
		f_O = 10 kHz		0.85	1	nV/√Hz
Low Frequency Noise (0.1 Hz to 10 Hz)	e_N p-p	I_C = 1 mA		0.4		μV p-p
Offset Voltage	V_{OS}	V_{CB} = 0 V, I_C = 1 mA		10	200	μV
		−40°C ≤ T_A ≤ +85°C			220	μV
Offset Voltage Change vs. V_{CB}	$\Delta V_{OS}/\Delta V_{CB}$	0 V ≤ V_{CB} ≤ V_{MAX}[4], 1 μA ≤ I_C ≤ 1 mA[5]		10	50	μV
Offset Voltage Change vs. I_C	$\Delta V_{OS}/\Delta I_C$	1 μA ≤ I_C ≤ 1 mA[5], V_{CB} = 0 V		5	70	μV
Offset Voltage Drift	$\Delta V_{OS}/\Delta T$	−40°C ≤ T_A ≤ +85°C		0.08	1	μV/°C
		−40°C ≤ T_A ≤ +85°C, V_{OS} trimmed to 0 V		0.03	0.3	μV/°C

2つのトランジスタのh_{FE}は，互いに0.5％，最悪でも5％しか違わない

オフセット電圧とは，2つのトランジスタのV_{BE}の差分

(b) マッチング特性

図13(7) **NPNデュアル・トランジスタの内部回路とマッチング性能**
MAT12の例．この手のモジュール・トランジスタを使うと温度特性の安定したアンプを作れる

際にはバイアス条件を自分の好きなように決められるほうが嬉しいのですが，バイアス条件を決めるための抵抗がトランジスタのパッケージに内蔵されていると，外付けの抵抗が不要になるぶんプリント基板上の実装面積を節約できます．

バイポーラ・トランジスタはベース電流によって駆動するデバイスですが，入力信号は電圧として設定する場合がほとんどです．電圧信号を電流に変換するために抵抗が必要ですが，電子機器の小型化，高集積化が進んでいる昨今では，実装する部品はチップ抵抗1個であっても削減したいというのが実情です．そうしたニーズから生まれた製品といえるでしょう．ただし，このトランジスタはリニア・アンプに使うというよりも，ロジック回路的な動作をさせる前提で考えられています(**図15**)．その意味で，「ディジタル・トランジスタ」という名称がつけられています．

● GHz超の高周波信号を増幅するならHEMT

HEMTというのはHigh Electron Mobility Transistorの略で，和訳は高電子移動度トランジスタとなります．

電子の移動度とは，半導体の中を電子が流れるスピードのことを指し，それが高いということはそれだけ高速に動作できるトランジスタだということになります．数GHz以上の帯域が必要な高周波回路向けに使われ，一般にはGaAs(ガリウム・ヒ素)などの化合物半導体で作られる場合が多いようです．材料のもつ特性として電子の移動度が高いため，シリコンで作られたトランジスタよりも高速化しやすい面があります．

一般的にこうした材料は高コストであることと，近年はシリコン系のトランジスタもSiGe(シリコン・ゲルマニウム)などにより高速化が進んでいることから，特殊用途向けだと言えます．

● 電流増幅率が非常に大きいスーパーベータ・トランジスタ

スーパーベータ・トランジスタというのはその名のとおり，β(電流増幅率)がスーパーな特性を持った(＝非常に大きい)トランジスタです．

その値は数千という値です．単に電流増幅率が欲しければ複数のトランジスタをダーリントン接続するという手もありますが，1個で通常のトランジスタよりも1桁程度大きなβを期待できるというのが売りです．単体パッケージのトランジスタとしてそれほどメジャーに使われているわけではありません(私は1度も使ったことがない)．

OPアンプの入力バイアス電流を抑えるために，入力段に使われていることが多いようです．βが大きいということは，同じコレクタ電流を流してトランジスタを動作させた場合にも，ベース電流をより低い値に抑えられます．

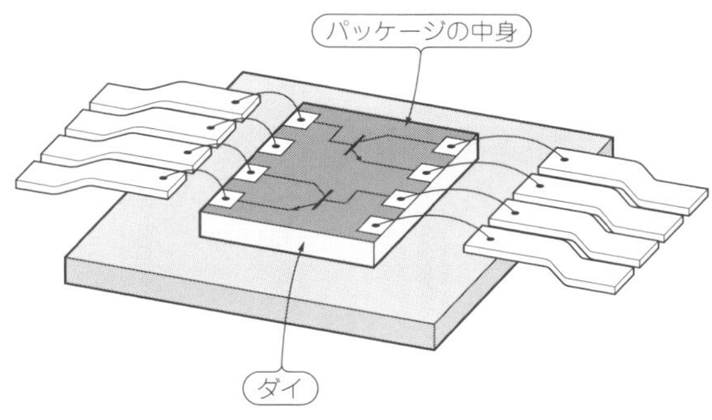

図14　マッチング・トランジスタは熱結合も優れている
シリコンのウェハを細かく切断したもの．同じダイの上にあるトランジスタ同士は良い熱結合がとれている(＝温度差が小さい)

11 トランジスタの温度特性

● BJTは温度が上がると電流増加が止まらなくなり壊れることがある

さまざまな資料や教科書にもきちんと書いてありますが，トランジスタがもつ温度特性は，設計上重要なポイントなので，バイポーラ・トランジスタとMOSFETの定性的な比較をしてみます．

仮に**図16**のような回路があったとして，コレクタに流れる電流はベース端子に与えられた電圧V_Bと，エミッタ抵抗R_E，ベース-エミッタ間電圧V_{BE}とで決まります．電流が流れるとトランジスタは発熱するので，トランジスタの温度は上昇します．するとV_{BE}が変化するのですが，この変化の方向が問題です．温度が上昇すると，V_{BE}は小さくなるのです．V_{BE}が小さくなるとR_Eの両端の電圧が大きくなるので，コレクタ電流は増えます．

コレクタ電流が増えればさらに発熱して，という具合にどんどん発熱が大きくなってしまいます．これが熱暴走のしくみです．

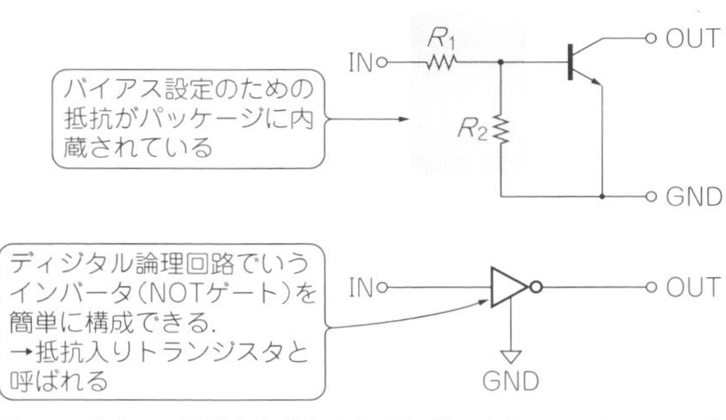

図15　バイアス抵抗を内蔵したトランジスタ(DTC023J，ローム)

● MOSFETは温度係数がBJTとは逆で熱暴走が起きにくい

MOSFETでは，温度が上昇するとチャネルの抵抗率が上がって見えるので，等価的にはV_{GS}にはバイポーラ・トランジスタのV_{BE}とは逆向きの温度係数があるように見えます．MOSFETの場合は，熱暴走の心配は少ないです．

バイポーラ・トランジスタのV_{BE}というのはつまりPN接合(ダイオード)の順方向電圧に相当します．この温度係数は電流値にもよりますが，およそ－2mV/℃と安定しているので，ダイオードを温度計として使用する理由にもなっています．CPUなどのICには内部温度を知らせる機能がついていることがありますが，内部回路にダイオード温度計が仕込まれていて温度を測定している場合が多いです．

⑫ シリコンの半導体がこれほど普及した理由

● シリコンはいくらでもある

ちょっと番外編的な内容です．GaAs(ガリウム・ヒ素)などの「化合物半導体」と呼ばれる他の材料を用いたトランジスタも一部にはありますが，圧倒的にシリコンのトランジスタICが普及しているのが今日の状況です．

歴史的にはゲルマニウム(Ge)を材料に使用したトランジスタのほうが先に実用化されたのですが，その後にシリコンに逆転されました．

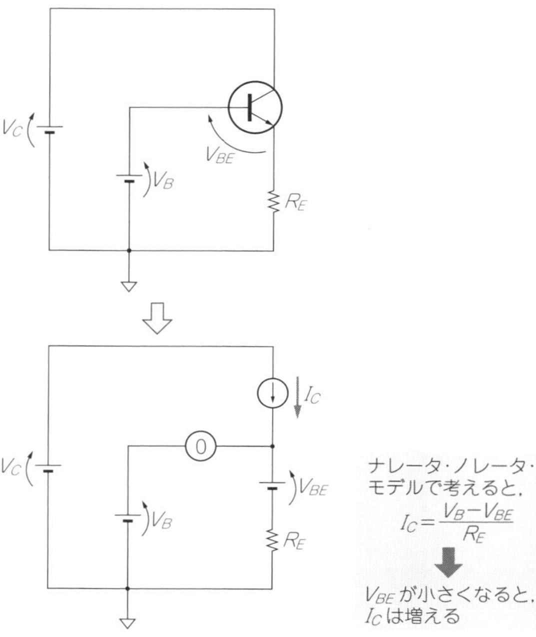

図16　V_{BE}の温度特性に注意

1つの理由で決まっているわけではなく，さまざまな要因が絡み合って現在の状況になっていますが，いくつかシリコンの利点を挙げると，

(1) 資源が豊富(地球上で酸素に次いで2番目に多い元素)だった
(2) バンド・ギャップが適切な(使いやすい)値だった
(3) 酸化物が安定的に作れ，それが良好な絶縁性を持っていた

といったあたりになるかと思います．

そこらへんに転がっている石ころはSiO_2(二酸化ケイ素，二酸化シリコン)が含まれていることがほとんどです．

地球全体が石ころの塊だと思えば，酸素がシリコンの2倍存在し，その次がシリコンというのもうなずけます．半導体に使うシリコンは99.999…%と，9の数字が11個並ぶ「イレブン・ナイン」と呼ばれるほどの純度まで高めて使われます(**写真2**)．そのへんの石ころから作り始めるのは難しく，コストもかかるでしょうが，資源が多いのは良いことです．

● シリコン・トランジスタはほどよい電圧で動く

(2)ではバンド・ギャップというやや専門的な用語が出てきましたが，ここでは電圧に対する特性と考えてもらえば十分です．

バンド・ギャップが大き過ぎると，トランジスタとして動作させるのに大きな電圧をかける必要がありますし，逆に小さすぎると耐電圧を保つのが難しくなってしまいます．電子回路を構成する上で，シリコンのバンド・ギャップが扱いやすい値だったということが普及した要因の1つです．

近年ではスイッチング用途に使われるトランジスタとしてSiC(シリコン・カーバイド，シリコンと炭素の化合物)という材料が普及し始めています．これはシリコンに比べてバンド・ギャップが広いために耐電圧が確保しやすいということが理由の1つです．

● MOSFETは作りやすい

(3)はバイポーラ・トランジスタについては大した利点にはならないかもしれませんが，MOSFETを作製するには大きな魅力です．ゲートの絶縁膜を作るために，もともとそこにあるシリコンを酸化させればよいので，CMOSの集積回路を作るには非常に有利に働きます．またIC内の配線を引き回す際に互いにショートしないことを目的とする層間絶縁膜にも酸化物が使われてきました．

最新の高速かつ高集積なICでは絶縁膜の材料もただの酸化物ではないので状況は変わってきていますが，酸化物の扱いやすさがシリコンの成長を後押ししたことは確実です．

● シリコンの実績は輝かしいが光り輝くLEDには向かない

シリコンは優秀な半導体材料として現在までエレクトロニクスの産業を牽引してきました．弱点らしい弱点は見当たらないのですが，強いて挙げるとするならば「光らない」というくらいです．

シリコンを材料とした太陽電池は広く普及しているので，光を吸収して電力に変えることはできますが，投入した電力を光に変える効率が悪く，LEDとして動作させることには向いていません．

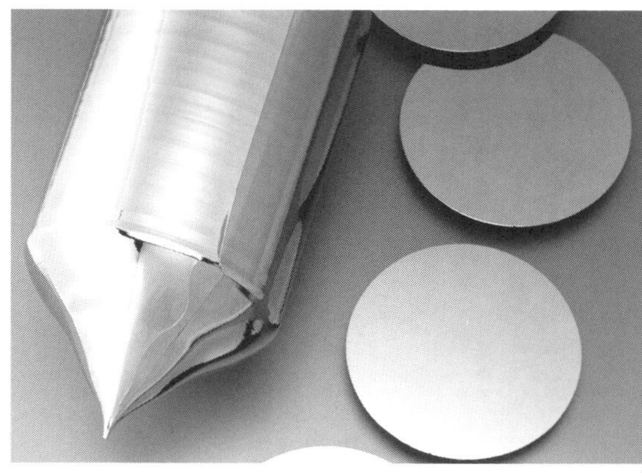

写真2(9)　イレブン・ナインのシリコン（信越化学工業）

◆参考・引用＊文献◆

(1) 藤井 信生：アナログ電子回路-集積回路化時代の-．1998年4月，昭晃堂．

(2) 渋谷 道雄；回路シミュレータLTspiceで学ぶ電子回路，2011年7月，オーム社．

(3)＊ 2N3904データシート，2014年10月，フェアチャイルドセミコンダクター．

(4)＊ NTD6414ANデータシート，2014年9月，オン・セミコンダクター．

(5)＊ RJK5012DPP-E0データシート，2012年6月，ルネサス エレクトロニクス．

(6)＊ MC1413データシート，2006年7月，オン・セミコンダクター．

(7) MAT12データシート，2014年1月，アナログ・デバイセズ．

(8) DTC023Jデータシート，2013年5月，ローム．

(9)＊ 信越化学工業，Webサイト：https://www.shinetsu.co.jp/jp/products/semicon.html.

(10) TO-92データシート，Tタイプ構造図，トレックス・セミコンダクター．

第10章

教科書の「エミッタ接地型」も高性能アンプになる

達人への道 トランジスタ回路 性能UPのツボ

脇澤 和夫

教科書には基本的な回路がいくつも掲載されていますが，その回路の実用例はあまり見かけません．でも「教科書は教科書だ，実用回路は別物なんだ」とは思わないでください．教科書に書かれている回路は基本であり，決して無意味ではありません．

皆さんは，どんな教科書にも載っているあのトランジスタ1個(1石)の基本回路「エミッタ接地増幅回路」を実際に作ってみたことがあるでしょうか？トランジスタや抵抗，コンデンサなど，現実の部品は定数も特性も理想的ではありません．周辺回路からはたくさんの雑音が飛び込んできます．

本章では，この超定番1石アンプを例にして，高性能化と実用化の要点を紹介します．

理想形に近づけていくことが「技術」であり，そこで得られるものが「技能」です．きちんと動く高性能な回路は，部品の種類や定数が適切なだけではなく，実装や組み立てもよくできているものです．本稿が若い電子回路エンジニアの役に立つことを期待しています．

本稿の内容

本章では，どんな教科書にも載っているトランジスタ1石のエミッタ接地増幅回路を例に，チューニングして性能UPするテクニックを紹介します．増幅回路は，以下，1石アンプと呼ぶこととし，手に入れやすい部品で作りました．電源回路も必要なので合わせて

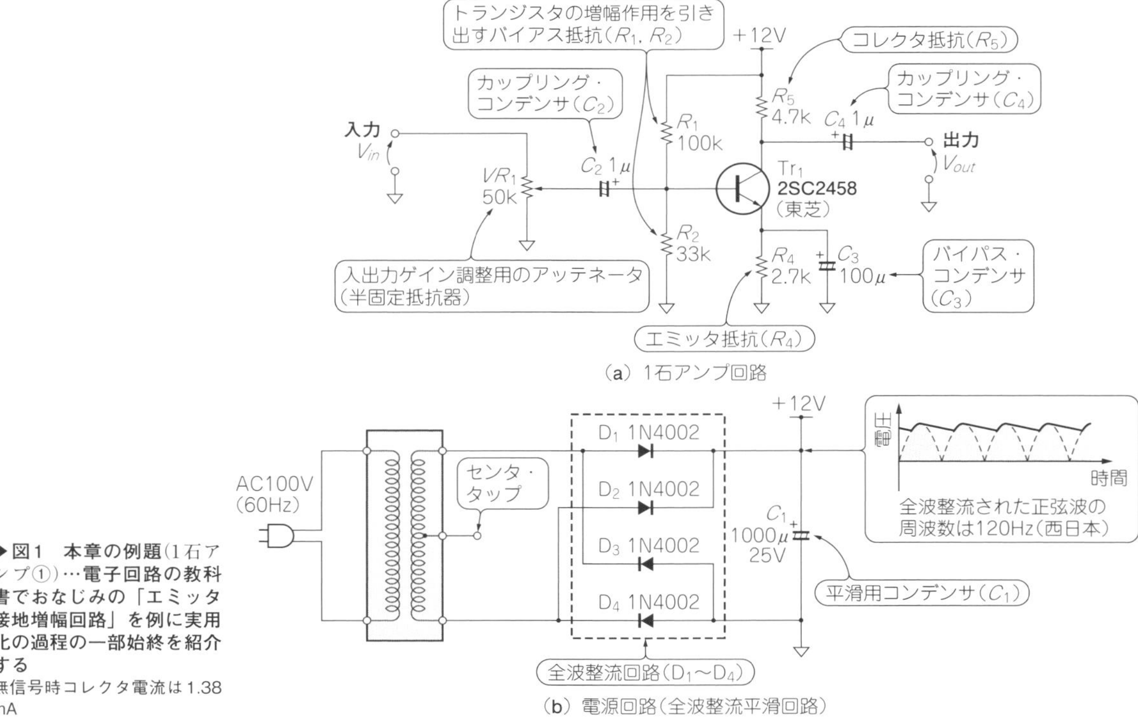

▶図1 本章の例題(1石アンプ①)…電子回路の教科書でおなじみの「エミッタ接地増幅回路」を例に実用化の過程の一部始終を紹介する
無信号時コレクタ電流は1.38 mA

(a) 部品面

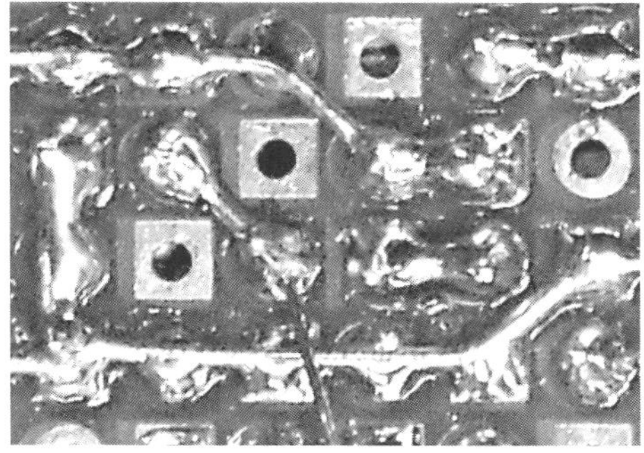
(b) はんだ面．ポリウレタン絶縁電線で配線する

写真1　完成した高性能1石トランジスタ・アンプ(1石アンプ⑤)
ブレッドボードで回路を検討した後ユニバーサル基板に組み直した．部品は縦横垂直に並べて，コンパクトに作ること

作りました(**図1**，**写真1**)．

雑音やゲインの周波数特性などのアナログ性能をチューニングしたり，基板化したり，シールドしたりした結果，ひずみ特性はあまり良くありませんが，良い性能のアンプに仕上がりました．

▶ビフォー(1石アンプ①)
- ゲイン周波数特性(－3 dBカットオフ周波数)：56 Hz～58 kHz(**図2**)
- 雑音レベル：約20000 μV_{RMS}(140 mV_{P-P})
- ひずみ特性(2次)：－17.5 dB

▶アフタ(1石アンプ⑤)
- ゲイン周波数特性：15 Hz～700 kHz(**図3**)
- 雑音レベル：約2 μV_{RMS}
- ひずみ特性(2次)：－50 dB

ステップ①
目標スペックを決める

まず回路の基本仕様(目標)を次のように決めました．
- 電源：AC100V
- ゲイン：10倍(電圧増幅，1 kHz)
- 最大出力振幅：1 V_{RMS}
- トランジスタ：2SC2458(バイポーラ，東芝)

1石アンプ①には交流の100 Vを与えることはできません．トランスを使って100 Vを12 V程度に降下させ，4個のダイオードで整流します．さらに電解コンデンサで平滑して直流電源を用意します．トランスの2次電圧は12 V(6 Vセンタ・タップ付き)です．無信号時のコレクタ電圧(動作点)は電源電圧の半分に設定しました．コレクタ電流は約1 mAとしました．また，回路の入出力の電圧ゲインを調整する可変抵抗(アッテネータ)を入力に取り付けました．

ステップ②
問題点の洗い出しと改善策の検討

● 波型から問題点を洗い出す

信号を入力しないで1石アンプ①の出力信号の波形をオシロスコープで観測すると，**図4**に示すように，20 mV_{RMS}以上の大きな雑音が観測されます．出力波形(**図4**)と電源電圧波形(**図5**)をよく見ると次のような情報が得られます．

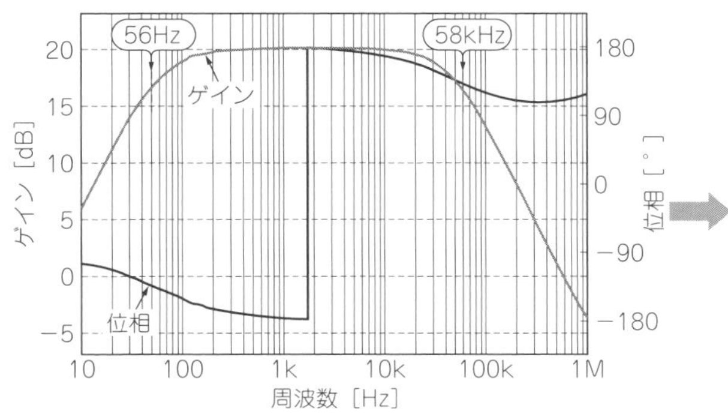

図2 【ビフォー】ブレッドボードに組んだ1石アンプ①(図1)のゲイン-周波数特性
－3 dBカットオフ周波数は低域が56 Hz，高域が58 kHz．1 kHzのゲインは20 dB

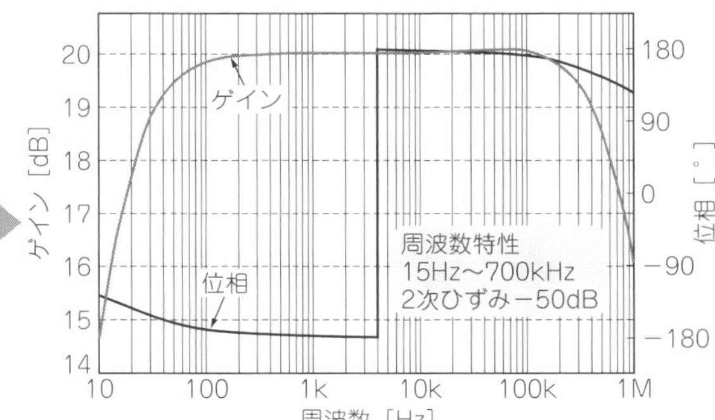

図3 【アフタ】ブレッドボードで検討した回路を進化させて(図21)，ユニバーサル基板に組み直した1石アンプ⑤のゲイン-周波数特性
－3 dBカットオフ周波数は低域が15 Hz，高域が700 kHz．1 kHzのゲインは20 dB

基本電子回路 トランジスタ アナログ回路 測定回路

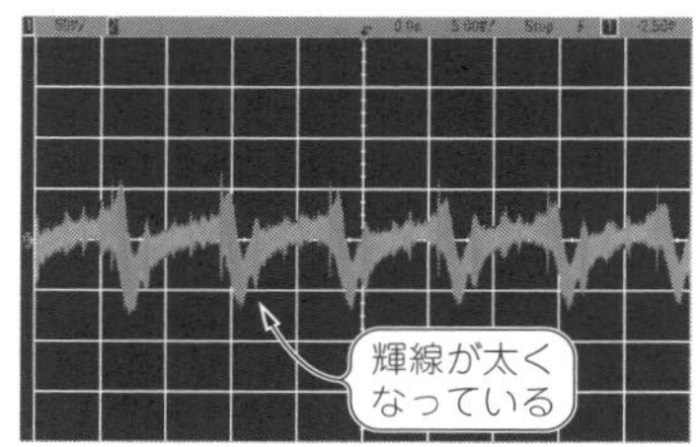

図4　信号を入力しないで1石アンプ①の出力を見てみた(50 mV/div，5 ms/div)
振幅20 mV_{RMS}以上，周波数120 Hzの雑音が出ている

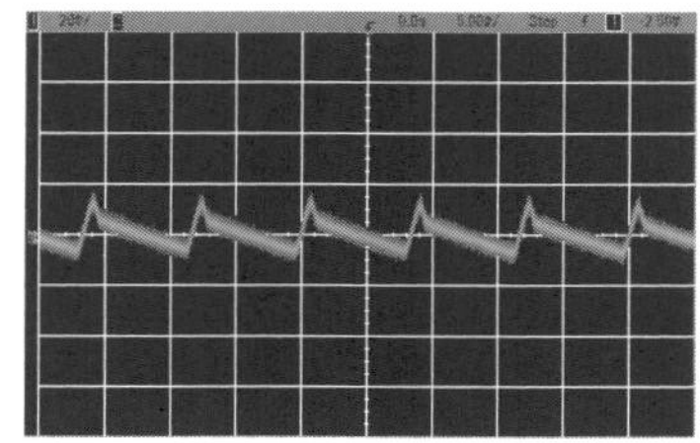

図5　1石アンプ①の電源回路の電圧波形(50 mV/div，5 ms/div)
図4と見比べれば，1石アンプ①から出力されている雑音の出元が電源であることがわかる

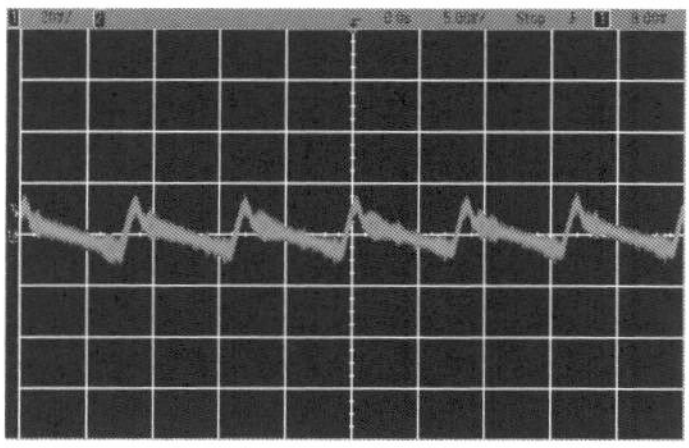

図7　電源からベースに入る雑音を減らした1石アンプ②(図6)の出力(20 mV/div，5 ms/div)
電源からベースへの雑音の混入はなくなり，雑音のレベルが1/5(実効値で4 mV_{RMS}，ピーク・ツー・ピークで30 mV_{P-P})に減った．残った雑音は電源からコレクタ抵抗経由で入ってきている

(A) 出力波形にヒゲのようなものが混じっている
(B) 出力波形と電源波形は上下が逆になっている
(C) 出力波形のほうが電源波形より振幅が大きい
(D) 出力波形の輝線の幅が太い

(A)のヒゲ状の雑音は周期が120 Hzになっていることから，電源回路の雑音が1石アンプ①に混入していることがわかります．商用電源の周波数は60 Hz(私の住まいは関西)ですが，4個のダイオードによる整流作用によって，交流の周波数は2倍(120 Hz)になります．

(B)と(C)から「入出力は位相が反転している」,「電源電圧に含まれる雑音成分より振幅が大きい」という2つの情報が得られます．このことから雑音が1石アンプによって増幅されていることがわかります．

(D)は，オシロスコープがいろんな雑音の輝線を上描き表示していることが原因でしょう．

雑音と対策1…アンプで増幅される電源の雑音

● ふるまい

雑音を退治するなら「影響の大きな原因から順番に」です．

最初の回路(**図1**)では電源電圧を1/4に分圧したものが直接，トランジスタのベースへ接続されていました．電源電圧に雑音(リプル)があると，この抵抗比ではその1/4が入力されます．エミッタ接地増幅回路はこの雑音を反転させて増幅して出力します．

いったん電源電圧を分圧し，コンデンサで電源のリプル雑音を減らしてから，ベースをバイアスします(**図6**)．信号を入力しないで出力信号を観測します(**図7**)．雑音レベルは1/5(約4 mV_{RMS})に減りました．対策前の**図4**と比べると，雑音の位相が180°変わり，**図5**の電源電圧の雑音に同じような波形になりました．電源の雑音が入っているなら，電源の雑音波形と1石アンプの雑音波形は180°違うはずなので，電源からベースに混入した雑音は消えたようです．**図7**に見える雑音は，電源からコレクタ抵抗(4.7 kΩ)を経由して入ってきているのでしょう．

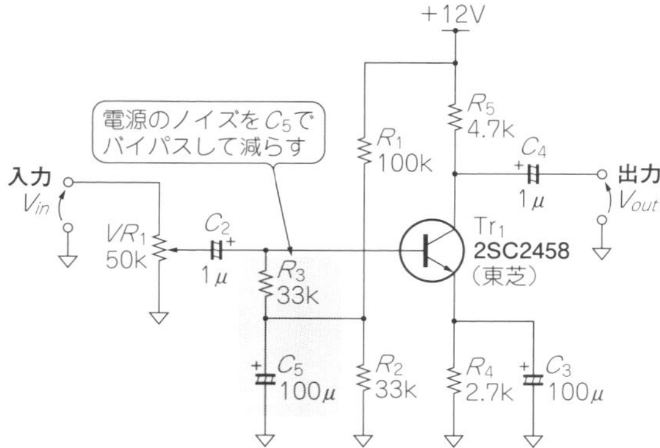

図6　電源からベースに入る雑音を減らした1石アンプ回路(1石アンプ②)
アンプの入力に雑音が少しでも入るとゲイン倍されて出力されるのでまずここを対策する

● 対策…まずコンデンサで除去してみる

次に，電源そのものの雑音を減らして，1石アンプが出力する雑音をさらに小さくします．

平滑用コンデンサ(C_1)の容量を大きくして，電源の波形を観測しました(**図8**)．上段は1石アンプ②が出力する雑音,下段は平滑コンデンサに流れる充電電流です．

コンデンサに流れている電流(主に充電電流)はコンデンサを変えてもあまり変化していません．出力雑音は平滑コンデンサを1000 μF［**図8(b)**］，4700 μF［**図8(c)**］，470 μF［**図8(a)**］と変えたときにかなり変化しています．

コンデンサを約5倍に増やしても雑音は半分程度にしか減っていません．しかしコンデンサを半分にすると，雑音は倍になっています．

何がなんでも，大きな平滑コンデンサが良い，というわけではありません．大きな平滑コンデンサには大きな突入電流が流れます．リプル電流が増えれば，探し出しにくい電流性雑音源になることもあります．

▶コイルを使う方法はおすすめしない

コンデンサを増やさず，チョーク・コイルを使って

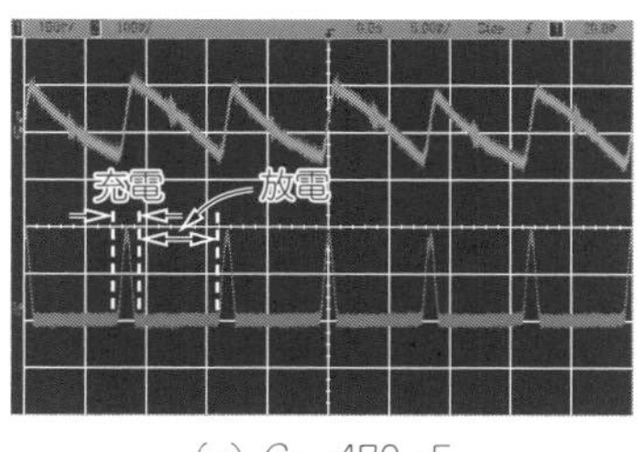

(a) C_1＝470 μF

(b)と比べるとリプルの電圧振幅は約2倍．電流の大きさはほぼ同じ

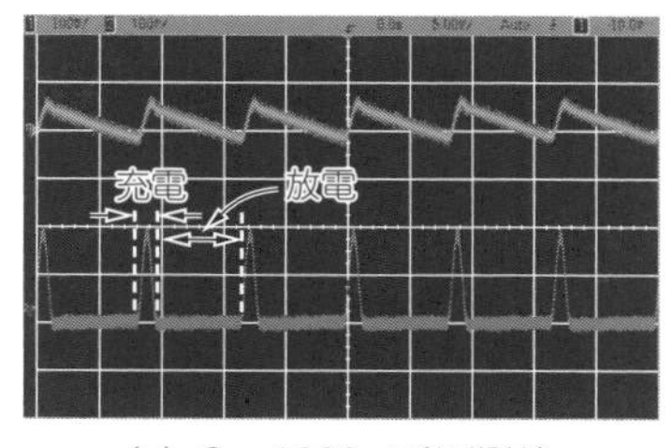

(b) C_1＝1000 μF(初期値)

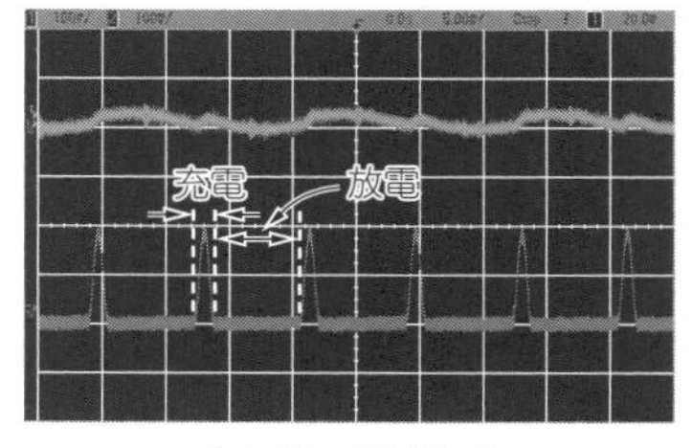

(c) C_1＝4700 μF

容量は(b)の約5倍だがリプルの電圧振幅は半分にしかならない(効果は限定的)．電流の大きさはほぼ同じ

図8　電源の雑音を減らすために平滑コンデンサ(C_1)の容量を大きくしてみた(上：100 mV/div，下：0.2 A/div，5 ms/div)
平滑コンデンサの容量アップによる電源の雑音低減効果は限定的．上は1石アンプ②の出力信号，下は平滑コンデンサに流れる電流

平滑する方法もあります．実際，数Hを挿入すると，120 Hzのリプル雑音はオシロスコープで波形を観測できないほどレベルが下がります．しかし，磁気飽和しないチョーク・コイルはサイズが大きすぎて実用的ではありません．

● 対策…ICを使って電源のリプル雑音をもっと減らす

電源レギュレータと呼ばれるICで積極的に電源を安定化すると，1石アンプ②の出力雑音がもっと減ります．

電源レギュレータで有名なのは3端子レギュレータです．代表的な製品は，78シリーズと呼ばれるもので半導体メーカ各社が作っています．

今回は**図9**に示すように，78L09(出力9 V固定，最大100 mA)を使いました．3端子レギュレータを使うときは，入力と出力に0.1 μF程度のコンデンサが必要です．

電源電圧が12 Vの整流電源から9 Vに低下するので，動作点(無信号時のコレクタ電圧)が変わります．エミッタ抵抗の大きさを調整してコレクタ電流が約1 mAになるように修正しました．

電源レギュレータの安定化による雑音低減効果は絶大で，周囲からの飛び込み雑音(スイッチング電源など)が約1.5 mV残るだけで，120 Hzの雑音はほとんど出力されていません．それ以外の雑音もほとんど見えなくなりました(**図10**)．

雑音と対策2…長い配線で混入する雑音

● 雑音の入る場所を見つけ出す

図10の結果から，回路に起因する雑音はなくなりましたが，周囲から雑音が混入していることがわかりました．ここからは雑音が入る可能性ある場所を一つずつ消していきます．

まず**図11**に示すように，アッテネータを入れる場所を検討します．実験結果を**図12**に示します．出力信号の周波数成分をオシロスコープのFFT(高速フーリエ変換)機能を使って観測しました．基準レベルは1 V_{RMS}(0 dBV)です．

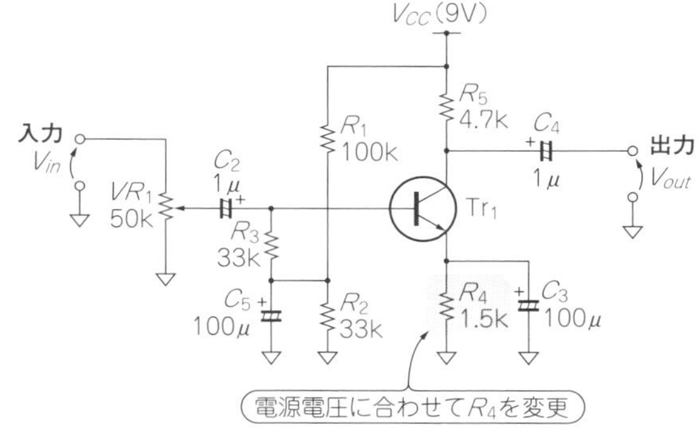

(a) 1石アンプ回路

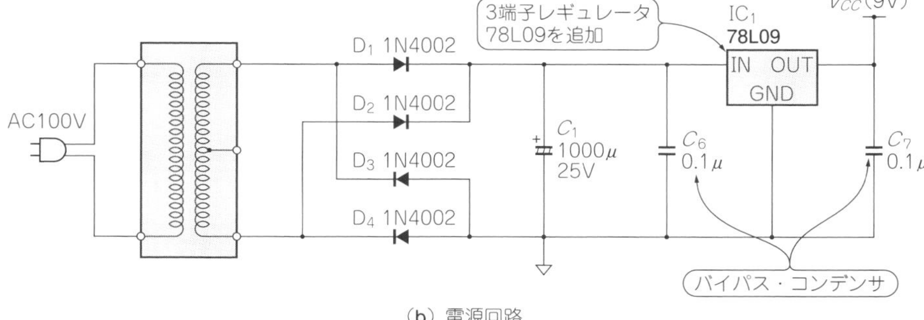

(b) 電源回路

図9　図1の回路を低雑音化する(1石アンプ③)…電源レギュレータIC(78L09)を使うと電源の雑音がグンと減る
電源電圧が1石アンプ②の12 Vから9 Vに下がるので，抵抗値を見直した

コラム1　電子部品は「安かろう良かろう」

脇澤 和夫

「安かろう悪かろう」という言葉がありますが，電子部品には通用しません．

高価な電子部品の性能はそれなりに高いですが，正規に流通している安い部品は，大量に生産され流通しているから安いのであって性能が劣っているわけではありません．

20年ぐらい前の安価な抵抗器の性能を実際に測ると，微妙なリアクタンス(容量とインダクタンス)をもっていました．世界最高性能の*LCR*メータで測ったことがあるのですが，最近のカーボン抵抗器などは高周波まで純粋な抵抗性を示します．値も許容誤差にきっちり入っています．

現在の電子部品の製造技術水準はとても高く品質も安定しているため，ユーザの信頼を得ることに成功しています．その結果大量に使われ価格が下がっているのです．「安かろう良かろう」です．

今回実験に使ったトランジスタ(2SC2458)は，性能が良すぎて，記事を書けないと思ったほどです．工夫しなくてもそこそこの性能が出ます．これらは半導体メーカ，部品メーカの努力と研さんのたまものです．設計者はその努力を無駄にしないよう勉強を続けることになります．

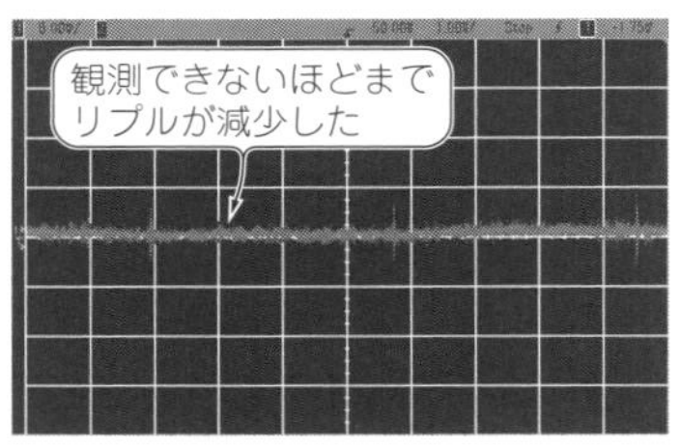

図10　電源レギュレータICで電源を低雑音化して測った1石アンプの出力波形(5 mV/div，50 ms/div)
電源レギュレータの安定化の効果は絶大で回路要因の雑音はほぼなくなった．残っているのは周囲から飛び込んでいる雑音と思われる

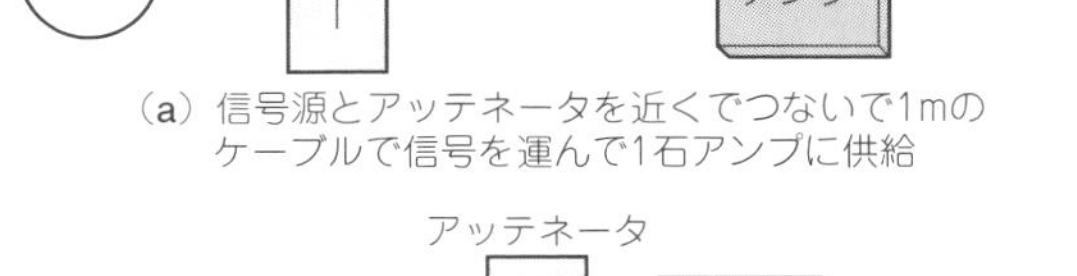

(a) 信号源とアッテネータを近くでつないで1mのケーブルで信号を運んで1石アンプに供給

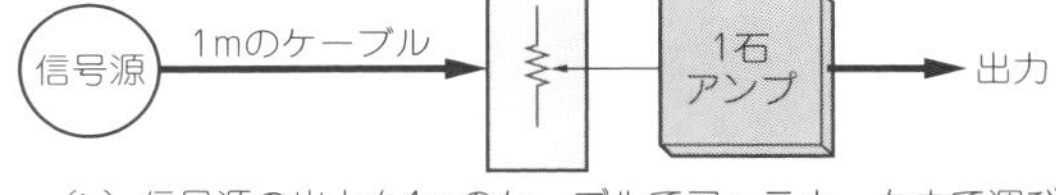

(b) 信号源の出力を1mのケーブルでアッテネータまで運び，その近くで1石アンプに供給

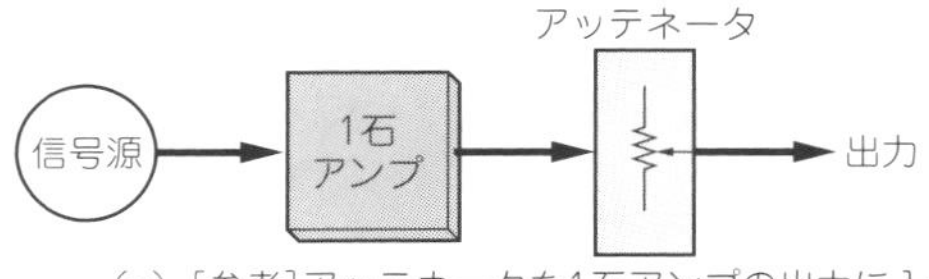

(c) [参考]アッテネータを1石アンプの出力に入れて増幅後に1V_{RMS}に減衰させる構成

図11　回路の飛び込んでくる雑音を減らす検討…アッテネータを入れる場所を変える

● 信号源とアッテネータを近くでつないで1 mのケーブルで信号を運んで1石アンプに供給

図12(a)に示すのは，アッテネータを信号源側に入れ，そこからケーブルを1 m伸ばして1石アンプ③に入力したときの周波数特性です．ひずみ成分は2次高調波で－17.5 dB，3次高調波で－44 dB，雑音レベルは－63 dBです．ケーブルやプローブの雑音を含んでいるので，トランジスタや素子が発する雑音より大きく測定されています．

● 信号源の出力を1 mのケーブルでアッテネータまで運び，その近くで1石アンプに供給

図12(b)に示すのは，信号源からケーブルを1 m伸ばして回路の直近でアッテネータを入れた結果です．雑音レベルは数dB(半分～1/3)小さくなりました．高調波成分は6次ぐらいまで見えています．

以上の実験結果からわかるように，信号が雑音で埋もれないように，できるだけ大きく増幅して(＝*S/N*比を上げて)送り出すのが基本です．

● 参考

図13に示すのは，アッテネータを1石アンプ③の出力に入れて増幅後に1 V_{RMS}に減衰させる構成［**図11(c)**］にしたときの出力波形です．入力信号はきれいな正弦波でも，増幅し過ぎが原因で出力信号がひずんでいて使いものになりません．対策後のほうが性能が悪化した悪い例です．

雑音以外の特性を考慮する

● 無信号時のコレクタ電流と周波数特性やひずみ

無信号時のコレクタ電流が少ないほうが，トランジスタそのものから発生する雑音は小さくなりますが，

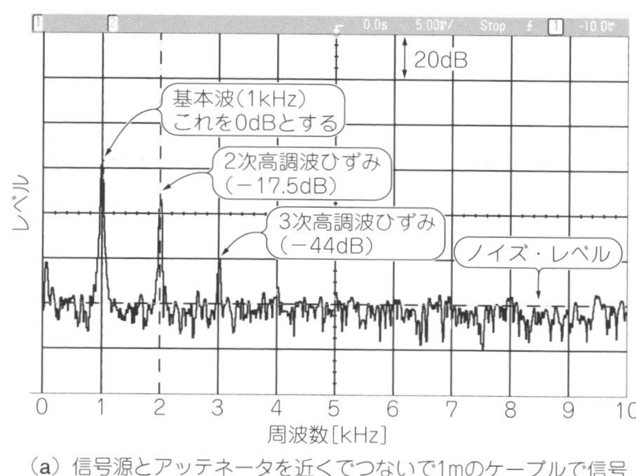

(a) 信号源とアッテネータを近くでつないで1mのケーブルで信号を運んで1石アンプに供給

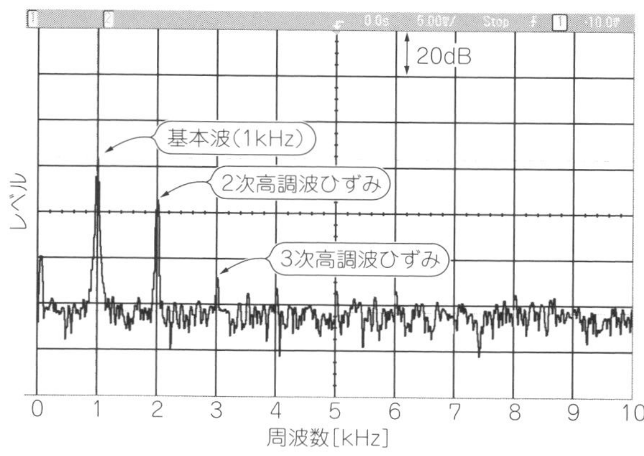

(b) 信号源の出力を1mのケーブルでアッテネータまで運び，その近くで1石アンプに供給

図12　アッテネータの位置と飛び込み雑音の大きさ(この実験結果は**図1**と対応している)

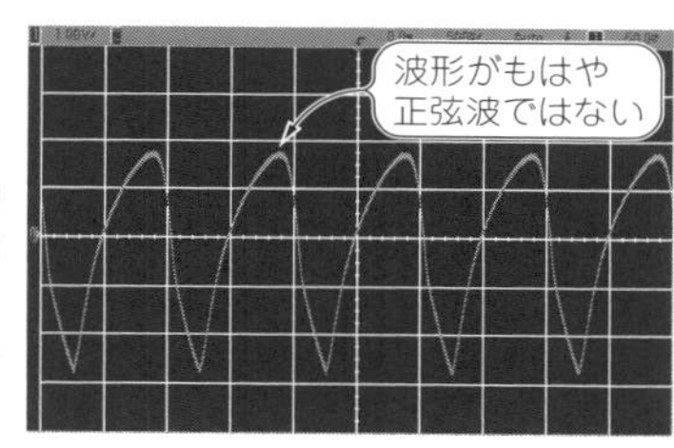

図13　[参考] アッテネータを1石アンプ③の出力に入れて増幅後に1 V_{RMS} に減衰させたら波形がひずんでしまった(1 V/div，0.5 ms/div)

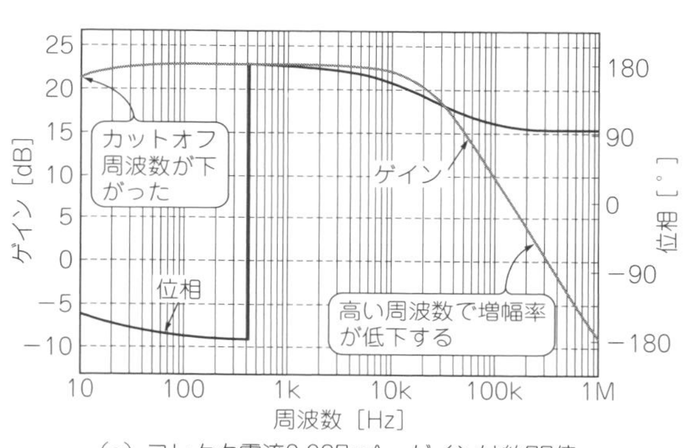

(a) コレクタ電流0.097mA…ゲインは約77倍，周波数特性は数Hz～25kHz

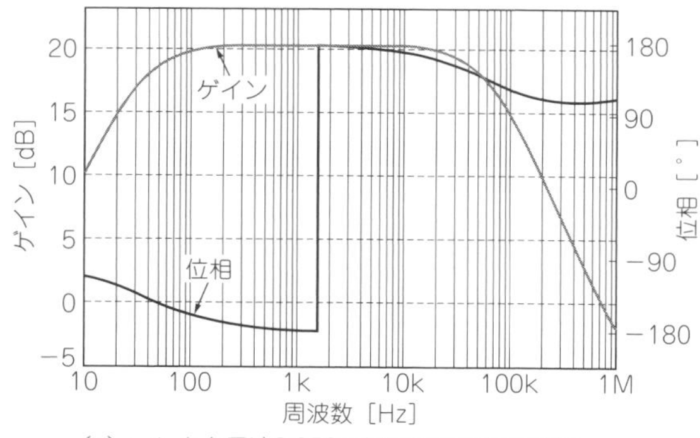

(b) コレクタ電流0.953mA(図9の回路の定数)…ゲインは約40倍，周波数特性は31Hz～63kHz

(c) コレクタ電流10.6mA…ゲインは約12倍，周波数特性は50Hz～310kHz

図14　コレクタ電流の大きさはゲインの周波数特性に大きな影響を与える
1石アンプ③で実験

ひずみ，周波数特性，消費電力など雑音以外の特性も考慮しなければなりません．次の実験結果からも，ちょうどよいコレクタ電流は数mAです．

▶コレクタ電流を0.1 mAに設定

エミッタ抵抗を15 kΩ，コレクタ抵抗を47 kΩとして，コレクタ電流を0.097 mAにすると，ゲインは約77倍，周波数特性は数Hz～25 kHzになりました［**図14**(**a**)］．2次高調波ひずみは−23 dBでした．

▶コレクタ電流を1 mAに設定(初期値)

エミッタ抵抗を1.5 kΩ，コレクタ抵抗を4.7 kΩとすると(**図9**の回路の定数)，コレクタ電流を0.953 mAになります．このとき，ゲインは約40倍，周波数特性は31 Hz～63 kHzになります［**図14**(**b**)］．2次高調波ひずみは−45 dBでした．

コラム2　きちんと測定するコツ…一に基準，二に目盛り精度，三に校正　脇澤 和夫

ものさしで長さを測るときも，電子回路の性能を測るときも基準の設定が一番重要です．グラウンドの電位は電子回路の基準点ですが，どんな太い電線でも抵抗成分があるので，完全な基準点を得ることは現実ではできません．どこを基準に回路が働くのか，基準点は変動していないかを常に意識することが大切です．

目的にあった測定器を選ぶことも大切です．クモの糸の太さは，例え巻き尺が長さを測る道具だったとしても，目盛りが粗すぎて測ることはできないでしょう．

以上のことを無視して，安易に高価な測定器を使っても無駄です．

校正も大切です．測定器は時間とともに少しずつ測定精度が狂っていきます．ときどき国際基準に照らし合わせて調整しなおす必要があります．測定器はどんなに古くても，校正をきちんとしていれば正しい値が得られます．

▶コレクタ電流を10 mAに設定

エミッタ抵抗を150 Ω，コレクタ抵抗を470 Ωとして，コレクタ電流を10.6 mAにすると，ゲインは約12倍，周波数特性は50 Hz～310 kHzになりました［**図14(c)**］．2次高調波ひずみは－60 dB以下で，オシロスコープのFFTでは観測できませんでした．

● コレクタ電流の大きさと性能改善の傾向

▶ゲイン

コレクタ電流が増えると下がっています．

▶周波数特性の下限

コレクタ電流が小さいほうがよさそうですが，そうではありません．エミッタのバイパス・コンデンサの容量を変えると差はなくなります．

▶周波数特性の上限

コレクタ電流が小さい(コレクタ抵抗が大きい)ほど低くなっています．理由は2つです．

1つは，トランジスタに寄生している容量(寄生容量)や配線による容量(浮遊容量)によって周波数の高い信号に対するゲインが低下するからです．2つ目はトランジスタ自体のゲインが高い周波数で低下するからです．

▶ひずみ

コレクタ電流が多いほうが小さくなりました．

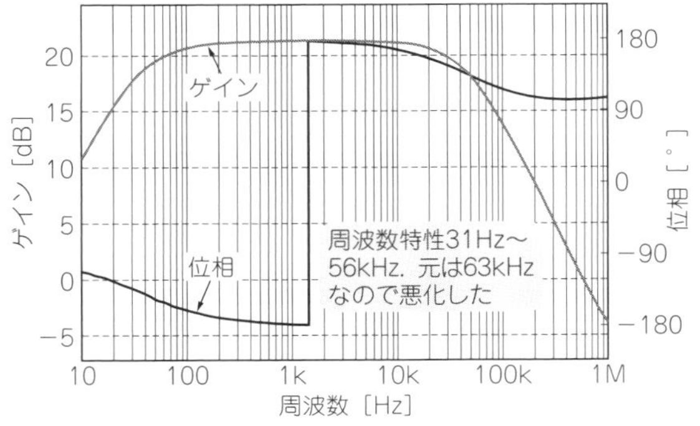

図15　測定用の同軸ケーブルも1石アンプ③の周波数特性を悪化させる

図14(b)を実験したときの回路とネットワーク・アナライザを2 mの同軸ケーブルでつなぐと周波数特性の上限が63 kHzから56 kHzに低下した

チューニングのコツについて

● 測定用のケーブルはできるだけ短く

前出の**図10**は，ブレッドボードからオシロスコープまで2 mの同軸ケーブルで接続して観測した波形です．回路の電源を切って動作を停止させても同じ大きさの雑音が観測されるので，1石アンプ③の雑音ではなく，ケーブルが拾った雑音を観測しているわけです．

図15に示すのは，1石アンプ③の出力に2 mの同軸ケーブル(50 Ω系のRG58A/U)をつなぎ，ネットワーク・アナライザで測ったゲインの周波数特性です．コレクタ電流は1 mAです．周波数特性の上限が63 kHz［**図14(b)**］から56 kHzに低下しました．

同軸ケーブル自体は高周波数まで安定して伝送できる性能をもっているので，周波数特性を悪化させる要因ではありません．同軸ケーブルのもつ静電容量(合計約200 pF)がトランジスタのコレクタに負荷として接続されて周波数特性が悪化しています．

インピーダンスの高い回路を測定器をつなぐときは，ケーブルの長さをできるだけ短くします．

● 部品点数と調整箇所はできるだけ少なく

調整個所と部品点数の多い電子回路はダメです．1石アンプにも，ゲイン調整用のアッテネータがあります．

調整箇所が少ないほど，製造工数(コスト)が少なく，劣化の速度も遅くなります．そもそも調整可能な部品は高価です．同様に部品点数が少ないほど，コストが下がり，壊れにくくなります．最近の電子部品は信頼性が高いので，信頼性低下の要因にならなくなってき

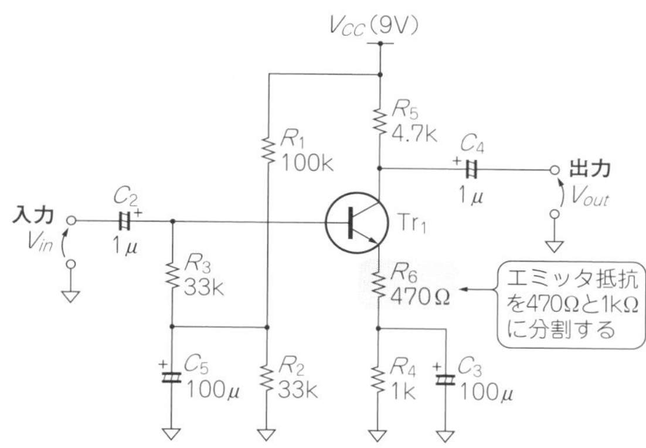

図16　負帰還をかけてゲイン一定の帯域を広げた回路(1石アンプ④)
図9のR_4(1.5 kΩ)をR_4＝1 kΩとR_6＝470 Ωに分割

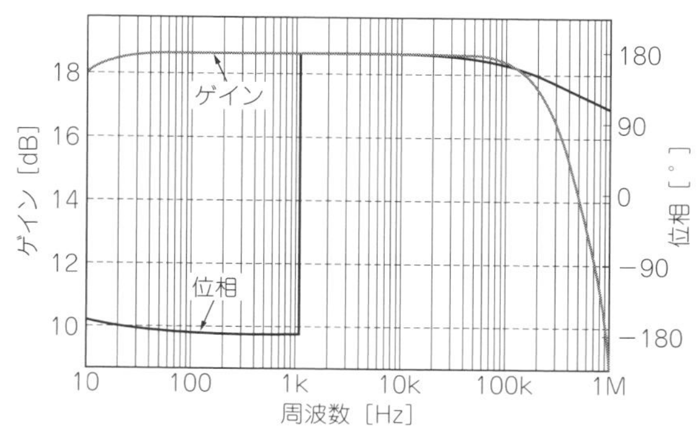

図17　負帰還をかけた回路(図16)のゲイン−周波数特性
ゲインが一定の周波数範囲が31 Hz～63 kHz(図9)から数Hz～310 kHzに大きく改善

ていますが，それでも故障の可能性は少しでも減らすべきです．

アンプの実用化に不可欠な「負帰還」

● 負帰還をかけてゲイン一定の帯域を広げる

アンプを実用化するのに欠かせない技術が負帰還です．負帰還には次のような大きなメリットがあります．

- 入力インピーダンスが高くなる
- 広帯域にわたってゲインが一定になる
- ひずみや雑音レベルが小さくなる

1石アンプのゲインG［倍］はほぼ，トランジスタのコレクタにつながっているインピーダンスZ_CとエミッタにつながっているインピーダンスZ_Eの比です．

$$G \fallingdotseq \frac{Z_C}{Z_E}$$

1石アンプ③のエミッタにある抵抗とコンデンサの合成インピーダンスZ_Eは，周波数によって大きく変化するので，ゲインGも周波数によって大きく変化します．

ところが**図16**に示すように，エミッタに抵抗(R_6)を追加するだけで，ゲイン一定の周波数範囲が一気に広がります．

エミッタに流れる電流はベース電流の約h_{FE}倍なので，エミッタ抵抗で電圧降下が生じると，ベース電位がその分押し上げられてベース電流が制限されます．これがエミッタに入れた抵抗の負帰還動作(電流帰還)です．

● 効果は絶大…ゲイン一定の高域特性が63 kHzから300 kHzに

図17と**図18**は，負帰還抵抗(R_6)を470 Ω，エミッタ抵抗(R_4)を1 kΩにした**図16**の回路のゲイン-周波数特性とひずみ特性です．

ゲインが一定の周波数範囲が数Hz～310 kHzに広がりました．負帰還をかけなかったときは31 Hz～63 kHzでしたから，大幅改善です．位相も約180°が広帯域に維持されていて素直です．位相が急激に変化するアンプは動作が安定ではありません(発振などを起こす可能性がある)．

2次高調波ひずみも－51 dBで－45 dBから6 dB改善しました．

ゲインは20 dBから18.689 dBに1.3 dBほど低下しましたが，470 Ωを390 Ωに変更すれば21.1 dBになります．周波数特性は数Hz～310 kHzであまり変化しません．

高性能化に不可欠な電源とグラウンドの配線

1石アンプ④の電源(9 V)に，DCモータ(9 V，無負荷時20 mA)をつないで回してみました．

図19(a)に1石アンプ④の出力信号の波形を示します．モータが回るときに引き込む電流の影響を受けて，大きな雑音が乗ってしまいました．モータが電流を引き込むときに，1石アンプ④の電源とグラウンドの電

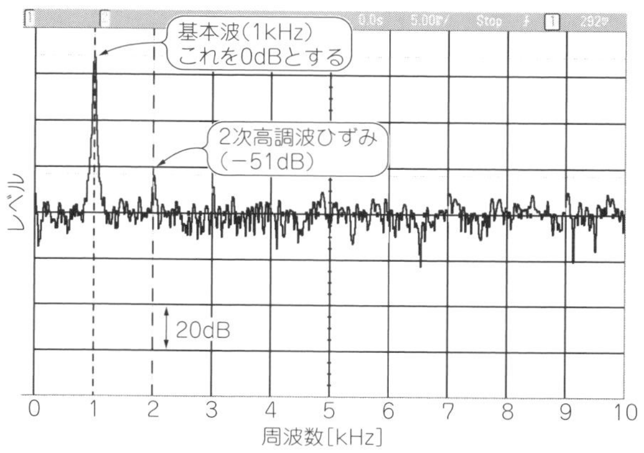

図18　負帰還をかけた回路(図16)の高調波ひずみ
2次高調波ひずみは－45 dB(図9)から－51 dBに6 dB改善

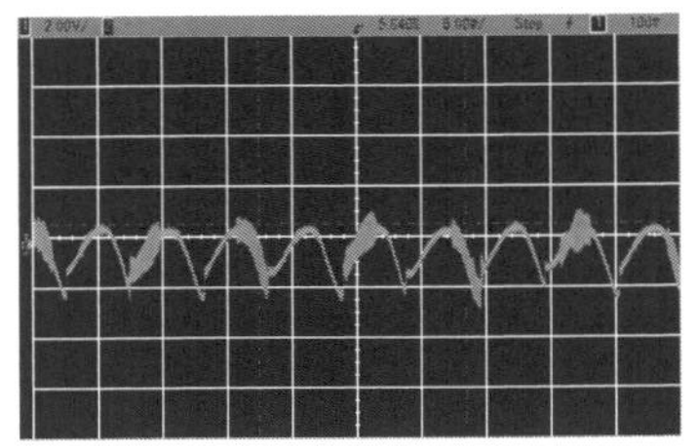

(a) モータが引き込む電流が1石アンプの電源とグラウンドを流れるような配線をしたとき(共通インピーダンスあり)… 800mV_{RMS}ものとても大きな雑音が出力される

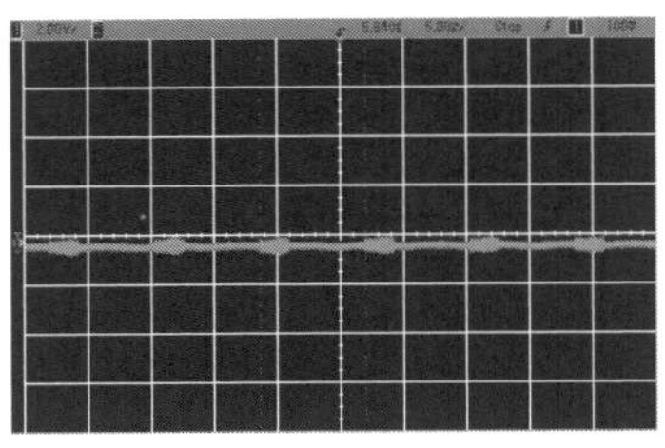

(b) モータが引き込む電流と1石アンプの電源とグラウンドを電源ICのところから分けて共通インピーダンスをなくしたとき

図19 1石アンプの電源(9 V)にDCモータをつないで回してみた(2 V/div, 5 ms/div)

位を大きく揺さぶるからです.

対策は簡単です. **図20**に示すように, 電源IC(3端子レギュレータ)の端子から, モータと1石アンプ④それぞれに独立して, 電源とグラウンドを配線するだけです. こうすれば, モータが必要とする電流は1石アンプ④とは別のルートを通ります.

1石アンプ④とモータが共有する配線のことを共通インピーダンスと呼びます. 共通インピーダンスが原因の雑音は, 電源ラインにフィルタを入れたりしても除去できません.

実験や試作に利用が増えているブレッドボードは, 接触抵抗などが小さくないため, 共通インピーダンスに起因する雑音が出やすいです. プリント基板やユニバーサル基板でも電源とグラウンドの共通インピーダンスをなくすのが高性能化のための鉄則です.

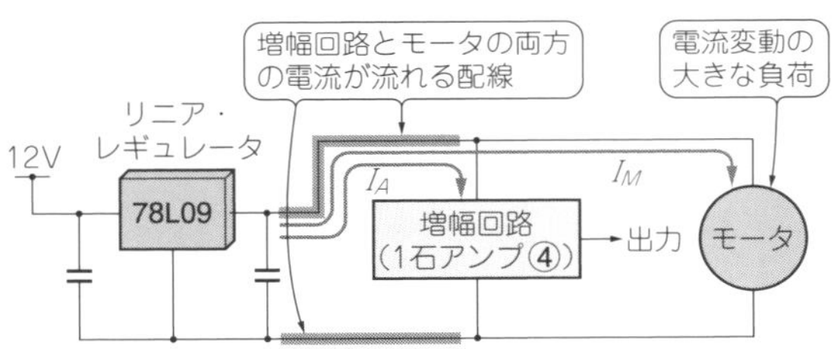

(a) モータと増幅回路が共用する配線があると, モータが引き込む電流が増幅回路の電源電圧を変動させるので増幅回路からノイズが出る

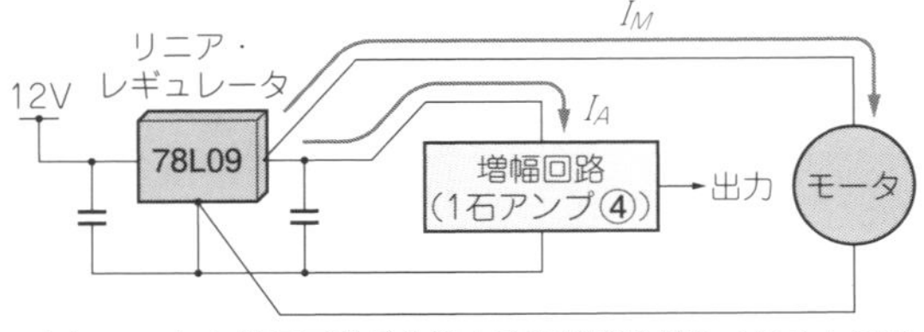

(b) モータと増幅回路が共用する配線部分がなくなるように配線すれば増幅回路からノイズは出なくなる

図20 電源ICの端子からモータと1石アンプ④それぞれに独立の電源とグラウンドを配線しないと, やっかいな大きな雑音に悩まされることになる

ステップ③ 回路を進化させて基板に仕上げる

● 検討結果を踏まえて目標スペックと回路を見直し

ブレッドボードでの検討結果を踏まえて, 目標スペックを次のように見直して, 1石アンプ④の定数を調整して**図21**のように仕上げました.

- 電源:AC100 V
- ゲイン:10倍(電圧増幅, 1 kHz)
- 最大出力振幅:1 V_{RMS}
- トランジスタ:2SC2458(東芝)
- コレクタ電流:約2 mA
- ゲイン一定の周波数範囲(-3 dBカットオフ周波数):20 Hz～200 kHz以上
- 電源と増幅部は分離してもよい
- 雑音レベル:-60 dB以下

● 無信号時コレクタ電流を2 mAに決めた理由

最終の増幅器では負帰還をかけるため, 目的帯域内で十分に高い裸ゲイン(負帰還をかけない状態での増幅率)が必要です. 今回の回路では, コレクタ電流を10 mAも流すと, 低い周波数での安定度や目的帯域

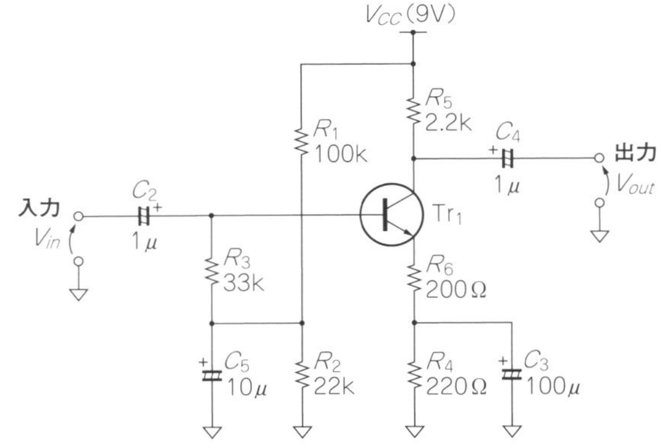

図21 ブレッドボードを使った回路検討の結果を受けて定数などを最終調整した1石アンプ(1石アンプ⑤)
コレクタ電流は1.59 mA

コラム3　正確さより，だいたいだけど動作が安定している方が大切

脇澤 和夫

1石アンプ⑤のコレクタ電流はぴったりの値にはしていません．これは±5％(計10％)に入っていれば十分と考えているからです．「トランジスタのベース-エミッタ間電圧V_{BE}は0.7 V」などと書いている教科書がありますが，V_{BE}は1℃で－2 mV変化します．回路の動作範囲を室温(0～40℃)としても80 mVも変動し，0.7 Vに対して10％以上変化します．

現場で電子回路を作るときは，杓子定規に計算で求まった値ピッタリにするのではなく，温度などの動作条件件が変化しても動作が安定な回路を作ることが必要です．

の負帰還量が不足して，負帰還による改善が十分に得られなくなります．

一方，ゲインの周波数特性の上限は，コレクタ電流が1 mAのとき，負帰還なしの状態で100 kHzに達していません．また，トランジスタのベース-エミッタ間の電圧-電流静特性を見るとわかるように，ある程度ベース電流を流したほうが直線性の良い部分を使えるので，ひずみ率が改善します．これらのことから，コレクタ電流を増やしたいのですが，回路インピーダンスが下がりすぎても意味がありません．

以上から，コレクタ電流を1 mAの2倍の2 mAに増やしたほうが全体としての最良の性能が得られそうであると判断しました．

仕上げのコツ1…基板化による性能UP

● 性能に直結…基板に回路を組むときは電流の流れを考えて丁寧に

試作や実験を繰り返しているうちに，最初は格好良かったブレッドボード上の回路もどんどん格好悪くなってきます．検討が進んで，特性や定数が決まったら早速基板化します．

部品は縦横垂直になるように配置します．ケースに収める必要があるなら，背の高い電解コンデンサは水平に実装してもよいです．ただし向きはできるだけそろえます［**写真1(a)**］．部品交換がしやすくなるように，リードは曲げないで2 mm程度でカットします．配線は，すすめっき線やポリウレタン電線を使います［**写真1(b)**］．

抵抗経由で電源電流の直流分が流れるグラウンド配線とコンデンサ経由の信号が流れるグラウンド配線は分けます．この程度のシンプルな基板ではあまり意味がない作業ですが，回路規模が大きくなると効いてきます．

● 基板化による性能の改善効果は大きい

図22と**図23**に示すのは，**図21**の回路をユニバーサル基板に組んで測定したゲインの周波数特性と高調波ノイズです．

ゲインは1 kHzで約20 dB，周波数特性は15 Hz～700 kHzです．ブレッドボードでコレクタ電流を10 mAにしたとき(300 kHz)より高性能です．

雑音レベルをマルチメータで測ると，0.35 mV_{RMS}でした．最大出力電圧の1 V_{RMS}の－65 dBで問題あ

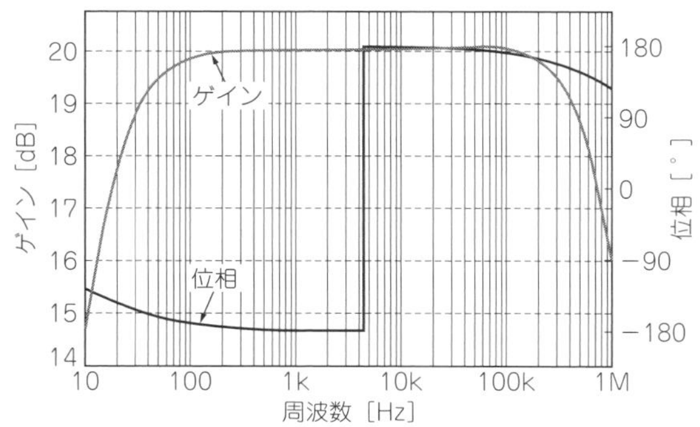

図22　最終の回路(図21)をユニバーサル基板に組んで測定したゲインの周波数特性
1石アンプ⑤で実験

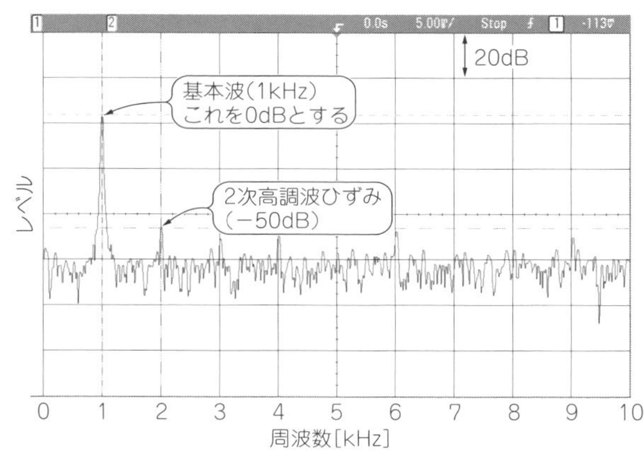

図23　最終の回路(図21)をユニバーサル基板に組んで測定した高調波ノイズ
1石アンプ⑤で実験

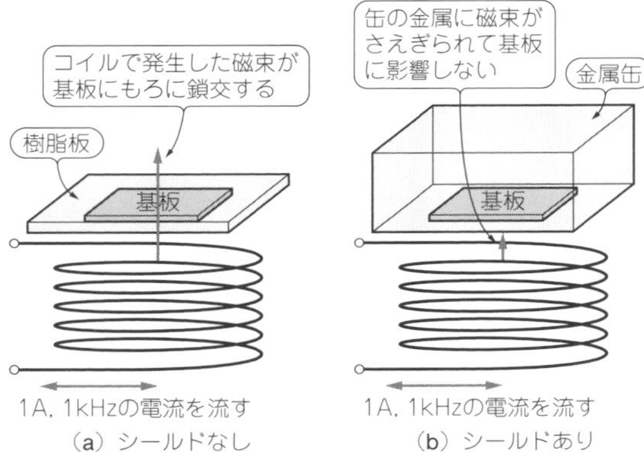

図24 コイルを使った雑音源を作って1石アンプ⑤の基板に外部から雑音を注入してみた

りません．測定分解能の高いFFTアナライザで測ると，雑音の最大レベルは6.2 μV_{RMS}でした．これは電源に起因する60/120 Hzの雑音です．マルチメータは，広い周波数帯域の雑音も含めて測るため表示値が大きくなるのです．

2次高調波ひずみが−50 dBで，少し不満が残りますが，高h_{FE}のトランジスタを使えば負帰還が増えるため，ひずみ率を下げることは可能です．

仕上げのコツ2…シールドによる雑音の飛び込みのシャットアウト

電子回路は金属のケースに入れると，外部の装置や放送電波に起因する雑音を減らすことができます．

コイルを使った雑音源を作って，1石アンプ⑤の近くに置き，外部から雑音を注入する実験をしてみます(**図24**)．雑音源は，発振器の方形波出力(1 kHz)を計測用アンプに入力して最大電流(1 A_{P-P})を出力させてコイルに加えて実現します．コイルは塩化ビニルのパイプ(直径約12 cm，長さ9 cm)に電線を巻き付けます．

1石アンプ⑤と電源回路をお菓子の缶に入れたり出したりして，感度の高いFFTアナライザで雑音を測定します．缶に入れる前後の測定結果を**図25**に示します．

缶に入れる前は1 kHzの雑音レベルは約2 μVでした．缶に入れると1 kHz，3 kHz，5 kHzにあったピークが消えました．このような簡単なシールドでも外来雑音をシャットアウトする効果があることがわかります．

回路全体を導体で完全に覆うという高度なシールド技術(ファラデー・シールド)があります．細長い隙間がアンテナと同じように働くため，電線の出入り口などをきっちり塞ぐ必要があり簡単ではありません．

仕上げのコツ3…配線も回路も極力コンパクトに

電子回路はコンパクトに小さく作ると，外来雑音を受けにくくなります．

ユニバーサル基板に作った1石アンプ⑤(**写真1**)は，50×30 mmと小さく配線の引き回しもないため，シールドがなくても外来雑音に強いことがわかりました[**図25(a)**]．

物理・電磁気学の教科書には「鎖交磁束の変化に比例して誘導起電力が励起される」と書かれています．鎖交磁束は電線の内側を通る磁束の総和なので，面積が小さいほど影響を受けにくくなることがわかります．

交流電流が流れる電線は撚(よ)り合わせます．そうすれば，周囲への磁束の発生を小さく抑えることができます．ただし，スイッチにつながる電線は電位が同じなので，磁場は消えても電場が消えません．したがって

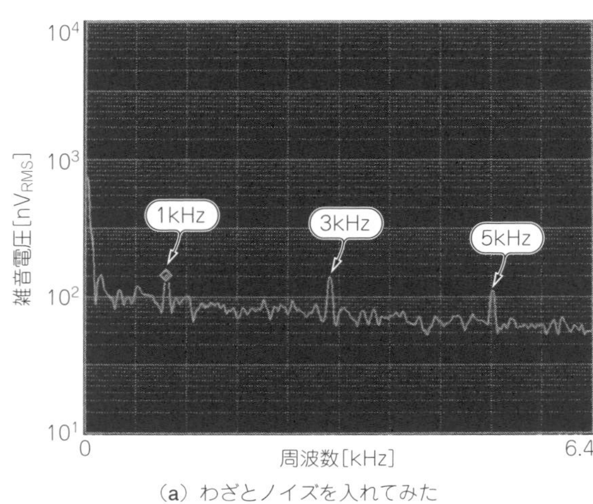

図25 図24の外来雑音を注入する実験の結果
金属の缶に基板を入れると，1 kHz(約2 μV)，3 kHz，5 kHzにあった雑音のピークが消える．60 Hzの電源ノイズ(ハム・ノイズ)は消えない

コラム4 「デシ」と「ベル」で「デシベル」

脇澤 和夫

初心者の壁となっている単位の1つがデシベル[dB]です．いちいち対数を計算するなんてめんどくさいと思うかもしれません．

デシベルは，補助単位(SI接頭語)のデシ(deci)にベル(Bell)を組み合わせた単位です．ベルはエネルギを扱う単位で，10倍は1，100倍は2，100万倍は6です．つまり，

ゼロの数＝Bell

と考えることができます．

2回掛けると10になる$\sqrt{10}$をBellで表すと0.5です．そのような関係に当てはまる関数は10を底にした対数関数です．これにdeciをつけると，2倍が＋3 dB，10倍が＋10 dBのように小数を使わず，乗除算より簡単で，暗算もしやすい加減算だけでエネルギを計算できます．

エネルギは電気の世界では電力です．1 Ωの抵抗で1 Wの電力が消費されていたものに対して，10 Wの電力が消費されることになれば電力は10倍で，1 Bell＝10 dBになります．これが基本です．1 W消費のときの電圧は1 Vです．同じ抵抗に10 Vの電圧をかけると，電流も10倍になり，電力は100倍になります．100倍は2 Bell(＝20 dB)です．電圧と電流で扱うデシベルの係数が20で，電力の場合の係数が10になるのはそういう理由です．

高インピーダンスの回路からは離しておく必要があります．

仕上がったら自己評価

● 出力雑音のレベル［評価◎］

電源のリプルが原因で出力されていた雑音は，3端子レギュレータ(78L09)を使うことで，約6 μVと十分小さくなりました．これ以上雑音を減らすには，トランスを分割巻きにしたり，ダイオードを高速タイプにしたり，チョーク・コイルを使ったり低雑音のリニア・レギュレータを使います．

● 1石アンプの入出力ゲイン［評価◎］

無調整の回路で20.02 dB(10.023倍)は部品誤差を考えれば十分です．増幅率は倍率で10.023倍(＋0.23 %)です．抵抗などの部品に±5 %精度のものを使ったので，数値上5 %，経験上2～3 %の誤差があると思っていました．たまたまこの値になったのですが，無調整で得られた数値としては十分と考えます．

● 最大出力振幅［評価◎］

1 V_{RMS}(＝2.83 V_{P-P})を出力させてもクリップひずみはほとんど見えないので，目標の1 V_{RMS}をクリアしています．

● トランジスタに2SC2458を使ったこと［評価△］

バイポーラ・トランジスタのメーカは，出来上がった製品を電流増幅率(h_{FE})で仕分けし出荷しています．2SC2458の場合は，h_{FE}＝70～140をOタイプ，120～240をYタイプ，200～400をGRタイプ，350～700をBLタイプにランク分けされています．今回は手持ちのGRランクを使いました．Yランクなどのh_{FE}の低いタイプを使うと，ひずみなどの性能が悪化すると考えられます．

● コレクタ電流［評価△］

図21の無信号時のコレクタ電流は実測値で1.59 mAと少なめです．前述のコレクタ電流の検討からもう少し増やすほうがよさそうです．

● ゲインの周波数特性［評価◎］

ブレッドボードの実験が終了した時点で20 Hz～200 kHzでした．共通インピーダンスなどに気をつけてユニバーサル基板に実装したところ700 kHzまで伸び，十分な結果が得られました．ブレッドボードでは接触抵抗や浮遊容量が影響するようです．

● ひずみ［評価×］

1石アンプのひずみ波形は，上下非対称になり，ひずみは偶数次のほうに大きく現れます．そこで2次高調波を重点的に測定しました．

2次高調波ひずみは，－60 dB以下を目指していたのですが，入出力ゲインの20 dBの確保を優先したため－50 dBにとどまりました．トランジスタ自体のゲインが約50倍(34 dB)しかなく，十分な帰還量を得ることができませんでした．入出力ゲインとひずみの両方を満足するには，トランジスタをもう1個増やすなど負帰還を掛ける前のゲインをもっと増やす必要があります．

より詳しく知りたい人へ…
実験用1石トランジスタ・アンプの設計

● 電源回路

電源トランスの2次電圧は12 Vです．これをブリッ

ジ・ダイオードで整流します．使ったダイオードは，一般的1N4002(整流用，100 V/1 A)です．

平滑コンデンサは1000 μF，25 Vの一般品です．耐圧はトランスの2次電圧が12 Vなので，コンセント電圧の変動を1割上乗せして，電圧ピーク値の1.414倍の約19 V以上で大きすぎないように選びます．容量はとりあえず1000 μFとしました．

● 1石アンプ

▶動作点

無信号時の直流電位(動作点)は，電源電圧の実効値(約12 V)を基準に計算しました．19 Vが加わっても壊れないようにします．

コレクタ電流が1 mAのときにほしい出力信号の振幅は1 V_{RMS}です．1 V_{RMS}は実効値なので，ピーク・ツー・ピークでは約2.83 V_{P-P}です．約3 V分変化を見込まなければなりません．

コレクタ電圧は安定したところから±の両方に振れるので，コレクタ抵抗は1 mAで1.5 V変動しても飽和しない値(1.5 kΩ以上)が必要です．電源電圧が12 V，エミッタ電圧は1 V以上あったほうが安定します．

▶コレクタ抵抗R_5

前述からコレクタ抵抗は1.5 kΩ以上です．(電源電圧-エミッタ電圧)の半分ぐらいの電圧降下があれば最大振幅が取れるので，コレクタ電流1 mAから考えて4.7 kΩとしました．

19 V加わっても，トランジスタ2SC2458の最大定格は越えません．4.7 kΩを通して流れる最大電流は約4 mAなので，電流規格を越えることもありません．

使った抵抗の最大定格は0.25 Wですが，19 V加わったと考えて0.25 Wになる抵抗値は，約1.5 kΩです．これ以上の抵抗値は消費電力と最大定格の計算はしなくてもだいたい問題ありません．

▶エミッタ抵抗R_4

この抵抗にはコレクタ電流とほぼ同じ電流が流れます．ベース電流分増えますが，1 %程度なので，簡易設計では無視できます．

電圧降下は1 V以上あったほうが電流帰還バイアスが安定しますが，出力振幅がとれなくなります．

12 V以上の電源電圧があるなら3 Vぐらいまでエミッタ電圧があっても出力振幅は確保できます．したがって2.7 kΩを選びました．1 mAのコレクタ電流なら2.7 Vのエミッタ電圧が発生します．

▶ベース・バイアス抵抗R_1，R_2

鳳-テブナンの定理を使って，ベース・バイアス回路を次のように1つの電圧源と1つの抵抗に置き換えます．

● ベース電圧源：電源電圧 $\times \dfrac{R_2}{R_1 + R_2}$

● 直列抵抗：$\dfrac{R_1 R_2}{R_1 + R_2}$

電流帰還バイアスのエミッタ抵抗は2.7 kΩに選ばれています．トランジスタ2SC2458の直流ゲインは100程度なので，この抵抗はベース側から見れば100倍の直列抵抗と同じです．おおざっぱに300 kΩなので，ベース側の直列抵抗としてこの10分の1(30 kΩ)に決めました．

必要なベース電圧は，エミッタ電圧＋ベース＝エミッタ間電圧なので，2.7＋0.7でだいたい3.3 Vになります．あとは連立方程式を解いて，既存の抵抗から抵抗値を選びます．電源電圧が高めであることを考慮して100 kΩと33 kΩを選びました．

▶カップリング・コンデンサC_2，C_4

仕様には周波数特性もインピーダンスもありませんが，広帯域増幅を狙いました．

トランジスタが1個なので入力インピーダンスはそれほど高くできません．出力インピーダンスも低くはできません．入力と出力のインピーダンスを約10 kΩと考え，100 Hzぐらいを低域カットオフ周波数と考えると，ハイパス・フィルタとしてのカットオフ周波数は，

周波数＝1/(2 π×抵抗×容量)

なので，10 kΩ1 μFでのカットオフ周波数は約16 Hzです．

▶エミッタ・バイパス・コンデンサC_3

1石アンプの電圧ゲインはざっくり次式で決まります．

$$ゲイン = \frac{コレクタ側インピーダンス}{エミッタ側インピーダンス}$$

上限はだいたい直流ゲインで決まります．つまり，エミッタ側の回路インピーダンスを下げればゲインを上げることができます．コンデンサC_3がなければ，ゲインは2倍(＝4.7÷2.7)もとれません．

目的の周波数の範囲で十分なゲインを得るために，低インピーダンスにします．低域カットオフ周波数はハイ・パス・フィルタのカットオフ周波数と同じ式なので，2.7 kΩに100 μFを並列にすれば，カットオフ周波数は1 Hz以下になります．このコンデンサは回路の安定度にも大きく寄与するので大きめの仕様のものを選びました．

▶入力アッテネータ

抵抗値はオーディオ系でよく使われる値として高めの50 kΩを選びました．10 k～50 kΩの間がよく使われています．

コラム5　良かれが仇(あだ)に…「ベターはグッドの敵」

脇澤 和夫

これは，数万～数十万点の大量の部品が使われているロケット開発現場で使われてきた言葉です．すでに問題なく動いているシステムをもう少し良くしようとベターを求めると，システム全体のバランスが崩れてかえって悪い結果を招く可能性があるという意味です．

技術者である以上，良くする努力を惜しむべきではありませんが，全体を見ずに「改善」しようとしてはなりません．より高い位置から全体を見渡して，バランスを保って，故障やトラブルが発生しないように考えることが大切です．

コラム6　カッコ良くが間違いを減らす

脇澤 和夫

信号系と電源系の配線は，電線の色をうまく使い分けると，ミスが減って確実に検討を進めることができます．

写真A(a)は，なにも考えずにブレッドボードにとりあえず組んだ1石アンプです．短絡の危険があちこちにあり，AC100 Vの電線がむき出しで触れれば感電します．部品のリードが長いままなので，抜けると短絡の原因になります．クリップも接続しにくいし何よりもかっこ悪いのです．これでも動きはしますが性能は良くありません．

映画(バック・トゥ・ザ・フューチャー)のセリフで「why not do it with some STYLE?」というのがありました．私が常々心に留めている言葉です．日本語訳では「どうせ作るならかっこいいほうが良い!」となっていました．

写真A(b)はかっこ良さを意識して作った1石アンプです．なにより大切なのは安全です．手が触れて感電するなどは論外で，短絡によって部品が焼損することがないよう配慮します．電線は，

- 黒色：グラウンド　赤色：電源
- 青色：エミッタ回路(負電源)
- 黄色：入力
- 白：出力その他

に分けました．真空管時代のJISで定められた5色法に準拠した配色です．間違いを減らす配線方法として今でも有用です．

長すぎるリードは切りきちんと曲げて，部品はできるだけ縦横に配置します．また，電源部と増幅部は間をあけて配置し，プローブなどの接続を容易にします．

見た目がきれいでかっこいい配線は，ミスの可能性が小さく，たとえ誤りがあってもすぐに原因を見つけることができます．

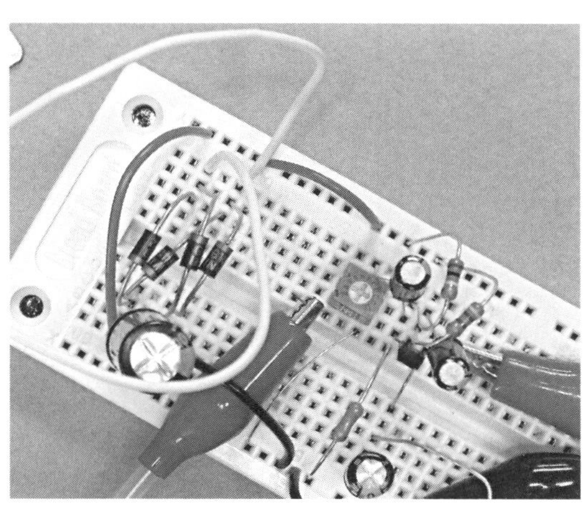

(a) なにも考えずに組んだもの

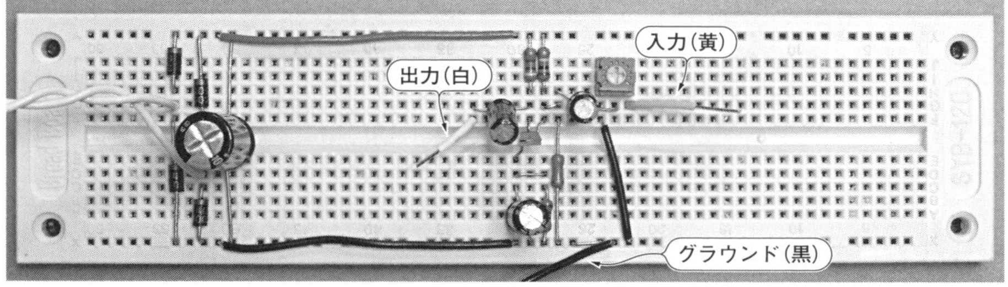

(b) 電流の流れや安全性，作業性を考えて組んだもの(見た目もかっこ良く仕上がるものである)

写真A　見た目がきれいな配線はミスを減らせる
ブレッドボードに組んだ2つの1石アンプ

Appendix 2

これからの人のためのレジェンド回路の歩き方

センスをつかむ名トランジスタ回路

加藤 大

● エレキは楽しんで身につける

40年前，電子回路技術はまさに時代の先端でした．そのころ育った子供たちはデパートで「電子ブロック」を買ってもらい，電子回路の実験や工作をして遊んだものです．いろんなことを知っていて教えてくれる職場の先輩たちも，かつてはラジオ少年として電子回路に親しみ，エンジニアの道に進んだのでしょう．

当時のラジオ少年は，子供雑誌のラジオを組み立てるところから始めて，電子工作回路集などを読みあさり，「あれを作りたい，これを作りたい」と夢中になっていました．そして，電子回路の理屈を知りたくなって，チンプンカンプンながらこのトランジスタ技術を購読して，大人の電子工学の世界を眺めるようになります．

● 身につけるならいい匂いのセンスを

雑誌を教科書にして，ラジオ少年たちは本当にいろんなことに触れて考えました．

- シンセサイザってカッコいい．自分で安く作れないかなぁ
- この回路図ってよく見る形だなぁ．無安定マルチ何とか…だな
- 読みやすくて美しい回路図ってあるよね
- この部品の値を変えるとどうなるかな？
- 在庫切れ部品の代わりにこれを使えとパーツ屋が言うんだけど…
- ラジオの部品を触ったらモノスゴイ音が出てきた！
- トランジスタは高級品だから，間違わないようはんだ付けしないと…

つまり，ラジオ少年は，エンジニアとしての教養課程，今の言葉で言えばエンジニアのリテラシを学んでいたのです．これは簡単に習得できるものではなく，教科書にもありません．

本稿では電子工作の定番回路を取り上げて，当時のラジオ少年がどんなことを味わい身につけたのか現代の目線で振り返ってみます．

回路は身近に接するほどエンジニアとして成長できる

その①…アナログ・シンセの原型「アメパト・サイレン」

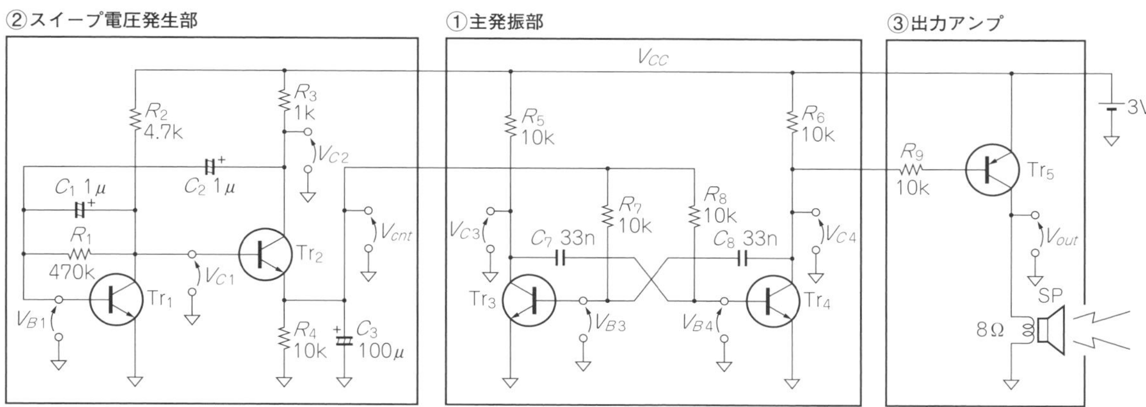

図1　5石アメパト・サイレンの回路
3ブロックの構成．トランジスタを5個使っている

背景

「鳴り物」は定番の電子工作ネタです．中でもアメパト・サイレンは派手な音とトランジスタ5個(5石)と少し複雑なので，人気の回路でした(**図1**)．ネットでも色々見つかります．基本の音を作る回路と，音に変化を与える回路が，異なる形式のトランジスタ発振回路を組み合わせて出来ています．実際に抵抗やコンデンサを変えると音程の変化や速さが変わるアナログチックなところが面白いところです．

回路を作らなくても まずはパソコンだけで音が聴ける

● まず出音を聴いてみる…これが現代流

この回路は「ヒュンヒュン」という音を出します．今は言葉ではなく実際の音をパソコンで聴くことができます．

図2は，フリーの電子回路シミュレータLTspiceに入力した回路です．トランジスタは，NPNに2N3904，PNPに2N3906を，スピーカの代わりに8Ωの抵抗を使いました．LTspiceは指定した回路電圧の波形を次のような指示文でwavファイルに記録できます．

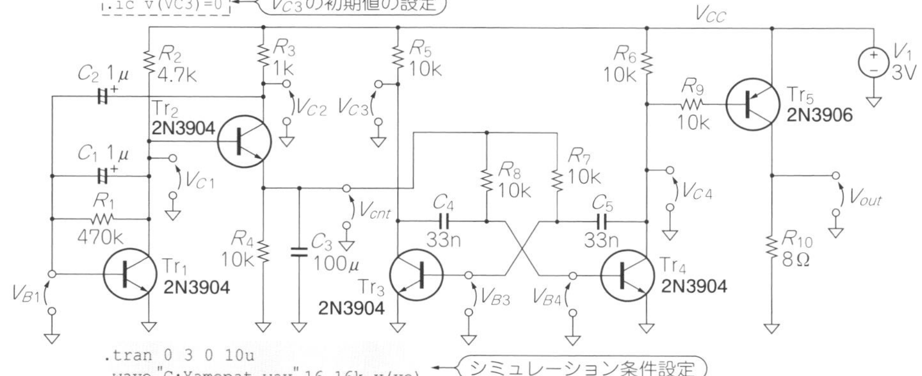

図2　今どきは部品がなくても音を聴ける…まずはアメパト・サイレンの回路を電子回路シミュレータに入力して聴いてみる
トランジスタは2N3904/2N3906を使った．.wave文でアナログ電圧値をwavファイルに記録できるのがスゴイ

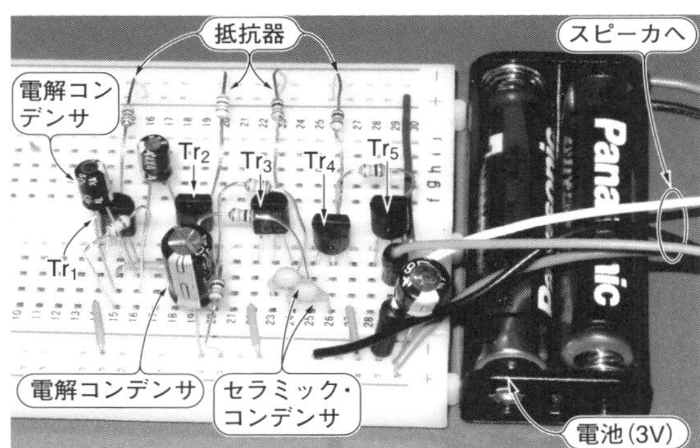

写真1　シミュレーションと実際の回路の動作の違いを音として聴き比べてみる
10分くらいで組み立てられる．多少雑でも気にしなくていい

● 回路図の適当な場所に.wavファイル出力の指示文を記述する

```
.wave "C:¥amepat.wav" 16 16k v(vo)
```

過渡解析時間は3秒もあれば十分でしょう．長時間シミュレーションで精度が落ちないように，最小ステップ時間を10 μsと指定します．

```
.tran 0 3 0 10u
```

LTspiceでは，指示文は回路図の中の適当な場所にメモ書きのように記述します．

シミュレーションを実行して，出来上がったファイルをメディア・プレーヤで再生すると，TVドラマや映画で聞き覚えのあるサイレン音が聴けます．

昔は部品を買い出してきて，半日掛けてユニバーサル基板に組み立ててようやく鳴らしたものですが，シミュレーションなら30分も掛かりません．

シミュレーションは信用できる？実物と聴き比べる

● 実物の音も聴いてみよう

シミュレーションの音を聴いただけでは満足できません．実際に回路を組み立ててみます．実物とシミュレーションの出音が同じになる保証はありません．

本稿では，ブレッドボードで動かします．ブレッドボードは，ジャンパ線を差し込むピンセットがはんだごて代わりなので，本回路なら10分で組み立てられます(**写真1**)．

トランジスタはNPN，PNPそれぞれ2SC1815，2SA1015を使いました．シミュレーションと品種は違いますが，問題なく動きます．

● 実世界と仮想世界の聴き比べ

実物の音と，先のシミュレーションによる音はほとんど同じように聴こえました．実世界と仮想世界がつながった感じがします．

回路を変更しても，シミュレーションで確かめれば，実物でもそっくりの結果が得られそうです．

一方，ブレッドボードを使うと簡単に電源電圧や部品を変えたりして音色の変化を手早く試せます．これが実験のよいところです．

LTspiceのシミュレーションで，どのような音が出るか確認できたので，ここでは回路の動作のメカニズムを中心に説明します．本回路(**図1**)は次に示す3つの部分で構成しています．

コラム1　バイポーラの暗黙の前提…ゲインに関わる特性が種類によらずほぼ同じ　加藤 大

記事でよく，「一般のトランジスタなら何でもOK」という記載を見かけます．

トランジスタ回路の設計で使用するパラメータ，相互コンダクタンス(g_m)は，$g_m = I_C/V_T$で示されます．このV_Tは熱電圧と呼ばれる物理的な定数由来の電圧で，バイポーラ・トランジスタなら皆同じです．つまり，トランジスタの品種が異なってもコレクタ電流(I_C)が同じであればg_mも同じになり，回路設計値に大きな影響がありません．また，ベース-エミッタ間電圧(V_{BE})も0.6～0.8 Vくらいで，大きく変わりません．つまり，トランジスタはもともと互換性が高い性質があります．

記事でよく使われる定番のトランジスタは，時代により変遷しています．NPNの代表的なものを挙げると，40年前は2SC372，その後2SC945，2SC1815と続きます．でも，長年のベスト・セラーだった2SC1815は廃品種となり，多くの自作愛好家を嘆かせています．いずれも小信号用の一般用途ですが，最近使われ出した米国規格の2N3904は複数のメーカが作っていて，ジェネリック薬品みたいな品種です．

一方FETは，接合型もMOS型も，g_mやV_{BE}に相当するV_{GS}が品種により大きく異なるので，何でも良いという訳にはいきません．

＊

世の中には多種多様なトランジスタが売られていますが，「一般のトランジスタ」を使用する回路は，前述の互換性を前提にして設計されたものであると考えてよいでしょう．

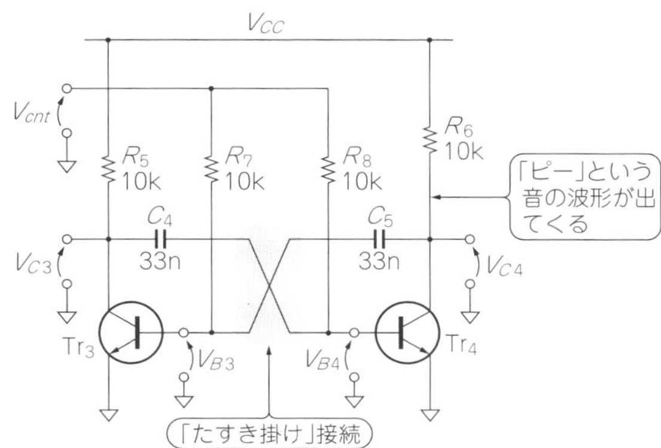

図3　トランジスタ2個がシーソー動作する「無安定マルチバイブレータ」で音の素を作る
意外とややこしい回路．LTspiceの波形を見ながら動作を追っていく

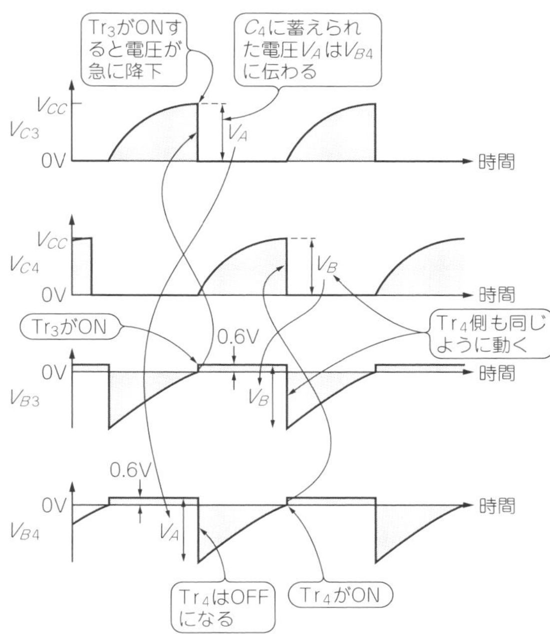

図4　無安定マルチバイブレータの動作波形
Tr_3とTr_4が交互に動作している．V_{B3}とV_{B4}が負電圧から充電されているのがポイント

回路①…主発振部

● トランジスタ2個をシーソー動作させる「無安定マルチバイブレータ」

無安定マルチバイブレータと呼ばれる，一般的な構成の回路です(**図3**)．この回路が「ピー」という音の素を作ります．**図4**の電圧波形を使って，発振動作を見ていきます．

トランジスタTr_3，Tr_4は，スイッチとして動きます．ベース電位が約0.6 V以上になると，コレクタに電流が流れます．コンデンサC_4，C_5がないときは，Tr_3，Tr_4ともON状態になります．C_4，C_5がタスキ掛け状につながると，互いにON状態に作用するようになり，発振が起こります．

● 回路のふるまい

Tr_3がONのときは，C_4の左側(V_{C3})はほぼ0 Vです．また，R_8はC_4を充電します．Tr_4のベース(V_{B4})が約0.6 Vに達すると，Tr_4がONしてC_5の右側の電位(V_{C4})を急激に0 V付近まで下げます．一方，その時点では，C_5はR_6を通じて充電され，両端の電圧が$V_{C4} - V_{B3} = V_{CC} - 0.6$ V程度になっています．

Tr_4がONすると，C_5がつながれたベース電位(V_{B3})は急に下がり，$-V_{CC} + 0.6$ V(負電位)になって，Tr_3はOFFになります．今度はTr_4のターンで，上記動作が対称に起こり，Tr_3，Tr_4が相互にONする発振動作となります．

● 発振周波数が変わる原理

C_4，C_5はV_{cnt}からR_7，R_8を通じて充電されます．このときの電流が大きいと早くC_4，C_5が充電されるので，発振周波数が上がります．つまりこの回路はV_{cnt}の電圧を変化させると発振周波数が変わるVCO(Voltage Controlled Oscillator)の一種です．V_{cnt}の電圧を滑らかに変化させる(スイープ)と，ヒュンヒュンというアメパト・サイレンの音になります．

LTspiceのシミュレーション結果では，V_{cnt} = 0.58 Vのときの最低周波数は490 Hzで，V_{cnt} = 1.57 Vのときの最高周波数は1.3 kHzでした．

回路②…スイープ電圧発生部

● 無安定マルチバイブレータの発振周波数を連続的に可変する制御信号を作る「弛張発振回路」

弛張(しちょう)発振回路と呼ばれるもので，スイープ電圧としてのこぎり波を発生します．スイープ周期は約2 Hzです．これも一般的な構成の回路です(**図5**)．

● トランジスタ2個で増幅して正帰還すると発振が起きる

Tr_1，Tr_2はスイッチというより増幅段として動きます．大ざっぱには，Tr_1のベース(V_{B1})とTr_2のコレクタ(V_{C2})が同相増幅されるので，ここをC_2で正帰還して発振を起こすというメカニズムです．

V_{B1}が約0.6 Vを下回り，Tr_1のコレクタ電流が切れ始める時点から**図6**を追っていきます．このとき，Tr_2はTr_1のV_{C1}に従い，より大きな変化量(増幅)でV_{C2}を低くします．

V_{C2}からV_{B1}にC_2で帰還しているので，V_{C2}の低下

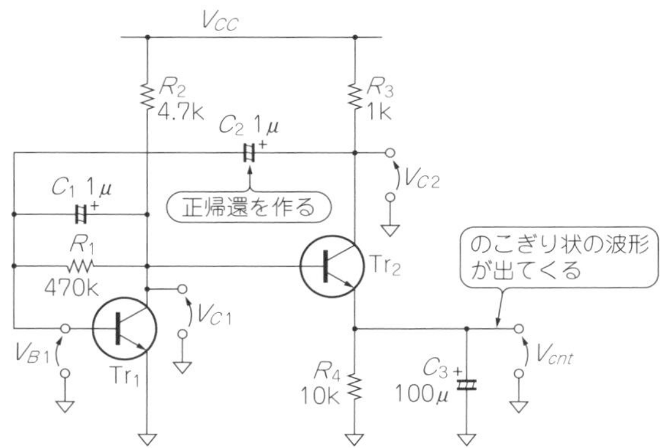

図5　出力電圧が数Hzでアップ/ダウンを繰り返す「弛張(しちょう)発振回路」（図3の無安定マルチバイブレータの発振周波数を制御する信号として利用する）

C_1～C_3をはずすと2段のアンプ回路になっている．C_2で正帰還を作ってスナップの効いた動作をする

はV_{B1}に伝わり，それがさらに急速にV_{C2}の低下を引き起こします．これは正帰還動作で，V_{B1}の電位低下は瞬時です．V_{B1}は，R_2を通じてC_1が充電されるのに伴って上昇します．

約0.6 Vを超えるとTr_1のコレクタ電流が流れ出し，V_{C1}が下がります．この変化はTr_2にも伝わります．再び正帰還によって瞬時にV_{C1}が低下します．

● 充電と放電のスピードの違いでのこぎり波を発生する

Tr_2のエミッタ(V_{cnt})には大きな容量C_3がつながっています．C_3から見ると，Tr_2はエミッタ・フォロワになっていて，V_{C1}の電圧に追随します．V_{C1}が上昇している間に，C_3はTr_2から十分な電流をもらって充電されてV_{cnt}も上昇します．

V_{C1}が瞬時に低下すると，Tr_2はV_{BE}が逆転するのでOFF状態となり，C_3に電流を流せなくなります．そしてR_4とV_{cnt}につながれた負荷(R_7，R_8)による放電で，V_{cnt}の電圧は徐々に低下していきます．

V_{cnt}の電圧が下がり続けると，Tr_2のV_{BE}がON状態に達して，コレクタ電流を流します．

その結果，V_{C2}が低下し，C_2によりV_{B1}に伝わって正帰還動作が始まり，サイクルの始めに戻ります．

このようにして，V_{cnt}はのこぎりの歯のように変化します．これで無安定マルチ・バイブレータの周波数を制御します．

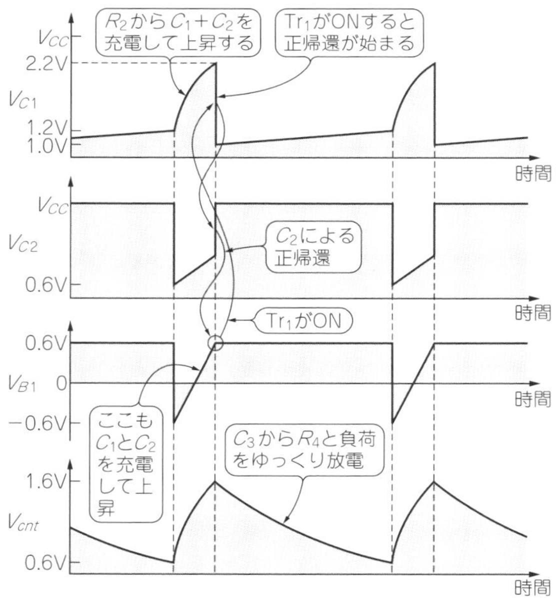

図6　弛張発振回路の動作波形

V_{C1}の上昇は速い．V_{cnt}の下降のスピードは，容量の大きなC_3によりゆっくりになる

回路③…出力アンプ

● ひずみより効率を優先する

スピーカを鳴らすためのアンプは，シンプルな回路です．音となる波形をTr_4のコレクタV_{C4}から取り出し，ベース抵抗R_9を介してTr_5を駆動します．Tr_5は，ほぼスイッチのような動作で，スピーカへの電流を断続します．

当初，この回路を見たとき，いい加減なバイアスのアンプだと思いましたが，そうではありませんでした．増幅する波形が矩形波なのでHi - Fi(High Fidelity，高忠実度，高再現性)なリニア動作させる必要はなく，むしろ電力効率が高いこの回路が好適なのです．

● 昔の回路は職人が作るからくり機械だ

ここまでで解説してきた回路の動作をマスタするには，コンデンサの電荷保存の法則や，トランジスタの基本動作などの電子回路知識と理解が必要です．また，時間変化を伴う各部の動作を把握することにも慣れる必要があります．

昔の古典的な電子回路は，高価なトランジスタをできるだけ使わないで，複雑な回路で機能を実現する傾向がありました．回路理論から導く設計というよりも，職人がからくり機械を作る感覚だと思います．すぐにわからなくても，がっかりすることはありません．

音をいろいろいじってみる

● 回路の動きは部品の値で操作できる…アナログ・シンセの原型

ブレッドボードで抵抗やコンデンサの値を変えてみると，音程(ピッチ)や変化幅が大きく変わって面白いです．実物でもシミュレーションでもよいので読者の皆さんもぜひいじってみてください．音程を変化させる回路LFO（Low Frequency Oscillator）と，電圧により音程が変わるVCOをもつアメパト・サイレンは，Moog（ムーグ）のようなアナログ・シンセサイザの元祖みたいなものと言ってよいでしょう．

● より良い回路を目指す3つの改良ポイント

サイレンらしくなるよう，ちょっと回路を改造してみました．

(1) 音質を向上させる

図7は，スピーカの電圧波形ですが，矩形波が崩れ，ナイフのような形になっています．このような波形は低音が貧弱な音色になりますので，矩形波に近づけます．

(2) 音量を上げる

トランジスタ5個で可能な範囲で音量を上げます．

(3) 音程の変化を大きくする

音程の変化を大きくして，サイレンらしく派手にしましょう．

以上の改良をLTspiceを活用して行いました．LTspiceで作ったwavファイルを再生すると，実物とそっくりな音が鳴らせることが先の実験で分かっています．設計の都度シミュレーションで音色を確かめられます．

図8に変更した回路を示します．

● 改良①…音質を向上させる

まず，音質を矩形波に近づけるために，出力アンプの構成を変えました．**図7**の波形の原因は，Tr_4のコレクタ電圧（V_{C4}）の波形由来なのですが，Tr_5をNPNにして，そのV_{BE}とR_9でV_{out}をクランプします．V_{C3}が0.8 V～2.0 Vくらいの振幅変化をするのに対し，V_{C4}は1.1 Vくらいでほぼ一定になり，波形が矩形波に近づきます．LTspiceでシミュレーションするときは，

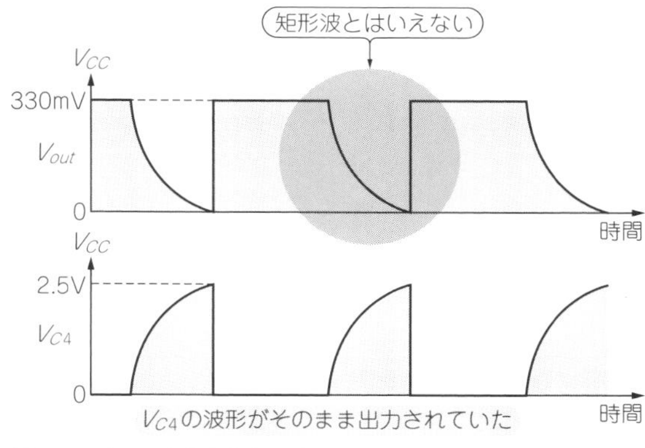

図7 スピーカ出力と前段の波形
矩形波の形がくずれたV_{C4}の波形がそのまま見えている．V_{C4}がV_{CC}まで上昇しないので，Tr_5のスイッチの切れが悪くなっている

.wave文の制約のため，電圧制御電圧源E_1を使ってスピーカ相当負荷の電位V_{out}をGND基準に変換します．

● 改良②…音量を上げる

音量を上げるには，トランジスタにもっとベース電流を流します．R_6を3.3 kΩにしてベース電流を増やして，スピーカ出力を7.5 mWから72.3 mWにパワーアップしました．

トランジスタのコレクタ電流定格200 mAに対し132 mA_{peak}です．音量アップはこのくらいにとどめるべきでしょう．

● 改良③…音程の変化を大きくする

音程の変化幅は，R_5で調整できます．大きくすると変化も大きくなります．R_6に対し約3倍の15 kΩとしました．ついでに，R_4でスイープ時間を少し遅くしました．これで，よりサイレンらしく目立つ音になりました．

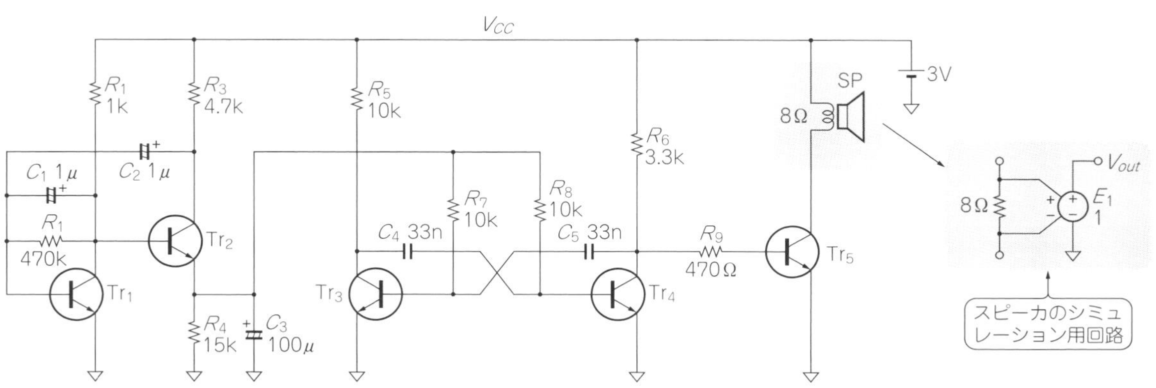

図8 改造後のアメパト・サイレンの回路
音質を改善し，ピッチの変化幅と音量を上げた結果，よりサイレンらしい音になった

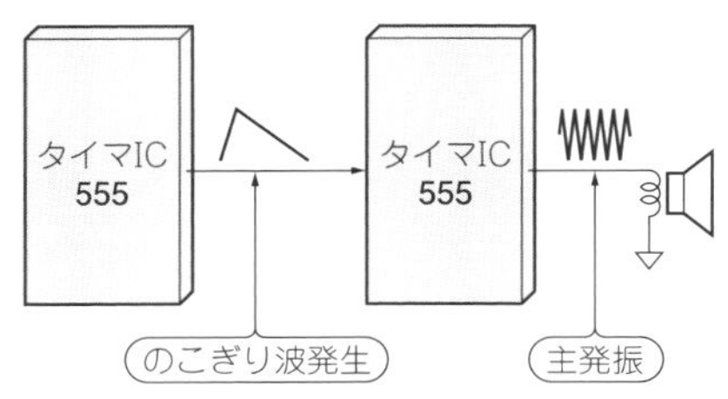

- アナログならタイマIC 555を2個使うのがベスト
- 直接スピーカが鳴らせる
- それぞれのブロックで独立した設計ができる

(a) タイマIC 555を使った構成

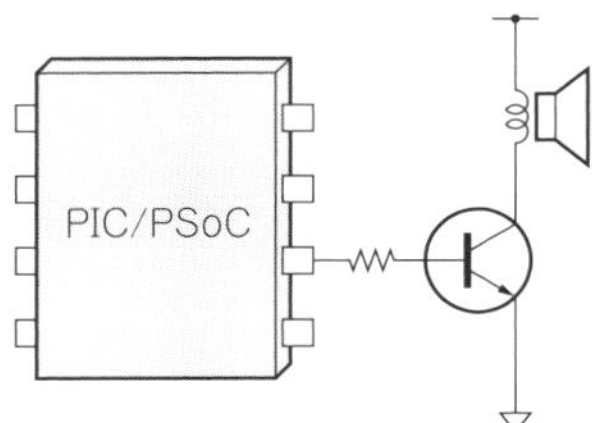

- 8ピンのPICマイコンやPSoCにスピーカ・アンプを付けるのが今風のやり方
- スイープ機能と発振機能をどうやって実装するかの答えはたくさんある

(b) マイコンを使った構成

図9 今の時代にアメパト・サイレンを設計するなら
40年も経っているのだから，やり方が変わるのは当然のこと

自力で改良できるようになるために

● 試行錯誤も悪くない

回路の改造はそう簡単ではありませんでした．回路ブロックどうしやパラメータ間の独立性が良くないので，何かを変えると副作用が生じるのです．

例えば，出力をパワーアップしようとすると，無安定マルチバイブレータの周波数も影響を受けて変化するなどします．

いくつかの変更に対し，あちこちの調整をしなければならず，これを机上で読み切って設計することは至難の業です．LTspiceで音色を聴きながら設計できたのは，とても助かりました．

試作実験で，あまり考えずにとっかえひっかえ試して答えを見つけることをチェンジニアリングと言います．理論軽視，思考不在として揶揄するニュアンスもあります．

私はLTspiceを何度も走らせて，シミュレーションのチェンジニアリングを行いました．でも，恥じることはありません．

先述のように，昔の回路は職人のからくり機械みたいなものなので，机上での理解が容易ではないことが多いからです．むしろ，チェンジニアリングをしているうちに，すぐにポイントがつかめました．

● 現代的な答えを模索する

本回路は，トランジスタ回路しか選択肢がない40年前のベストな設計だったはずです．

今は，無理に無安定マルチ・バイブレータを使う必要はありません．アナログでやるなら555タイマICがベストな選択でしょう［**図9(a)**］．

マイコンが当たり前に使える現代の答えは8ピンのPICやPSoCで実装すると言ったところでしょうか［**図9(b)**］．

マイコンもシミュレータも気軽に使える今は，昔よりもすぐに答えが出せるようになりました．こんな環境を活用して昔の回路をひも解くと，古典的回路の巧妙なからくりを味わえたり，知恵を学べたりします．

◆参考文献◆

(1) 小嶋 尚：5石アメパト・サイレンの製作，トランジスタ技術1998年3月号，pp.219-224，CQ出版社．

その②…電子回路の基本が詰まった「レフレックス・ラジオ」

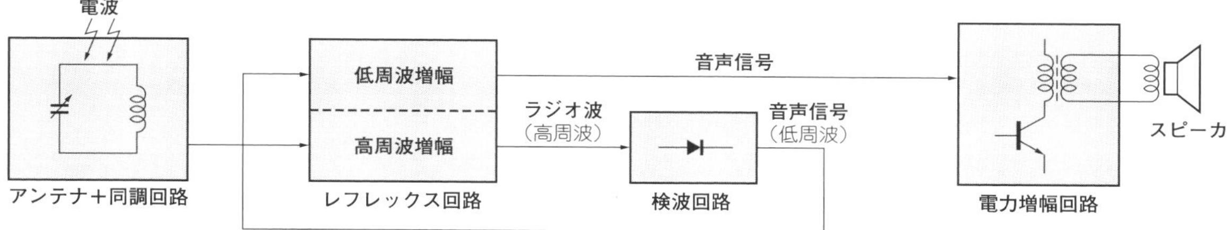

図10 レフレックス・ラジオのブロック構成
トランジスタ1個(1石)で高周波増幅と低周波増幅をする一石二鳥な回路

背景

40年前，ラジオは名の通りラジオ少年たちの人気の工作テーマで，「子供の科学」などの雑誌の定番記事でした．

ポピュラな中波AMラジオの実用的な形は，感度，選択度，音質・音量に優れたスーパーヘテロダイン方式です．真空管の時代は5球スーパー，トランジスタになって6石スーパーと呼ばれ，これを作るのが憧れでした．ラジオの面白さは実際に作ってみて初めて分かります．回路図通り作っても思い通りにならないことが多いのですが，そこにはちゃんとした技術的・物理的な背景があります．

例題回路 レフレックス・ラジオとは

● 電子技術の基本が詰まっているのがラジオ

微弱な電波信号からスピーカを鳴らせるまでには，100万倍もの増幅が必要です．そのようなゲインを持つ高感度回路はノイズや発振との戦いです．

多くの部品を集めて作ることはなんとかできたとしても，スーパーヘテロダインの回路構造を理解するのは長い道のりです．高等数学と幅広い電子工学の知識があって初めて納得できる代物です．もし局部発振回路や周波数変換回路の動作原理を説明できるラジオ少年がいたら末恐ろしいことです．

ラジオの技術は古いものではありません．電子技術の基本として今も学ぶ価値がある分野です．

● 回路が簡単で感度が良くてスピーカも鳴らせる「レフレックス・ラジオ」

本稿ではよりシンプルな，2石レフレックス・ラジオを取り上げます．

雑誌の製作記事の中でも，レフレックス・ラジオは多く取り上げられました．レフレックスでない1，2石のラジオは，クリスタル・イヤホンで聴くのに対して，レフレックス回路にするとスピーカが鳴らせました．感度も良く，アンテナ線をつなげなくてもバー・アンテナだけで聴こえました．レフレックス・ラジオは簡単な回路で，かつ性能が良かったのです．

動作メカニズム

● トランジスタ1個で高周波も低周波も増幅

レフレックス・ラジオがユニークなのは，1個のトランジスタで高周波と低周波を一度に増幅するところです．ブロック構成を図10に示します．

高周波とは，アンテナから入ってきた電波の信号です．中波の場合は，526.5 k～1606.5 kHzの信号です．アンテナで拾う電波は非常に弱く，1 μ～100 μVのオーダです．

ゲルマ・ラジオでは，高周波をすぐにダイオードで検波して，音声信号である低周波にします．

レフレックス・ラジオでは，まず高周波を増幅します．その高周波を検波して低周波にした後に，その低周波をまた増幅段に戻して，低周波も増幅します．このように一度増幅した高周波を検波して再度増幅に戻すようすを，反射の意である「レフレックス」となぞらえたようです．

● 電波を大きく増幅してからダイオードで検波することでひずみを小さく

検波の前に高周波を増幅する理由は，検波回路の特性にあります．検波回路のダイオードには順電圧降下(V_F)があり，それよりも小さな電圧に対して電流が

コラム2　回路の理解が速くなるトレーニング・ツール「電子回路シミュレータ」

加藤 大

　エンジニアの設計の場面では，回路を一からひねり出すことは少なく，実績のある回路や書籍などの回路をベースにすることがほとんどです．今でもややこしい無安定マルチバイブレータの回路を扱う必要もあるかもしれません．よって，設計の腕前は，まずベースとなる回路の理解のスピードに掛かっています．

　こんなとき，シミュレーションのチェンジニアリングが大きな武器になります．回路の説明資料が十分でなくても，実物を取り扱うよりもはるかに速いスピードで試行錯誤して，回路のポイントが把握できるようになります．まさに，回路の体得です．もちろん，その延長線上に答えがあるでしょう．昔の難しそうな回路を見ても涼しい顔をしているエンジニアはカッコいいものです．

流れにくくなります．小さな信号は大部分が検波できず感度低下やひずみの原因になるので，十分に高周波信号を増幅します．

誰が見ても分かりやすい回路図を描く

● 回路図を読む

　図11は典型的な2石レフレックス・ラジオの回路です[(1)]．広く知られている回路は，素子定数が少し違っていますが，大体同じ構成です．

　でも，この回路図は，ちょっと読みにくいと思いませんか．昔の回路図はこんな描き方が多かったのです．

● 分かりやすい回路図とは

　エンジニアのアウトプットは回路図，つまり図面です．モノを作るための資料であるだけでなく，設計の意図や回路の構造的工夫が分かりやすい図面を描くことも重要です．特に，CADやシミュレータのために入力する回路図は，配線やネット・リストさえつながれば良いと言うような図面になりがちです．

　図12は，**図11**の回路図を描き改めたものです．この回路図を描くにあたっての基本ルールは次の通りです．

● 図12を描くときに意識した作図のルール

(1) 電源配線は一番上に引く(正電源の場合)
(2) 動作点(バイアス)電位を縦位置に反映する
(3) グラウンド記号を使い，できるだけ縦位置を揃える
(4) 信号の流れを左から右に描く
(5) 負荷素子(抵抗，コンデンサ，コイル，トランスなど)は駆動するトランジスタのコレクタの上に，縦に描く
(6) 結合素子，フィードバック素子は横に描く

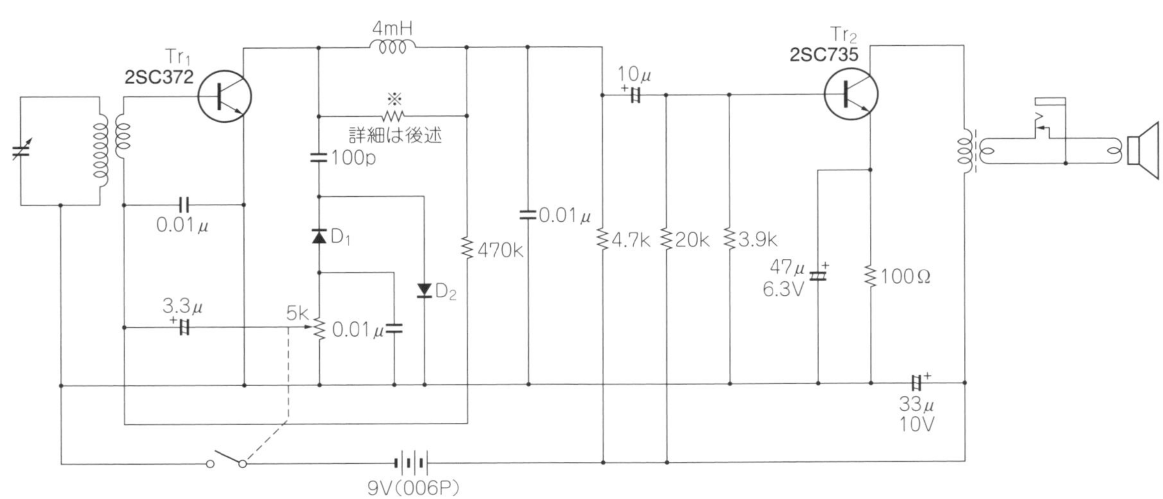

図11[(1)]　**2石レフレックス・ラジオの回路**
半世紀ほど前の子供向け工作記事を引用．この回路を見てレフレックス・ラジオだとすぐにわかるくらいトランジスタ回路は身近だった

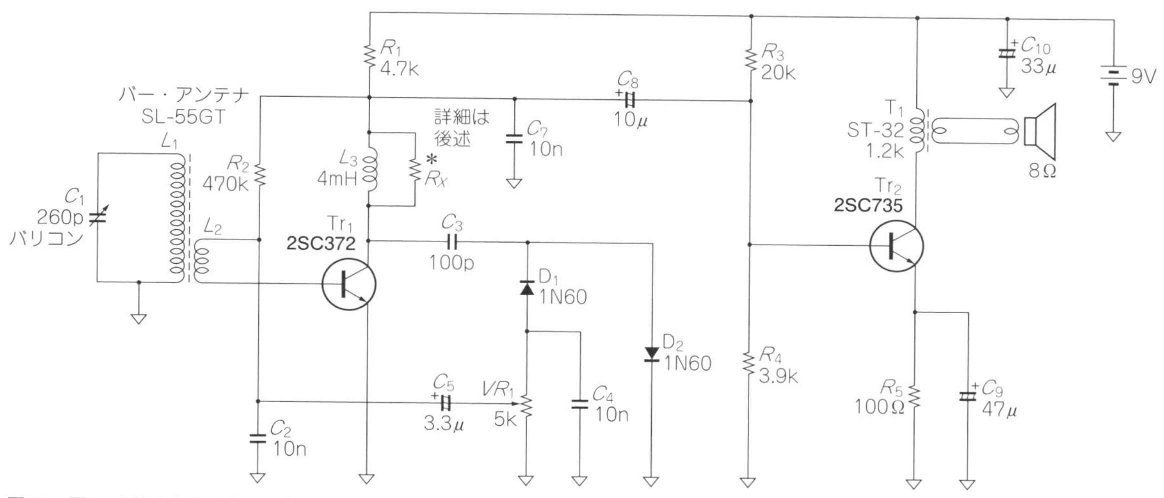

図12　図11を読みやすくなるように描き改めた回路
スイッチやジャックは省略．コンデンサ容量の単位にn(ナノ)を使用．同じ回路でも分かりやすさが違ってくる．回路図をちゃんと描くことはとても大切．2SC372はもう入手できないので，2SC1815で試作した(**写真2**)

入り口から信号の流れを 1つ1つ丁寧に追いかける

図12を使って，レフレックス・ラジオの信号の流れを追います．

▶電波から同調

バー・アンテナL_1とバリコンC_1で同調された放送電波は，バー・アンテナの副巻き線L_2からトランジスタTr_1に入力されます．

▶高周波増幅

Tr_1で構成されるエミッタ接地増幅回路は高周波を最大約1000倍も増幅します．この高周波信号はL_3を通ることは出来ずに，C_3を流れてD_1，D_2による検波回路に進みます．

▶検波

D_1のアノードには，検波された音声信号(低周波)が生じます．高周波成分はC_4により平滑されて消えます．VR_1により分圧して，適当な音量になるように調節し，C_5を介してL_2の一端に入ります．

▶低周波増幅

L_2はTr_1につながっているので，低周波が戻されています．Tr_1のコレクタのL_3は，低周波には導通なので，増幅された低周波成分の電流はR_1を負荷とし，C_8を介してスピーカを鳴らすためのTr_2の増幅段に進みます．

＊

これが，信号がTr_1をぐるりとひとまわりするレフレックス・ラジオ動作の概要です．

● 回路のツボ…トランスの使い方

Tr_2では，低周波の音声信号を電力増幅してスピーカを鳴らします．

スピーカは8Ωとインピーダンスが低いです．10 mWで駆動する場合は，A級動作なら電流をたくさん(70 mA)流さなければなりません．このため，トランスT_1を用いて，インピーダンス変換を行っています．2次側が8Ω，1次側が1.2 kΩのものを使って，1次側から1.2 kΩのスピーカに見えるようにしています．

トランスを使うことで，たった1個のトランジスタでも電力増幅度は56000倍(47 dB)にもなります．レトロな構成ですが，トランスの効果的な使い方として覚えておいて損はありません．

今はトランスのほうがトランジスタよりはるかに高価なので，数石のAB級アンプ回路を使うのが有利になります．

私の試作

図12の回路をブレッドボードで組み立ててみました(**写真2**)．自作ラジオ特有の懐かしい部品は，今でもなんとか手に入りました．

▶使う部品

- バー・アンテナSL-55GT(あさひ通信)
- ポリバリコンCBM-113B-1C4単連・最大値260 pF(中国製)
- ゲルマニウム・ダイオード1N60(中国製)
- トランスST-32(山水製互換品)

トランジスタの2SC372や2SC735はさすがに入手困難で，2SC1815を使いました．可変抵抗は実験なので

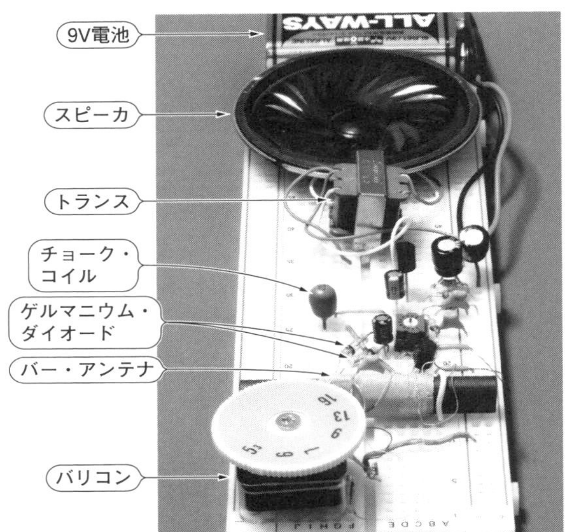

写真2　ブレッドボードに組み立てた2石レフレックス・ラジオ
アメパト・サイレンと違い，部品のリード線は長すぎないように切る．バリコン，バー・アンテナ，スピーカは固定する

半固定抵抗で代用しました．

バリコンとスピーカは，両面テープでブレッドボードに固定しました．バー・アンテナはジャンパ・ワイヤで両端を短絡しないように固定しました．

● 高周波回路のツボ…配線の取り回しや固定が大切

9V電池をつないだら，すぐに大きな音でAM放送が聴こえました．2石でスピーカが鳴るのは感動です．100円でラジオが買える時代でも，自作ラジオの音がスイッチを入れて聴こえる瞬間はワクワクするものです．

ブレッドボードのバラック・スタイルだと，バリコンでチューニングするときにバー・アンテナの細い電線などがフラフラするたびにガサゴソと音がします．高周波を取り扱うときは，配線をつなげるだけでなく，取り回しや固定も大切です．回路を基板に組み立てると，動作の安定性が大きく向上します．

実験

少し落ち着いてから，東京版の新聞のラジオ欄にある7局の受信を試みました．954 kHz(TBS)以下の周波数4局は大きい音量で聴こえるのですが，それ以上の周波数が受信できませんでした．TBSが高い周波数まで聴こえてきてしまいました(選択度が悪い)．

局により音量差が大きく，チューニングのたびに音量調整が必要です．エンジニアなら調整は嫌いじゃないと思いますが，実用性では少々劣ります．

1，2石ラジオでは，これらの欠点がありますが，スーパーヘテロダインで見事解決されています．やはり，ラジオ製作の憧れです．

回路レベルアップのツボ

● レフレックス・ラジオでよくある発振への対策…抵抗を入れてコイルのQを下げる

レフレックス・ラジオには癖というか，特徴があります．それは発振です．

今回は特に異常なく受信できましたが，チョーク・コイルL_3の値や種類，バー・アンテナとの位置関係などにより発振することがあるのです．発振のようすはまちまちで，受信音にピーッとかぶったり，ビビビビという間欠音だったりします．

このため，**図12**のL_3に並列にR_Xが記されています．稿末の引用文献[1]にも，「発振したときは100 kΩを並列につなぎ，それでもダメなら値を小さくして試す」とあります．R_XはL_3のQ値を下げるので，発振条件を崩す働きがありますが，高周波の増幅率を下げる副作用もあります．

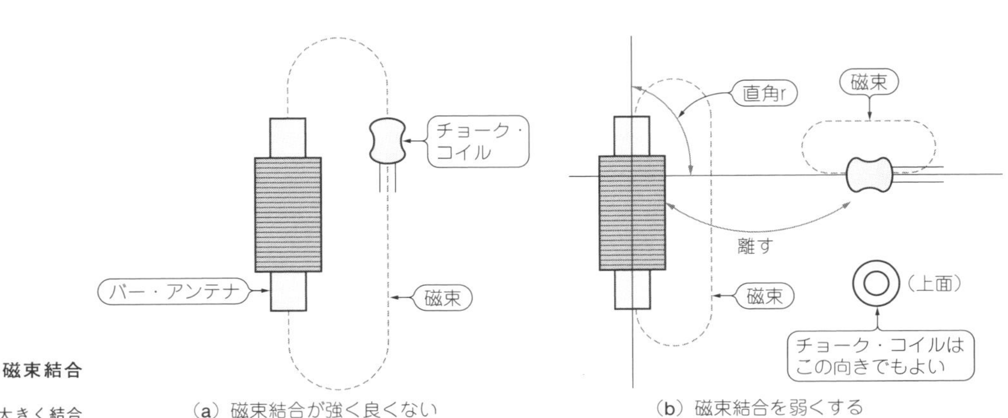

図13　見えない磁束結合を断つ
部品の位置関係で大きく結合は変わる

コラム3　歴史は積み重ね…一石二鳥の原点は真空管

加藤 大

レフレックス方式は，まさに「一石二鳥の働き」をして，先人の巧妙なアイデアに感心させられる回路です．でも，トランジスタをもう1つ増やせば，分かりやすい回路になります(**図A**)．なぜ，一石二鳥にこだわったのでしょうか．

この回路図が雑誌に載った1974年当時のトランジスタは100円でした．今の価値なら300円ほどで，子供の工作には高価な部品でした．でも，理由はそれだけではなさそうです．

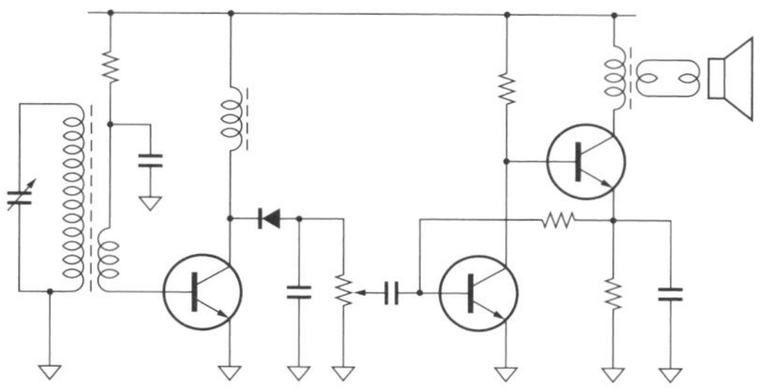

図A　レフレックスをストレート方式にすると1石増えるがスッキリした回路になる
1石にこだわるエンジニア魂が技術を発展させる

レフレックス方式はトランジスタが普及する前の真空管の時代に発明されました．真空管は，本体だけでなくソケットやヒータ，グリッド電圧のバイアスなど付帯部を含めるとトランジスタよりずっと複雑でコストのかかる素子でした．真空管は1個(1球)減らすだけで大きな価値があったのです．それが3本足のトランジスタに置き換わっても，回路の目指すべき方向性はあまり変化しなかったのではないかと筆者は見ています．

ラジオ少年たちの時代は，トランジスタの技術が大きく成長した時代でしたが，ラジオなどのアプリケーションは真空管時代の名残もあったのです．先述のちょっと分かりにくい回路図の描き方の流儀も，源流は真空管時代にあるようです．プレートの上に負荷のトランスがつながっているスタイルの回路図は見かけません．

● 発振の原因その①…バー・アンテナとチョーク・コイルの磁束結合

2つの部品を遠ざけたり，コアの角度を変えたりすると結合が変化し発振が止まります(**図13**)．L_3の極性(端子)を入れ替えても変化します．発振ぎりぎりの位置にすると，感度と選択度が上がることが観察できます(動作の安定性に欠ける)．これは，組み立てて実験して初めてわかることです．

● 発振の原因その②…L_1，L_2とTr_1が意図しないハートレー型発振回路を構成していた

図14に示すTr_1のベース・コレクタ間の容量C_{ob}は回路図に描かれないので見落としがちですが，これによる発振は，前述の部品位置などに左右されません．

私は当初入手の関係でチョーク・コイルを4.7 mHと大きめのものを使いましたが，これを1 mHに減らすと，派手な音を出して発振しました．そして，R_Xに22 kΩの抵抗をつないでなんとか止めました．

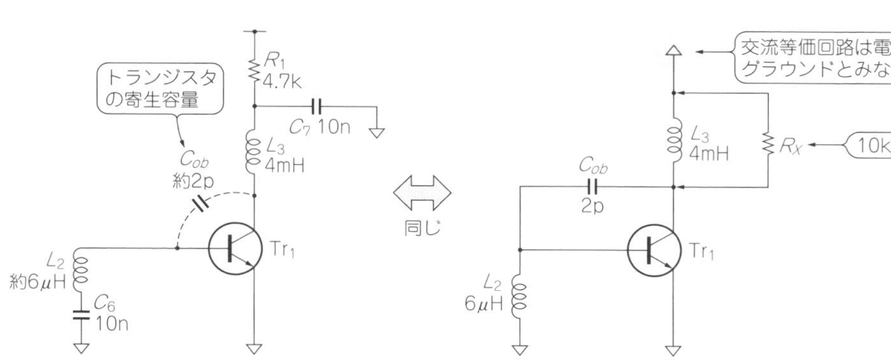

(a) レフレックス回路の発振にかかわる部分

(b) ハートレー発振回路の原理形

図14　レフレックス回路には意図しない発振回路が潜んでいる

コラム4　自分でドンドン作れる時代の歩き方

加藤 大

私は2014年の秋にMaker Faire Tokyo 2014(**写真A**)を見学して感銘を受けました．集まった自作愛好家たちが，世の中のメーカが見失いつつある「何を作るか」の答えを見つけているようでした．愛好家たちは皆が電子回路のエキスパートではありません．そんな彼らが自分で作ってみたいと強く動機づけられ，実行できたのはなぜでしょうか．

私は，3Dプリンタのようなパーソナル・ファブリケーションの出現と，設計を高いレベルで扱えるPSoCやPICなどのプログラマブル・デバイス，そして各種モジュールの普及が大きいと見ています．つまり，世の中が「どう作るか」を支援しているのです．当然，プロもこれを利用しない手はありません．

本稿でも使用したLTspiceやブレッドボードは，パーソナル・ファブリケーションのツールの1つといえるでしょう．これらを使いこなすとわかりますが，設計・試作・実験のスピードが格段に上がります．改善サイクルをぐるぐると何度も回せ，経験値も上がります．

製品化を意識してオリジナル回路構成にこだわるより，まずPSoCやモジュールを使って，さっさと動かしてみるのが一番です．動かしてみると，最初決めた仕様がイマイチだった，なんてことはよくあります．「何を作るか」の答えの出し方の1つではないでしょうか．

写真A　自分で作りたいという気持ちと行動が大切
Maker Faire Tokyo 2014のようす．たくさんのモジュールが販売されている

チョーク・コイルは同じインダクタンスでもいろいろ特性が違います．よって22 kΩをつなげば必ず発振が止まるとは限りません．

動かしてみなければわからないことを経験するのが上達の近道

ラジオは共振を多用しています．また，高感度な回路なので，ノイズや発振，不安定さなどデリケートな部分があります．前述の発振のように，実際に作って動かしてみると想像しなかったことが起きます．

“Amplifiers will oscillate but oscillators won't.” という名言があります．「アンプはすぐ発振するのに発振器は動かない」と言う意味です．エンジニアなら誰もがニヤリとする言葉です．これには「作ってみたら」という文脈があります．回路図通りに作っても，うまく動くとは限らないのが電子回路で，安定に動かす技術は机上ではなかなか身につかないと思います．

ブレッドボードのような手間のかからない方法を使って，まず作ってみることがゴールへの早道です．

◆引用文献◆

(1) 奥沢 清吉：2石レフレックス・ラジオの作り方，子供の科学1974年4月号，pp.105-108，誠文堂新光社．

第3部

現実的「アナログ回路」のツボ

第11章

アナログ回路のエッセンスが凝縮

達人への道 ラジオ回路のツボ

加藤 高広

ここでの回路見本

本章で紹介するのは次のトランジスタ回路です.

- 周波数変換回路
- 中間周波増幅回路
- 検波回路
- 低周波増幅回路
- 低周波電力増幅回路

これら5つは受信機に欠かせない要素回路です. 後半ではこれらを組み合わせて6石のフル・ディスクリートAMラジオ(6石スーパーヘテロダインAMラジオ, 以下6石スーパー)に仕立てます(図1).

スペックを下記に示します.

(1) 受信周波数範囲：日本の中波放送バンド(520 k～1620 kHz)
(2) 受信感度：超微弱電界級(山間地でもよく聞こえる感度)
(3) 電源電圧：標準9 V, 電池が消耗しても5 V以下まで動作する
(4) 消費電流：無信号時10 mA以下
(5) 最大音声出力：100 mW以上(ひずみ率10 %以下)

6石スーパーを構成する回路は, 複雑で高性能な受信機や通信型受信機を製作するときの基礎になります.

本格的な受信機の性能は感度(Sensitivity), 選択度(Selectivity), 安定度(Stability)の3Sの数値で示されます.

感度をアップするには高周波増幅回路を追加します. これは, 6石スーパーの中間周波増幅回路に類似しています.

ゲインを増やすには中間周波増幅を2段からさらに増やすのも効果的です.

選択度の向上には中間周波増幅部分へ水晶フィルタやセラミック・フィルタのような高性能フィルタを追加するのが効果的です. 基本となる中間周波増幅回路の技術は変わりません.

周波数変換を2回行うダブルスーパーヘテロダイン形式を使うと, さらに選択度を向上させつつ周波数安定度も向上できます.

回路見本① 周波数変換回路

図2に示すのは周波数変換回路です.

ラジオ放送の電波はループ・アンテナの一種であるフェライト・バー・アンテナ(BA_1)によって捉えられます. 透磁率の大きなフェライト・コアは磁力線(電

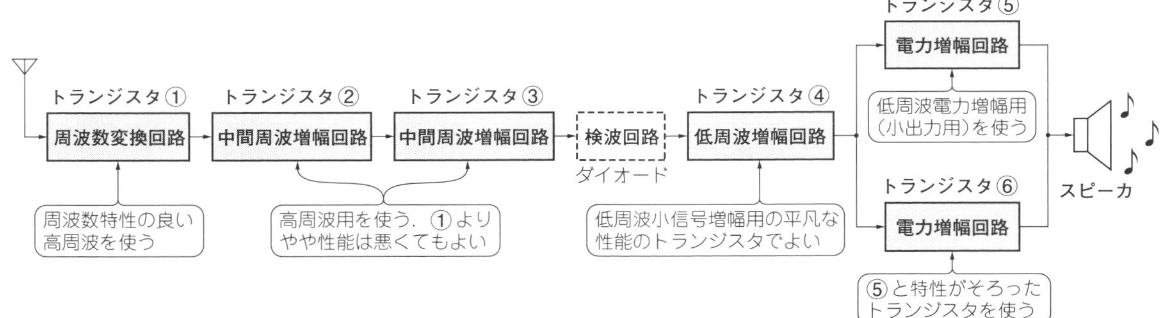

図1　標準的な6石スーパーヘテロダインAMラジオの回路ブロック
ラジオは520 k～1620 kHzの周波数帯域で設計するのが一般的. 中波放送は526.5 k～1606.5 kHzで放送されている. 中波帯用のラジオは6個のトランジスタを合理的に配置して, ラジオとして最適化された設計になっている

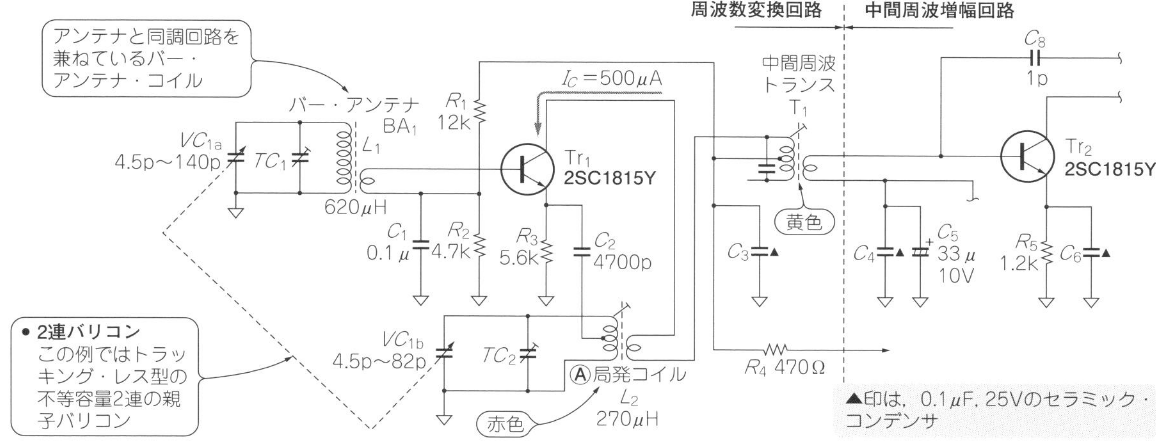

図2　回路見本①…周波数変換回路

波）を集める性質があり，アンテナとして良好に機能します．同時に，バー・アンテナは入力同調回路としても機能して，選局の役割ももっています．

トランジスタTr_1は2つの働きをします．1つ目の働きは，局発コイル（OSC Coil）によって，高周波発振を行います．これを局部発振（以下，局発）と呼びます．2つ目の働きは，バー・アンテナで捉えたラジオ電波と局発とを混合して，周波数変換を行うことです．

局発は，常に受信周波数よりも中間周波数ぶんだけ高い周波数を発振する仕組みです．中間周波数は，一般に455 kHzが選ばれています．ラジオの受信周波数範囲を520 k～1620 kHzとすると，局発の発振周波数範囲は，975 k～2075 kHzです．例えば，594 kHzのラジオ放送を受信しているとき，局発は1049 kHzを発振しています．一般的なラジオ受信機では，差のヘテロダインが使われるので，594 kHzのラジオ放送は，455 kHz（＝1049 kHz－594 kHz）に周波数変換されます．このように，周波数変換部の働きは捉えた電波を一定の中間周波数（455 kHz）へ変換するのが大きな役目です．

周波数変換するとともに増幅作用もあるので，トランジスタTr_1は，局発＋周波数変換＋増幅の3つの働きをもっています．したがって，6石スーパーの回路中では，最も高周波特性の優れたトランジスタを使います（周波数変換回路の増幅ゲインを変換ゲインと言い，6石スーパーでは20～30 dBが得られる）．

回路見本②　中間周波増幅回路

図3に示すのは，中間周波増幅回路です．

455 kHzに周波数変換されたラジオ放送の電波は，2段の中間周波アンプで十分に増幅されます．トランジスタTr_2とTr_3が中間周波増幅です．中間周波増幅部分で約50 dB，電力で言えば約10万倍（電圧では300倍くらい）増幅するように設計されています．

中間周波増幅部では，増幅と同時に他のラジオ放送局との混信を防ぐための選択作用も重要な役割です．455 kHzを中心に，AMラジオの受信に必要な約15 kHzの帯域幅をもった増幅回路になっています．さらに，受信電波の強弱によって増幅度を自動的に加減して受信中の音量変化を軽減する自動ゲイン調整（Automatic Gain Control；AGC）機能も大切な役目です．

安定した50 dBの増幅をトランジスタ1個で行うのは困難なので2個使って構成しています．十分な選択度を得るためには複数の中間周波トランスIFT（Intermediate Frequency Transformer）が必要なので，2段増幅するのが合理的です．この回路では，IFTは3つ使われています．

トランジスタにはベース-コレクタ間の接合容量（C_{ob}）があって，その帰還作用のために自己発振する危険性があります．中和回路によってC_{ob}の作用を打ち消すようにして，安定な増幅を行います．中間周波増幅部はラジオの感度と選択度を決める重要な部分です．

回路見本③　検波回路

図4は検波回路と低周波増幅回路です．

検波とは，振幅変調され放送電波に乗って送られてくる音声・音楽信号を取り出す働きです．

検波器からは音声信号のほかに，搬送波の大きさに比例した直流電圧が得られます．直流電圧は自動ゲイン調整に使われます．

6石スーパーでは復調ひずみの少ないダイオード検波回路が使われます．同時に自動ゲイン調整に必要な電波の強さに応じた電圧を取り出す大切な役目をもっています．

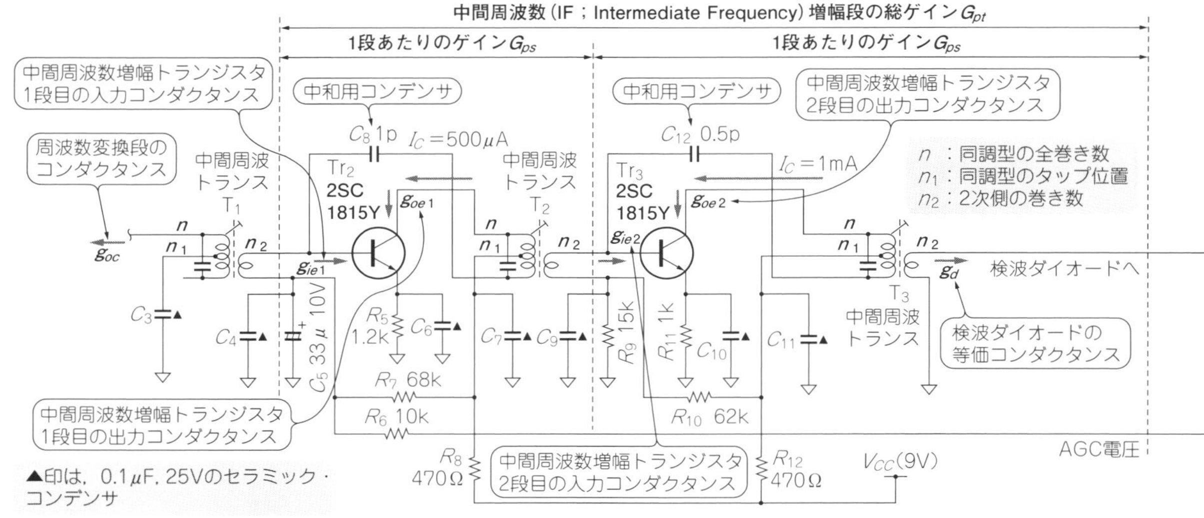

図3　回路見本②…中間周波数(IF)増幅回路
IFは455 kHz

検波回路も1つの独立した重要回路なのですが，素子数のカウントには含めません．これはダイオード検波回路が増幅作用をもたないことにあると思いますが，トランジスタ・ラジオが登場した当時の物品税にも関係しているそうです．物品税は，トランジスタの数が増えると課されていたことから「7石スーパー」とはせずに，「6石」として節税したとのことです．

回路見本④ 低周波増幅回路

検波回路では，放送波から低周波の音声信号を取り出します．取り出された音声信号はわずか数十mVなので，そのままではスピーカを鳴らすことはできません．まずは低周波アンプTr_4によって40 dB(電圧で100倍)くらい増幅します．

検波回路と低周波アンプの間には可変抵抗器による音量調整(ボリューム・コントロール)があって，ラジオの音量が調整できます．

回路見本⑤ 低周波電力増幅回路

図5に低周波電力アンプの回路を示します．

前段の低周波アンプから取り出せる電力はせいぜい10 mW程度です．低周波電力アンプで電力増幅を行ってからスピーカを鳴らします．

トランジスタTr_5とTr_6はB級プッシュプル回路です．B級プッシュプル回路を採用するのは電力効率が高いためです．

トランジスタ・ラジオの電源は，一般に乾電池が使われます．なるべく効率の良い回路にして消費電力(消

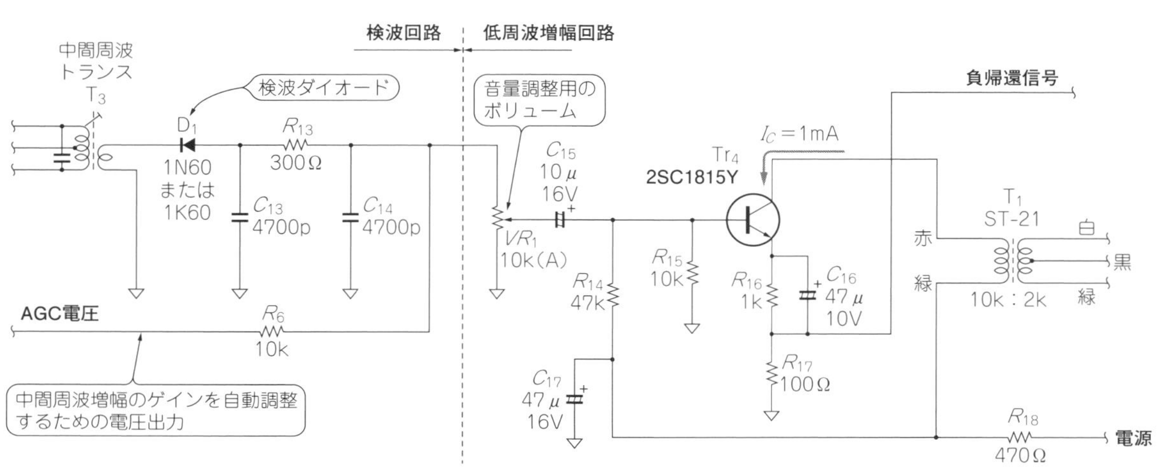

図4　「回路見本③…検波回路」と「回路見本④…低周波増幅回路」

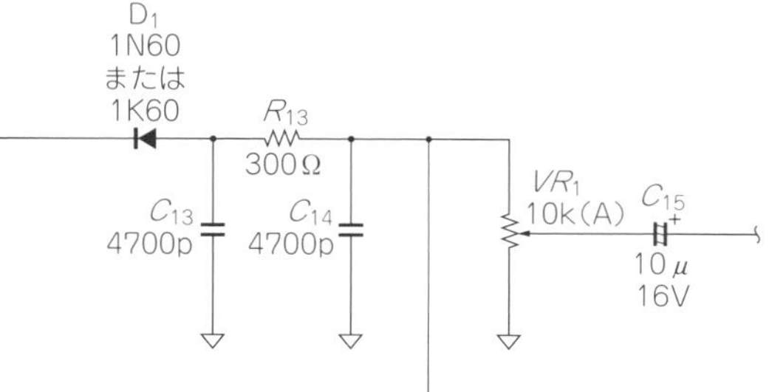

費電流)を抑え，電池寿命が長くなるようにしなくてはなりません．B級アンプは増幅ひずみ率ではいくらか劣りますが，無信号時の消費電流が少なく，大きな信号でも電力効率が良いので，トランジスタ・ラジオには最適です．

B級増幅では，信号の半サイクルぶんしか増幅しないので，トランジスタを2個使ったプッシュプル回路の形式にする必要があります．完全なB級アンプは，無信号時のコレクタ電流はゼロですが，そのような設計ではクロスオーバーひずみが発生するので，トランジスタ1個あたり1m～2mAのわずかなアイドリング電流(無効電流)を流しておきます．

図5の回路では，汎用のトランジスタ(2SC1815Y，東芝)を2個使って約200 mWの最大出力を得ています．200 mWは小さいように感じるかもしれませんが，一般家庭の屋内で聴取するなら十分な音量を出力できます．

私の製作

● あらまし

ブレッドボードを使って6石ラジオを実際に試作してみました．**図6**と**図7**に6石スーパーの回路を示します．

1～2石の簡単なラジオを作るのは簡単ですが，何か少しでも聞こえたらそこでおしまいです．製作の興味を満たせば目的は達成されたと言えますが，性能不十分で実用品にはなりません．

6個のトランジスタを使ったラジオは実用品になる性能があります．完全な調整がなされた6石スーパーの増幅度は120 dB(百万倍)を超えるので，ラジオ局から遠い山間地でもよく聞こえます．

特別な外部アンテナを使わずにどこでも聞くことができます．いまでは既製の家電品ばかりになっていますが，自分なりの個性を加えた手作り家電品が生活の一部に加わったら楽しいでしょう．

ただ部品を組み立てただけの6石ラジオは，複雑なだけに非常に感度が悪いはずです．調整でグングン感度が上がって行くのが体感でき，調整の大切さやよく聞こえるようにしてゆく楽しさも味わえるでしょう．

● ゲルマニウム・タイプとシリコン・タイプ

写真1(p.129)の使用半導体は周波数変換2SA15，中間周波増幅2SA12×2，検波1N34A，低周波増幅2SB75，低周波電力増幅2SB77×2というラインアップです．

ゲルマニウム・トランジスタを使った回路例(**図6**)とシリコン・トランジスタの2SC1815Yを使った回路

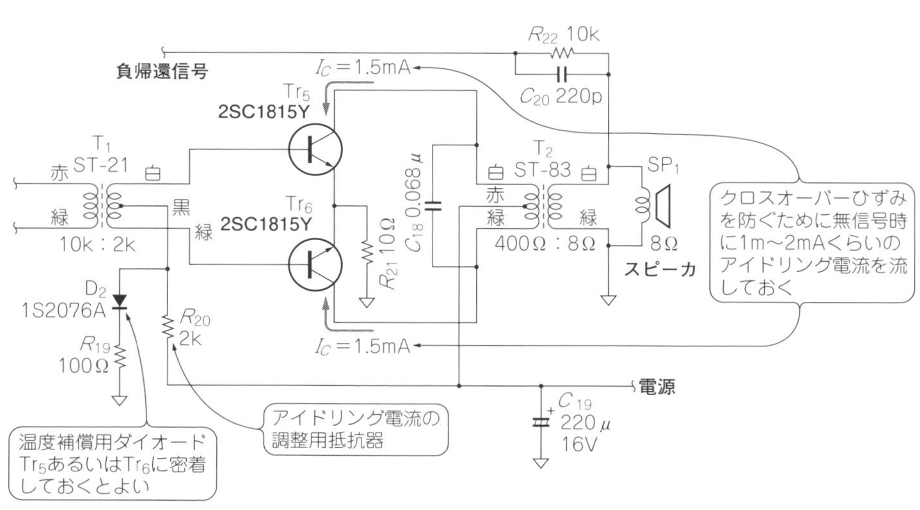

図5　回路見本⑤…低周波電力増幅回路

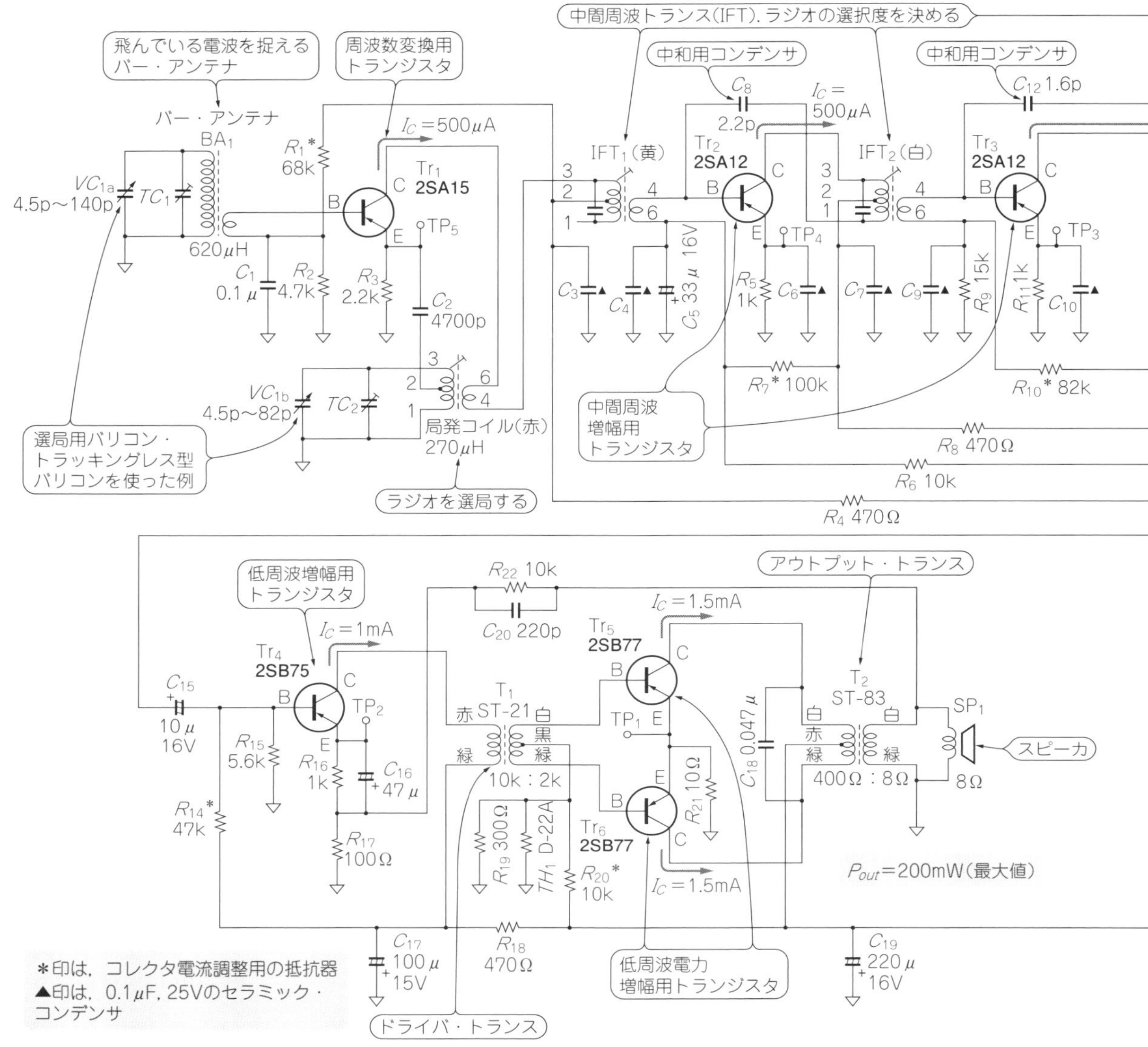

図6 お手本製作…ゲルマニウム・トランジスタを使った6石スーパーヘテロダイン・ラジオ

例(**図7**, pp.126-127)のどちらも, 自作した局発コイルやIFTを使っています. いろいろなトランジスタと挿し換えてようすを見ましたが, VHF帯用のメサ型トランジスタのような, かけ離れた特性の一部トランジスタを除けば, 問題なく代替可能でした. 『トランジスタ規格表(CQ出版社)』を参照して, 例に示されたトランジスタと類似の性能のものならどれでも使えるでしょう.

▶ゲルマニウム・トランジスタ・タイプ製作時の注意点

図6はPNP型トランジスタを使っているので, プラス側がコモン(グラウンド；GND)になっています. 一方, **図7**はNPN型トランジスタを使っているため, マイナス側がコモンです. それに伴って, それぞれ電解コンデンサの極性も逆になりますので気をつけてください.

ゲルマニウム・トランジスタとシリコン・トランジスタでは, ベース-エミッタ間電圧V_{BE}の違いからバイアス回路の設計も異なります.

キー・デバイス…中間周波トランスIFTについて

● 今回製作するもの①…局部発振回路用コイル

今回以下の局発コイルを作りました(**図8**〜**図10**). IFTを入手する方法についてはAppendix 3で紹介していますが, ここでは「IFTきっと」を利用しました.

局発コイルは使用するバリコンと密接な関係があり

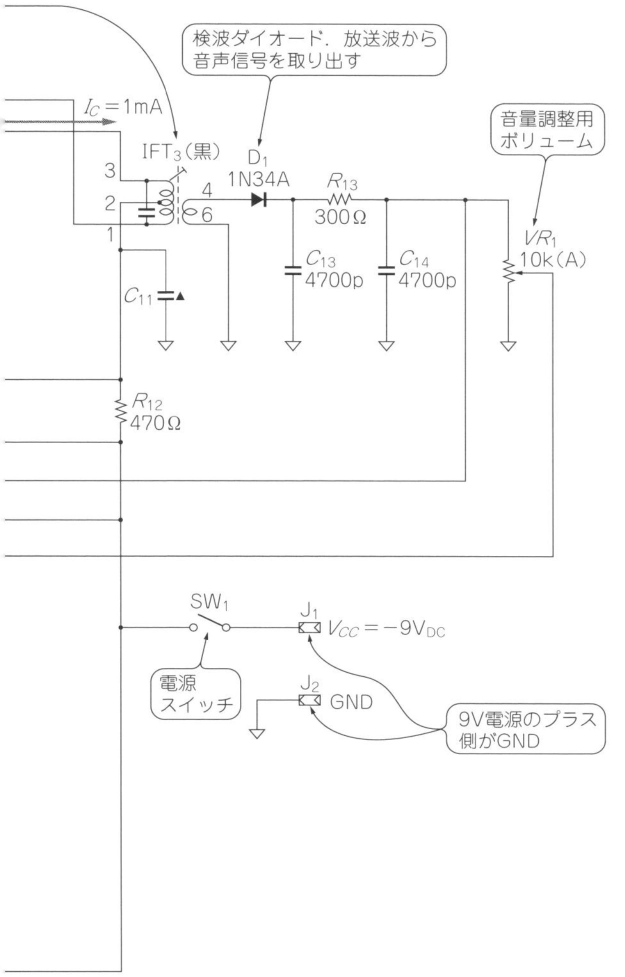

ます．

① 市販では最も ポピュラな 140 pF + 82 pF のトラッキングレス型親子バリコン用
② 275 pF × 2の等容量2連バリコン用
③ 340 pF × 2の等容量2連バリコン用

の3種類です．

同時に使用するバー・アンテナのインダクタンスも示してあります．おのおの適合するものを組み合わせて使います．

等容量2連バリコンを使うときは，局発コイル側のバリコンと直列にパッディング・コンデンサ(padder)を入れる必要があります．

図8でバリコン記号の右下にある「+ 11 pF」などの数値は，ラジオに組み立てた際に想定している浮遊容量の値です．

実際の浮遊容量 + トリマ・コンデンサ(TC)の最大値の合計がそれより小さくて不足するようなときは，固定コンデンサを付加して補う必要があります．そうしないと，トラッキング調整がうまくできません．

型番：Lo-OSC-A
コア：赤色
バリコン ③ 88 エミッタ ② 4 GND ①
④ IFT 巻き数 12 ⑥ コレクタ
①-③ L＝270μH

(a) 局部発振器用コイルの巻き数

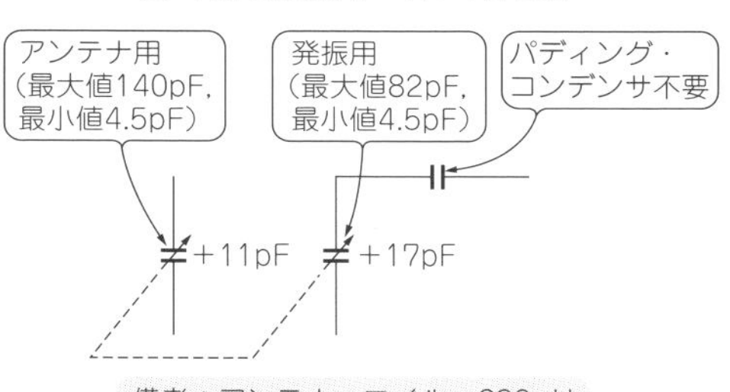

(b) バリコン周辺の定数調整

図8　図2のⒶに示すエミッタ帰還型発振回路の局部発振用コイル(BCバンド：520 k～1620 kHz)**その①…トラッキングレス・バリコン用**
IF周波数455 kHzで設計．巻き線は φ 0.08 mm UEW線を使用．「IFTきっと」の部材を使用

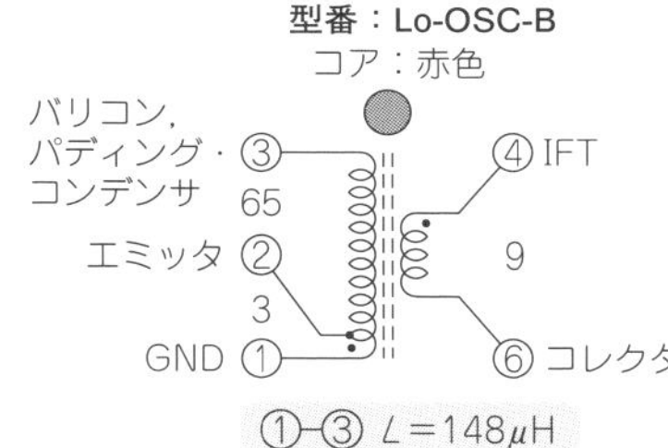

(a) 局部発振器用コイルの巻き数

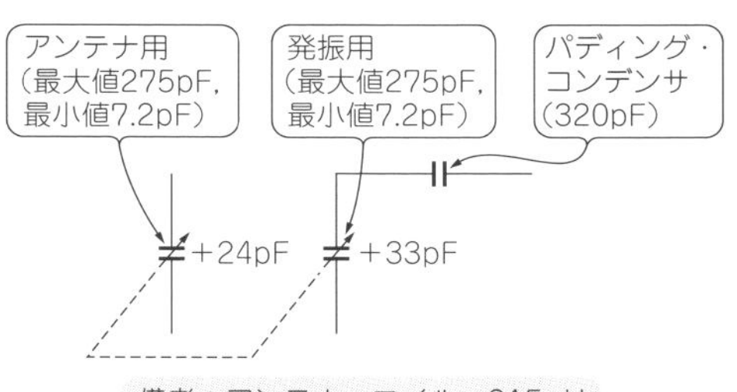

(b) バリコン周辺の定数調整

図9　図2のⒶに示すエミッタ帰還型発振回路の局部発振用コイル(BCバンド：520 k～1620 kHz)**その②…等容量バリコン用**(最大値275 pF × 2)
IF周波数455 kHzで設計．巻き線は φ 0.08 mm UEW線を使用．「IFTきっと」の部材を使用

トランジスタ・ラジオのようにコンパクトに製作された回路では浮遊容量が10 pF以内になるのも珍しく

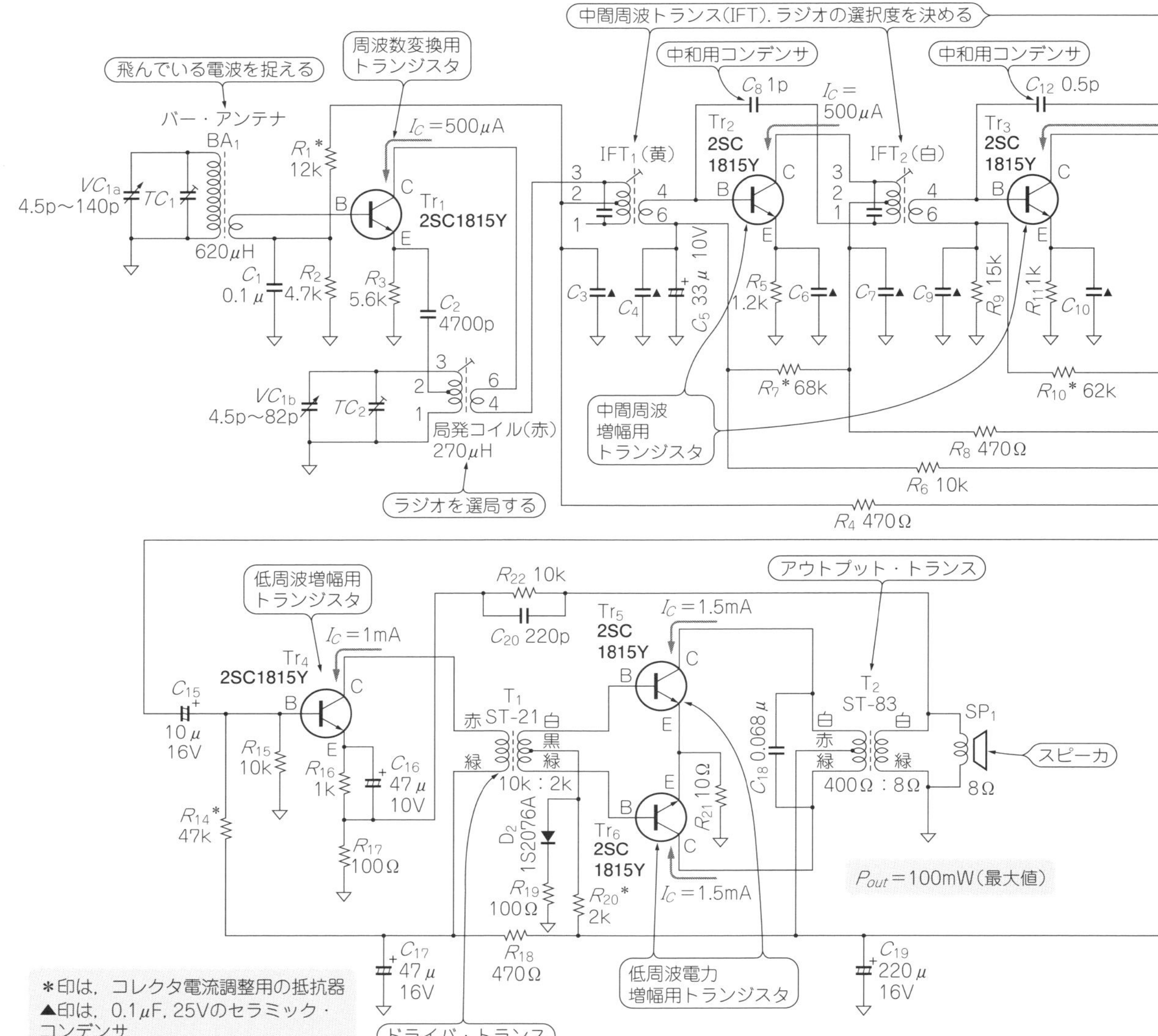

図7　お手本製作…トランジスタを使った6石スーパーヘテロダイン・ラジオ
トランジスタは，すべて2SC1815Yまたは2SC2458Yを使う

ありませんから，あらかじめ大きめな容量のトリマ・コンデンサを使うか，追加のコンデンサを付ける必要があるようです．

● 今回製作するもの②…455 kHzで共振する中間周波増幅用IFT

AMラジオのIFTの同調周波数は455 kHzです．

コイルを共振させるためのコンデンサ，同調容量C_Tとしては100 p～300 pFあたりの大きさを使います．これは共振インピーダンス，トランジスタの出力容量(数～10 pFくらいある)の大きさなどから，合理的な容量範囲があるからです．

C_T = 100 p～300 pFとした場合，IFTのインダクタンスは400 μ～1.2 mHくらい必要です．

無負荷Q(Q_U)の大きさは選択度と回路の増幅度に関係し，455 kHzにてQ_U = 100前後が必要です．

利用したIFTきっとはもともと455 kHzのIFTを想定した素材らしく，6石スーパーに適したIFTが作りやすいようになっていました．

ここでは，同調容量として220 pFを想定した設計で進めることにします．また，実装時の浮遊容量として10 pFを見込みました．IFTは230 pFで455 kHzに同調するように巻くことにします．インダクタンスとしては約530 μHなので，**図11**の巻き数対インダクタンスのグラフから求めて131回巻くことになります．このくらいなら，手巻きでも作れます．

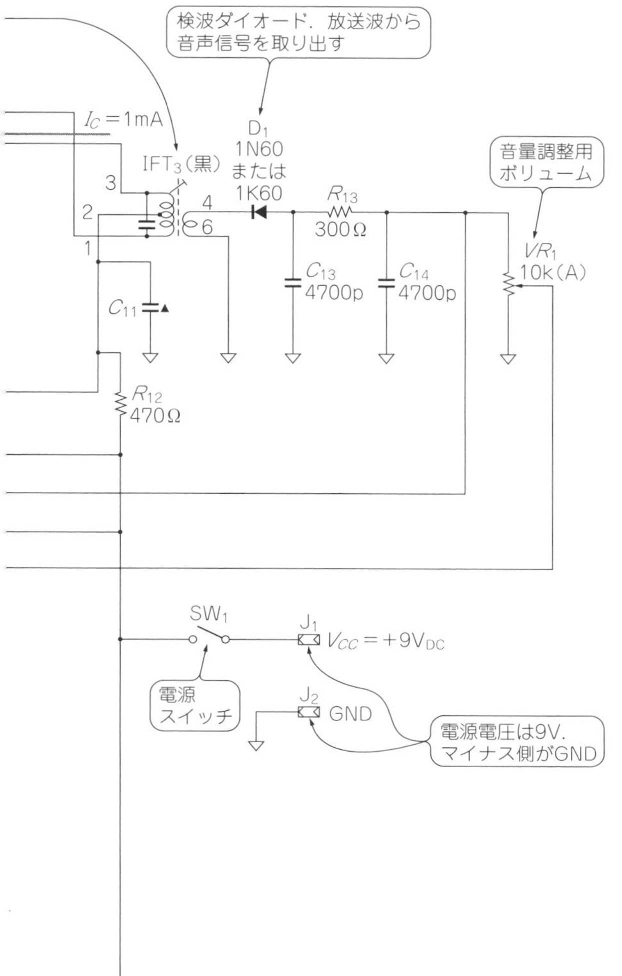

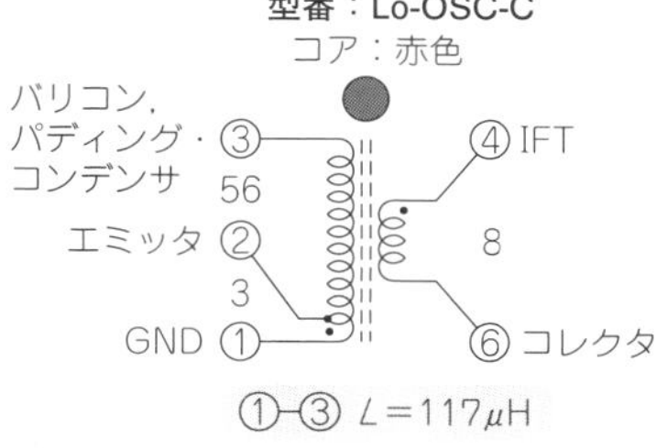

（a）局部発振器用コイルの巻き数

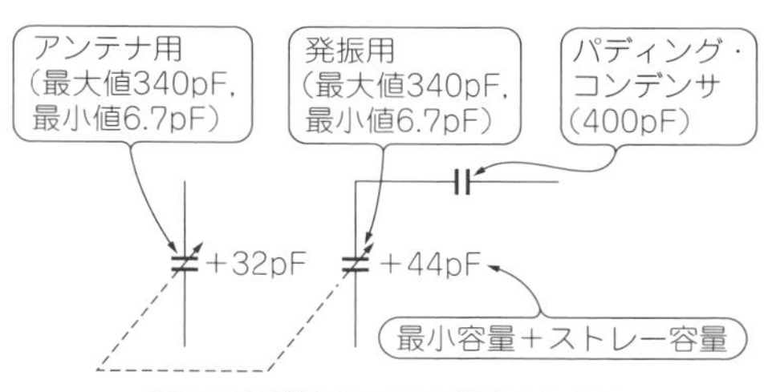

（b）バリコン周辺の定数調整

図10　図2のⒶに示すエミッタ帰還型発振回路の局部発振用コイル（BCバンド：520 k～1620 kHz）**その③…等容量バリコン用**（最大値340 pF × 2）

IF周波数455 kHzで設計．巻き線はφ 0.08 mm UEW線を使用．「IFTきっと」の部材を使用

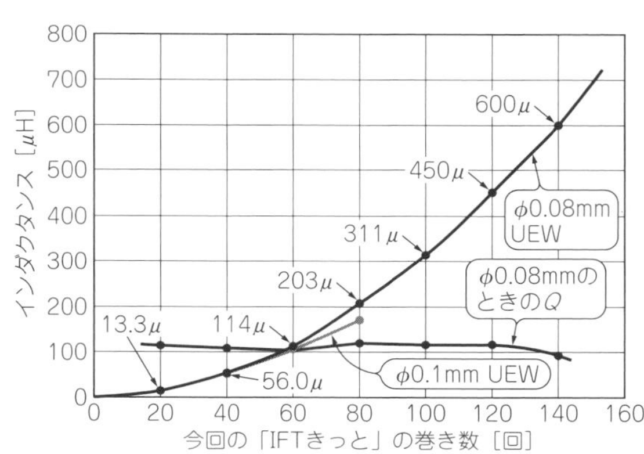

図11　巻き数とインダクタンスの関係はグラフ化しておく

● 代表的なトランジスタ用のIFT製作データ

IFTの最適設計値は組み合わせるトランジスタによって変わります．代表的なデバイスを4種類に想定して設計してみました．コイルの製作にあたって，具体的に欲しい情報は，各IFTの巻き回数と何回目から引き出すかというタップの位置です．

図12にIFTの製作データを示します．各IFTの1次側巻き線の回数およびタップの位置，2次側巻き線の回数を一覧にまとめました．黒い丸で示したピン番号が巻き始めの位置です．また，2次側の巻き線(少ない回数の巻き線側)を最初に巻いて中心部分にくるようにします．これは，2次側をつづみ型コアに密着させて，少ない巻き数の2次側が1次側巻き線と密に磁気結合するようにしたいからです．

端子①の部分にC_N：xxpFと記してある容量値は，ラジオの回路図に示した中和コンデンサの値です．具体的には**図12**でC_8あるいはC_{12}となっているコンデンサがC_Nに相当します．例えば，2SA12や2SA53などのゲルマニウム・トランジスタはコレクタ-ベース間容量C_{ob}が大きいので，発振防止のために必ず中和コンデンサを入れます．厳密にはトランジスタの種類ごとに最適値があって調整を要します．この値が0.5 pFのようにごく小さいときは付けなくても大丈夫です．

同じく，端子①のところに数百kΩの抵抗値が書いてあります．これは設計上，端子①と③の間に並列に挿入すべき抵抗器の数値です．共振インピーダンスを下げて所定の設計ゲインになるように調整するためと，選択度が所定のとおりになるように負荷Qを下げるた

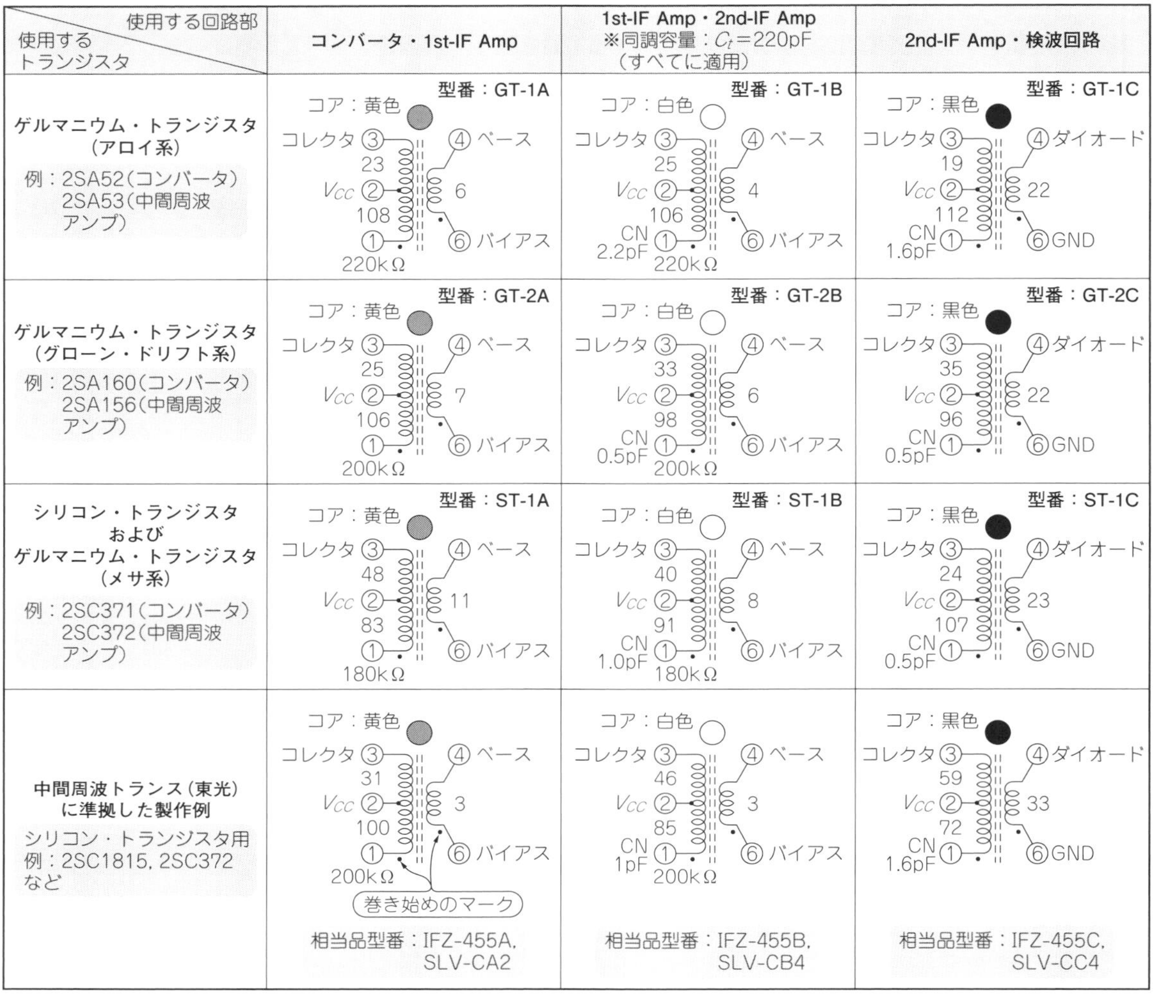

使用するトランジスタ ＼ 使用する回路部	コンバータ・1st-IF Amp	1st-IF Amp・2nd-IF Amp ※同調容量：C_t=220pF （すべてに適用）	2nd-IF Amp・検波回路
ゲルマニウム・トランジスタ （アロイ系） 例：2SA52（コンバータ） 2SA53（中間周波アンプ）	型番：GT-1A コア：黄色 コレクタ③ ④ベース 23 V_{CC}② 6 108 ① ⑥バイアス 200kΩ	型番：GT-1B コア：白色 コレクタ③ ④ベース 25 V_{CC}② 4 106 CN 2.2pF ① ⑥バイアス 220kΩ	型番：GT-1C コア：黒色 コレクタ③ ④ダイオード 19 V_{CC}② 22 112 CN 1.6pF ① ⑥GND
ゲルマニウム・トランジスタ （グローン・ドリフト系） 例：2SA160（コンバータ） 2SA156（中間周波アンプ）	型番：GT-2A コア：黄色 コレクタ③ ④ベース 25 V_{CC}② 7 106 ① ⑥バイアス 200kΩ	型番：GT-2B コア：白色 コレクタ③ ④ベース 33 V_{CC}② 6 98 CN 0.5pF ① ⑥バイアス 200kΩ	型番：GT-2C コア：黒色 コレクタ③ ④ダイオード 35 V_{CC}② 22 96 CN 0.5pF ① ⑥GND
シリコン・トランジスタ および ゲルマニウム・トランジスタ （メサ系） 例：2SC371（コンバータ） 2SC372（中間周波アンプ）	型番：ST-1A コア：黄色 コレクタ③ ④ベース 48 V_{CC}② 11 83 ① ⑥バイアス 180kΩ	型番：ST-1B コア：白色 コレクタ③ ④ベース 40 V_{CC}② 8 91 CN 1.0pF ① ⑥バイアス 180kΩ	型番：ST-1C コア：黒色 コレクタ③ ④ダイオード 24 V_{CC}② 23 107 CN 0.5pF ① ⑥GND
中間周波トランス（東光） に準拠した製作例 シリコン・トランジスタ用 例：2SC1815，2SC372 など	コア：黄色 コレクタ③ ④ベース 31 V_{CC}② 3 100 ① ⑥バイアス 200kΩ （巻き始めのマーク） 相当品型番：IFZ-455A， SLV-CA2	コア：白色 コレクタ③ ④ベース 46 V_{CC}② 3 85 CN 1pF ① ⑥バイアス 200kΩ 相当品型番：IFZ-455B， SLV-CB4	コア：黒色 コレクタ③ ④ダイオード 59 V_{CC}② 33 72 CN 1.6pF ① ⑥GND 相当品型番：IFZ-455C， SLV-CC4

図12　トランジスタ・ラジオの中間周波数トランスの製作データ一覧
巻き線はϕ 0.08 mmUEW使用
- 備考(1)：「IFTきっと」のコア材は透磁率μが大きくQも高めのものを使用．選択度がやや良くなり，ゲインも上昇する．支障がある場合は，初段用（黄色）および2段目（白色）の1番ピンと3番ピンの間にダンピング抵抗（200 kΩ程度）を並列に入れることで対策できる
- 備考(2)：中和を行う場合，IFアンプに2SC1815(Y)を使うとすれば，IFアンプ初段はIFT2（白色）のCN端子とトランジスタのベース・ピンの間に1.0 pFを，2段目はIFT（黒色）のCN端子とトランジスタのベース・ピンの間に1.6 pFを入れる．2SC372，2SC945なども同様

めの抵抗です．実際に作ってみると，この抵抗は必ずしも必要ないことも多いようですが，発振防止の意味からも付けておくと安心です．

● 同等のメーカ既製品

図12は市販の既製品の同等品を作るためのデータでもあります．

既製品にはIFZ-455A，IFZ-455B，IFZ-455Cのシリーズ（東光製）と，SLV-CA2，SLV-CB4，SLV-CC4のシリーズ（メーカ不詳）がポピュラです．両シリーズはほぼ同等品です．これとおおむね同等になるように設計してみました．ただし，既製品では同調容量C_TがIFTの底部に内蔵されています．

IFTの底部に内蔵できるような小さな形状のコンデンサは入手できないため，製作した各IFTは端子1と端子3の間に220 pFのコンデンサを外付けして使います．メーカ製のIFTを使うのが前提の手作りラジオの回路図では，コンデンサを外付けするように書いてありませんが，作ったIFTでは付け忘れると使いものになりません．使用する220 pFのコンデンサは温度特性の良いCH特性のセラミック・コンデンサを使います．

● IFT製作データを用いた設計例

設計で想定したデバイス（トランジスタ）とその設計例を次に示します．

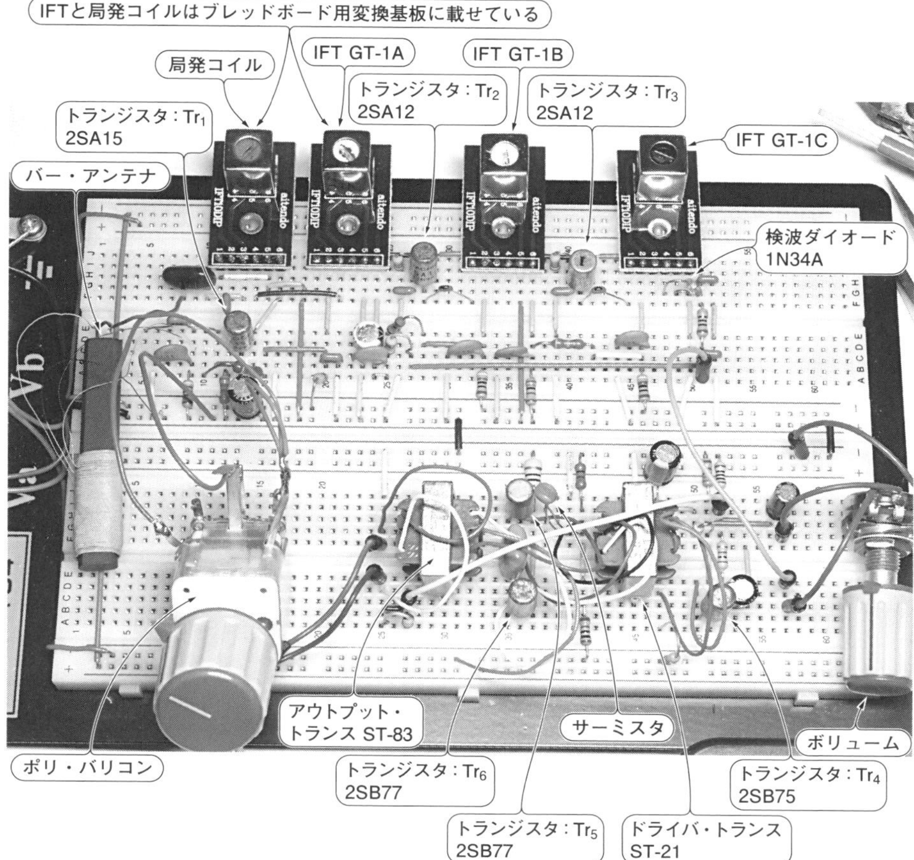

写真1　回路見本を組み合わせて実際に作った6石スーパーヘテロダイン・ラジオ
だいたいこのようなレイアウトでブレッドボードに部品を配置し手早くスッキリ配線した

▶シリコン・トランジスタ用

シリコン・トランジスタ用として設計したものです．2SC1815，2SC2458，2SC945など小信号の汎用(はんよう)トランジスタを使う想定です．これらのトランジスタは上記のいずれよりも高性能なのでゲインが過剰になりやすく，安定な増幅ができることをポイントに置いています．

型名はST-1A，ST-1B，ST-1Cとします．各コイルは端子1と端子3の間に220 pFのコンデンサを外付けして使います．

▶ゲルマニウム・ドリフト型のトランジスタ用

後述のアロイ型よりもやや性能が良くなった世代のトランジスタ用です．こうした世代のトランジスタも手に入るので最適設計しておきました．

型名はGT-2A，GT-2B，GT-2Cとします．各コイルは端子1と端子3の間に220 pFのコンデンサを外付けして使います．

▶ゲルマニウム・アロイ型トランジスタ用

大変古い形式のトランジスタです．お店の古い在庫品を発掘して製作を楽しむ人もいるようなので，最適設計しました．

型名はGT-1A(初段)，GT-1B(中間)，GT-1C(終段)としておきました．各コイルは端子1と端子3の間に220 pFのコンデンサを外付けして使います．

製作した後で調整が必要になるパラメータについて

● その1：バイアス電流

各トランジスタのコレクタ電流を確認します．

バリコンを放送のない位置へ回し，放送を受信していない状態でコレクタ電流を測定してください．回路図に書いてある電流値の±30 %以内なら調整の必要はありません．

トランジスタの種類が異なり，あるいは同種のトランジスタでもh_{FE}ランクが異なると，予定の範囲に入らないことがあります．そのときは回路図に＊で示した抵抗を加減して，範囲に入るように調整します．

コレクタ電流の確認方法ですが，回路の途中を切らずに求めることもできます．エミッタとグラウンド間に入っている抵抗の両端の電圧から知ることができます．コレクタ電流とエミッタ電流はおおよそ同じです．エミッタとグラウンドの間に入っている抵抗器が1 kΩで，グラウンドからの電圧が0.8 Vなら，流れているエミッタ電流は800 μA（= 0.8 V/1 kΩ）です．コレクタ電流は，その値からベース電流を差し引いた大きさです．仮に，h_{FE} = 100とすればベース電流は8 μAくらいなので，コレクタ電流は計算上792 μAくらいになるでしょう．したがって，コレクタ電流も約800 μAと思って大きな違いではありません．

● その2：中間周波数

各部の電流が予定の範囲に入ったら各コイルの調整を行います．

▶（1）中間周波トランス（IFT）の調整

自作したIFTは*LCR*メータなどを使い，あらかじめインダクタンスを合わせておくとラジオの調整が容易になります．いずれのIFTもインダクタンスの設計値は530 μHです．IFTの端子①と③の間で測定し，ねじコアを回転して合わせておきます．

ラジオ回路に組み込んだら，信号発生器を使って各IFTの同調調整を行ってください．信号発生器から変調を掛けた455 kHzを，周波数変換回路のトランジスタTr_1のベースに加えます．このときバリコンは低い周波数側に回し切っておきます．音量が最大になるよう，3つあるIFTを調整します．調整に従いよく聞こえるようになってきますので，信号発生器の出力を徐々に下げていき，なるべく小さめにすると正確な調整ができます．

▶（2）受信範囲調整

信号発生器の出力ケーブルの先端に，直径5 cm程度で5回巻きくらいの結合コイルを付けておきます．これは調整用の応急的なものなので，適当な電線で作れば十分です．

まずは，局発コイルと，コイルに並列になっているトリマ・コンデンサTC_2で受信範囲の調整を行います．受信範囲は520 k～1620 kHzです．

（a）バリコンを低い周波数のほうへ回し切ります．信号発生器から520 kHzを発生し，結合コイルをバー・アンテナに結合させておきます．局発コイル（OSC Coil）のコアを調整して，520 kHzが受信できるように合わせます．

（b）バリコンを高い周波数側に回し切ります．信号発生器の周波数を1620 kHzにします．ここで局発コイルと並列になっているトリマ・コンデンサTC2の方を調整して，1620 kHzが受信できるようにします．

局発コイルのコアとトリマ・コンデンサTC_2は相互に影響があるので，上記の（a）と（b）の調整は数回繰り返してください．トリマ・コンデンサTC_2の調整で終了するのがコツです．バリコンを低いほうへ回し切ったときに520 kHzが受信でき，高いほうへ回し切ったときに1620 kHzが受信できるようになっていれば，受信周波数範囲の調整は終了です．

▶（3）アンテナ・コイルのトラッキング調整

（a）信号発生器から550 kHzを発生させます．結合コイルをバー・アンテナの軸方向に少し離した場所に固定してゆるく結合させます．

ラジオのダイヤルを回して信号発生器の信号がよく聞こえる位置に合わせます．この状態でバー・アンテナの上の巻き線がしてあるボビンをスライドして，一番よく聞こえる位置にします．

（b）信号発生器から1300 kHzを発生させます．ラジオのダイヤルを回して信号発生器の信号がよく聞こえる位置に合わせます．この状態で，バー・アンテナと並列になっているトリマ・コンデンサTC_1を調整して，一番よく聞こえるように調整します．

（c）上記の（a）と（b）を数回繰り返します．550 kHzで感度が良くなるアンテナ・コイルの位置と，1300 kHzで感度の良くなるトリマ・コンデンサTC_1の位置に変化がなくなったら，トラッキング調整は終了です．必ずトリマ・コンデンサTC_1の調整で終了するようにします．

調整中に誤って局発コイルやトリマ・コンデンサTC_2に手をつけてしまった場合は，受信周波数範囲の調整からやり直す必要があるので気を付けてください．IFTの同調も途中で再調整してしまったなら，最初からやり直しになります．

以上で少々簡易な方法ですが，トラッキング調整ができました．きちんと調整された6石スーパーはとても高感度で分離も良く，放送局から遠いところでもよく聞こえることがわかるでしょう．夜間ともなれば遠く離れた他地方のラジオ放送も聞こえてきます．

＊

信号発生器がない場合は完全な調整はできませんが，概略の（大まかな）調整は可能です．実際のラジオ放送を受信しながら，周波数が低い放送局と高い放送局を使って，同じ手順で調整します．

◆参考・引用＊文献◆

（1）久保 大次郎；高周波回路の設計，1971年5月，CQ出版社．
（2）丹羽 一夫；トランジスターラジオ実践製作ガイド，2008年10月，誠文堂新光社．
（3）東光市販品カタログ，1975年3月，東光．
（4）最新トランジスタ規格表 1988版，1988年6月，CQ出版社．
（5）東芝半導体ハンドブック，1975年版，東芝．
（6）NEC Electronics DATA BOOK，1962年版，NEC．

Appendix 3

コイルがつかめたらしめたもの

ラジオ回路でとても重要なトランスのこと

加藤 高広

ラジオ回路のキー・デバイスになる局部発振(局発)コイルや中間周波トランスIFT(Intermediate Frequency Toransformer)は，入手が難しくなってきています．今回の製作ではキット(IFTきっと，aitendo)を入手して自作しました．手作りのコイル/トランスを使っても，市販品を使ったときと同じように6石ラジオをうまく動作できました．

ラジオとキー・デバイスIFTの基礎知識

● ラジオ回路には中間周波トランスIFTが必要

6石スーパーは，コイルやトランスといったインダクタンス部品をたくさん使っています．**写真1**に示すのは6石スーパーに使ったコイルとトランスです．

一番左のバー・アンテナ・コイルは，トランジスタ・ラジオ作りの定番部品です．その右の金属の箱に入ったものが局発用コイルとIFT(3個)です．

写真の右側にあって，リード線が引き出されているものは低周波増幅回路で使うドライバ・トランスと電力増幅回路用のアウトプット・トランスです．写真のコイル類は，6石スーパーには不可欠な部品なのですが，現在手に入る種類は限られています．

● IFTは入手が難しい

写真1のバー・アンテナ・コイルは，数種類の市販品があります．しかし，フェライト・コア材が手に入りやすいので，手作りすることも可能な電子部品です．

低周波増幅回路用の小型トランスは，いまのところ安定して供給されています．もし入手できなくても，低周波トランスを使わない(ITL-OTL方式)回路を作ると置き換えることができます．トランジスタを使う数が増えるだけで済みます．

本当に入手が難しいのはIFTです．現在，ある程度規格がわかっている市販品は1種類だけです．販売店の情報では韓国製の輸入品とのことですが，供給に不安があるようです．

ラジオ製作を含めて電子回路は，部品がなくなれば作れないので，何とか解決しなければなりません．

● 市販のIFTについて

市販のIFTは，さまざまな汎用回路で使えるように，高性能と言うよりも，自己発振などを起こさない無難

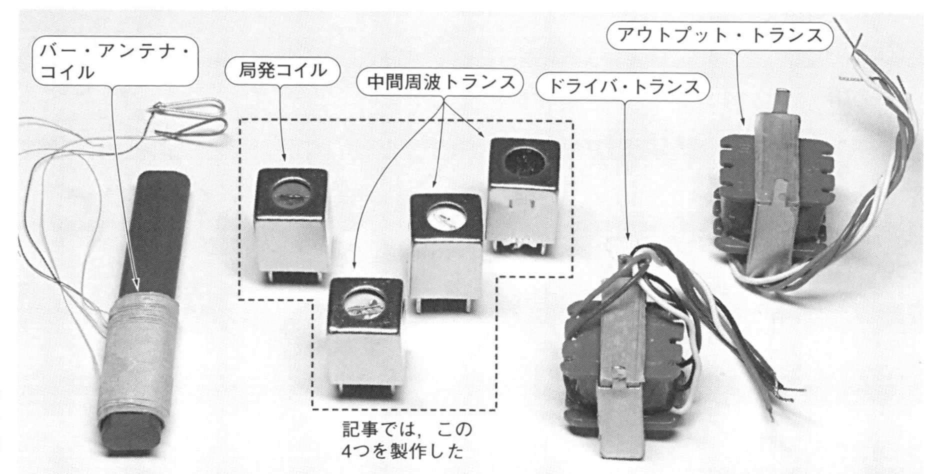

写真1 6石フルディスクリートAMラジオ(第11章)用に用意したコイルとトランス

写真2　IFTを自作できるキット
IFTきっと(aitendo)．455 kHzの中間周波トランスや，中波ラジオの局発コイルの製作に適した部材やキットがあれば自分で作りやすい

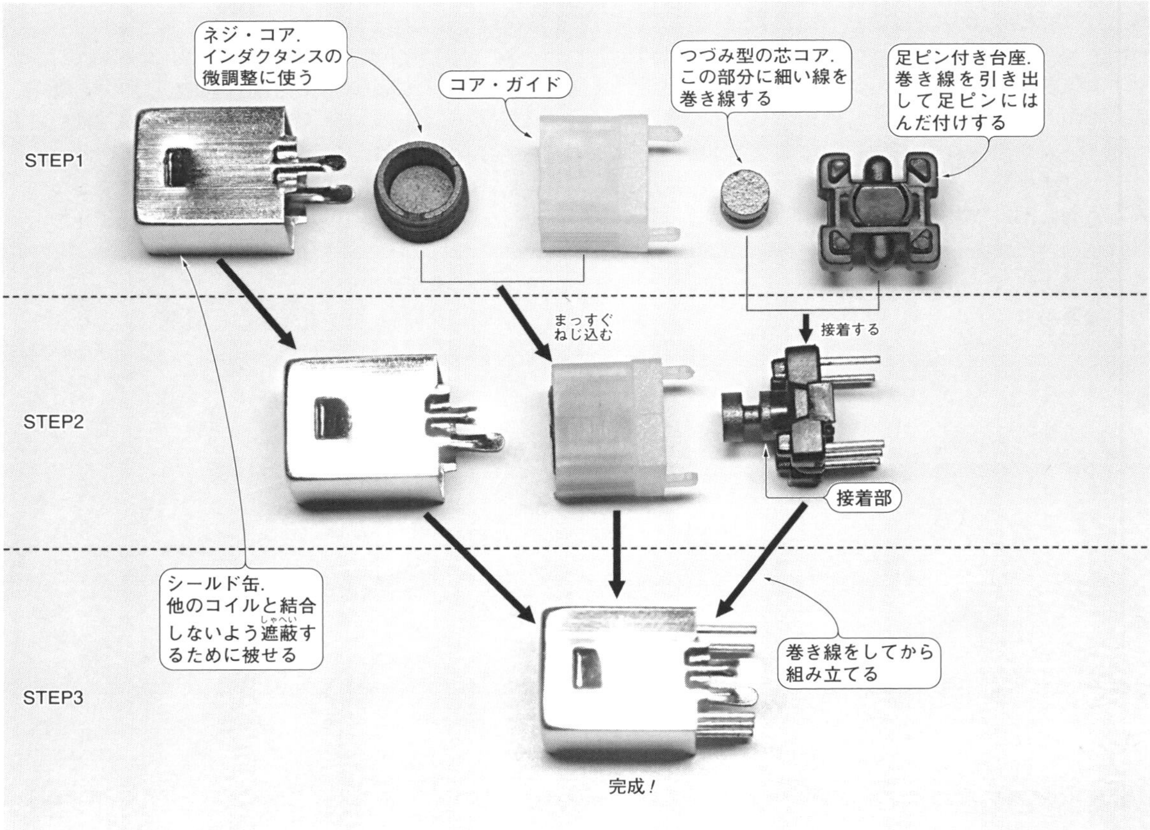

STEP1
ネジ・コア．インダクタンスの微調整に使う
コア・ガイド
つづみ型の芯コア．この部分に細い線を巻き線する
足ピン付き台座．巻き線を引き出して足ピンにはんだ付けする
STEP2
まっすぐねじ込む
接着する
接着部
STEP3
シールド缶．他のコイルと結合しないよう遮蔽(しゃへい)するために被せる
巻き線をしてから組み立てる
完成！

写真3　IFTの自作のステップ(巻き線は除く)
IFTなどのコイルを製作するためには写真に示す5種類の部品のほかに接着剤，細い巻き線，はんだが必要

写真4　製作に失敗した例
つづみ型コアと台座の接着に使用したエポキシ系接着剤が多すぎてはみ出してしまった．ネジ・コアを絞めて行くと，巻き線がコアに挟まれて断線した

な設計になっています．

古いゲルマニウム・トランジスタと現代のシリコン・トランジスタでは，デバイスとしての性能が大きく異なります．おのずと回路設計にも違いがあって，IFTの設計も異なります．市販品では選択肢はありませんでしたが，IFTを自作すると，使用するトランジスタの性能に合わせることができます．

● IFTを自作するためのキットについて

IFTは既製品を使うしかなかったのですが，製作に必要な部品が一式そろった**写真2**のような「IFTきっと(aitendo)」が100円程度の価格で販売されています(執筆時点)．継続的に供給されるかは不明ですが，キットを使うとIFTの自作が手軽にできます．

IFTきっとは，6石スーパーの製作に必要な3個のIFTと局発コイルが作れるように，合計でコイル4セットぶんの部品がそろっています．

こういうキットがあれば，少量の巻き線を別途用意するだけで，6石スーパーの製作に必須なコイルとトランスを自分で巻いて作れます．

IFTの作り方

● ［STEP1］巻き線の土台を作る

IFTの自作手順を，IFTきっとを例に紹介します(**写真3**)．5個のパーツを順に組み立てます．

電線の巻き芯の部分になるつづみ型コアは台座に接着します．使う接着剤は2液性のエポキシ系がおすすめです．私は「アラルダイト・ラピッドAR-R30」という30分硬化型を使いましたが，1液性でジェル状の瞬間接着剤もよいと思います．

コツは，なるべく少ない分量の接着剤を使い，接着

写真5　ネジ・コアは塗装して識別しやすくしておく
電気的な性能とは関係ないが，コアの色分けをしておくと回路のどの部分に使うのか一目でわかるようになる．今回は，ホビー用のエナメル・ペイントを使った

面からはみ出さないようにすることです．過剰な接着剤は，断線の原因になります(**写真4**)．

外側にねじが切ってあります．頭部に溝があるカップ状の部品が調整用コアで，IFTを巻いてから標準周波数の455 kHzに同調するときに使います．

市販のIFTは，局発コイルが赤色，IFTの初段用が黄色，中間段用が白色，検波段用が黒色のように，コアの頭部が着色されていて，一目で回路のどの部分に使うのかわかるようになっています．もともと日本工業規格(JIS)で決まっていたようで，今でもそれに従った製品が大多数売られています．この色分けは覚えておいて損はありません．

自分で作る際にも同じように着色しておけば間違いが防げますが，電気的な性能に影響はないので，コアの着色は必須ではありません．ここでは**写真5**のようにペイントしてみました．

● ［STEP2］コイルを巻く

▶(1)　巻き線に使う電線を選ぶ

ポリウレタン被覆電線(UEW線やウレメット線と呼ぶ)を必ず使います．ここで使用した巻き線は直径0.08 mmという細いものです．これ以上太い線では巻き数が制限されるので，必要なインダクタンスが得られませんでした．

実際に，0.1 mmの線では70回巻くのが精いっぱいで，455 kHzのIFT用にはインダクタンスが足りません．より細い，直径0.06～0.08 mmの巻き線を使いましょう．細い電線の調達については稿末のコラム2を参照してください．本稿の設計例とピッタリ同じIFTを作る場合は，0.08 mmの線を使います．

▶(2)　絶縁被覆を剥離する

ポリウレタン電線の絶縁被覆の剥離(はくり)は簡単にできます．**写真6**のように，はんだこての先に電線の先端とヤニ入りはんだを同時に当ててやります．このように

基本電子回路　トランジスタ　アナログ回路　測定回路

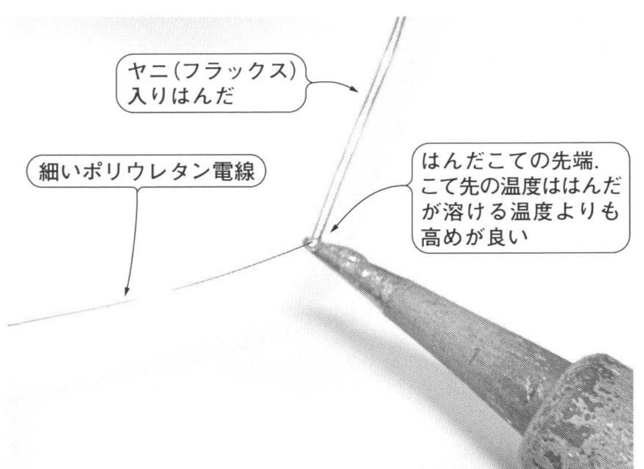

写真6　ポリウレタン電線から被覆を除去する
電線とヤニ入りはんだを同時にこて先にあてて，はんだを少し溶かす要領でやると簡単に被覆が除去できる．同時にはんだでめっきされる

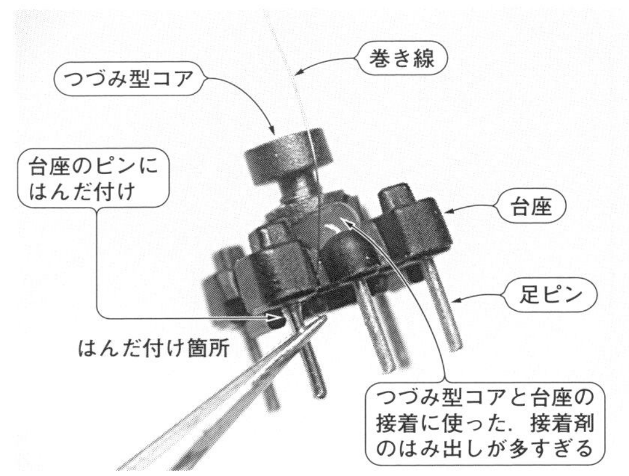

写真7　巻き線をしているところ
被覆を剥離した巻き線の片端を台座のピンにはんだ付けしてから巻き始める

すると電線の先端部分から被覆が除去されていき，はんだでめっきされた状態になります．先端から5 mm程度がはんだでめっきされれば十分です．はんだこてのこて先温度はやや高めがよいです．温度が低いと奇麗に剥離できません．

▶(3)　台座に配線する

電線の先端をはんだめっきしたら，**写真7**のように台座の足ピンに巻きつけてからはんだ付けします．続いて，所定の回数だけつづみ型のコアに巻き線していきます．所定の回数だけ巻けたら，巻き線のおしまいの部分を前と同じようにはんだめっきしてから，台座の所定の足ピンにはんだ付けします．これで巻き線は完了です．

●［STEP3］仕上げる

巻き線が済んだら，**写真8**のように調整用のネジ・コアとコア・ガイド(白い樹脂製のパーツ)を組み合わせます．その後，金属のシールド缶に挿入して**写真9**のように完成させます．どんなIFTなのか識別できるように型名を書いておくとよいです．写真のように前述の用途ごとの色分けに従い，黄色，白色，黒色および局発用の赤色というようにコアに着色しておくのも良いと思います．

写真4に示すのは調整中に断線した例です．これはつづみ型コアを台座に接着する際に，接着剤が多すぎた例です．調整用のネジ・コアを回していったとき，はみ出した接着剤とネジ・コアの間に巻き線が挟まれて断線しました．つづみ型コアとネジ・コアの隙間は

コラム1　コイルの働きがつかめればしめたもの

加藤　高広

自家用に趣味で作った電子機器なら，いくらか外来ノイズに弱いとか，少々ノイズを輻射気味だとは思っても，自身がわかって使えばすむかもしれません．しかし，多くの市販電子機器では予定の機能や性能が実現できただけでは完成品になりません．

外来のノイズに強く，自身も他の電子機器に妨害を与えるような輻射ノイズの発生がないことを十分に検証/確認しなくてはなりません．出荷先の地域や製品の種類によっても異なりますが，各種のノイズ関係の規格が決められていて，それにパスすることが製品として出荷するためには不可欠です．ノイズ対策ができないために出荷がストップする事例は日常茶飯事です．

電子回路のノイズ対策ではバイパス・コンデンサのほかにEMIフィルタ，チョーク・コイルのような巻き線部品も多用されています．これらのノイズ対策部品はいったん回路に付け加えて規格をクリアしてしまうと，その効果は半信半疑でも外すことができなくなります．そうでなくてもコストが厳しい製品開発では，不要な部品はたとえ1つでも省かなくてはなりません．

コイルの働きを知り，どのような性質をもった部品なのかがわかっていれば，ノイズ対策の現場でも大変有利に進めることができるはずです．

ラジオのような高周波回路の経験は，電子機器のノイズ対策の強力な武器になります．

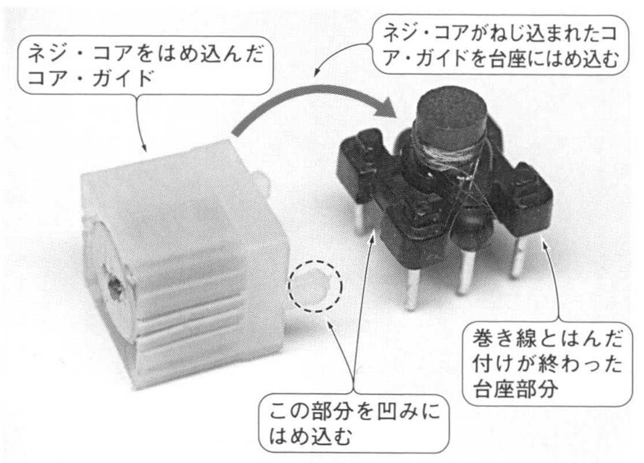

写真8　ネジ・コアがねじ込まれたコア・ガイドと台座を合体する
巻き線が終わったら，ネジ・コア＋コア・ガイドを組み合わせたものと合体させる

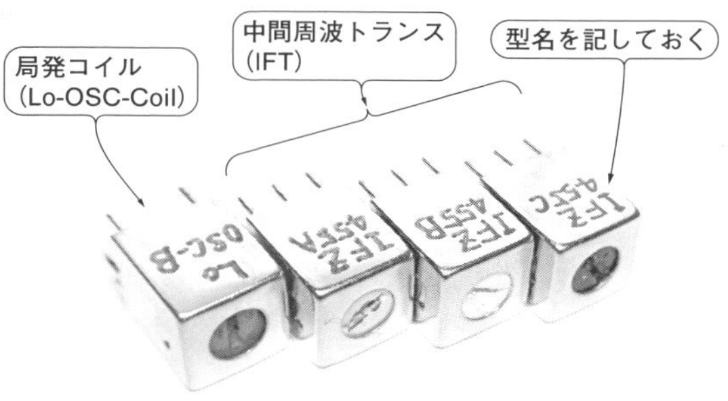

写真9　自作したコイルやトランスには巻き数などを記しておく
巻き線の仕様を後から確認できるように，型名を本体に書いておく

ごくわずかですから，接着剤のはみ出しがよくなかったのです．このようなトラブルはありましたが，問題に気づいて以降は，すべてスムースに製作できました．

IFT自作のコツ…インダクタンス-巻き数関係はグラフ化しておく

IFTきっとに付属している材料で作ったコイルの特性を実測した結果を図1に示します．

巻き回数とインダクタンスおよびコイルの良さQの値を求めてあります．直径0.08 mmの電線をつづみ型コアに巻けるだけいっぱいに巻いてから，10回ずつ解きながら測定して作成したものです．いったんこのようなグラフを作成しておけば，以降は希望のインダクタンスに対応する巻き数をただちに求めることができます．

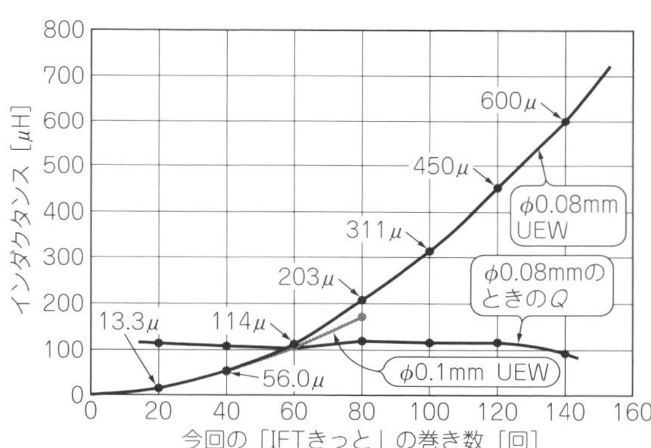

図1　巻き数とインダクタンスの関係はグラフ化しておく
第11章図11再掲

コラム2　IFT製作のために希少なϕ0.08電線を手に入れるには

加藤 高広

● 少しだけほしいならジャンク的利用もあり得る

ごく細い電線も通販で少量から購入できます．以前は数百g～1kgといった単位でしか購入できず，少量の試作には多すぎでした．本文で使っている直径0.08mmのポリウレタン電線も今では少量で入手できます．少量購入は割高ですが20m巻きが400円程度です．それだけあればたくさんコイルが巻けます．

身近なパーツから調達することもできます．**写真A**は小型リレーや，高周波チョーク・コイルを分解した巻き線の例です．新品のリレーはもったいないので，接点が劣化したような不良品も捨てずに利用します．必要なのはごく細い巻き線です．駆動コイルの低格電圧が高めで電流の小さいリレーが狙い目です．

● 現場のテクニック…正体不明の電線の太さの推定方法

巻き線の太さはマイクロメータで測ってもよいのですが，電気抵抗から推定することもできます．電線メーカのカタログを見ると直径0.1mmの電線の抵抗値は2240～2381Ω/km@20℃です．長さ1mあたり2.2～2.3Ωなので，ディジタル・テスタなら読み取り可能でしょう．

写真Aで奥に見える大きなリールは直径0.1mmの電線です．これを1mにカットして測定したら約2.23Ω(25℃)でした．電線の長さ当たりの抵抗値は断面積に反比例します．断面が真円だとした場合は断面積は直径の2乗に比例するので，直径0.08mmの電線の抵抗値は0.1mmの約1.56倍になるはずです．**写真A**で左手前の巻き線を1mにカットして実測したら3.35Ωでした．計算で求めた3.48Ωよりも4%くらい小さいですが，直径0.08mmであろうと推定できます．

● 数Ωの低抵抗を精度よく測れるのがキー・ポイント

抵抗値は，直径の2乗で効きます．つまり，太さによって抵抗値が急変するので，抵抗値の実測による直径の判定は難しくありません．

低抵抗を精度良く測定するのがキー・ポイントで，理想的には**写真B**のような4端子測定用ケーブルを使うのがベストです．

しかし，テスト・リードの抵抗ぶんを差し引く機能が備わっている一般的なディジタル・マルチメータでも十分に判定は可能でした．もし判定しにくければ，長さを増やして比較すればわかりやすくなります．

◆参考文献◆

(1) マグネットワイヤーカタログ，2014年版，日立金属(株).

(2) 細いポリウレタン電線の販売，オヤイデ電気オンラインショップ http://oyaide.com

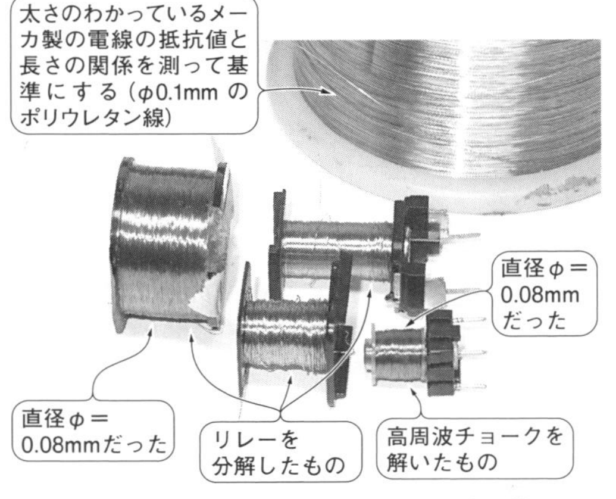

写真A　IFTトランス製作用のϕ0.08mmの巻き線はリレーやチョーク・コイルなどの電子部品から取り出すこともできる
太さのわかっている電線と単に長さ当たりの電気抵抗を比較することで太さの判定ができる

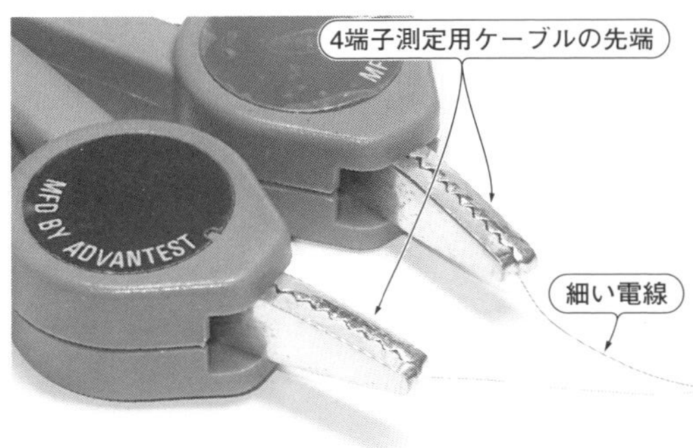

写真B　低抵抗を精度良く測れる4端子法の接続
銅線の電気抵抗は小さいので，精度よく測定するためには4端子測定が可能なディジタル・マルチメータと専用のケーブルを使い，4端子測定法で行うとよい

第12章

基本アナログ回路が豊富に

達人への道 オーディオ回路のツボ

小川 敦

その①…ポータブルAMトランスミッタ

ここで紹介するのは，次の3つのトランジスタ回路です．

- コルピッツ発振回路
- アナログ乗算回路
- ベース電流補償バイアス回路

これら3つのトランジスタ回路を応用したお手本として，振幅変調(AM；Amplitude Modulation)した高周波を生成してアンテナから電波を飛ばす中波帯AMトランスミッタを製作します．回路を**図1**に示します．

回路見本1 コルピッツ発振回路

● 基本回路

図2に示すのは，無線回路によく利用されているコルピッツ型発振回路です．

ベース接地タイプですが，ベース・バイアスは簡略化し，電源に直結しています．トランジスタの動作電流は$(V_{CC}-0.7)/R_1$で，約50 μAに設定してあります．

発振周波数は，コイルのインダクタンスと，C_1とC_2の直列容量値で決まります．直列容量値Cは次式で求まります．

$$C=\frac{C_1 C_2}{C_1+C_2} \quad \cdots\cdots (1)$$

発振周波数fは式(2)で計算できます．

$$f=\frac{1}{2\pi\sqrt{L_1 C}} \quad \cdots\cdots (2)$$

図2の素子の値を代入すると，発振周波数は約1 MHzになります．

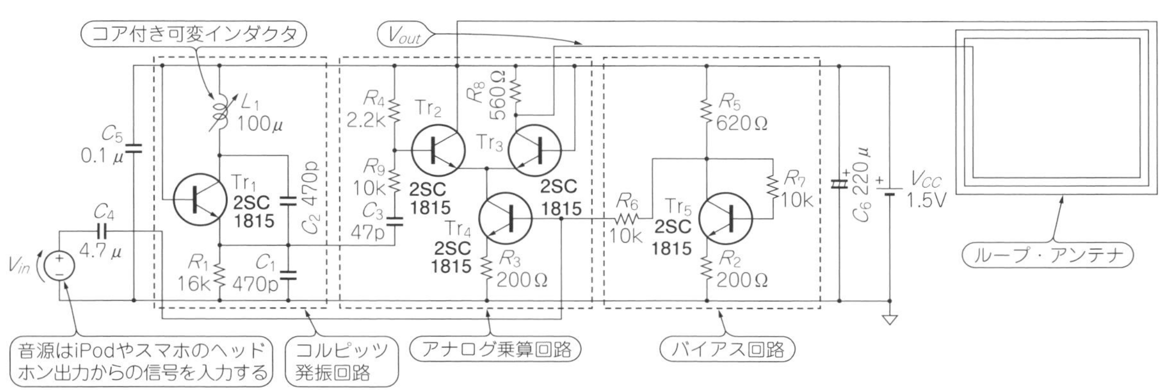

図1 お手本製作…ポータブル中波帯AMトランスミッタ
自分の好きな音楽をAMラジオで聞ける．キットや製作例は少ないが，FMトランスミッタより作りやすい

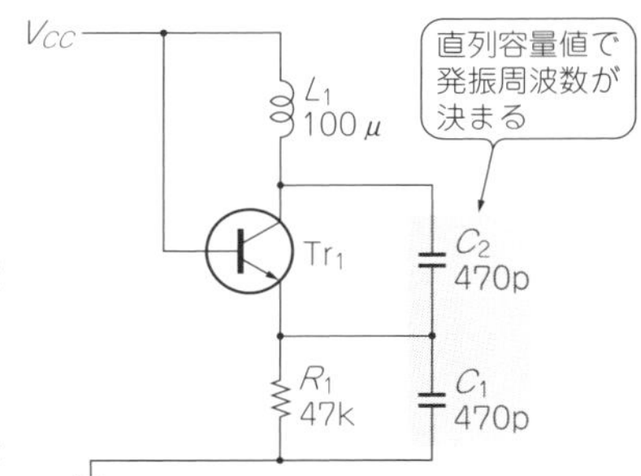

図2 回路見本1…コルピッツ発振回路
数M～数十MHzの高周波用発振器としてよく使われる．この定数で約1 MHzを発振できる

図3 バリキャップを使用したクラップ発振回路で作るVCO
整数倍の周波数を作ったりできるPLLには，電圧制御発振器VCOが必要．バリキャップで可変容量を得る

● 応用1：高周波VCO回路

無線通信機器の局部発振回路には，通常，PLL(Phase-locked Loop)タイプが使用されます．

PLLには，コントロール電圧により周波数が可変できる発振器VCO(Voltage Controlled Oscillator)が必要です．ここにコルピッツ発振回路がよく使用されます．

図3に示すのは，コレクタ接地タイプのコルピッツ発振回路を変形したクラップ発振回路で作ったVCOです．バリキャップは逆バイアス電圧によって静電容量が変化するダイオードです．

発振振幅が大きいと，バリキャップの静電容量がその電圧によって変化し，発振波形がひずみます．**図4**のように，2個のバリキャップを逆直列に接続して使用するとひずみを減らせます．

● 応用2：セラミック振動子を使った発振回路

図5に示すのは，インバータ(NOT素子)を使用したロジック回路用の発振回路です．**図5(a)**はコイルを使用したコルピッツ発振回路，**図5(b)**はコイルをセラミック振動子に置き換えた回路です．

セラミック振動子を使った発振回路は，マイコンのクロック回路にも使用されます．周波数は数M～数十MHzが多いです．コンデンサC_1とC_2の値は，セラミック振動子の周波数やインバータの性能によって最適値が異なります．セラミック振動子のメーカの推奨値に合わせてください．

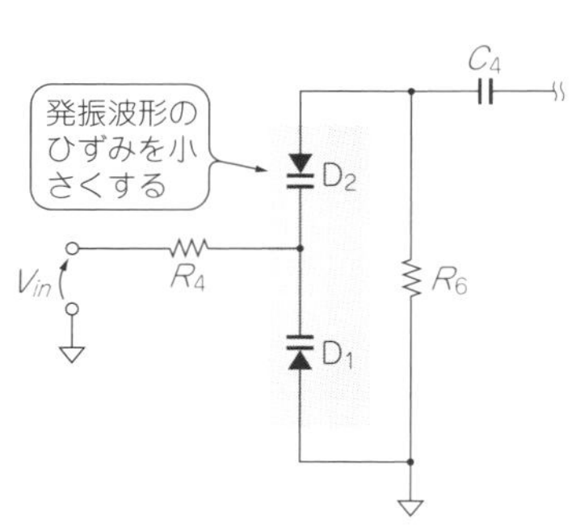

図4 大振幅時にバリキャップから発生するひずみを低減できる可変容量回路
バリキャップは電圧が加わると容量が変わるダイオード．振幅が大きいときは2個使って変動分を打ち消すように使う

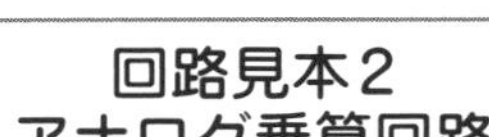

回路見本2 アナログ乗算回路

● 基本回路

図6に示すのは，**図1**で振幅変調器として使用しているアナログ乗算回路を簡略化したものです．わかりやすいように抵抗負荷としています．基本は，トランジスタを使った差動増幅回路です．

トランジスタTr_3のコレクタ電流をI_Cとすると，Tr_1，Tr_2からなる差動回路の差動コンダクタンスg_{md}は次式で示されます．

$$g_{md} = \frac{I_C}{2V_T} \cdots\cdots (3)$$

$V_T = \dfrac{kT}{q}$(熱電圧)，$T = 300$ Kのとき$V_T \fallingdotseq 26$ mV

ただし，k：ボルツマン定数(1.38×10^{-23}) [J/K]，

T：絶対温度[K]，q：電子電荷(1.602×10^{-19}) [C]

入力V_1に対するout1端子とout2端子の差を取った出力電圧V_{out}は負荷抵抗R_L(＝R_{L1}＝R_{L2})を使って式(4)で表されます．

$$V_{out} = V_1 g_{md} R_L = V_1 \frac{I_C R_L}{2V_T} \cdots\cdots (4)$$

Tr_3のベース電圧を$V_{BE(Tr3)} + V_2$とすると，Tr_3のコレクタ電流I_Cは近似的に式(5)で表すことができます．

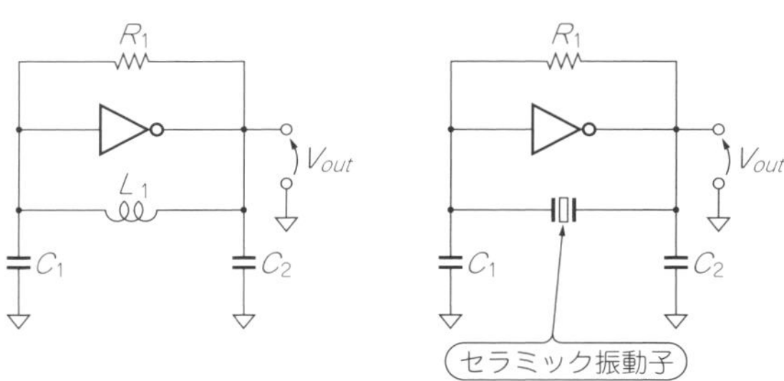

図5 ロジック素子のインバータを使用したコルピッツ発振回路
セラミック振動子や水晶振動子を使ったものが，マイコンなどのCMOS ICのクロックとしてよく使われている

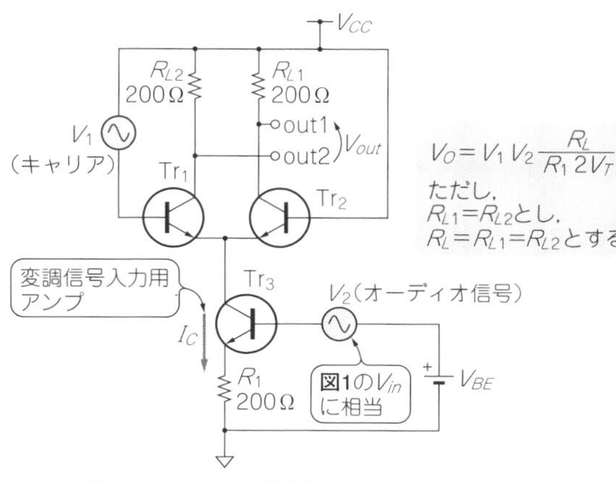

図6　回路見本2…アナログ乗算回路
2つの入力を持ち，乗算結果を出力する．変調に利用できる

$$I_C \fallingdotseq \frac{V_2}{R_1} \cdots\cdots (5)$$

ただし，V_2：入力電圧(Tr_3のエミッタ電圧)，
R_1：Tr_3のエミッタ抵抗

式(4)と式(5)から，V_{out}は次式のようになります．つまりV_1とV_2を乗算したものです．

$$V_{out} = V_1 \frac{\frac{V_2}{R_1} R_L}{4V_T} = V_1 V_2 \frac{R_L}{R_1 2V_T} \cdots\cdots (6)$$

この乗算回路は振幅変調に利用できます．変調を掛けたいキャリア信号($V_1 = 1$ MHz)を入力し，V_2に変調信号(例えば音楽信号)を加えます．出力信号の振幅は，V_2の大きさで変調がかかります．ただし，out1端子だけを見ると，振幅変調波の上に，V_2に入力したオーディオ信号が重畳した波形になります．

製作したAMトランスミッタの用途では，負荷(R_L)がループ・アンテナなので，オーディオ信号のような低周波が重畳しても出力電圧に現れません．ダブル・バランス回路(後述回路見本10)を利用すると，低周波の重畳がない，振幅変調波だけの信号が得られます．

● 応用：電子ボリューム

図7に示すのは，図6のアナログ乗算器を利用した電子ボリューム回路(可変ゲイン・アンプ)です．

V_{in}にオーディオ信号を入力し，V_{out}から出力を取り出します．ここで，電流源I_Cの値を変えると，ゲインを可変できます．

Tr_5とTr_6のカレント・ミラーは，差動信号をシングル信号に変換する回路です．図6の回路そのままだと，出力信号にコントロール信号が漏れこむことがあるのですが，その問題を軽減できます．

OPアンプは反転アンプ構成で，電流信号を電圧に変換します．$R_1 = R_2$すると，この電子ボリュームのゲインGは式(7)のようになります．

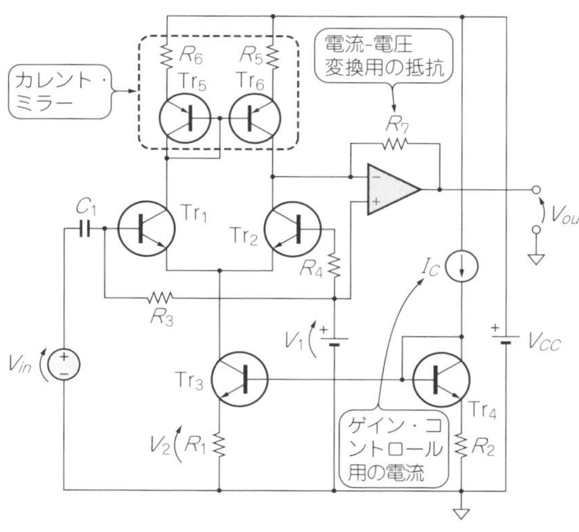

図7　アナログ乗算回路の応用…電子ボリューム回路
I_{C1}でゲイン(V_{out}/V_{in})を変えることができる

$$G = \frac{R_7}{2V_T} I_C \cdots\cdots (7)$$

この回路は，小さな信号を増幅しながらゲインも可変にする用途に向きます．大きな信号(100 $mV_{P\text{-}P}$以上)を入力するとひずみます．

回路見本3
ベース電流補償バイアス回路

● 基本回路

図8に示すのは，アナログ乗算回路のバイアス回路です．

トランジスタTr_2は抵抗R_4でバイアスされています．バイアス電圧はTr_1とR_2で作っており，R_7でベース電流補償を行っています．R_4にはTr_2のベース電流$I_{B(Tr2)}$により，$I_{B(Tr2)}R_4$の電圧降下が発生します．一方，R_7にも$I_{B(Tr1)}R_7$という電圧降下が発生します．

ここで$I_{B(Tr2)} = I_{B(Tr1)}$，$R_4 = R_7$とすると，Tr_2のベース電圧はh_{FE}の大きさに関わりなく，Tr_1のベース電圧と同じにできます．R_7を入れないと，h_{FE}が小さ

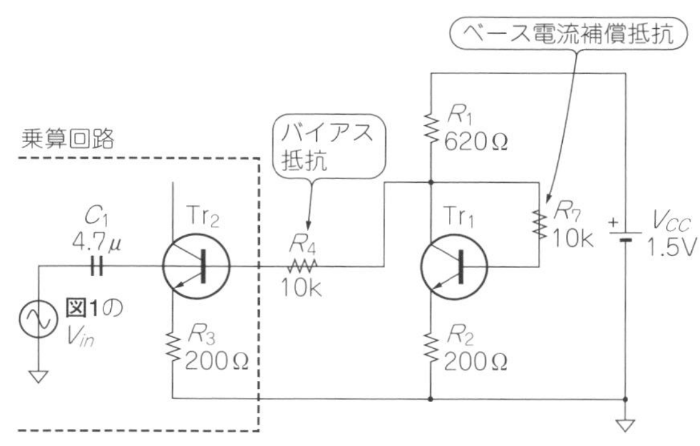

図8　回路見本3…ベース電流補償バイアス回路
普通のバイアス回路と違って素子の影響を受けにくくできる

基本電子回路　トランジスタ　アナログ回路　測定回路

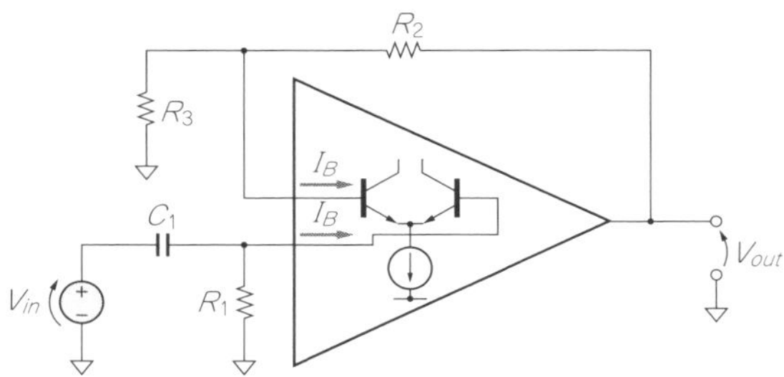

図9　OPアンプ回路でも，内部トランジスタのベース電流による電圧降下を補償するとオフセットは小さくなる
OPアンプの入力バイアス電流とオフセット電圧

い場合，Tr_1の電流が希望値よりもかなり小さくなります．

● 応用：OPアンプのオフセット電圧低減

バイポーラ・トランジスタ入力タイプのOPアンプでは，入力バイアス電流がオフセット電圧の原因となることがあります．**図9**のI_Bが入力バイアス電流です．入力回路がPNPトランジスタのOPアンプは，電流の向きが逆になります．＋側入力端子には$I_B R_1$というオフセット電圧が発生し，ゲイン倍されて出力に現れます．ここで，R_1とR_2，R_3を次式のような関係にすれば，入力バイアス電流の影響が打ち消されます．

$$R_1 = \frac{R_2 R_3}{R_2 + R_3} \quad \cdots\cdots (8)$$

条件によっては，式(7)のような関係に抵抗値を設定できないことがあります．入力バイアス電流によるオフセット電圧が問題になる場合は，JFET入力やMOSFET入力のOPアンプを選びます．

私の製作

● あらまし

前述の3つのトランジスタ回路の応用として乾電池1本で動く，中波帯(1 MHz ± 100 kHz)のAMトランスミッタを製作します．音楽などの信号を入力すると，AMラジオで受信できる電波として送信できる機器です．

ここでいうAMラジオは，中波放送を受信できるラジオのことです．AMとは振幅変調なので，本来は電波の帯域を示す言葉ではありませんが，AM放送，AMラジオといった場合は，中波放送，中波ラジオのことを指すのが一般的です．

この製作物は，

① コルピッツ発振回路
② アナログ乗算回路
③ ベース電流補償型バイアス回路

という3つの要素回路を含んでいます．高周波VCOやセラミック振動子を使用したロジック回路用発振器，

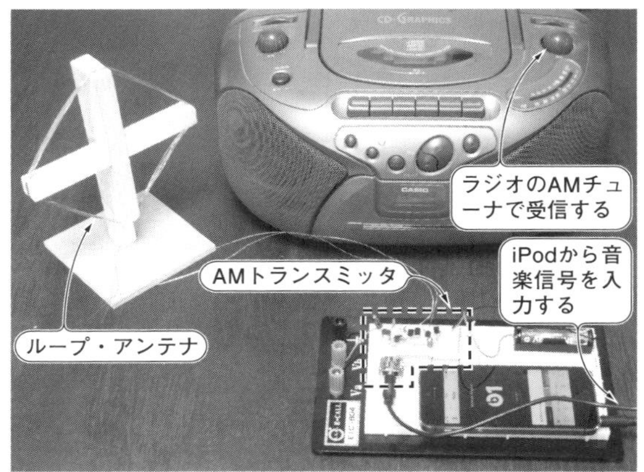

写真1　製作したAMトランスミッタを使っているところ
ループ・アンテナを取り付けて電波を出力，iPodの音楽を入力して，ラジカセのAMチューナで受信できる

トランジスタを使った差動アンプのh_{FE}ばらつきの影響を抑える設計などに役立ちます．

FMトランスミッタはたくさん市販されていますが，AMトランスミッタは見かけません．ブレッドボードなどで作るには，周波数が低い中波用のほうが作りやすいというメリットがあります．

このAMトランスミッタを使って，iPodに入れてある自分の好きな音楽をAMラジオで聴いているところが**写真1**です．このトランスミッタで送信した音楽を聴くと，FMラジオほどではないものの，なかなかの音質です．

消費電流は極めて少なく2 mA程度なので，単3形電池1本で1ヶ月以上使い続けることができます．

前述の**図1**に示す製作したAMトランスミッタをブレッドボードに組んだところを**写真2**に示します．

● 使い方

▶携帯音楽プレーヤやスマホのヘッドホン出力をつなぐ

音源はiPodやスマホのヘッドホン出力を利用します．変調度(音量)の調整はiPodやスマホのボリュームで行います．入力信号の振幅が150 mV_{RMS}程度で，100 %変調になります．それ以上振幅を大きくしてもひずむだけで，ラジオからの音量は上がりません．

発振回路はコルピッツ型です．発振回路に使用するコイルは，シールド・ケース付き，コア付きの可変インダクタを使用してください．発振周波数の調整は，コアをドライバで回して(出し入れして)行います．

▶送信周波数の調整

受信用の中波ラジオは，1 MHz前後で放送局のない周波数を受信するように設定します．AMトランスミッタの電源を入れ，音楽信号を入力した状態でコイルのコアを調整すれば，ラジオから音楽が聞こえてく

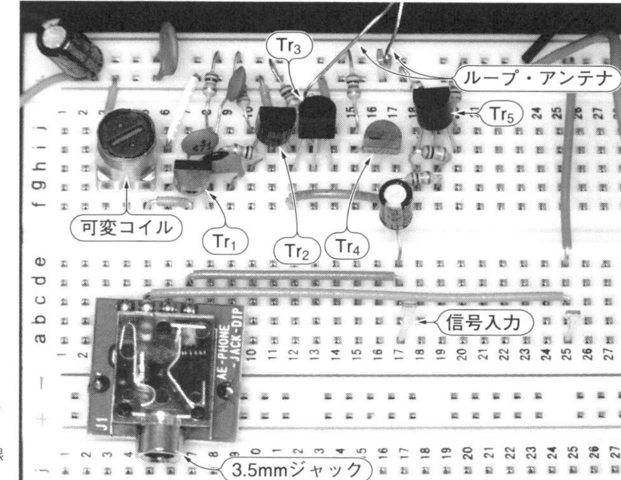

写真2　ブレッドボードで作ったポータブルAMトランスミッタ回路
だいたいこのようなレイアウトで部品を配置して手早くスッキリ配線できた

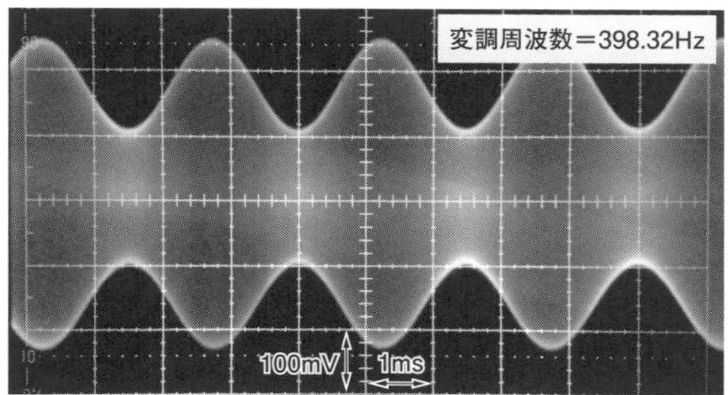

写真3　製作したAMトランスミッタ回路の出力波形(ループ・アンテナへ出力している波形)

写真4　製作したループ・アンテナ
中波AM用のアンテナはコイル風に巻いたタイプがよく使われる

るポイントが見つかります．

▶自作アンテナをラジオの近くに置いて使う

エナメル線を十文字に組んだ長さ15 cmの角材に15ターンほど巻いたループ・アンテナを使います．出力はかなり微弱なので，アンテナは受信用ラジオのすぐ近くに設置します．

▶出力の振幅変調波形

写真3に示すのは，ループ・アンテナを接続した状態の出力端子の波形です．振幅変調のようすがわかります．AMトランスミッタへの入力は約400 Hzの正弦波です．

● 送信用ループ・アンテナの作り方

写真4に示すように，AMトランスミッタと組み合わせるループ・アンテナは手作りしました．

100円ショップで売っている，太さ1.5 cmの角材をフレームとして使っています．台座も同じく100円ショップで売っている10 cm角のMDF(Medium Density Fiberboard)材です．

長さ15 cmの角材を十文字に組み，そこに，太さ0.4 mmのエナメル線を15回ほど巻き付けます．1辺10.6 cmの四角形のコイルで，インダクタンスは80 μ～100 μH程度です．太さ0.4 mm，長さ10 mのエナメル線はホーム・センタなどで200円前後で購入できます．

受信側のAMラジオは，バー・アンテナを使用しています．このバー・アンテナと送信用ループ・アンテナを磁界結合させます．ループ・アンテナにバリコンを接続し，受信したい放送局の周波数に同調させ，さらにAMラジオのバー・アンテナと磁界結合させれば，感度アップ用の外部アンテナとして応用できます．

その②…ポータブル・ヘッドホン・アンプ

ここで紹介するのは，プッシュプル・エミッタ・フォロワとレール・ツー・レール・エミッタ・フォロワの要素技術です．プッシュプル・エミッタ・フォロワは，リニア電源回路などを設計するときに，出力電圧の応答速度の改善に役立ちます．レール・ツー・レール・エミッタ・フォロワは，スイッチング電源のNチャネルMOSFETの駆動や，入力インピーダンスが非常に高いバッファ回路を設計するときに役立ちます．

2つのトランジスタ回路を応用したお手本として，ポータブル・ヘッドホン・アンプを製作します．回路を**図10**に示します．

回路見本4 プッシュプル・エミッタ・フォロワ

● 動作

図11はダイヤモンド・バッファとも呼ばれるプッシュプル・エミッタ・フォロワです．出力信号が正側のときはNPNトランジスタのTr_1が負荷を駆動し，出力信号が負側のときはPNPトランジスタのTr_2が負荷を駆動します．

Tr_3，Tr_4で構成するエミッタ・フォロワは，入力インピーダンスを高くする働きとともに，Tr_1，Tr_2にバイアス電圧を供給する働きをします．

Tr_3，Tr_4があることで，無信号時にもTr_1，Tr_2にアイドリング電流が流れ，いわゆるAB級動作になります．AB級動作とすることで，信号のゼロ・クロス・ポイントで発生する波形のゆがみ(クロスオーバーひずみ)を小さくできます．

各トランジスタのベース-エミッタ間電圧をV_{BEX}とし，アイドリング電流をI_Dとして，$R_5 = R_6 = R$とすると式(9)が成立します．

$$V_{BE3} + V_{BE4} = V_{BE1} + V_{BE2} + 2RI_D \quad \cdots\cdots\cdots\cdots (9)$$

Tr_1とTr_3，Tr_2とTr_4に同じトランジスタを使って，Tr_3，Tr_4に同じバイアス電流I_Bを流したとすると，アイドリング電流をI_Dとするための抵抗値は式(10)で計算できます．

$$R = \frac{V_T \ln\left(\frac{I_B}{I_D}\right)}{I_D} \quad \cdots\cdots\cdots\cdots (10)$$

ただし，$V_T = \frac{kT}{q} \fallingdotseq 26\,\mathrm{mV}$，$k$：ボルツマン定

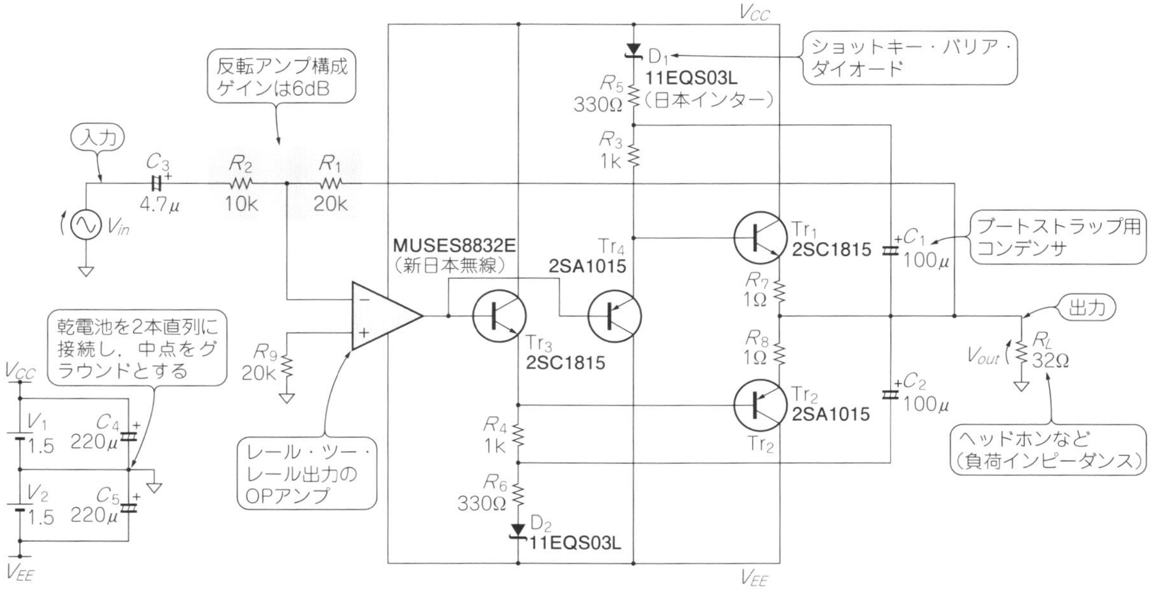

図10　お手本製作…レール・ツー・レールOPアンプ電流ブースタ
乾電池2本(3 V)で2.5 V_{P-P}以上の出力が得られる

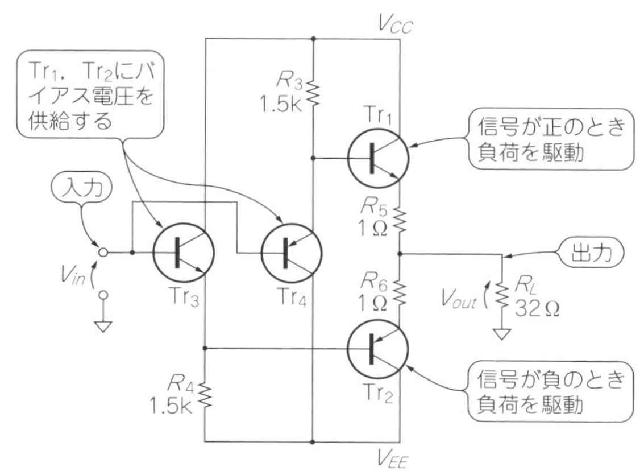

図11　回路見本4…プッシュプル・エミッタ・フォロワ
ダイヤモンド・バッファと呼ばれることもある．NPNとPNPトランジスタを組み合わせたプッシュプル・エミッタ・フォロワ回路

数(1.38×10^{-23})［J/K］, T：絶対温度［K］, q：電子電荷(1.602×10^{-19})［C］

R_3, R_4の値によりバイアス電流I_Bが決まりますが，出力が最大振幅となったとき，Tr₁, Tr₂に十分なベース電流を供給できるような値に設定する必要があります．

● 応用

一般的な電源装置は電流を吸い込む能力がありません．試験機器の電源電圧変動の影響を調べるために，電圧を急激に低下させたとしても，機器の電源に入っているコンデンサの電荷を引き抜くことができないことから，電圧はゆっくりとしか低下しません．

図12に示すように，可変基準電圧源の出力にプッシュプル・エミッタ・フォロワを使ったバッファ・アンプを接続すると，電圧低下を急激に発生させる試験用の電源が作れます．

このバッファを使えば，**図13**に示すように試験機器の電源電圧が急変したときのふるまいや，電源にリプルが重畳したときの特性を簡単に調べられます．

車載用の電子機器などでは，電圧変動試験のための電圧変動波形が国際規格のISO 7637などで定義されています．認証を受ける場合など，正式な測定を行うときは高額な専用の測定器を使う必要があります．電源電圧変動の影響を簡易的に調べる目的であれば，**図12**の試験用電源が便利です．

回路見本5　レール・ツー・レール・エミッタ・フォロワ

● 動作

図14はプッシュプル・エミッタ・フォロワにブートストラップ用コンデンサを追加するとレール・ツー・レール動作するようになります．

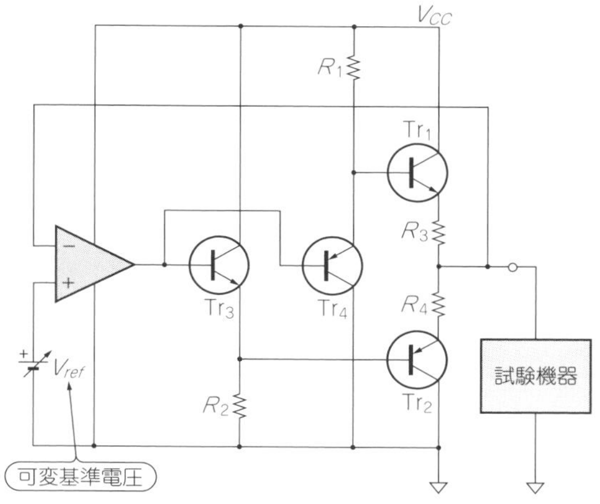

図12　電圧低下を急激に発生させる試験用電源
試験機器の瞬間的な電源電圧の低下に対する応答が調べられる

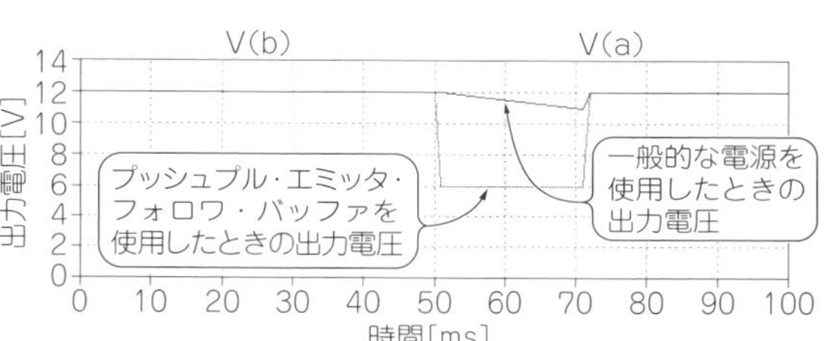

図13　図12の回路と一般的な電源回路で，基準電圧を急激に低下させたときの出力電源端子の波形イメージ
一般的な電源では出力電圧が基準電圧の変化に追従できていないが，プッシュプル・エミッタ・フォロワを使用したバッファ・アンプでは高速に応答している

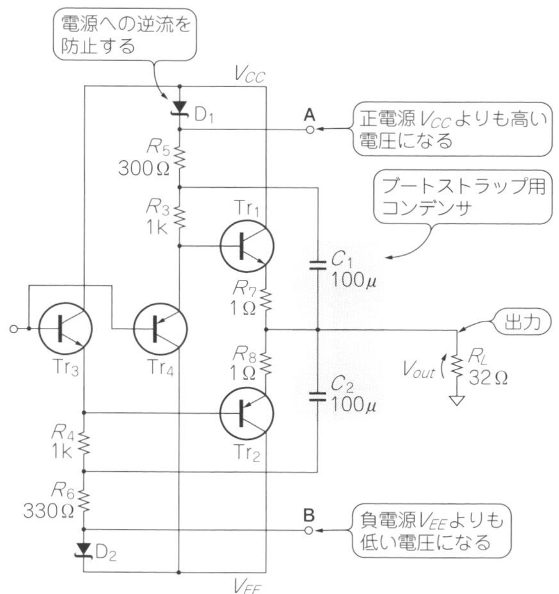

図14　回路見本5…レール・ツー・レール・プッシュプル・エミッタ・フォロワ
コンデンサにより出力電圧をドライブ回路に帰還する．電源電圧よりも高い電圧を作り出し，出力振幅を大きくできる

コラム1　ハイエンド・オーディオ用OPアンプの世界

小川 敦

写真Aに示すMUSES8832E(新日本無線)は，ハイエンド・オーディオ用OPアンプです(本稿で使用)．

写真A　ハイエンド・オーディオ用OPアンプ
MUSES8832EをSOP8-DIP変換基板に実装したところ．1個450円程度で秋月電子通商で購入した

バイポーラ入力で，最低動作電圧が，2.7 Vのため，乾電池2本で使えます．

パッケージは，フラット・パッケージで，変換基板を使うことでブレッドボードに実装できました．

基本スペックを次に示します．

- 雑音：2.1 nV/$\sqrt{\text{Hz}}$(標準値)@1 kHz
- ひずみ率：0.0009％(標準値)※V^+ = 5 V，V_O = 1.3 V_{RMS}時
- ゲイン帯域幅積：10 MHz(標準値)

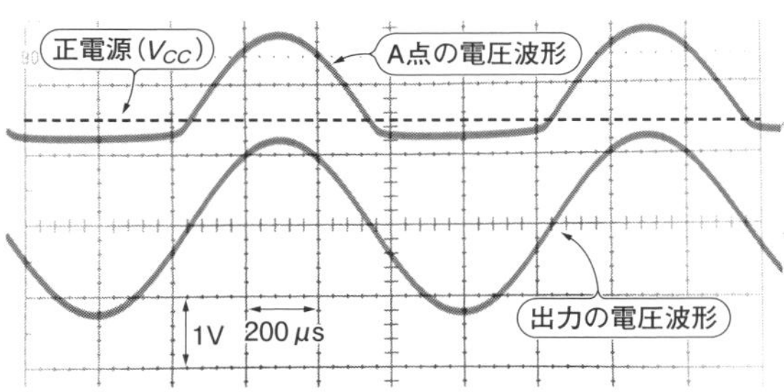

写真5　出力と図14のA点の波形
A点の電圧波形は電源電圧よりも高い電圧．出力電圧は電源電圧に近い電圧までスイングできている

写真6　出力と図14のB点の波形
B点の電圧波形はグラウンドよりも低い電圧．出力電圧はグラウンドに近い電圧までスイングできている

ブートストラップとは靴紐(くつひも)のような意味で，自分で自分の靴紐を持ち上げれば，沼でも沈まない，または空が飛べる，というほら話が元になっているようです．出力をこのコンデンサを介して適切な場所に帰還することで，入力インピーダンスを高くしたり，電源電圧よりも高い電圧を作り出すことができます．

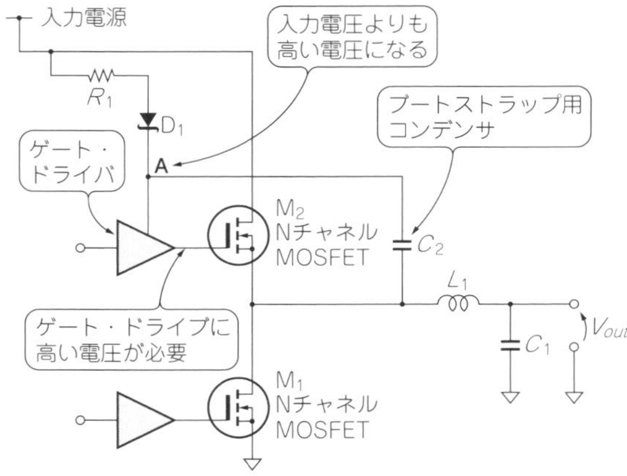

図15　レール・ツー・レール・エミッタ・フォロワを応用したスイッチング・レギュレータ
ブートストラップ用コンデンサを使うことで，上側のトランジスタにPチャネルMOSFETではなく，NチャネルMOSFETを使える

図14のようなプッシュプル・エミッタ・フォロワは大電流を駆動できますが，トランジスタTr_1，Tr_2のベース-エミッタ間電圧が0.7 V程度あるので，出力を電源までフルスイングできません．

もし，R_3の上端の電圧を電源よりも高い電圧とし，R_4の下端電圧をV_{EE}よりも低い電圧とすることができれば，出力振幅をより大きくできます．コンデンサC_1，C_2により，そのような状態にすることができます．

ダイオードD_1はR_3の上端の電圧が電源よりも高くなったとき，むだな電流が電源に行かないようにする，逆流防止の働きをします．

無信号時はD_1を介してR_5に電圧が供給されるので，電圧ロスの少ない，ショットキー・バリア・ダイオードを使っています．

ダイオードD_1を省略して，R_5を電源に直結しても動作しますが，そのときはC_1の容量値を大きくする必要があります．

無信号時は，コンデンサC_1は抵抗R_5を介してA点の電圧(電源電圧からショットキー・バリア・ダイオードの電圧を引いたもの)に充電されています．出力が上側にスイングすると，コンデンサC_1の上端電圧は，

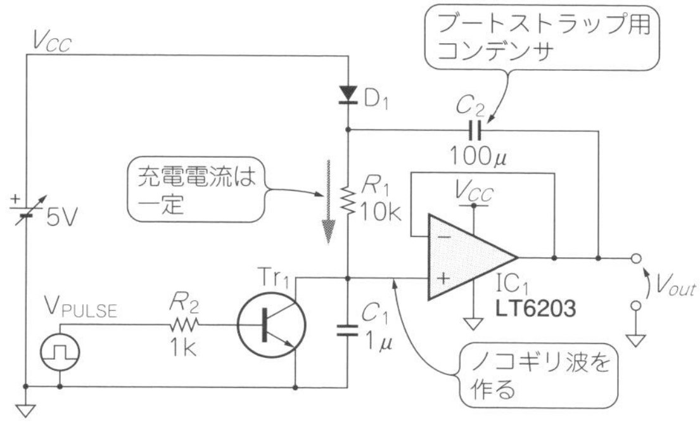

図16 のこぎり波発生回路の直線性を改善する回路
ブートストラップ用コンデンサを使うことで，充電電流が一定になり，のこぎり波の直線性が改善される

この充電電圧を保持したまま上昇します．その結果A点の電圧は電源電圧よりも高くなります．

R_5はC_1により出力をクランプしないための電流制限抵抗です．

写真5はブレッドボードの出力とA点の電圧波形です．上側に出力が振れるとき，A点の電圧が電源電圧よりも高くなっています．

写真6はB点の波形です．こちらも負電源(V_{EE})より低い電圧となっています．

● 応用

図15はスイッチイング・レギュレータの出力段部分を取り出したものです．スイッチング素子として，上側(M_2)，下側(M_1)共にMOSFETを使っています．M_2をPチャネルMOSFETとしたほうが，M_2のゲート・ドライブが簡単になりますが，性能とコストの点から，M_2にNチャネルMOSFETを使うことがよくあります．

M_2をONさせるためにはM2のゲートに，電源電圧よりも高い電圧を加える必要があります．

ダイオードD_1とC_2によるブートストラップにより，A点の電圧を電源電圧よりも高くできます．その電圧をゲート・ドライバの電源とすることで，M_2をしっかりとONできます．

● のこぎり波の直線性改善

図16に示した回路は，のこぎり波の直線性を改善するためにブートストラップを応用したものです．

R_1はC_1を充電するための抵抗で，トランジスタTr_1のベースには40 ms周期でパルス幅20 msの信号が加えられています．Tr_1は40 ms周期でON/OFFを繰り返します．

コンデンサC_1の電圧はOPアンプによるバッファを介して出力されます．

C_2がないときは，C_1の電圧が上昇するほどR_1の両端電圧が小さくなるので，充電電流が小さくなり，電圧の上昇がゆるやかになります．

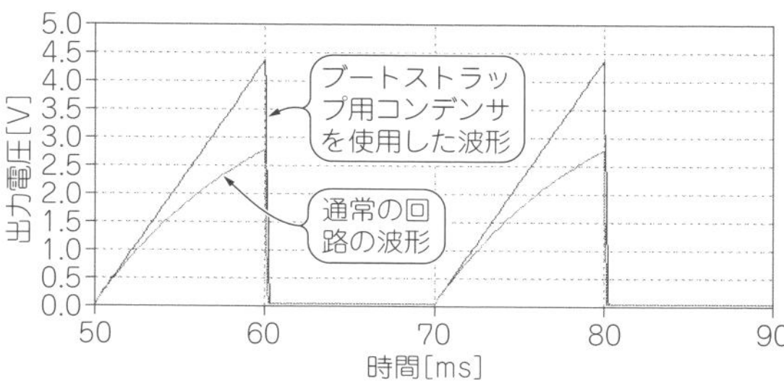

図17 図16の回路の出力波形
通常の出力波形に比べ，ブートストラップ用コンデンサを使った回路はのこぎり波の直線性が良くなっている

C_2があると，C_1の電圧上昇がC_2を介してR_1に加わるので，R_1の両端電圧は常に一定になります．充電電流も一定となり，C_1の電圧上昇の傾きも一定になります．

このようにしてのこぎり波の直線性を改善できます．

図17は，**図16**の回路でC_2がある場合とない場合をLTspiceでシミュレーションしたものです．C_2によるブートストラップがある場合は，ない場合にくらべて，直線性が改善していることが分かります．

● 高入力インピーダンス・バッファ・アンプ

図18はOPアンプで構成したバッファ回路にブートストラップを応用して，入力インピーダンスを高くした回路です．

C_1がないときの入力インピーダンスは，R_1とR_2を足した10 kΩになります．C_1で出力から入力に帰還を掛けると入力インピーダンスを飛躍的に大きくできます．

図18のI_{in}は，シミュレーションで入力インピーダンスを求めるための信号電流源です．**図19**がそのシミュレーション結果ですが，入力インピーダンスは

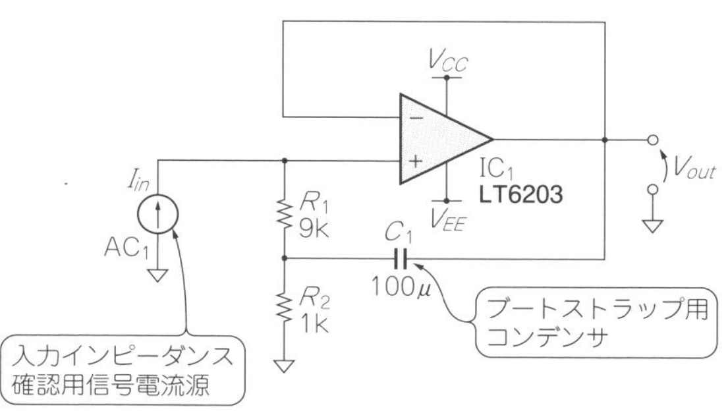

図18 入力インピーダンスを高くする回路
出力からコンデンサを介して入力バイアス回路に帰還をかけると，入力インピーダンスを大きくできる

コラム2　差し替え可能なヘッドホン・アンプ向きOPアンプ

小川 敦

ポータブル・ヘッドホン・アンプの市販品はいろいろな種類が出てきています．OPアンプICを交換して音質の違いを楽しめる機種も出ているようです．本稿の製作では，OPアンプにハイエンド・オーディオ用のMUSES8832Eを使いました．

他にも，電源電圧3V以下で動作するレール・ツー・レール出力のタイプであれば，いろいろなOPアンプが使えます．ブレッドボードは簡単に部品の交換ができるので，**写真B**に示すNJM2737(新日本無線)やLT6203(アナログ・デバイセズ)などに差し替えて性能の変化などを確認できます．

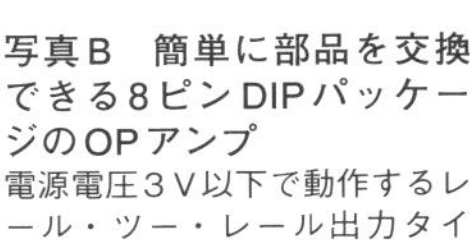

写真B　簡単に部品を交換できる8ピンDIPパッケージのOPアンプ
電源電圧3V以下で動作するレール・ツー・レール出力タイプのOPアンプNJM2737

図19　図18の回路の入力インピーダンスの周波数特性(シミュレーション)
通常の入力インピーダンスは10kΩなのに対し，ブートストラップを掛けたときの入力インピーダンスは2.8MΩ程度まで大きくなる

2.8MΩ程度になっています．

ブートストラップは入力インピーダンスを大きくできますが，抵抗R_1がノイズ源になるので出力ノイズが増加することを認識しておく必要があります．

入力端子に接続されている抵抗R_1のもう一方は，ブートストラップ用のコンデンサC_1を介してOPアンプの出力端子及び反転入力端子と接続されます．非反転入力端子と反転入力端子を抵抗で接続すると，その抵抗が出す熱雑音がOPアンプのオープン・ループ倍に増幅されて出力に現れます．抵抗R_1を必要以上に大きくすると，出力ノイズが増加します．

私の製作

● あらまし

スマートフォンに直接ヘッドホンを接続しても音楽を聴くことはできますが，効率の低いヘッドホンを使うと音量不足になります．こんなとき大出力のポータブル・ヘッドホン・アンプが欲しくなります．

本稿で製作したポータブル・ヘッドホン・アンプ(**写真7**)は，乾電池2本でも2.5 V_{P-P}以上の出力が得られます．OPアンプにレール・ツー・レール電流ブースタを組み合わせて構成しました．通常のエミッタ・フォロワを使った電流ブースタでは，1.4 V_{P-P}程度の出力振幅しか出せません．ブートストラップ技術を応用することで，電源やグラウンド・レベルまで出力電圧をフルスイングするレール・ツー・レールに近い出力が得られます．

レール・ツー・レールOPアンプ電流ブースタの回

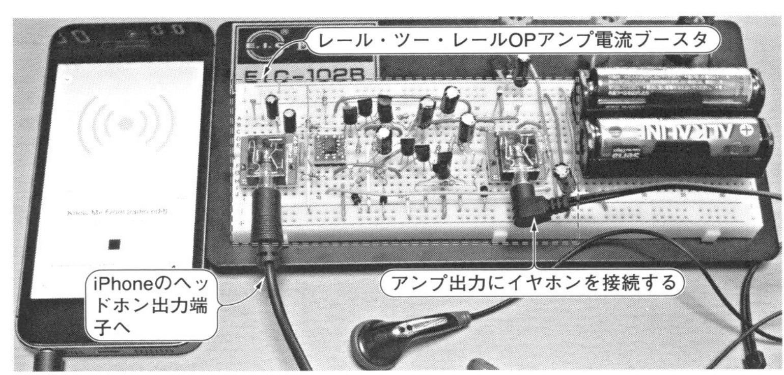

写真7　ブレッドボードに組み立てたレール・ツー・レールOPアンプ電流ブースタ
iPhoneのヘッドホン出力を入力して，音楽を再生している

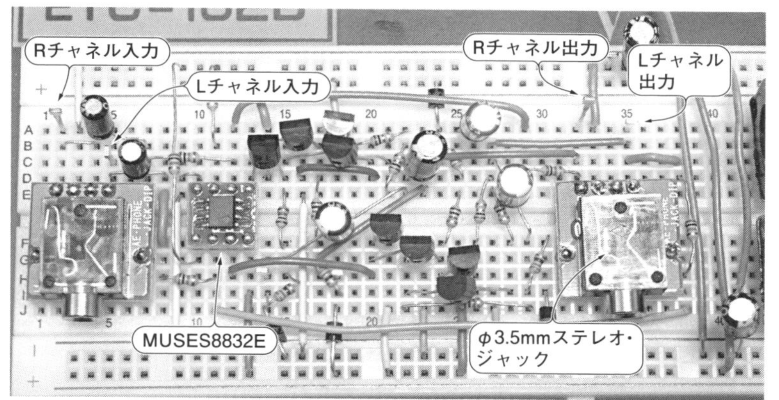

写真8　写真7のブレッドボード部の拡大
ステレオ用に2チャネル分を組み立て，入出力ともにφ3.5 mmステレオ・ジャックを取り付けている．だいたいこのようなレイアウトにして部品を配置すれば手早くスッキリ配線した

路図を**図10**に示します．直列に接続した2本の乾電池の中点をグラウンドにすると，出力カップリング・コンデンサを使わずに負荷を直結できます．負荷抵抗が小さくてもカップリング・コンデンサで低域がカットされることがないので，音質に悪影響をおよぼす大容量の電解コンデンサを使わずにすみます．

● OPアンプについて

OPアンプには高音質タイプとして販売されているMUSES8832E(新日本無線)を使いました．電源電圧3V以下で動作するレール・ツー・レール出力のOPアンプであれば汎用品でもかまいません．MUSES8832Eは表面実装品のため，変換基板を使ってブレッドボードに実装しました．低電圧動作に有利な反転アンプ構成としました．スマートフォンなどを接続することを想定してゲインは6 dBと低めに設定しています．

写真8はブレッドボードに組み立てたOPアンプ電流ブースタ回路の外観です．**図10**は片チャネルの回路ですが，ブレッドボードには同じ回路を2チャネル分を組み立てています．入力と出力にはそれぞれφ3.5 mmステレオ・ジャックを取り付けています．

写真9はOPアンプ電流ブースタ回路に32 Ωの負荷抵抗を接続し，入力に1 kHzの正弦波を加えたときの出力波形です．2.5 V_{P-P}以上の出力が得られています．

図20に出力レベル対ひずみ率の測定結果を示します．最良ポイントのひずみ率は0.013 %です．

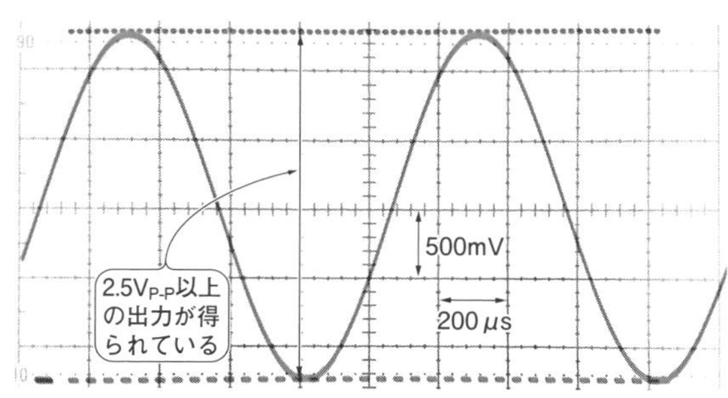

写真9　レール・ツー・レールOPアンプ電流ブースタの出力波形
アンプに1 kHzの正弦波を入力し，出力がクリップする直前の出力波形を観察したもの．2.5 V_{P-P}以上の出力が得られている

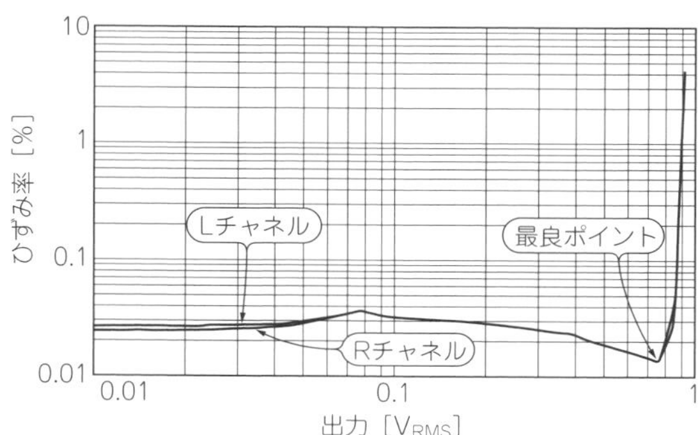

図20　出力レベル対ひずみ率の測定結果
1 kHzの信号を入力したときのひずみ率の測定結果．最良ポイントのひずみ率は0.013%．オーディオ・アナライザMAK-6581(計測技術研究所)による測定

その③…乾電池1本でスピーカを駆動する オーディオ・パワー・アンプ

ここで紹介するのは次の四つのトランジスタ回路です．

- 1 V以下で動く自己バイアス1石トランジスタ増幅回路
- 1 V以下で動く3段直結トランジスタ増幅回路
- レール・ツー・レール・コレクタ出力回路
- レール・ツー・レール上下対称コレクタ出力回路

これらの回路を応用した例として，乾電池1本で8Ωスピーカを駆動できるレール・ツー・レール型パワー・アンプを製作します．回路図を**図21**に示します．

回路見本6 自己バイアス1石トランジスタ増幅回路

図22は自己バイアス・タイプのトランジスタ・アンプです．信号源インピーダンスが600Ωのダイナミック・マイクを接続した場合，ゲインは約20 dBになります．乾電池1本(1.5 V)で使えて，電池電圧が0.9 V程度まで低下しても動作します．

無信号時の電流は200 μAと非常に小さく，単3型マンガン電池でも2000時間以上動作できます．

図22はダイナミック・マイクの使用を前提とした回路です．市販されているパソコン用マイクの多くは，エレクトレット・コンデンサ・マイクです．パソコンのマイク入力端子にはエレクトレット・コンデンサ・マイク用の電源が供給されていますが，マイク単独で動作させる場合には，別途電源が必要です．

回路見本7 1V動作3段直結トランジスタ増幅回路

3段直結の低電圧動作増幅回路を**図23**に示します．トランジスタが動作するためには，ベース-エミッタ間電圧は0.6～0.7 V必要です．**図23**の回路では，トランジスタのベース-エミッタが直列に接続されている部分がありません．そのため，この回路は電源電圧が1 V以下になっても動作できます．

Tr_1は出力からの帰還抵抗R_2によりバイアスされます．無信号時にTr_5のコレクタ電流I_{C5}はTr_4のコレクタ電流I_{C4}と等しく，Tr_2のコレクタ電流I_{C2}はI_1と等しくなります．

Tr_3とTr_4はカレント・ミラーを構成しており，Tr_4のコレクタ電流はTr_3のコレクタ電流I_{C3}と等しくなります．Tr_3のコレクタ電流はR_5により決定され，式(11)で表せます．**図23**の定数では約1.2 mAになります．

$$I_{C3} = I_{C4} = \frac{V_{CC} - V_{BE3}}{R_5} \cdots\cdots (11)$$

Tr_2のコレクタ電流I_{C2}は，R_4にTr_5のベース-エミッタ電圧(V_{BE5})と同じ電圧が発生するので，式(12)で表せます．

$$I_{C2} = \frac{V_{BE5}}{R_4} \cdots\cdots (12)$$

Tr_1のベース電圧V_{BE1}は，R_3に約0.7 V(Tr_2のベース-エミッタ電圧V_{BE2})が発生し，Tr_1のコレクタ電流I_{C1}がI_2と等しくなるように，自動的に調整されま

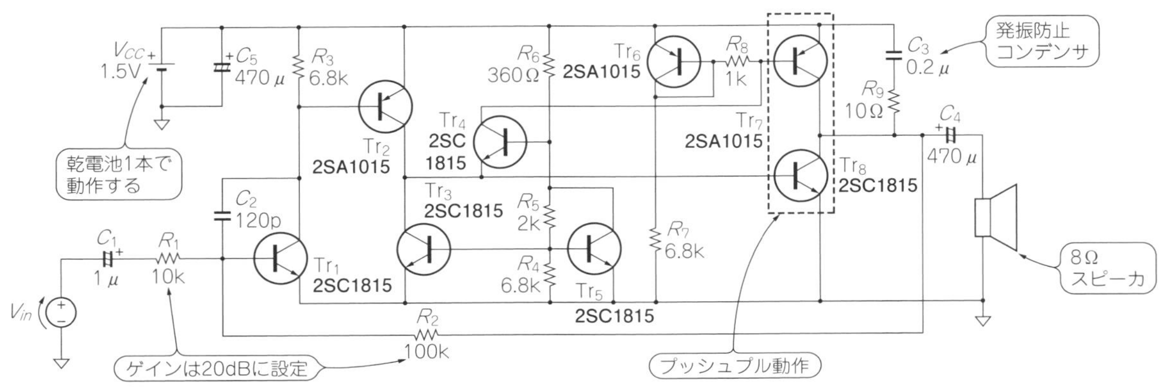

図21　お手本製作…乾電池1本で動くレール・ツー・レール型パワー・アンプ
電源電圧1.5 Vでも1.1 V_{P-P}以上の振幅で8Ωのスピーカをドライブできる

す．このとき，Tr_1のコレクタ電流I_{C1}は式(13)で表せます．

$$I_{C1} = \frac{V_{BE2}}{R_3} \cdots\cdots (13)$$

図23ではR_3，R_4ともに6.8 kΩとなっているので，I_{C1}，I_{C2}ともに約100 μAになります．

この回路の無信号時の出力DC電圧は，Tr_1のベース-エミッタ間電圧にほぼ等しく，0.6～0.7 Vになります．

この増幅回路のゲインGは，反転アンプになっているので，R_1とR_2の比に等しく，式(14)で表せます．

$$G = \frac{R_2}{R_1} \cdots\cdots (14)$$

出力段がA級動作となっているので，この回路の最大出力電流はI_{C4}の値で決まります．**図23**では負荷抵抗が600 Ωなので，I_{C4}の電流は約1.2 mAとしました．しかし，負荷抵抗が小さい場合は，I_{C4}をさらに増やす必要があります．仮に，負荷抵抗を8 Ωとして，出力振幅を1.1 $V_{P\text{-}P}$以上にする場合，I_{C4}をどのくらいの値にすればよいかを計算してみます．

出力振幅は1.1 $V_{P\text{-}P}$以上なので，片側0.55 V以上の振幅が必要です．そのときI_{C4}の電流値は，0.55/8 = 69 mA以上となります．I_{C3}も同じ電流値となるため，無信号電流が138 mA以上と非常に大きくなってしまいます．

低負荷抵抗の場合は，B級プッシュプル回路にする必要があります．**図21**のB級プッシュプル・パワー・アンプの無信号時電流は約4 mAなので，A級動作とした場合の無信号時電流に比べると，約1/35と非常に小さな電流にできます．

回路見本8 レール・ツー・レール・コレクタ出力回路

● 基礎知識

トランジスタを使用したプッシュプル回路としては，

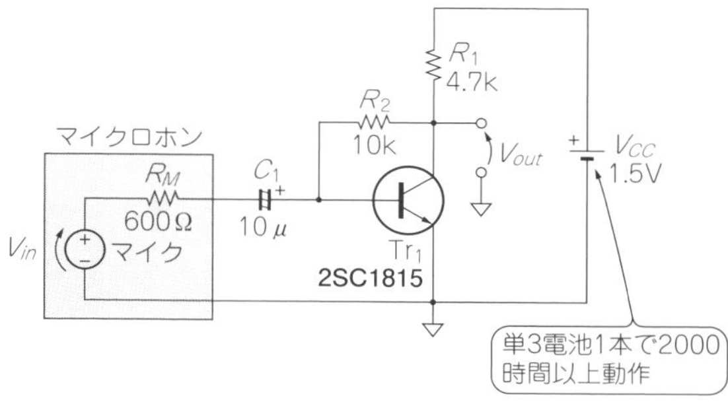

図22　回路見本6…自己バイアス1石トランジスタ増幅回路
電源電圧1V以下でも動く，マイク・アンプへの使用例

図24のような回路がよく使われます．この回路はダイオードが2個直列になっているうえに，出力がエミッタ・フォロワになっているので，出力振幅を電源やグラウンド・レベルまで振ることができません．低電源電圧動作には向きません．

● 低電圧で動作するプッシュプル回路

図25は出力振幅が大きくとれて低電圧電源でも動作するコレクタ出力プッシュプル回路です．Tr_3およびTr_7は無信号時に定電流源として動作します．それぞれの定電流源は，**図23**のI_1およびI_{C4}に相当します．

無負荷時のTr_8のコレクタ電流は，Tr_7のコレクタ電流と同じになります．Tr_7とTr_6はカレント・ミラーを構成しており，Tr_7のコレクタ電流はTr_6のコレクタ電流とほぼ同じになります．

また，Tr_3とTr_5もカレント・ミラーを構成しており，Tr_3のコレクタ電流はTr_5のコレクタ電流と同じです．Tr_5はTr_4のベース・バイアス電圧を作り出す働きもしています．

Tr_5のベース-エミッタ間に抵抗R_4が接続され，ベース-コレクタ間に抵抗R_5が接続されています．このように抵抗が接続された回路のことをV_{BE}マルチプラ

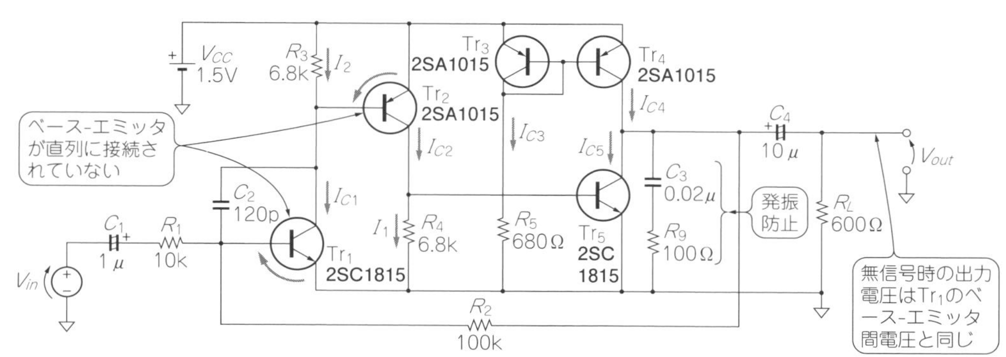

図23　回路見本7…1V動作3段直結トランジスタ増幅回路
3段増幅の負帰還回路なので安定性をよく確認する

コラム3　定番トランジスタ「2SC1815」「2SA1015」の代替品

小川 敦

2SC1815，2SA1015は汎用トランジスタの代表格です．すでに製造中止になっていて，困っている人も多いと思います．本稿の執筆時点では，同じ型名の代替品をUNISONIC TECHNOLOGIES CO.,LTD（台湾・UTC社）が製造しており，秋月電子通商で20個/100円で購入できます．

同じ型名のトランジスタといっても，UTCが正式に互換性を保証しているわけではありません．データシートの電気的特性はほとんど同じで，ピン配置も同一なので，2SC1815，2SA1015を使ってきた回路で，ほぼ問題なく使えると思います．

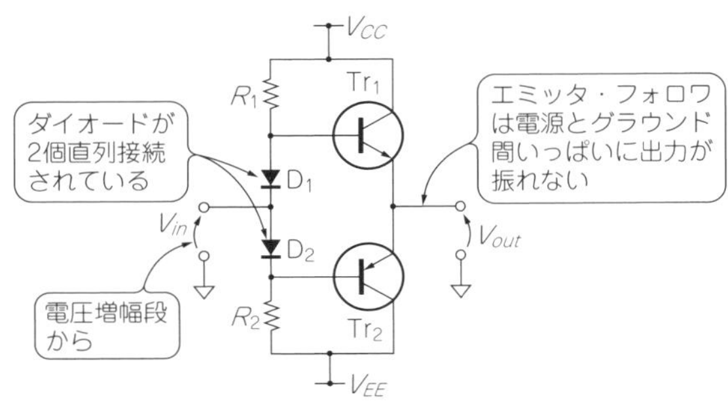

図24　出力回路の定番プッシュプル・エミッタ・フォロワ

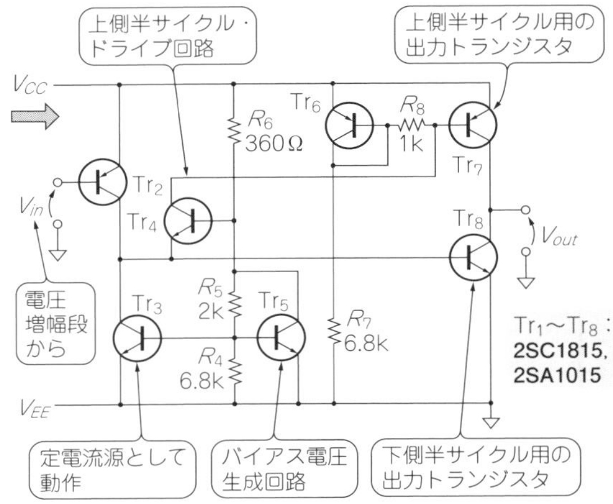

図25　回路見本8…レール・ツー・レール・コレクタ出力回路
出力振幅が大きくとれるため低電圧電源でも動作する

イヤと呼ぶこともあります．Tr_5のコレクタ電圧V_Bは，Tr_5のベース-エミッタ間の電圧をV_{BE5}とすると，式(15)で表せます．

$$V_B = \frac{R_4 + R_5}{R_4} V_{BE5} \cdots\cdots\cdots (15)$$

図25の定数ではV_Bは約0.9 Vとなり，無信号時はTr_4には電流が流れません．出力信号の下側半サイクルでは，Tr_8が負荷を駆動します．このとき，Tr_8のベース電流はTr_2が供給します．

信号の上側半サイクルを駆動する場合は，Tr_8のベース電圧が下がり，Tr_8はカットオフします．するとTr_4のエミッタ電圧が下がり，Tr_4に電流が流れます．Tr_4の電流はR_8を介して流れるため，Tr_7にはより大きな電流が流れます．その電流が負荷抵抗に供給されます．

回路見本9　レール・ツー・レール・上下対称コレクタ出力回路

OPアンプに**図24**のようなプッシュプル・エミッタ・フォロワを接続し，ヘッドホン・アンプとして利用することがよくあります．ところが，エミッタ出力ではベース-エミッタ間電圧分がロス電圧となるため，最大出力振幅が小さくなってしまいます．電源電圧をフルに利用するためには，コレクタ出力のプッシュプル回路が必要です．

図26は**図24**の回路をコレクタ出力プッシュプルに変更したものです．

R_7はダミーの負荷抵抗です．出力波形の上側半サイクルでは，トランジスタTr_3のエミッタからこのダミーの負荷抵抗R_7に電流を供給します．その電流はTr_3のコレクタ電流となり，Tr_5に電流を流します．Tr_5とTr_6はノンリニアなカレント・ミラーとなっているので，Tr_5の電流が増加すると，Tr_6の電流はさらに増加します．そしてTr_6が負荷抵抗R_Lを駆動します．出力端子からR_2により帰還がかかっているため，出力振幅は入力信号のR_2/R_1倍の電圧となるようにTr_6の電流が制御されます．Tr_6の電流がその値になるように，Dummy_out端子の振幅が自動的に調整されます．

同じように，出力波形の下側半サイクルではTr_4がダミーの負荷抵抗に電流を供給します．その電流を利用してTr_8が負荷に電流を供給します．

図27はこの回路のLTspiceによるシミュレーショ

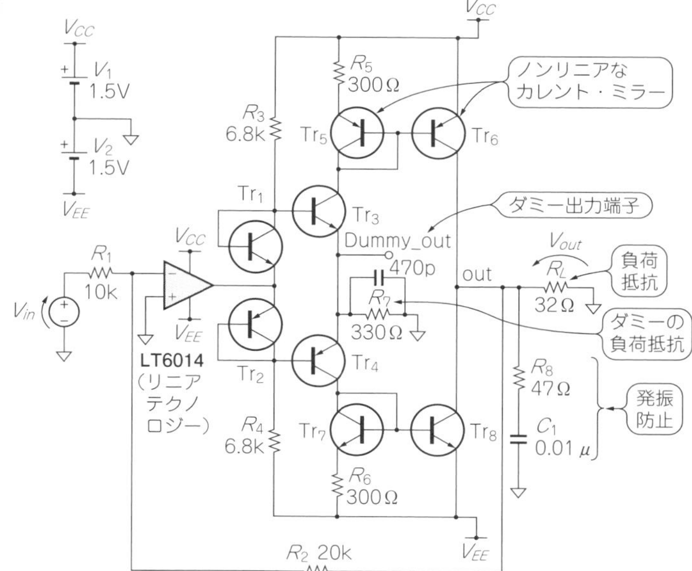

図26　回路見本9…OPアンプに接続したレール・ツー・レール・上下対称コレクタ出力回路
動作には±1V程度必要

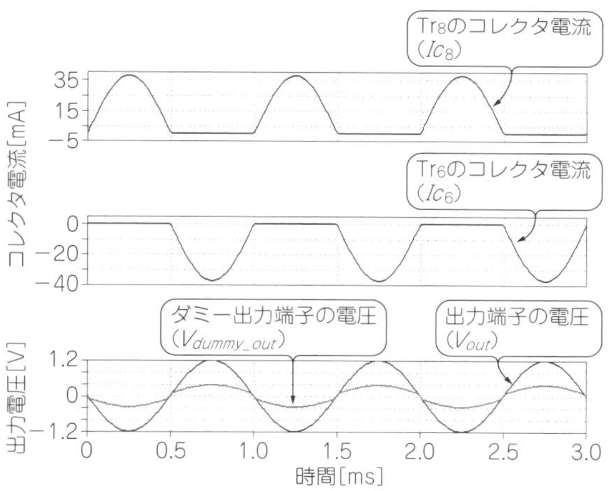

図27　OPアンプに接続したレール・ツー・レール出力プッシュプル回路（図26）のLTspiceによるシミュレーション結果
電源電圧±1.5Vで±1.2Vの出力が得られている

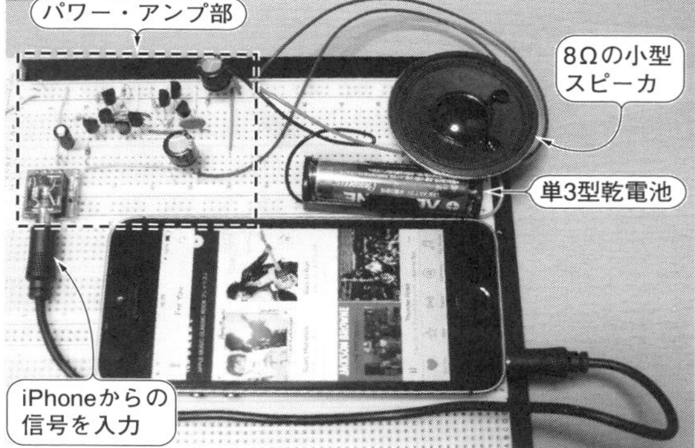

写真10　ブレッドボードで製作したレール・ツー・レール型パワー・アンプにiPhoneからの信号（音源）を入力して8Ωの小型スピーカを鳴らしてみた

ン結果です．出力OUT端子およびDummy_out端子の電圧と，Tr_6，Tr_8の電流を表示しています．電源電圧±1.5Vで±1.2Vの出力が得られていることと，Tr_6，Tr_8がプッシュプル動作していることが分かります．

図26に示したコレクタ出力の回路は非常に発振しやすい回路です．無信号時に発振しなくても，信号を入れると正弦波の先端部分で発振することもあります．負荷条件をいろいろ変えて，発振しないことを十分に確認する必要があります．

私の製作

写真10はブレッドボードで製作したB級プッシュプル・パワー・アンプにiPhoneからの音声信号を入力して，乾電池1本で8Ωの小型スピーカを駆動している様子です．

先の**図21**に示したのが製作したレール・ツー・レール型パワー・アンプの回路です．出力段はPNPトランジスタとNPNトランジスタを組み合わせたコンプリメンタリ・プッシュプル・アンプで，1.5Vの電源電圧でも1.1 V_{P-P}以上の出力で8Ωスピーカを駆動

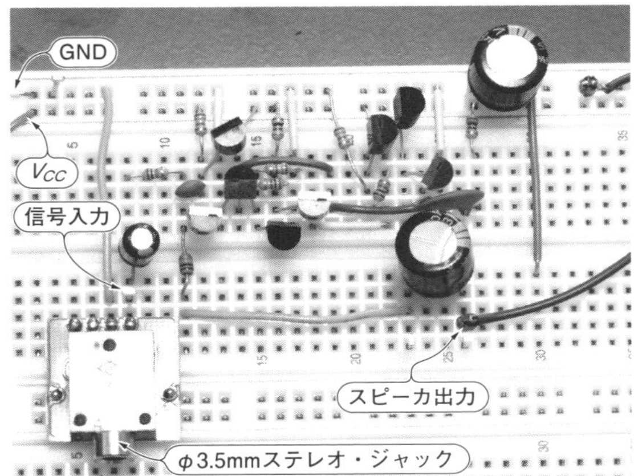

写真11　レール・ツー・レール型パワー・アンプ部の部品実装のようす
信号入力用にφ3.5 mmステレオ・ジャックを取り付けた．だいたいこのようなレイアウトで部品を配置して手早くスッキリ配線できた

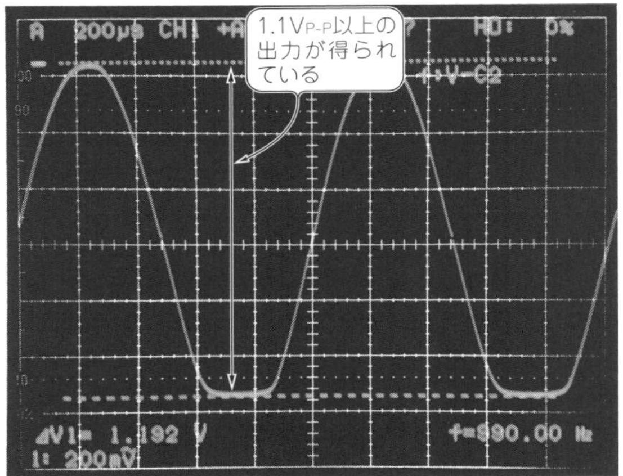

写真12　1 kHzの正弦波信号を入力したときの出力波形
1.1 V_{P-P}以上の出力が得られている（電源電圧は1.5 V，8Ω負荷を接続した）

できます．無信号時の消費電流は4 mA以下と非常に少なくなっています．反転アンプ形式の負帰還アンプとなっていて，ゲインは20 dBに設定してあります．C_3とR_9は発振防止のため，出力端子に接続しています．

写真11はレール・ツー・レール型・パワー・アンプ部の外観です．

図28は**図21**の回路をLTspiceでシミュレーション

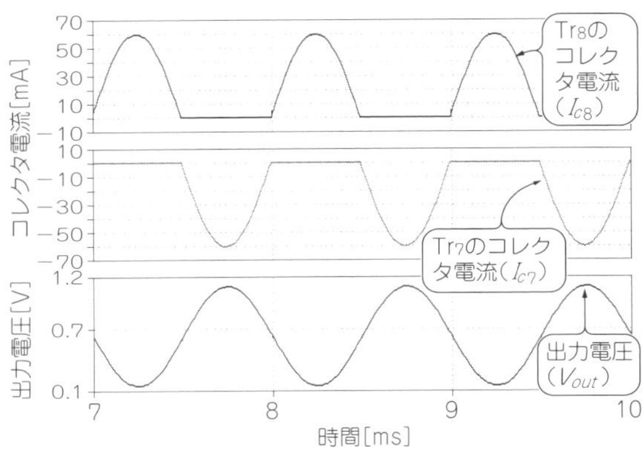

図28　トランジスタ8個で構成したレール・ツー・レール型パワー・アンプ（図21）の出力電圧とコレクタ電流
B級プッシュプル動作が確認できる

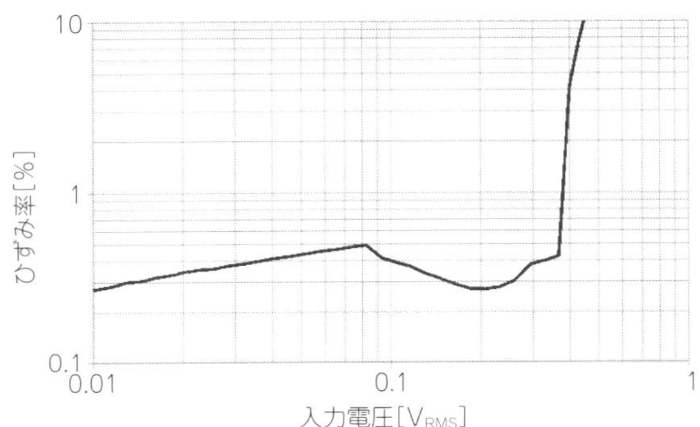

図29　レール・ツー・レール型パワー・アンプのひずみ特性
それほど良い値ではないが，小型スピーカを駆動するには十分な性能をもつ（測定にはオーディオ・アナライザMAK-6581を使用）

した結果です．100 mV_{P-P}の1 kHzの正弦波を入力したときの出力電圧と，Tr_7およびTr_8のコレクタ電流波形を示します．B級プッシュプルで動作しています．

写真12は電源電圧を1.5 V，8Ωの負荷抵抗を接続して，出力がクリップしはじめるレベルの1 kHzの正弦波を入力に加えたときの出力波形です．1.1 V_{P-P}以上が出力されています．

図29にアンプの入力レベル対ひずみ特性の測定結果を示します．それほど良いひずみ率ではありませんが，小型スピーカを駆動するには十分な性能です．

その④…ひずみ系エフェクタ

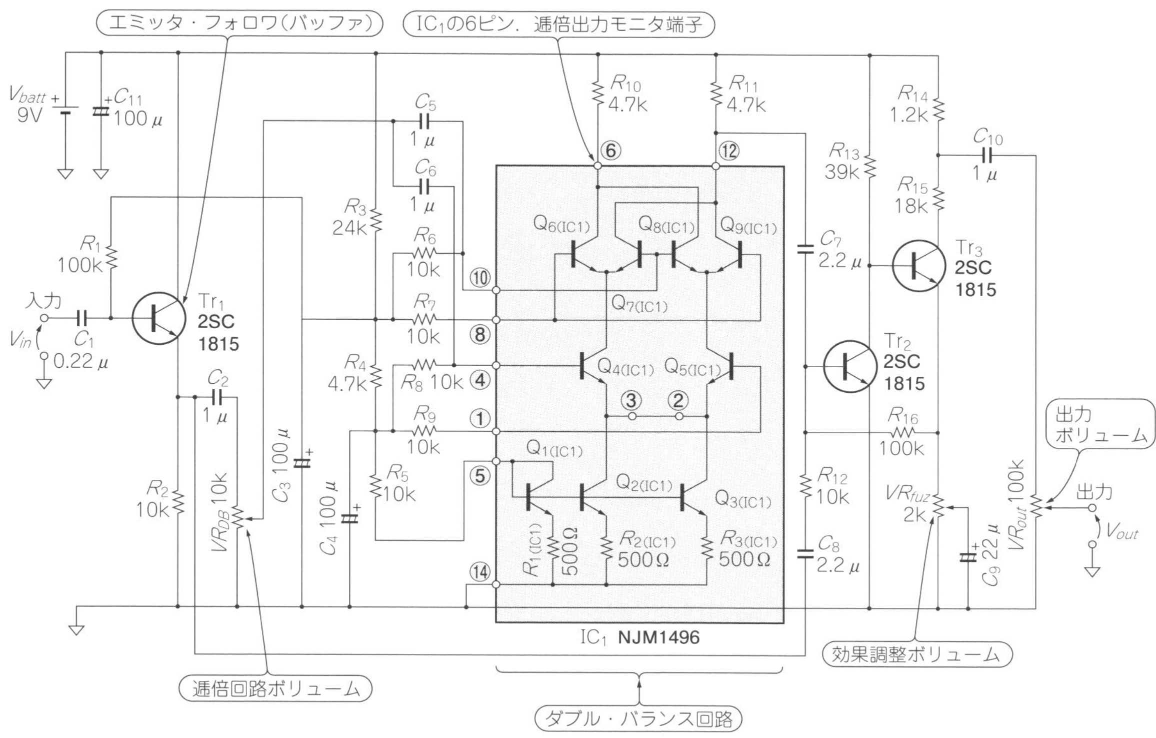

図30　お手本製作…周波数逓倍回路付きファズ・エフェクタ
ダブル・バランス回路を使用して入力周波数を2倍にする逓倍回路の付いたエフェクタ

ここで紹介するのは，次の2つのトランジスタ回路です．

- ダブル・バランス回路
- 2段直結増幅回路

これら2つのトランジスタ回路を応用したお手本として，ひずみ系の楽器用エフェクタ「ファズ」を製作します．回路を**図30**に示します．今回バランスト変調復調IC NJM1496(新日本無線)を使っていますが，オリジナルのMC1496(オンセミ)などもあります．

回路見本10
ダブル・バランス回路

● 基本動作

図31は**図30**のNJM1496の一部を取り出し，$Q_{2(IC1)}$，$Q_{3(IC1)}$を電流源I_{EE}で置き換えたものです．ダブル・バランスと呼ばれる回路です．ギルバート型乗算回路，ギルバート・セルとも呼ばれます．

この回路に加える入力電圧をV_1，V_2とします．話を簡単にするために，本来必要な直流バイアス分を省略して，交流分だけ表しています．OUT_1とOUT_2の差電圧をV_{out}とすると，V_{out}は次式で表せます．

$$V_{out} = RI_{EE}\left\{\tanh\left(\frac{V_1}{2V_T}\right)\right\}\left\{\tanh\left(\frac{V_2}{2V_T}\right)\right\} \cdots (16)$$

ただし，$V_T = \dfrac{kT}{q} \fallingdotseq 26\,\mathrm{mV}$

k：ボルツマン定数，T：絶対温度，q：電子電荷

V_1とV_2がV_Tよりも十分小さい場合は式(16)は式(17)のように近似できます．

$$V_{out} = RI_{EE}\left(\frac{V_1}{2V_T}\right)\left(\frac{V_2}{2V_T}\right) = \frac{RI_{EE}}{4V_T^2}V_1V_2 = kV_1V_2 \cdots\cdots (17)$$

ただし，$k = \dfrac{RI_{EE}}{4V_T^2}$

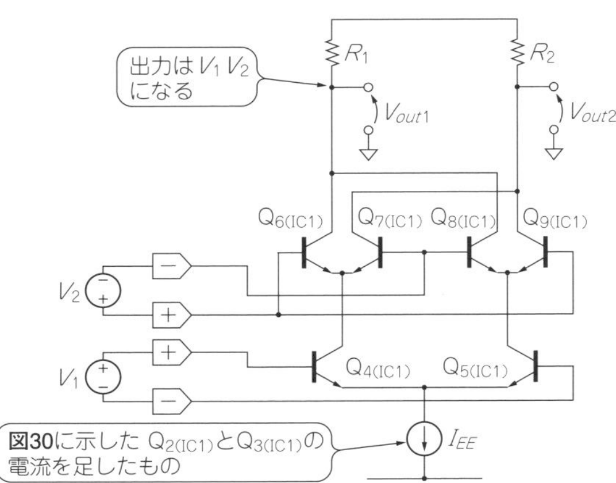

図31　回路見本10…ダブル・バランス回路
ギルバート型乗算回路，ギルバート・セルとも呼ばれる

ここで，V_1，V_2に，振幅がAで角周波数ωの正弦波を加えます．するとその出力は次式になります．

$$\begin{aligned} V_{out} &= kA\sin(\omega t)A\sin(\omega t) \\ &= kA^2\left\{\frac{\cos(\omega t-\omega t)-\cos(\omega t+\omega t)}{2}\right\} \\ &= kA^2\left\{\frac{1-\cos(2\omega t)}{2}\right\} \cdots\cdots (18) \end{aligned}$$

式(18)から，V_{out}は入力信号の周波数の2倍の周波数になることがわかります．

図30ではこの原理を利用して，逓倍回路を作っています．NJM1496の5番ピンと電源間に接続された抵抗で電流源の電流値をコントロールします．**図30**において，トランジスタ$Q_{1(IC1)}$に流れる電流は式(19)のように約210 μAです．$Q_{2(IC1)}$，$Q_{3(IC1)}$が並列になっているので，**図31**のI_{EE}は420 μAです．

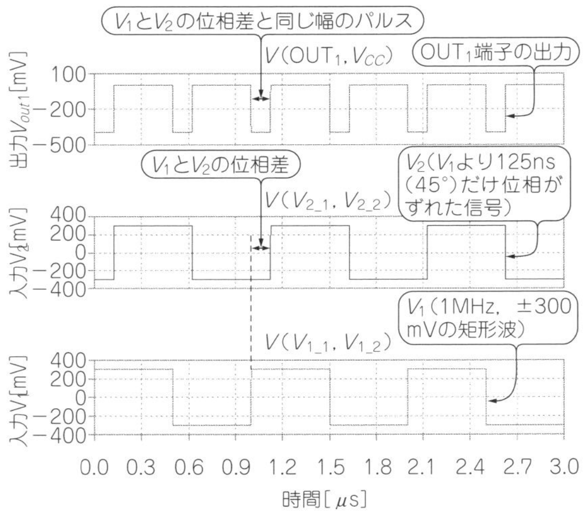

図33　位相比較回路の動作(LTspiceシミュレーション)
出力を平滑すると，位相差に応じた電圧を得ることができる

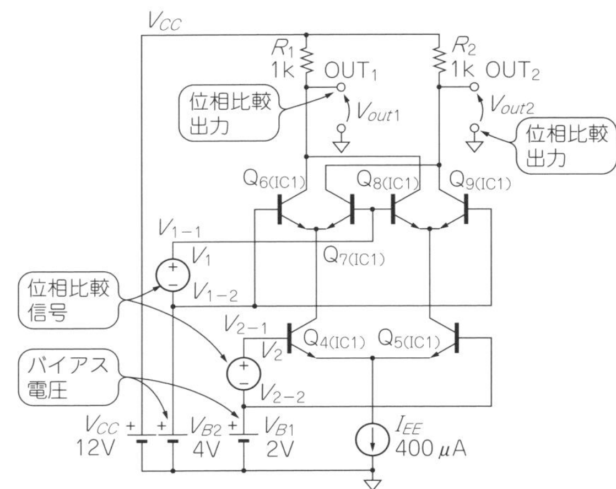

図32　ダブル・バランス回路の応用「位相比較回路」
整数倍の周波数を作るのによく使うPLLでは，位相差が0°になるよう動作させるので，このような位相差を検出する回路が必要

$$I_{CQ1(IC1)} = \frac{9-0.7}{R_3+R_4+R_5+500} \fallingdotseq 210\ \mu\mathrm{A} \cdots (19)$$

● 応用1：位相比較回路

ダブル・バランス回路は，PLLに必要な位相比較回路によく使われます．**図32**はダブル・バランス回路を位相比較回路として使った場合の動作を確かめる回路です．

V_1に1 MHzで±300 mVの矩形波を入力し，V_2に同じく1 MHzで±300 mVの振幅で125 ns(45°)だけ位相のずれた信号を加えています．このときのOUT_1端子の出力波形を示したものが**図33**です．V_1とV_2の位相差と同じ幅のパルスが出力されています．

V_1とV_2の位相差が変化すれば，OUT_1端子のパルス幅も変化します．このOUT_1端子の電圧をローパス・フィルタを通して直流電圧とし，その電圧でVCO(Voltage Controlled Oscillator)をコントロールすることで，PLL(Phase - locked Loop)を構成できます．

ダブル・バランス回路を使用した位相比較回路は，2つの入力信号周波数がほとんど同じでないとうまく動きません．周波数シンセサイザのように，一時的にでも大きく異なる可能性がある場合には向いていません．そのような用途には，位相周波数比較器(Phase Frequency Comparator)と呼ばれる，ディジタル型の比較器を使用します．

● 応用2：周波数変換回路

ラジオ受信機などでは受信した電波をいったん中間周波数に変換してから増幅する，スーパーヘテロダイン方式が主流です．入力信号を中間周波数に変換するのが周波数変換回路の役割です．

ダブル・バランス回路に周波数の異なる2つの信号

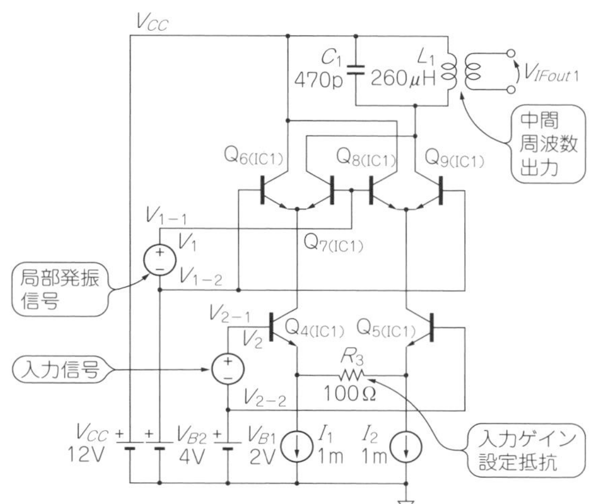

図34　ダブル・バランスの応用「周波数変換回路」
高周波回路では，信号を扱いやすい周波数に変換して扱うことがよくある

を入力したとき，その出力は式(20)になります．

$$V_{out} = KA\sin(\omega_1 t)B\sin(\omega_2 t) = KAB\left(\frac{\cos(\omega_1 t - \omega_2 t) - \cos(\omega_1 t + \omega_2 t)}{2}\right) \cdots\cdots (20)$$

ただし，それぞれの振幅をA，Bとし，出力電圧への変換係数をKと置く

式(20)から，出力信号は，それぞれの信号の周波数の和の成分と差の成分の両方を持っていることがわかります．フィルタによって，この差の成分だけを取り出し，中間周波数信号として使用します．

図34ではV_2が受信した入力信号で，V_1が周波数変換用の局部発振器出力です．入力信号を1000 kHz，局部発振周波数を1450 kHzとすると，中間周波数は450 kHzになります．

図34の抵抗R_3を小さくすると，電圧電流変換ゲインが上がり，感度を良くできます．ただし，入力ダイナミック・レンジが狭くなるため，妨害信号による感度抑圧の影響を受けやすくなります．

回路見本11　2段直結増幅回路

● 基本動作1：直流動作点

図35は，NPNトランジスタで構成した2段直結増幅回路です．自己バイアス型増幅回路となっていて，トランジスタTr_2は抵抗R_{16}でバイアスされます．

Tr_2のベース-エミッタ間電圧は約0.6 Vなので，Tr_3のエミッタ電圧も約0.6 Vです．

Tr_3のベース-エミッタ間電圧も約0.6 Vなので，Tr_3のベース直流電圧は1.2 Vです．R_{13}には電源電圧から1.2 V引いた電圧が加わるため，流れる電流は，

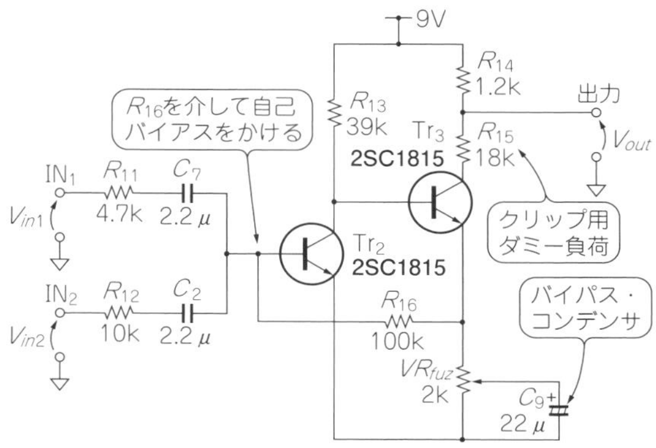

図35　回路見本11…2段直結増幅回路
R_{15}を短絡すると，低ひずみのアンプとして使える

$$(9\ \mathrm{V} - 1.2\ \mathrm{V}) \div 39\ \mathrm{k\Omega} = 200\ \mu\mathrm{A}$$

になります．Tr_2のコレクタ電流も200 μAとなります．

Tr_3のエミッタ電圧が0.6 Vなので，ボリュームVR_{fuz}に流れる電流は，

$$0.6\ \mathrm{V} \div 2\ \mathrm{k\Omega} = 300\ \mu\mathrm{A}$$

で，Tr_3の電流も300 μAです．

● 基本動作2：入出力ゲイン

ボリュームについているコンデンサC_9はバイパス・コンデンサの働きをします．ボリュームの位置で2段目のトランジスタTr_3のゲインが変化します．ただしR_{16}による負帰還も掛かっているため，信号源インピーダンスがある程度大きい場合，ボリューム・センタ付近までのトータル・ゲインの変化は緩やかです．

ボリュームを右に回し切った(C_9がTr_3のエミッタに接続された)ときは，R_{16}による帰還もかからなくなるため，ゲインは最大になります．

このとき，Tr_2のベースからOUT端子までのゲインがどのくらいになるかを計算してみます．まず，Tr_2，Tr_3のg_mをそれぞれ$g_{m(\mathrm{Tr2})}$，$g_{m(\mathrm{Tr3})}$とすると，式(21)，式(22)で表せます．g_mは，ベース-エミッタ間電圧の変化に対するコレクタ電流変化のゲインのことです．

$$g_{m(\mathrm{Tr2})} = \frac{I_{C(\mathrm{Tr2})}}{V_T} = 7.69\ \mathrm{mS} \cdots\cdots (21)$$

$$g_{m(\mathrm{Tr3})} = \frac{I_{C(\mathrm{Tr3})}}{V_T} = 11.54\ \mathrm{mS} \cdots\cdots (22)$$

Tr_3のh_{FE}を$h_{FE(\mathrm{Tr3})} = 100$とし，1段目のゲインを$G_1$，2段目のゲインを$G_2$，トータル・ゲインを$G$とすると次のように計算できます．

$$G_1 = g_{m(\mathrm{Tr2})}\left(R_{13} /\!/ \frac{h_{FE(\mathrm{Tr3})}}{g_{m(\mathrm{Tr3})}}\right) = 54.5 \cdots\cdots (23)$$

$$G_2 = g_{m(\mathrm{Tr3})} R_{14} = 13.8 \cdots\cdots (24)$$

$$G = G_1 G_2 = 752 = 57.5\ \mathrm{dB} \cdots\cdots (25)$$

ただし，//は並列抵抗値を表す記号

つまり，ファズ・ボリュームを最大にしたときのTr_2のベースからOUT端子までのゲインは約58 dBです．

● 図30のエフェクタでの利用法

▶2つの信号を加算

図30の回路では，入力信号はエミッタ・フォロワによるバッファを介してIN_2に入力され，逓倍出力は負荷抵抗R_{11}に電流出力として加えられ，C_7によりこの直結2段増幅回路に加えられています．これは，信号源インピーダンスをR_{11}として，IN_1に電圧入力されたのと等価です．R_{12}を変えることで，2つの信号の加算比率を変えられます．

▶出力をひずませてファズの効果を得る

抵抗R_{15}は，出力信号を故意にクリップさせるためのダミー負荷です．本来の負荷抵抗であるR_{14}よりも1桁以上大きな値とすることで，信号を強制的にクリップさせています．信号をクリップさせることで，ファズになります．

● 応用

図36はトランジスタ2段直結アンプです．OUT_1の出力は入力信号とは逆位相になっており，そのゲインはおおむねR_2/R_1となり，図36の定数では約20 dBです．

$R_4 = R_5$となっているため，OUT_2までのゲインも約20 dBです．こちらはOUT_1とは逆位相になっています．OUT_1，OUT_2のゲインはR_1を変更することで，同時に変更できます．図37が図36の回路の出力波形です．互いに逆位相です．

OUT_1のゲインはR_1とR_2で決まりますが，OUT_2のゲインはOUT_2に接続される負荷インピーダンスだけでなく，OUT_1に接続される負荷インピーダンスによっても変動します．十分大きな負荷インピーダンスになるよう，後段の回路を工夫します．

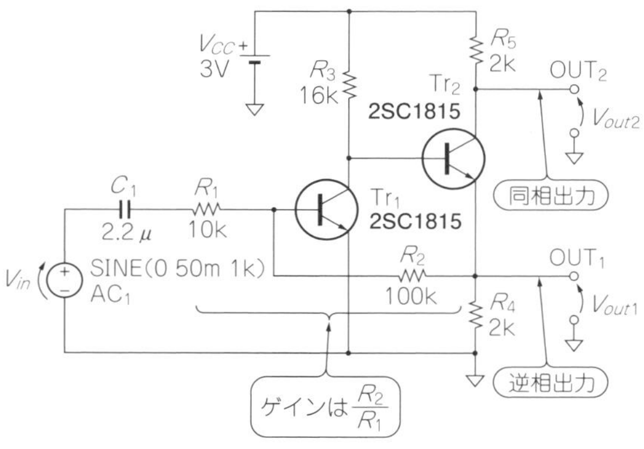

図36　同相，逆相を同時に出力できるトランジスタ2段直結増幅回路

コレクタ電流≒エミッタ電流なので，位相が違うだけの2つの信号が得られる

私の製作

● 見本に信号周波数を2倍にする回路を追加する

前述の2つの回路を使ってひずみ系エフェクタ「ファズ」を製作してみます．

▶アンプの動作をひずませるファズ

ファズは，信号を強くひずませてたくさんの高調波を加えます．

ひずみ系エフェクタには，オーバードライブ，ディストーション，ファズなどがあります．名前と動作原理は必ずしも1対1に対応しないのですが，あえて対応させると，負帰還部分にダイオードを入れてクリップさせるのがオーバードライブ，ダイオード・クリップ回路を使うのがディストーション，アンプの動作をクリップさせるのがファズになります．ここで作るファズは，トランジスタ2段直結増幅回路の動作をクリップさせるタイプです．あの有名なロック・ギタリストのジミ・ヘンドリックスが使っていたFUZZ FACEに近い回路です．

▶周波数を倍にする回路を追加

今回作った周波数逓倍回路付きファズ・エフェクタ(写真13)は，信号周波数を2倍にする逓倍回路を追加して，普通のファズよりも高調波を増やせるエフェクタです．

2倍の周波数を作る方法は，逆相信号をOR回路で加算する方法(日本発ながら世界に知られるようになったSUPER FUZZで採用されている)が有名です．しかし，ここでは前述のダブル・バランス回路を使用した周波数逓倍回路(図30)を採用します．

▶キー・デバイス NJM1496

ダブル・バランス回路には，バランスト変調IC NJM1496を使っています．オリジナルはMC1496(モトローラ，現オン・セミコンダクター)で，内部回路も公開されています．数個のトランジスタで構成されたシンプルな回路です．MC1496は1970年代の製品で

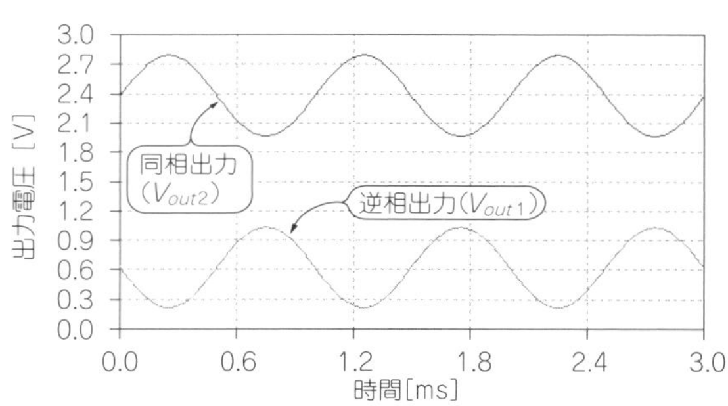

図37　トランジスタ2段直結増幅回路の出力波形

位相が逆になっている2つの信号を確認できる

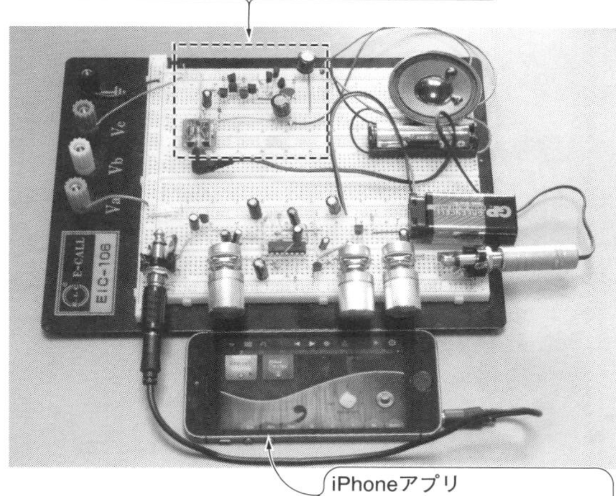

写真13　ブレッドボードに組んだファズ・エフェクタを使用しているようす
入力にiPhoneアプリ「ガレージバンド」のギター出力を使用し，出力は1.5 Vオール・トランジスタ・スピーカ・アンプに接続して，音色を確認

写真14　ダブル・バランス回路を組めるようにトランジスタ9個が入っているIC NJM1496D
個別トランジスタで組むと良好な特性を得にくいのでICを使う

すから，40年以上使われ続けてきました．NJM1496Dの外観を**写真14**に示します．

図30からわかるようにダブル・バランス回路が入っただけのICなので，さまざまな用途に使用できます．例えば，ミキサ，振幅変調器，プロダクト検波，位相検波，周波数逓倍などです．

● 動作と調整

写真15は前述の**図30**に示した回路をブレッドボード上に組み立てたものです．入出力用に，6.3 mmジャックを接続しています．

ダブル・バランス逓倍回路の入力のボリュームV_{RDB}を調整することで，出力の2倍波成分の量をコントロールできます．ボリュームを絞りきると逓倍回路の効果はなくなり，ファズ単体の動作になります．

ファズ・ボリュームVR_{fuzz}は，トータル・ゲインを変化させ，出力信号のクリップの量を調節します．

写真16(a)は，逓倍ボリュームV_{RDB}を左に回し切って逓倍信号を遮断した状態で，ファズ・ボリュームVR_{fuzz}を右に回し切ってクリップ量を最大にしたときの最終出力波形です．入力信号が方形波にクリップしています．

写真16(b)は逓倍回路ボリュームV_{RDB}をセンタの状態にして，入力に1 kHzの正弦波を加えたときの逓倍出力モニタ端子(NJM1496の6番ピン)の波形です．入力信号の2倍の周波数の信号が得られています．

写真16(c)は，逓倍回路ボリュームV_{RDB}をセンタのまま，ファズ・ボリュームVR_{fuzz}を右に回し切って

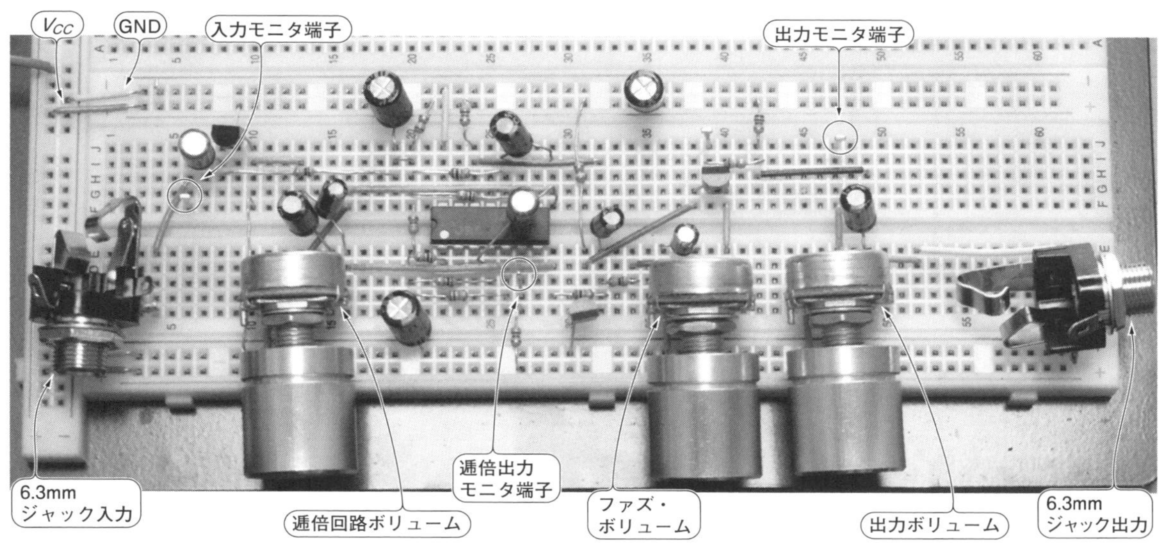

写真15　写真13のファズ回路部を拡大
入出力用に6.3 mmジャックを接続している．だいたいこのようなレイアウトで部品を配置して手早くスッキリ配線できた

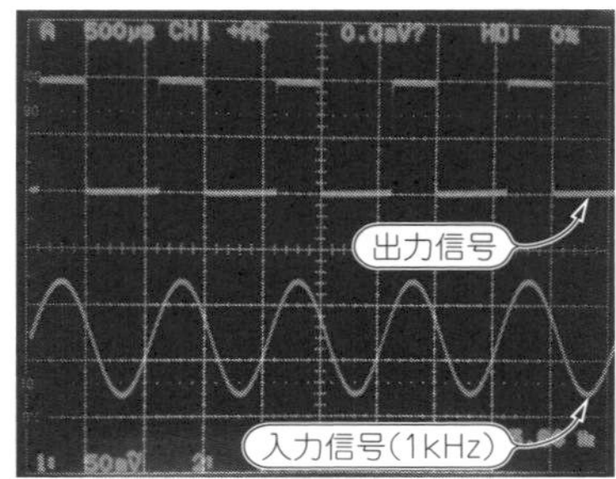

(a) 逓倍ボリューム最小，ファズ・ボリューム最大だと正弦波をクリップした方形波が出力される

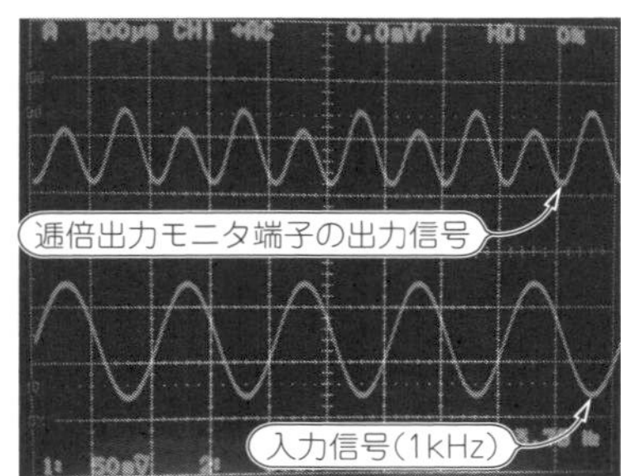

(b) 逓倍ボリューム中央にすると逓倍出力モニタ端子には入力正弦波の2倍の周波数が得られる

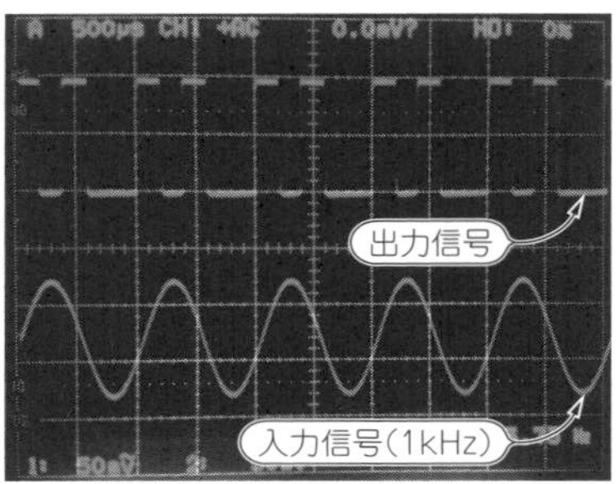

(c) 逓倍ボリューム中央，ファズ・ボリューム最大だと入力信号の2倍の周波数でクリップ波形が得られる

写真16　図30の回路の動作波形(50 mV/div，500 μs/div)
ボリュームの位置によって得られる波形が変わる．ボリュームは，左に回しきったとき最小，右に回しきったとき最大

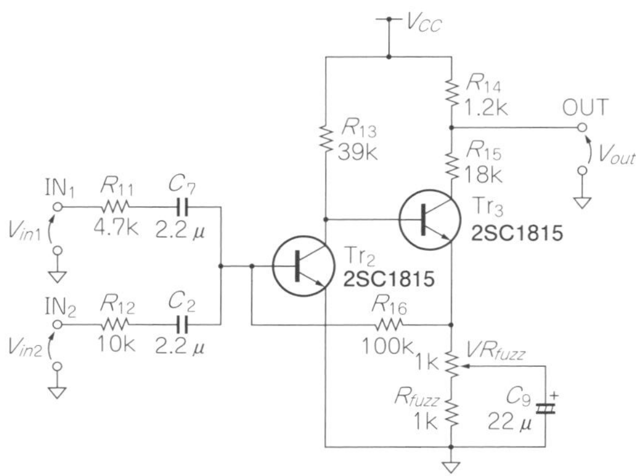

図38　Bカーブのボリュームに抵抗を追加するとゲインをなめらかに調節できるようになる
直列に抵抗R_{fuzz}を入れて，可変抵抗値を小さくすると，Bカーブの可変抵抗でも多少スムーズになる

クリップ量を最大にしたときの最終出力波形です．逓倍信号を遮断したときより複雑な方形波が得られます．

● 調整に適したボリュームを使う

今回のファズ・エフェクタに使用した回路は，2段直結増幅回路のエミッタ・バイパス・コンデンサの接続位置をボリュームで変更して，ゲインを可変しています．

この方式では，ゲインがボリューム位置に比例せず，ボリューム最大付近で急激にゲインが変化するため，Bカーブ・ボリュームは使いにくいかもしれません．Cカーブのものに変更するか，**図38**のように，抵抗値を変更して，直列に抵抗を挿入すると，調整しやすくなります．

Appendix 4

自分で手を動かす人が活躍できる時代

今こそ「電子工作のススメ」

加藤 大

自作し放題の今こそ電子工作を

今どきの電子工作は，昔と決定的に違います．作るために必要な環境が充実しているのです．

例えばマイコン．無料で強力な開発環境やプラットフォームが提供されています．ヘッドホン・アンプ(後出の**写真2**)を作るのも，リビングにノート・パソコンを置いて，電子回路シミュレータ(LTspiceなど)を走らせたり，挿すだけ実験ボード「ブレッドボード」にチョチョイと回路を組んで性能を評価したりできます．

高嶺の花だった測定器は，安価なオシロスコープなどがいろいろと登場して個人の手が届くようになりました．部品もプリント基板も，自宅からインターネットを通じて簡単に発注できます．個人でも高度な電子工作が気軽に楽しめる時代になっているのです．マニアックなこだわりに，優れた道具が応えてくれます．

かつてのラジオ少年改めラジオ中年の私も，今，次の電子工作ネタに夢中で，夜な夜な工作机に向かっています．

いったい電子工作にはどんな魅力があるのでしょうか？昔の自分を振り返ってみます．

表1　オリジナルでユニークな自作は好奇心を刺激する
私が子供だったころの電子工作のテーマ

(1)ユニークなもの	(2)市販製品があったもの
お風呂ブザー	ラジオ，ワイヤレス・マイク
アメパト・サイレン	無線機
電子びっくり箱	オーディオ
おやすみタイマ	電子楽器，シンセサイザ
電池式蛍光灯	エフェクタ
電子サイコロ	マイコン

作る経験がものづくりで活躍するための切符

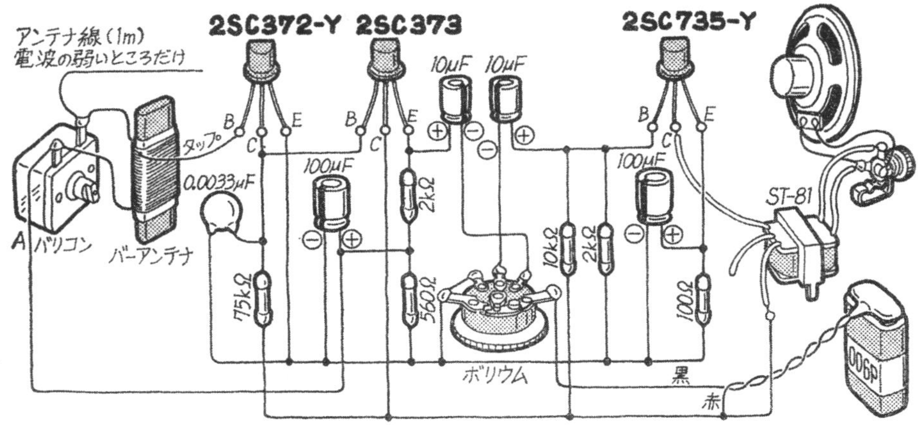

図1(2) 部品の形状や端子の配置などの実用的な情報が詰まっている実体配線図は子供でも理解できる重要図面

はんだ付け箇所や，完成のイメージがよくわかる．ラグ板やケース内の配線図もあった．回路図だけで組み立てるのは小学生にはハードルが高すぎだった

電子工作はそもそも子供から大人まで楽しめるもの

● 自作は好奇心を刺激する

30年，40年前の電子工作はアナログ中心でした．科学雑誌の電子工作の記事は大人気でした．当時のテーマは2つに大別できます(**表1**)．

小中学生の電子工作入門は，**表1**の(1)が中心でした．機能はたいしたものではなくとも，トランジスタ1～2個で世の中に売っていないものが作れたので，子供たちの好奇心を大いに満足させました．

当時の技術者たちは，よくぞこのような工作ネタを思いついたものだと感心させられます．私も毎月雑誌記事を読んで，あれもこれも作ってみたくて仕方がなかったものでした．「電子工作×女子大生」をテーマにしたマンガ「ハルロック」(1)でも主人公がそんな時期を過ごしたようすが描かれています．

● まずは電子工作の情報に接することから

当時はNHK教育テレビ「みんなの科学」に電子工作が取り上げられたり，電子ブロック・マイキットなどの玩具がデパートで売られたりとポピュラな趣味でした．小中学生の主な情報ソースはやはり雑誌でした．

記事は製作物の理論や動作原理よりも，製作に必要な知識・スキル中心に解説されていました．例えば，**図1**に示すような実体配線図は，子供たちが部品の形状や端子の配置などを覚えるのに重要な図面でした．また，抵抗のカラー・コードもトランジスタにh_{FE}グレードがあるのも，みんな雑誌が教えてくれました．記事の最後のほうにある調整要領は妙なリアリティがあって，なぜか調整してみたい願望に駆られたことを思い出します．

ケースの加工についても多く解説されていたことは注目すべきです．巧妙な製作物であっても，バラック・セットのままでは実用性が乏しいものとなります．からくりを楽しむだけでなく，人の手元で使えるように仕上げることが大切だということを子供たちに示唆していたのでしょう．

これらは，電子工作のリテラシと言うべきもので，ものづくりの教養のようなものです．こんなことを当時の小中学生がやっていたわけです．

ものづくりで大切な「オリジナリティ」を養う

● 自作によって自分なりのオリジナリティを見つけていく

電子工作に慣れた自作愛好家は，製品として市販されているものも自分で作りたくなります．モノを作る動機にプロセスの楽しみは大きな位置を占めると思いますが，製品が高価で手に入らないことも理由の1つでしょう．

TK-80などのマイコン・ボードは学生には高嶺の花でしたが，自作マイコン・ボードなら手が届くと，私もCPUやメモリICを買い集めて作りました．

最初はプログラム・ロード用のトグル・スイッチがパネルにずらっと並んだもので，ハンド・アセンブルでたわいのないプログラムを動かして，先端技術であったマイコンを味わっていました(3)．

その後，テレビをディスプレイに使うビデオ・インターフェースを付けたシステムを作りました．画面を光学ペンで触るとカーソルが飛ぶ，ライトペン・システムがとても未来的で，装備しようとあれこれ画策していました．

でも，そのころはBASICを搭載したパソコンが普及して，パソコンを製作する意味が希薄になっていました．そもそも，自作マイコンの開発環境としてパソコンを使うようになってきたのです．一方で，多階調で高精細なグラフィックスはまだ市場になく，トラン

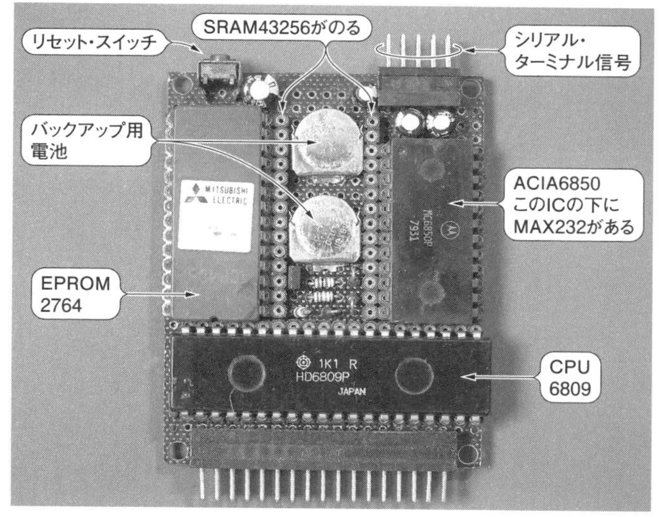

(a) 表面

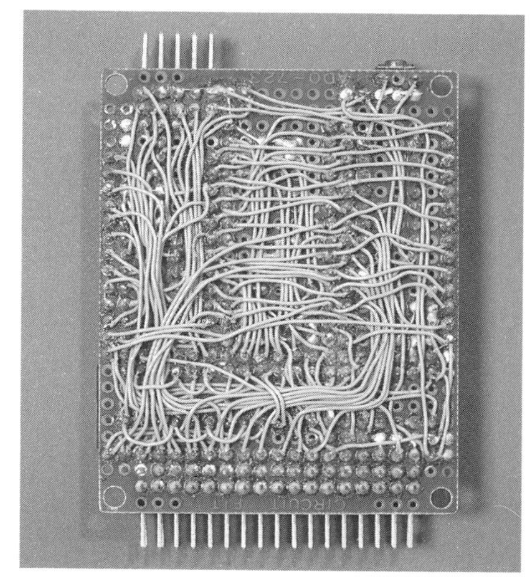

(b) 裏面

写真1　配線が多いほど燃えた…私が作った超小型MC6809ワンボード・マイコン
中央はSRAMを差し込む．600mil DIP ICの下にはICやバッテリが実装されている．裏面の手配線は今ではとてもやる気になれない

ジスタ技術(CQ出版社)の製作記事の3次元CG画像(4)を見て圧倒され，DRAMや16ビット CPUを買い込んできたこともありました．

思い返すと，当初の製作動機は「時代の先端の高嶺の花を手に入れたい」からでした．大きな憧れだった先端技術はメーカだけでなく，電子工作を通じて市民が触れることのできる時代だったのです．

メーカの開発力は強大です．自作愛好家が決めた目標仕様などは，しみじみ作っている間にあっという間に追い抜いて安価に市場に出してしまいます．そうなると自作愛好家の生き残る道は「オリジナリティ」，「ニッチ」に向かって行きます．

例えば，エフェクタは市販品が高価すぎるとは言えません．エフェクタの自作愛好家の動機の多くは，自分で「自分のサウンドを創りたい」ということにあると思います．

自分のサウンドはどうやって創るのでしょうか．記事の通り製作してそれが気に入れば自分のサウンドと言えるでしょう．OPアンプやはんだのブランドを変えたり，ビンテージ・パーツを使ってみたりするのも1つの方法です．でも，電子回路を学べば，より効果的にサウンドが創れるようになります．

電子工作の真の意義は，自分のオリジナリティを見つけるところにあるのではないかと思います．

● ライバルがいると燃える

オリジナリティは，他者との競争心でもあります．

あるスピーカの自作本で，「いっちょうどでかいシステムを作ってやるか…」とおじさんがつぶやく挿絵がとても印象的でした．「作ってやるか…」には，他者との競争心を表しているような気がします．

スピーカで重低音再生をするためには大きなエンクロージャ(筐体)が必要だと言う解説の挿絵だったと記憶していますが，例えば趣味ならば部屋ごとエンクロージャにしても構わないわけで，「自分ならこんなものを作れるぞ」という競争心が誰にもあるのだと気付かされたのです．

技術だけでなく，愚直に膨大な配線をするのも競争心でしょう(**写真1**)．その気持ちは，ものづくりに携わったときには大切な意気込みにつながります．

● そうやって誰にもマネのできないものを作る経験が大切

仕事では，自分の想い通りの設計はなかなか認めてもらえません．例えば仕事でヘッドホン・アンプを開発するなら，無帰還なんて変なこだわりを捨てて，帰還をかけてカタログ・スペックを良くしろと一蹴されるでしょう．だからこそ，趣味の電子工作では自分の想い通りのことを徹底的にやれます．

仮想ライバルを思い浮かべ，仕事の経験も総動員して，誰にもマネのできないものが出来たときは，何ものにも変え難い格別の喜びを感じます．

工学・設計の世界にたどり着く

● 工作だけではたどり着けない電子工学の世界

ワイヤレス・マイクのコイルは鉛筆にスズめっき線を巻いて作るのが普通でしたが，希望のインダクタン

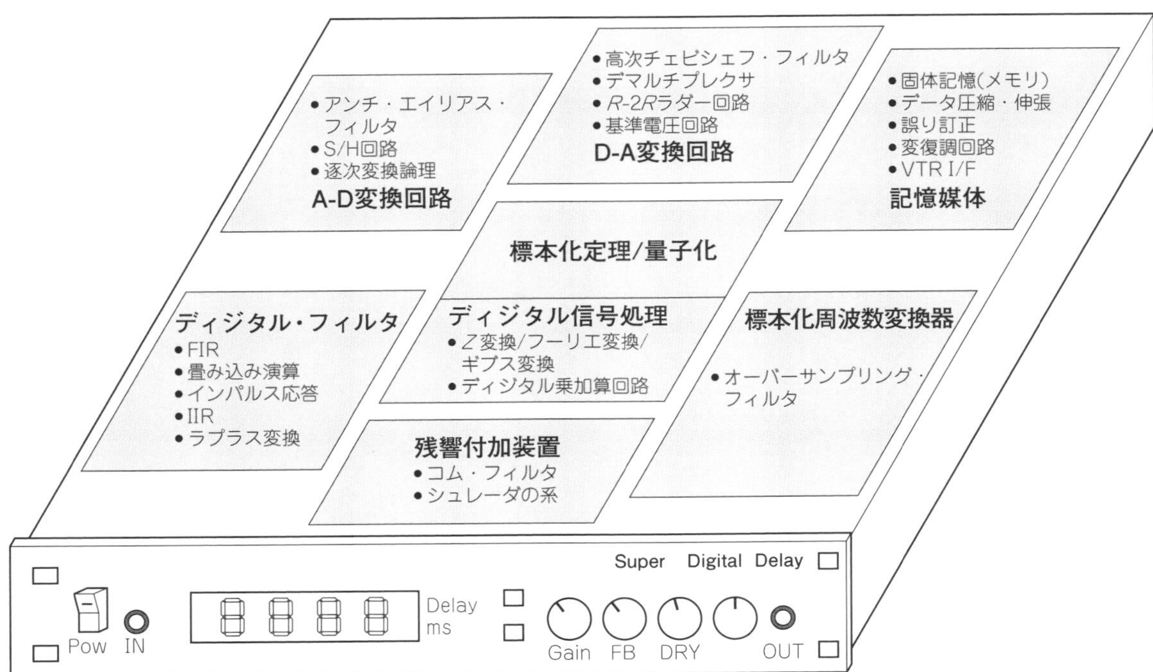

図2 自作を続けていると工学や設計の世界にたどり着くことになる
ディジタル・エフェクタの自作が信号処理工学の道に入るきっかけになった．多岐にわたる技術を積み上げた1980年代のディジタル信号処理

スにするためにどうやってコイルの巻き数や巻き径を決めるのか，小学生の私には大いなる謎でした．

無線機屋の店主に聞くと「それは大学に行けば教えてくれるよ」とのことだったので，それ以来電子工作と学問はセットなのだ，大学には行った方がよいな，と思うようになりました．果たして，大学の電磁気の授業では，長岡係数とともに，子供にはいささか難しい数学表現のインダクタンスの求め方を習いました．

高校生のころ，革命的な製品が世の中に現れました．コンパクト・ディスク(CD)です．当時は，貸しレコード屋からレコードを借りて来てカセット・テープに録音して音楽を聴いていた時代です．カセット・テープとCDのあまりの音質差に強い衝撃を覚えました．ディジタル・オーディオの普及が始まったのです．

ミュージシャンがディジタル・エフェクタを使って素晴らしいサウンドを作ることも知りました．特に，Jaco Pastorius(ジャズとフュージョンのエレクトリック・ベース・プレーヤ：米国)が愛用していたMXR社(エムエックスアール：米国)のDigital Delay Loopを使ったプレイは，ディジタル・エフェクタならではでした．

私は，ディジタル・オーディオに興味を持ち，特に音質がよくリアルな残響もできる，ディジタル・エフェクタをなんとか自分で作ってみたいと考えるようになりました．これを作るには，多種多様な技術分野を理解しないといけません[5]．**図2**には，その技術の体系を示します．

高校生にはほとんどない知識の技術ばかりですが，目当てのものを作り上げるには何を勉強すればよいか，おぼろげにわかるようになりました．

例えばディジタル・フィルタを作ろうとするならば，畳み込み演算やz変換，インパルス応答など，その前段階ではフーリエ変換，ナイキスト定理，さらにはA-D/D-A変換回路などたくさんの知識や技術が関わってきます．

大学の授業では，関連する科目についての応用分野を既に知っていたわけですが，同級生からなぜ知っているのか不思議がられたものでした．電子工作は，ものを作りたい一心から学問の扉をたたくきっかけを作ることもあります．

● 習うより慣れろだけではたどり着けない設計の世界

メーカの技術者になった私は，若いときに職務としてアナログIC設計の集中トレーニング[6]を受けました．電子工作の経験があったのでトランジスタのことはそこそこ知っていると勘違いしていましたが，実はろくにわかっていませんでした．トレーニングと実務のおかげで，今では「エミッタの気持ち」がわかるようになりました．

以前，トランジスタ技術(CQ出版社)に掲載された「無帰還フル・ディスクリート・ヘッドホン・アンプ」(**写真2**)[7]の記事を読んだ読者の中には，私が電子工

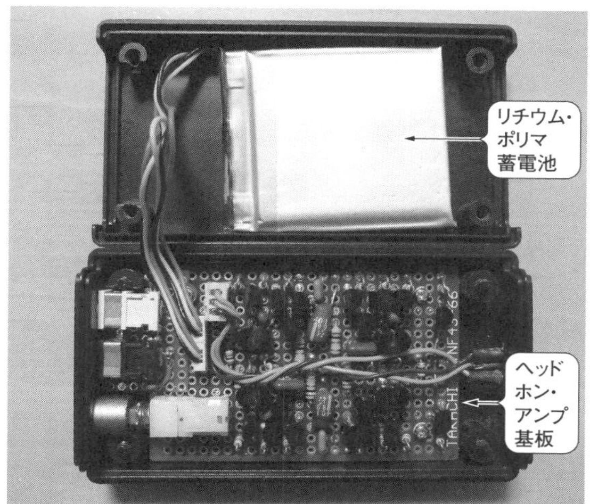

写真2　このフル・ディスクリート・ヘッドホン・アンプは趣味の電子工作のように見えて実務経験がなければたどり着けなかった世界
趣味的な好奇心で無帰還型にこだわりたくさんトランジスタを使ったが，実用性が大切と考えて，小型にまとめた．自分で作ったものを日常で使えるのは嬉しいもの

作を心から楽しんでいると受け止められた人もいたかと思います．

このアンプの設計製作への動機付けや組み立てのスキルは，電子工作の経験が大変役立っています．無帰還型になぜか意地になってこだわり，たくさんトランジスタを使うのはまさに趣味的でした．でも，本当のことを言うと，回路設計には電子工作時代の知見はあまり寄与していません．

趣味の延長や慣れではこのアンプは設計できなかったと思います．習うより慣れろだけでは，先に進めません．若いときにトランジスタを勉強しておいて本当によかったと思っています．

作る経験がものづくりで活躍する切符

実際にディジタル・オーディオを作るには，信号処理理論よりもA-D/D-A変換回路をどう作るかが重要になります．当時，高ビットA-Dコンバータは，非常に高価でしたので，D-Aコンバータに逐次比較(SAR)ロジックを組み合わせたA-Dコンバータを記事で見つけて，ディジタル・ディレイを作りました(**写真3**)．

A-D/D-Aの動作確認した段階で卒業が迫り完成に至りませんでしたが，本当は1Uのラック・シャーシに入れた市販品のようなディジタル・ディレイに仕上げるつもりでした．

ケース販売店を覗いてはパネル・デザインをどうしようか，厚いアルミ・パネルの角穴をきれいに加工するにはどうしたらよいのかなどと考えを巡らせていた

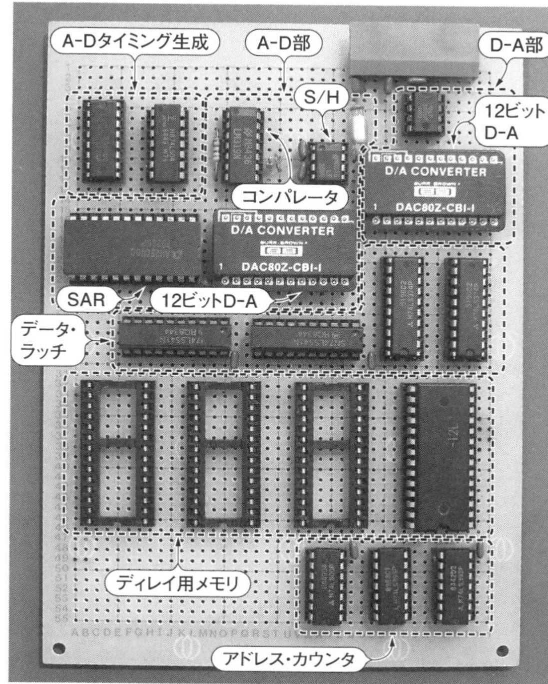

写真3　信号処理という学問への入り口になった自作ディジタル・エフェクタ
12ビットのA-Dコンバータは大変高価だったので，D-Aコンバータ＋SARで構成した．音響データの遅延用メモリにはSRAMを使用

ものです．機能や性能もさることながら，人前で使えるカッコいい仕上がりばかり考えていました．

パネル・デザインを考えれば，パネルに取り付ける部品や，HMI(Human Machine Interface)のことも考えます．ケースを決めるには，各部品の大きさや配置などを考えます．部品が高ければ，安く上げる別の手を懸命に調べます．

このような，何を作るのかをよく考え，次にどう作るのかを考える習慣は，電子工作を通じて鍛えられます．そして，ものづくりの現場でとても役に立つでしょう．

◆参考・引用*文献◆

(1) 西餅；ハルロック1，2014年，講談社．
(2)* 奥沢 清吉；やさしい3石ラジオの作り方，子供の科学，1975年5月号，誠文堂新光社．
(3) 松本 吉彦；私だけのマイコン設計＆製作，1977年，CQ出版社．
(4) 岸本 英一，山本 強；高解像度カラー・グラフィック・ディスプレイの製作，トランジスタ技術，1983年10月号，CQ出版社．
(5) 越川 常治・山崎 芳男；PCM/デジタル・オーディオのすべて，1980年，誠文堂新光社．
(6) P.R.グレイ，R.G.メイヤー著，永田 譲訳；超LSIのためのアナログ集積回路設計技術(上・下)，1990年，培風館．
(7) 加藤 大；無帰還で歪率0.003%！フル・ディスクリート・ヘッドホン・アンプ，トランジスタ技術，2014年8月号，CQ出版社．

第4部

現実的「測定回路」のツボ

第13章

便利に使えて理解も深まる測定回路の世界①

トランジスタ電流増幅率 h_{FE} テスタ回路

青木 英彦

トランジスタの電流増幅率 h_{FE} テスタ回路

● トランジスタを代表する特性「h_{FE}」

定格で規定される電圧や電流は別として，トランジスタを代表する特性といえばh_{FE}(直流電流増幅率)ではないでしょうか．回路設計するうえでもh_{FE}は重要なパラメータの1つです．

h_{FE}はコレクタ電流I_Cとベース電流I_Bの比I_C/I_Bで定義されます．このh_{FE}を測定するときは，コレクタ電流とベース電流の両方を測定しなければいけません．

h_{FE}は$I_C = 10$ mAといった，コレクタ電流が一定の値のときの数字で規定されますが，そのコレクタ電流になるようにベース電流を調整して測定するとなると，手作業ではかなり面倒です．

ここでは，h_{FE}の値を簡単に測定できるトランジスタh_{FE}テスタを製作しました(**図1**，**写真1**)．h_{FE}をあらかじめ測定しておくことで，NPNとPNPのコンプ

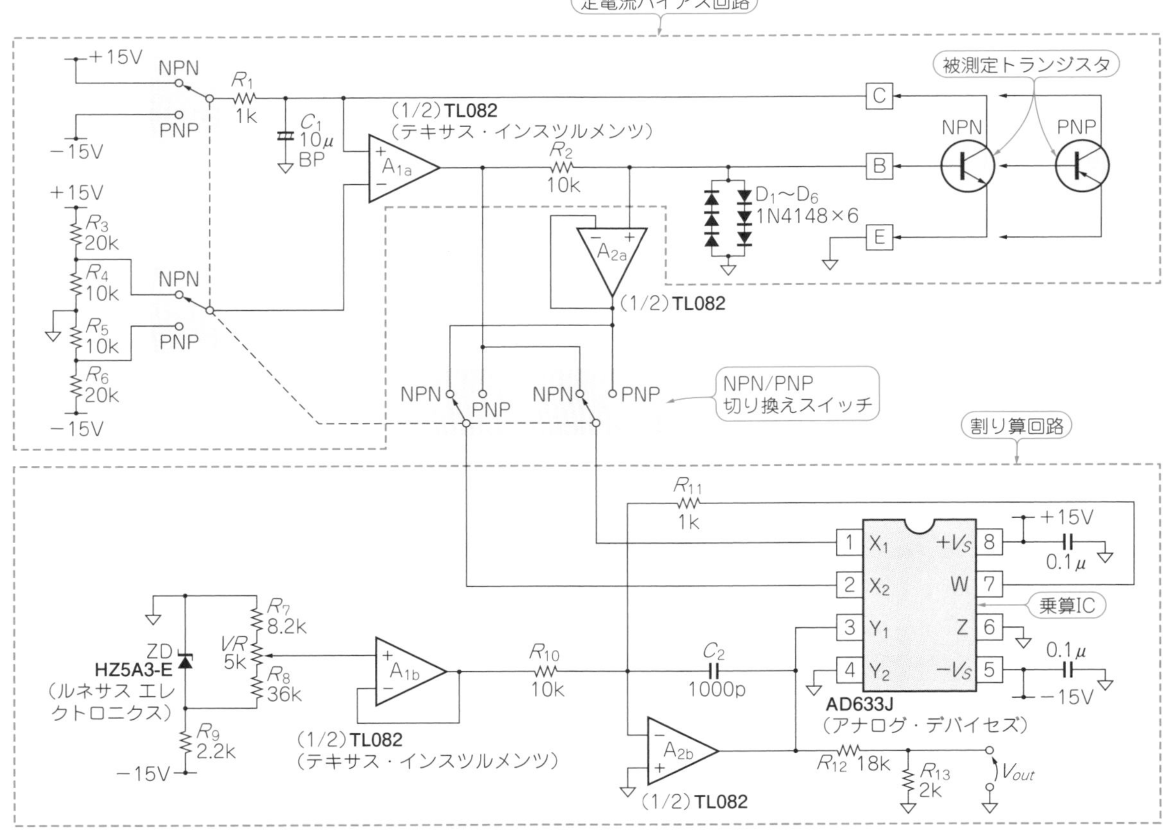

図1　トランジスタの基本性能「電流増幅率」を電圧で直読みできるh_{FE}テスタ回路

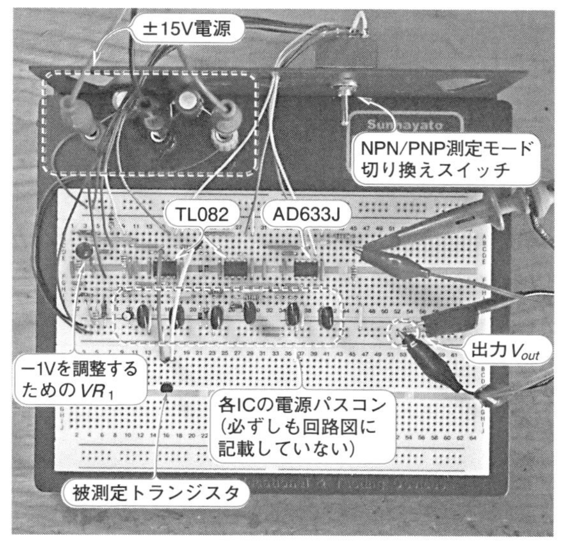

写真1　実際のトランジスタh_{FE}テスタ回路

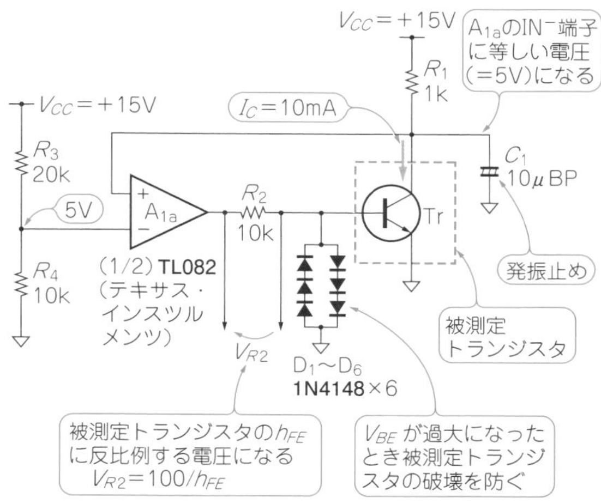

図2　回路見本1…定電流バイアス回路

リメンタリ・ペアでh_{FE}をそろえてひずみを小さくしたり，ベース電流起因の回路のばらつきを小さくできます．

● h_{FE}の値をそのままmVの電圧で出力する

製作したトランジスタh_{FE}テスタでは，被測定トランジスタに一定のコレクタ電流を流し，そのときのh_{FE}を電圧に換算して出力します．例えば$h_{FE}=100$なら100 mV，$h_{FE}=500$なら500 mVが出力されます．このため出力電圧をディジタル電圧計で読めば，mV単位の読みがそのままh_{FE}の値になります．このように，面倒な手間をかけなくても，簡単にh_{FE}を測ることができます．

測定条件は，$V_{CE}=5$ V，$I_C=10$ mAです．NPN/PNPはスイッチで切り換えられます．

● 変化する電圧の上限下限を把握して定数を決める

回路は，複雑なものではありません．しかし，h_{FE}の大きさによって変化する回路内の電圧に対して，ダイナミック・レンジとオフセットからどのような設定にするかをきちんと計算しないと，h_{FE}の大きなところや小さなところで極端に誤差が大きくなり使いものになりません．

本回路の設計は，h_{FE}の値によって変化する電圧の上限下限をしっかり把握して定数を決めています．

● 回路構成

全体回路は**図1**です．

大きく分けて，定電流バイアス回路(**図2**)と割り算回路(**図3**)の2つの回路ブロックから構成しています．

定電流バイアス回路は，OPアンプA_{1a}による帰還ループで被測定トランジスタのコレクタ電位を一定に保ち，設定したコレクタ電流になるようにベース電流を制御します．被測定トランジスタのベース電流はR_2を流れるので，R_2の両端に発生する電圧がベース電流に比例する電圧になります．

バッファ回路のA_{2a}は，これにつながるAD633Jの入力電流によりR_2の両端の電圧に誤差が生じるのを防ぐものです．またA_{1b}は前段の抵抗分が大きいので，バッファによって十分低いインピーダンスに変換しま

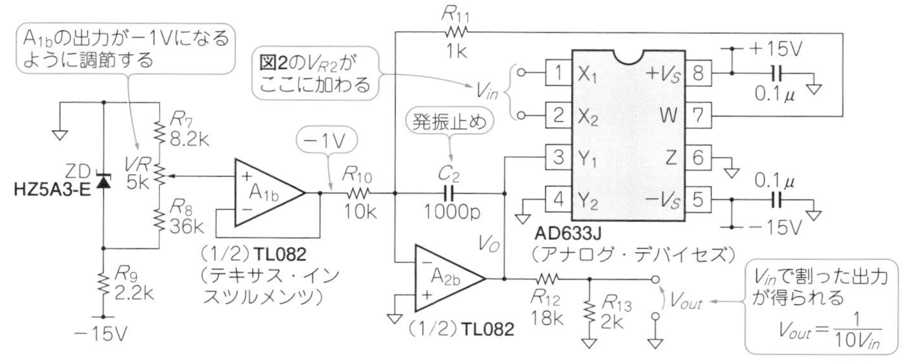

図3　回路見本2…割り算回路

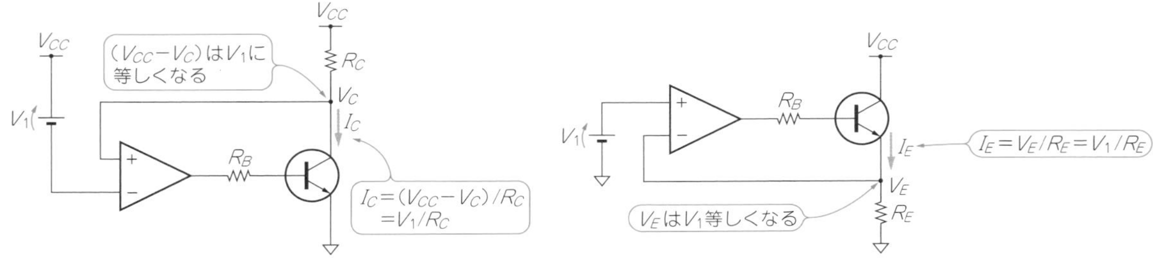

(a) コレクタ電流・コレクタ電圧一定型(**図2**と同じ)　　(b) エミッタ電流・エミッタ電圧一定型

図4　定電流バイアス回路(図2)の応用①…エミッタ電流・エミッタ電圧一定型の定電流バイアス回路

す.

コレクタ電流を一定にしているため，h_{FE}が大きいほどベース電流は小さくなり，R_2両端の電圧はh_{FE}に反比例しています．これを割り算回路で変換して，h_{FE}に比例した電圧を出力電圧として得られます．

回路見本1…定電流バイアス回路

● OPアンプの帰還でコレクタ電流を一定にする

定電流バイアス回路はベース電流に比例した電圧を取り出す回路です．h_{FE}を求めるにはベース電流とコレクタ電流の大きさがわからなければいけません．コレクタ電流は一定にして，そのときのベース電流を求める必要があります．

図2は定電流バイアス回路部を抜き出した回路です．OPアンプA_{1a}と被測定トランジスタTrで帰還回路を構成しており，Trのコレクタに接続されるA_{1a}のIN^+端子の電位がIN^-端子の電位に等しくなるように，Trのベース電流が制御されます．Trのコレクタ電流はR_1に流れる電流と等しくなります．ここでは10 mAに設定しています．

Trのベース電流がR_2に流れると，R_2の両端に電圧が発生するので，これを出力として取り出します．R_2両端の電圧をV_{R2}とすると，V_{R2}［V］は以下のようになります．

$$V_{R2}=I_B R_2=\frac{I_C}{h_{FE}}R_2$$
$$=\frac{10\,\text{mA}\times 10\,\text{k}\Omega}{h_{FE}}=\frac{100}{h_{FE}}\cdots\cdots\cdots\cdots(1)$$

多くの場合，トランジスタのh_{FE}は$V_{CE}=5$ Vで測ります．Trのコレクタ電位を5 Vにしようとすると，A_{1a}のIN^-端子電位が5 Vであればよいことになります．ここでは電源が安定化されていることを前提として，単純にR_3とR_4の抵抗分割で5 Vを作っています．

D_1～D_6のダイオードは，被測定トランジスタのV_{BE}が$\pm 3V_F$(約2.1 V)よりも大きくならないように，3本直列接続したダイオードを逆並列接続しています．定常動作時以外に万が一，A_{1a}の出力が最大に振れたときに被測定トランジスタの破壊を防ぐものです．

C_1は，被測定トランジスタがNPNのときとPNPのときとでコレクタの電位が正負異なるので，無極性の電解コンデンサを用いています．

● 応用

定電流バイアス回路ではコレクタ電流が一定になるようにしているので，その応用としてエミッタ電流を一定にできます．さらにコレクタから一定電流を取り出せるので定電流出力回路にもなります．このときJFETを使うと精度を高められます．これらは見かたを変えれば増幅器としても使えます．

▶(1) エミッタ電流固定型回路

定電流バイアス回路は，**図4(a)**のようにコレクタ電圧とコレクタ電流を一定に保っています．これに対して**図4(b)**はエミッタ電位とエミッタ電流を一定に保つ回路です．

図4(a)の回路ではコレクタから帰還をかけているのに対して，**図4(b)**の回路ではエミッタから帰還をかけています．帰還をかける端子(IN^+，IN^-)は違っています．エミッタの電位V_EはV_1に等しいので，V_1に一定の電位を与えるとR_Eには一定の電流($=V_1/R_E$)が流れ，それがエミッタ電流になります．

図4(a)(b)いずれの回路も，ベース電流を検出するのでなければ，R_Bは不要です．

▶(2) 高精度な定電流出力回路

一定の電流を取り出したいときは，**図4(b)**のようにコレクタをV_{CC}から切り離すと，ほぼI_Eに等しい電流が取り出せます．ただし，この場合ベース電流による誤差を伴います．

その欠点をなくしたのが，**図5**のトランジスタをJFETにしてドレインから電流を取り出した回路です．JFETならばベース電流に相当する電流は流れないので，ソース電流に等しいドレイン電流を取り出すことができます．

図5はいずれもR_SにV_1と同じ電圧が加わるので，

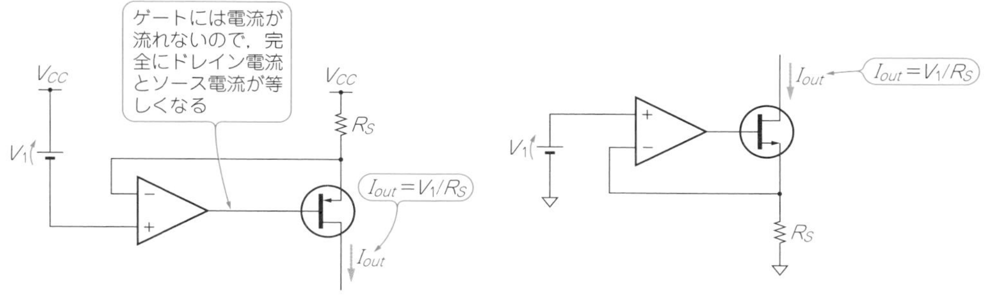

図5　定電流バイアス回路(図2)**の応用②…JFETを使った高精度定電流バイアス回路定電流回路**

出力電流I_{out}は次のようになります．

$$I_{out}=\frac{V_1}{R_S}\cdots\cdots(2)$$

＊

図4(a)の回路ではコレクタに，**図4(b)**の回路ではエミッタに，V_1に比例する電圧が発生します．この電圧を出力として取り出し，V_1を入力信号として考えると，これらの回路は通常の増幅器です．

図5の定電流出力回路では，取り出せる出力電流はV_1に比例しているので，同じようにV_1を入力信号と考えれば電流出力型増幅器といえます．

回路見本2…割り算回路

● 動作

定電流バイアス回路の出力として得られる電圧はベース電流に比例しています．言い換えるとh_{FE}に反比例しています．h_{FE}に比例した電圧にするため，割り算回路(**図3**)によりh_{FE}に反比例した電圧を，h_{FE}に比例した電圧に変換します．

割り算回路の入出力特性は，

$$V_{out}=-10\frac{R_{11}}{R_{10}}\times\frac{R_{13}}{R_{12}+R_{13}}\times\frac{V_{out(1b)}}{V_{in}}\ [\mathrm{V}]\cdots(3)$$

となります．$V_{out(1b)}$はバッファA_{1b}の出力電圧です．これを-1Vとすると，

$$V_{out}=-10\frac{1\,\mathrm{k\Omega}}{10\,\mathrm{k\Omega}}\times\frac{2\,\mathrm{k\Omega}}{18\,\mathrm{k\Omega}+2\,\mathrm{k\Omega}}\times\frac{-1\,\mathrm{V}}{V_{in}}=\frac{1}{10V_{in}}\ [\mathrm{V}]\cdots\cdots(4)$$

となります．定電流バイアス回路の出力V_{R2}が式(4)のV_{in}なので，式(1)を用いてV_{out}は次のようになります．

$$V_{out}=\frac{h_{FE}}{1000}\ [\mathrm{V}]\cdots\cdots(5)$$

この式から，V_{out}をmV単位で読めばそれがそのままh_{FE}になります．

ここでZDのHZ5A3-Eはツェナー電圧4.6 Vのツェナー・ダイオードで，これを分割・調整して$V_{out(1b)}=-1$Vを作り出しています．VRの調整は，A_{1b}の出力が-1Vになるようにします．

● 乗算で割り算を実現する

割り算回路をディスクリート素子や汎用OPアンプで実現するのはコストや性能面から現実的ではありません．乗算ICを応用して割り算回路を実現するのが一般的です．ここでは乗算IC AD633J(アナログ・デバイセズ)を用いて割り算回路を実現します．はじめに基本となる乗算器，割り算器としての使い方と，その応用として可変ゲイン回路と電圧可変フィルタについても紹介します．

乗算ICについて

● 基本

乗算器を割り算回路として使う前に，まずAD633J単体で乗算器としての動作を見てみましょう．

図6にAD633Jの機能ブロックを，**表1**に主な仕様を示します．V_{X_1}，V_{X_2}およびV_{Y_1}，V_{Y_2}を入力とする高入力インピーダンス差動アンプの出力の積を10 Vで割ったものに，入力V_Zを加えたものがバッファを介してV_Wとして出力されます．これを伝達関数で表すと次のようになります．

$$V_W=\frac{(V_{X1}-V_{X2})(V_{Y1}-V_{Y2})}{10}+V_Z\ [\mathrm{V}]\cdots(6)$$

ただし，V_W，V_{X_1}，V_{X_2}，V_{Y_1}，V_{Y_2}，V_Zをそれぞれ端子W，X_1，X_2，Y_1，Y_2，Zの電圧とする

AD633Jは電源電圧が±15 Vのとき，入力端子の電圧範囲は最小値-10～$+10$ V，出力電圧範囲は最小値±11 Vとなっており，フル・スケールに対して2％の精度が保証されています．X入力，Y入力それぞれの入力オフセット電圧が標準値±5 mV，最大値30 mV，W出力の出力オフセット電圧が標準値±5 mV，最大

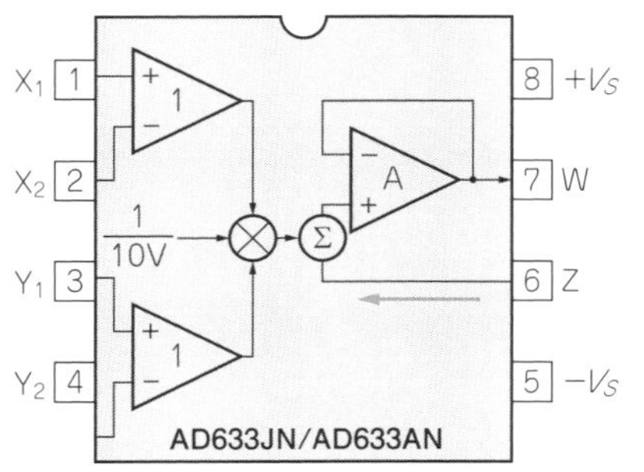

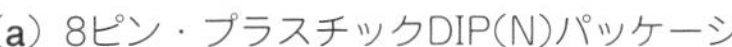
(a) 8ピン・プラスチックDIP(N)パッケージ

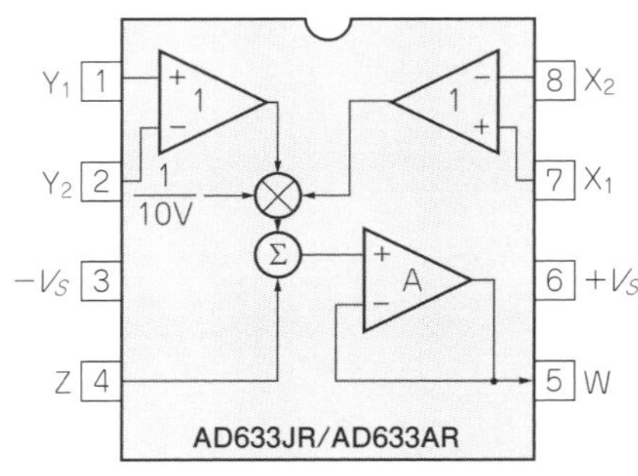

(b) 8ピン・プラスチックSOIC(R-8)パッケージ

図6[(1)] **乗算IC AD633の機能ブロック**

表1[(1)] **乗算IC AD633の主な特性**

項目	最小値	標準値	最大値	単位
静止電源電流	−	4	6	mA
入力バイアス電流(X, Y, Zの入力について)	−	0.8	2	μA
入力オフセット電圧(X, Yの入力について)	−	±5	±30	mV
入力信号電圧	±10	−	−	V
出力オフセット電圧	−	±5	±50	mV
出力電圧	±11	−	−	V
トータル誤差	−	±1	±2	%フル・スケール
小信号増幅帯域幅	−	1	−	MHz
スルー・レート	−	20	−	V/μs
セトリング・タイム1%	−	2	−	μs

V_{CC} = +15 V，V_{EE} = −15 V，詳細は文献(1)参照

値50 mVと大きいので，設計時には影響しないように注意します．

● 応用①…2乗回路

乗算器で，2つの入力が同じ値であれば，2乗回路になります．**図7**は2乗回路で，伝達関数は次のとおりです．

$$V_{out} = \frac{V_{in}^2}{10}\ [\mathrm{V}] \quad \cdots\cdots (7)$$

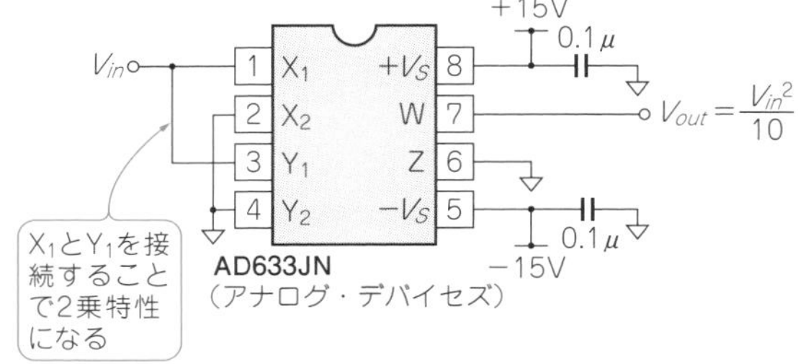

図7 乗算IC AD633Jの応用①…2乗回路

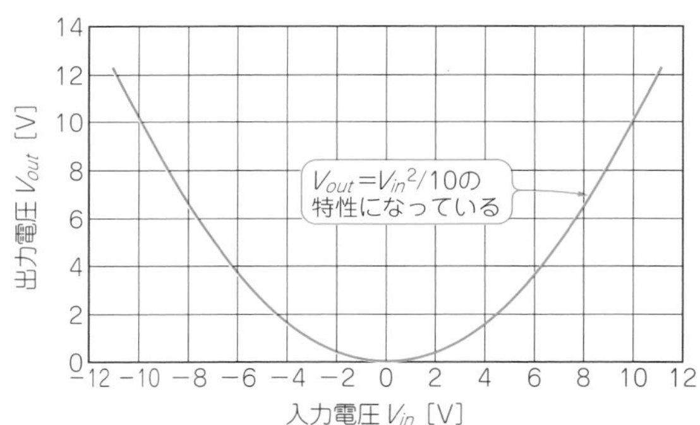

図8 2乗回路(図7)**の入出力特性**(実測)

図8は，この回路の入出力特性です．

端子X_2，Y_2はグラウンドに接続されているのでシングルエンド入力の2乗回路です．グラウンドへの接続をやめて端子X_2とY_2を接続すれば差動入力の2乗回路になります．

● 応用②…割り算回路

図9のように乗算回路にOPアンプを1つ追加すると，割り算回路を実現できます．

図9の回路において，AD633Jの伝達特性から，

$$V_W = \frac{(V_{X_1} - V_{X_2})V_{Y_1}}{10}\ [\mathrm{V}] \quad \cdots\cdots (8)$$

となります．$V_1/R_{10} = -V_W/R_{11}$なので次の式が得られます．

$$V_{out} = V_{Y_1} = -10V_1\frac{R_{11}}{R_{10}}\frac{1}{V_{X_1} - V_{X_2}}$$
$$= -10V_1\frac{R_{11}}{R_{10}}\frac{1}{V_{in}}\ [\mathrm{V}] \quad \cdots\cdots (9)$$

この式を見ると，V_{out}は差動入力V_{in}の割り算になっています．出力$V_{out} = V_{Y_1}$ですが，Y_1端子は入力端子なのでAD633Jからではなく，OPアンプの出力から取り出します．

図9ではh_{FE}測定器の回路に合わせてX入力は差動入力としていますが，端子X_2をグラウンドに接続すればV_{X_2} = 0 Vとなり，シングルエンドの信号の割り算回路になります．V_1をh_{FE}測定器では一定電圧(−1 V)としていますが，入力信号としても扱えます．そうするとこれは乗除算回路になります．

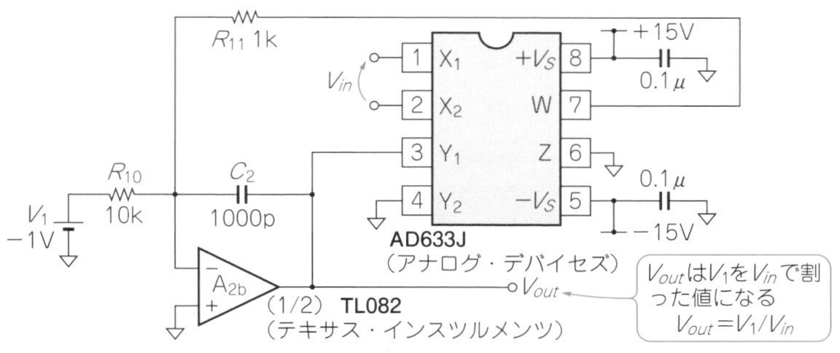

図9 乗算IC AD633Jの応用②…割り算回路

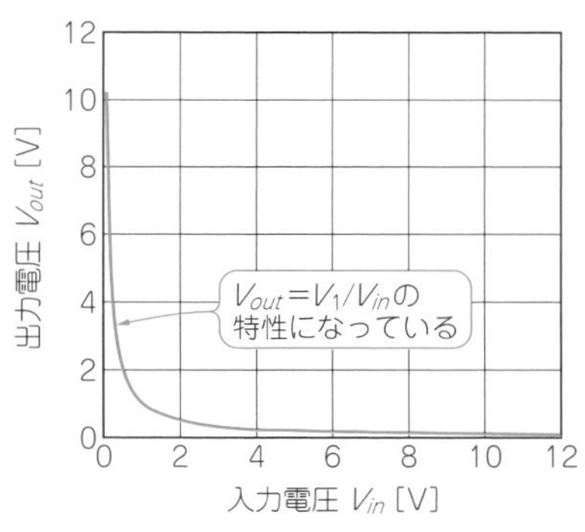

図10 割り算回路(図9)の入出力特性(実測)

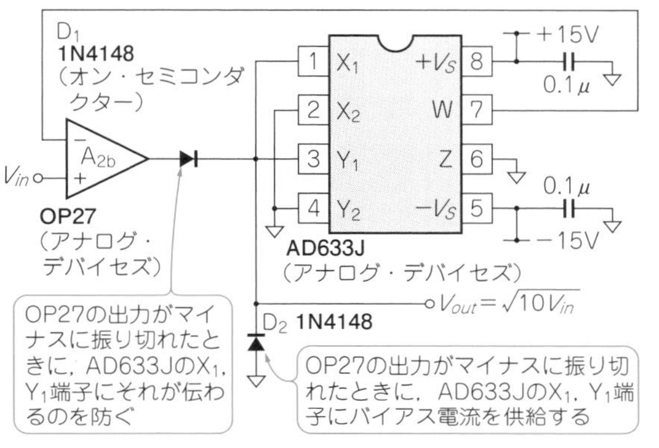

図11 乗算IC AD633Jの応用③…平方根回路

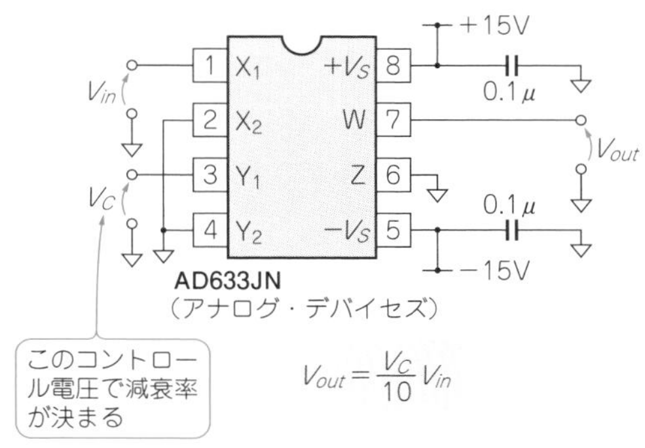

(a) 可変アッテネータ

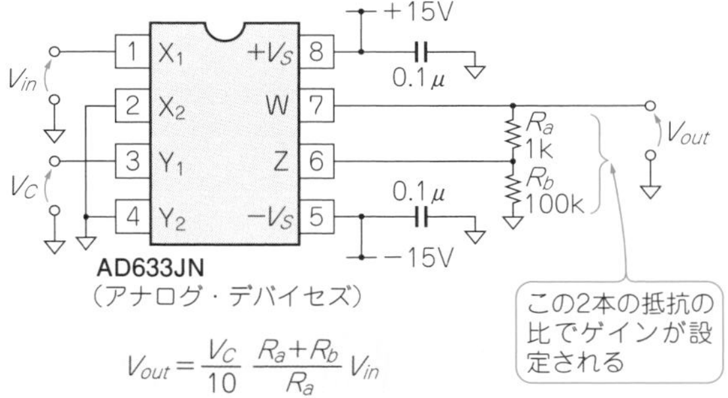

(b) 可変アンプ

図12 乗算IC AD633JNの応用④…可変ゲイン・アンプ

図9の回路で端子Y_1は±10V以内である必要があります(**表2**参照)．そのため，V_1，R_{10}，R_{11}は次の式を満たすように設定しなければいけません．

$$\frac{R_{11}}{R_{10}} \leqq \frac{|V_{in}|}{V_1} \cdots\cdots (10)$$

最小値$|V_{in}|$ = 0.1Vとし，式(10)の条件を満たすように，V_1 = −1V，R_{10} = 10kΩ，R_{11} = 1kΩとしたとき，式(9)から入出力関係は，

$$V_{out} = \frac{1}{V_{in}} \text{[V]} \cdots\cdots (11)$$

となります．このときの入出力特性を**図10**に示します．

● 応用③…平方根回路

割り算回路と同じように，OPアンプ1つの追加で，平方根回路を作ることができます．

図11の回路において，AD633Jの伝達特性から，

$$V_W = \frac{V_{X_1} V_{Y_1}}{10} \cdots\cdots (12)$$

となります．

$V_{X_1} = V_{Y_1}$，かつバーチャル・ショートにより$V_W = V_{in}$なので次の式が得られます．

$$V_{out} = V_{X^1} = \sqrt{10V_{in}} \text{ [V]} \cdots\cdots (13)$$

これを見ると，出力電圧V_{out}は入力電圧V_{in}の平方根になっています．ただし，$V_{in} \geqq 0$である必要があります．

この回路でのダイオードの役割を説明します．端子X_1とY_1は接続されていてW端子は2乗出力になるので端子X_1，Y_1に入力される電圧の正負にかかわらず必ず0V以上になります．これはOPアンプのIN^-端子も常に0V以上ということです．もし，V_{in}に負の電圧が与えられると，OPアンプの出力はマイナスに振り切れます．D_1がないと端子X_1，Y_1に−10V以下の電圧が加わるので，仕様の範囲外になります．このため，D_1によりV_{X1}，V_{Y1}が負になるのを防いでいます．

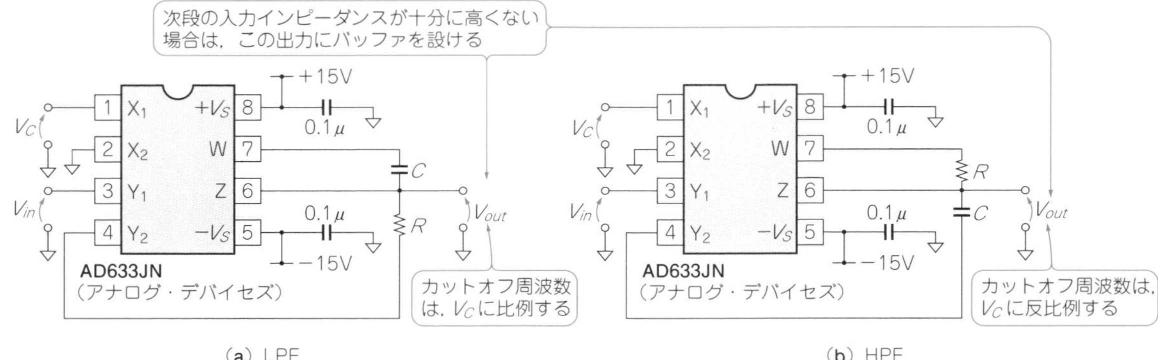

図13　乗算IC AD633JNの応用⑤…電圧可変周波数フィルタ

D_2は，OPアンプの出力がマイナスに振り切られたとき，X_1，Y_1端子にバイアス電流を供給するものです．

● 応用④…可変ゲイン回路

AD633Jは乗算器なので，X，Y端子の一方に信号電圧を，もう一方に制御電圧を入力すると，可変ゲイン回路あるいは可変減衰回路になり，VCA(Voltage Controlled Amplifier) やAGC(Automatic Gain Control)回路などに使えます．

図12(a)はX_2，Y_2，Z端子を接地した回路です．こうすると入出力関係は，

$$V_{out} = \frac{V_C}{10} V_{in}\ [\mathrm{V}] \cdots\cdots (14)$$

となります．これは，$V_C \leqq 10$ Vであることから，減衰率$V_C/10$の可変減衰器です．

図12(b)はゲインが1よりも大きく設定できる可変ゲイン・アンプです．入出力関係は，

$$V_{out} = \frac{V_C(R_a + R_b)}{10R_a} V_{in}\ [\mathrm{V}] \cdots\cdots (15)$$

となり，回路図中の抵抗値では，

$$V_{out} = 10V_C\ V_{in}\ [\mathrm{V}] \cdots\cdots (16)$$

になるので，最大で100倍のゲインです．AD633Jの仕様から，$R_a \leqq 1$ kΩ，$R_b \leqq 100$ kΩである必要があります．

可変ゲイン回路に使えるICとしてはCA3080系やLM13600系が有名ですが，これらは扱える信号電圧の大きさが小さく，電流制御になっています．一方，AD633Jは信号電圧，制御電圧ともに±10 Vの範囲で入力できるので，用途によって使い分ければよいでしょう．

● 応用⑤…電圧可変周波数フィルタ

アクティブ・フィルタのカットオフ周波数f_CはCRで決まるため通常は固定ですが，AD633Jを用いて接続を工夫すれば，CRは固定でf_C可変の電圧制御フィルタを実現できます．こうすることで必要に応じて簡単にf_Cを変えることができます．

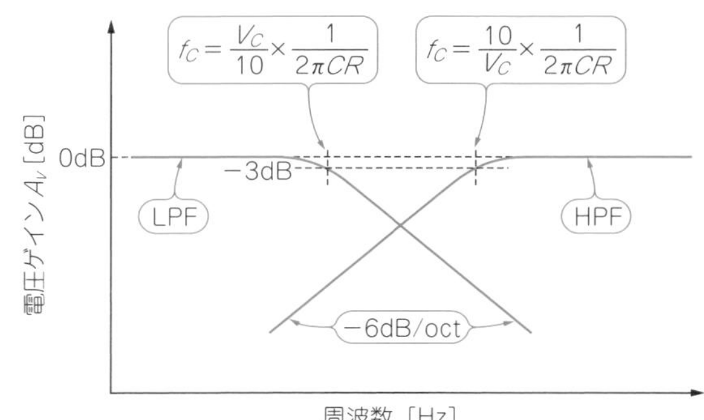

図14　電圧可変周波数フィルタ(図13)の周波数特性

図13は，電圧制御のローパス・フィルタ(LPF)とハイパス・フィルタ(HPF)です．どちらも平坦域ではゲイン1倍で，カットオフ周波数f_Cから上または下は−6 dB/octで減衰する1次のフィルタです．これらのフィルタの特性を**図14**に示します．

伝達関数$T(j\omega)$とカットオフ周波数f_Cは，次の式で表されます．

(a) ローパス・フィルタ(LPF)

$$T(j\omega) = \frac{1}{1 + j\omega CR\dfrac{V_C}{10}}$$

$$f_C = \frac{V_C}{10}\frac{1}{2\pi CR} \cdots\cdots (17)$$

(b) ハイパス・フィルタ(HPF)

$$T(j\omega) = \frac{j\omega CR\dfrac{10}{V_C}}{1 + j\omega CR\dfrac{10}{V_C}}$$

$$f_C = \frac{10}{V_C}\frac{1}{2\pi CR} \cdots\cdots (18)$$

コラム1　被測定トランジスタの保護用ダイオードによる誤差　　青木 英彦

● ターゲット・トランジスタの保護ダイオード

トランジスタh_{FE}テスタ回路において，被測定トランジスタTrの保護用としてベース-エミッタ間に3本のダイオードを直列接続したものを逆並列接続して入れています(**図2**のD_1～D_6).

トランジスタのベース-エミッタ間逆電圧V_{EBO}は通常4～5V程度しかないものが多く，何らかのタイミングでベース-エミッタ間逆電圧がV_{EBO}を超えると被測定トランジスタは破壊しますが，ダイオードがあればV_Fでクランプされて過大な電圧は加わらないという訳です．この場合3本直列にしているので，$3V_F$(約2.1 V)以上にはなりません．

● 微小電流が流れて誤差になる

ところで，なぜダイオードは3本直列なのでしょうか．2本でも問題ないように思うかもしれませんが，ここは2本ではだめで，3本である必要があるのです．

通常動作時，このダイオードには被測定トランジスタのV_{BE}の1/2(ダイオード2本のとき)あるいは1/3(ダイオード3本のとき)がダイオードに加わります．この電圧によりダイオードに微小電流が流れて，これが定電流バイアス回路(**表A**のR_2)に流れて誤差を生じさせます．これは被測定トランジスタのI_Bが小さい，つまり，h_{FE}が大きいときに問題になります．2本ではダイオードに加わる電圧が3本のときよりも大きく，誤差もその分大きくなるので，3本直列にする必要があります．

表Aにシリーズのダイオード本数とh_{FE}により誤差がどう変わるかLTspiceでシミュレーションした結果を示します．ダイオード2本ではh_{FE} = 500で既に34.6 %もの誤差があり，とても許容できないことがわかります(数値そのものは使用するモデルで異なる)．

保護ダイオード以外にもAD633J，OPアンプのオフセット，抵抗ばらつきといった誤差要因もあります．h_{FE}テスタの測定精度を高くするためには，保護ダイオードだけでなく全体を改善する必要があります．

表A　ダイオードの本数とh_{FE}の違いによる誤差(シミュレーション結果)

ダイオードの直列接続数	h_{FE} = 500			h_{FE} = 1000		
	I_B [μA]	I_F [μA]	誤差	I_B [μA]	I_F [μA]	誤差
4本	19.8	0.129	0.7%	9.9	0.129	1.3%
3本	19.8	0.488	2.5%	9.9	0.488	4.9%
2本	19.8	6.84	34.5%	9.9	6.83	69.0%

I_B：非測定トランジスタのベース電流
I_F：ダイオードに流れる電流
誤差：I_F/I_B

これらを見ると制御電圧V_Cでf_Cを可変することができます．ハイパス・フィルタの場合，f_CがV_Cに反比例していて扱いにくいようなら，割り算回路を組み合わせればV_Cに比例させることができます．

出力インピーダンスが高いので，後段の入力インピーダンスが十分に高くない場合はバッファを設ける必要があります．

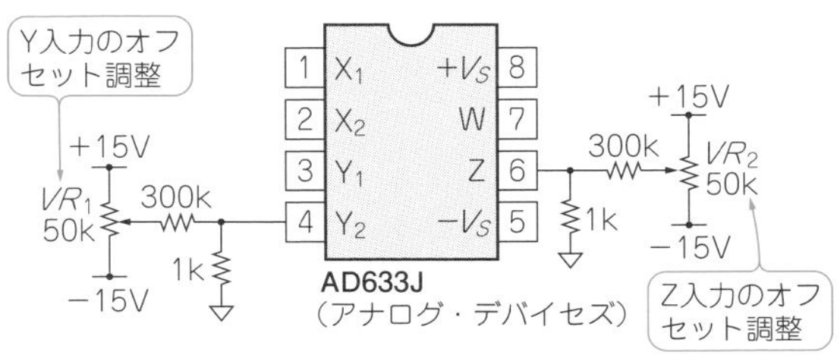

図15　乗算IC AD633Jのオフセット調整回路

高性能化へのアプローチ

トランジスタh_{FE}テスタとしては**図1**が基本回路となりますが，性能向上を狙うにはさらなる工夫が必要です．ここでは，高精度化，設定コレクタ電流の拡大，h_{FE}測定範囲の拡大について説明します．

● その①…高精度化

▶① AD633Jのオフセット調整

乗算器AD633Jのオフセット電圧は，標準値5 mV，最大値30 mVと精度を求める場合に，無視できる大きさではありません．このため，**図15**のようにオフセット調整回路を入れます．これによって，Y入力とZ入力のオフセット調整を行います．調整するときは，前段のOPアンプの出力(A_{1a}，A_{2a}，A_{2b})を切り離し，X_1，X_2，Y_1端子を接地した状態で，出力端子Wが0になるように**図15**のVR_1，VR_2を調整します．

表2　設定コレクタ電流を変更したときの抵抗の組み合わせ

I_C	R_1	R_2
1 mA	10 kΩ	100 kΩ
10 mA	1 kΩ	10 kΩ
100 mA	100 Ω	1 kΩ

▶② ベース-エミッタ間保護ダイオードによる誤差の低減

D_1～D_6に微小な電流が流れて，被測定トランジスタのベース電流が小さなとき，つまり，h_{FE}が大きいときはベース電流による誤差が見えてきます．現在3本のダイオードを逆並列接続していますが，これを4本にすることでこの影響を低減できます．ただし，5本まで増やすと，被測定トランジスタのV_{EBO}によっては保護しきれない場合があるので，4本が限度です．

▶③ 高精度OPアンプの採用

A_{2a}，A_{2b}では，入力オフセット電圧が誤差に影響します．現在は汎用のFET入力OPアンプTL082(標準値V_{OI} = 3 mV)を使っていますが，AD712(標準値V_{OI} = 0.3 mV)のような入力オフセット電圧の小さなOPアンプを採用すると，その分精度向上が期待できます．入力オフセット電圧が小さくても入力バイアス電流も誤差に影響するので，OPアンプにはFET入力型を使う必要があります．

▶④ 高精度抵抗の採用

コレクタ電流を設定するR_1，ベース電流を電圧に変換するR_2，割り算回路の精度を決定するR_{10}，R_{11}，割り算回路の出力を1/10に減衰させるR_{12}，R_{13}については抵抗の誤差が精度に直接影響するので，高精度抵抗を使います．R_{10}とR_{11}，R_{12}とR_{13}は絶対値ではなくその比が重要です［式(3)，式(4)参照］．

NPNとPNPのときとでR_1を共用しているため，A_{1a}のIN$^-$端子の電圧がNPNとPNPのときとで等しく5Vになるように，R_3～R_6を微調整します．

▶⑤ 実装上の注意

回路的なアプローチとは別に，精度を高めるためには実装面での注意も必要です．

具体的には，A_{2b}のIN$^+$端子，AD633JのY_2端子とZ端子は回路的にはいずれもグラウンドに接続されますが，これらの端子間に電位差が生じると誤差要因となるため，配線をする際はできるだけ短い距離にして，そこには他の電流を流さないようにします．

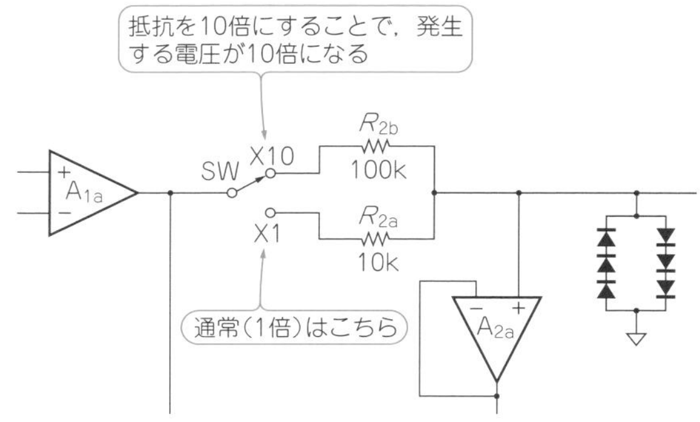

図16　h_{FE}の測定範囲を拡大する方法

● その②…設定コレクタ電流の拡大

図1の回路では被測定トランジスタに流すコレクタ電流は10 mAとしていますが，R_1とR_2を変更することでコレクタ電流を変更できます．

表2に示すのは，設定コレクタ電流を変更したときのR_1とR_2の組み合わせです．

● その③…h_{FE}測定範囲の拡大

トランジスタの種類によってはh_{FE}が1000以上になるものもあります．**図1**の回路のままでは，この領域になるとR_2の両端に発生する電圧が小さくなりAD633Jのオフセット誤差が大きくなるので実用になりません．

その場合は，**図16**のようにR_2を切り換え式にして，h_{FE}が大きなときはR_2を大きくすれば誤差の影響を小さくできます．

◆参考文献◆

(1) アナログ・デバイセズのAD633のページ
https://www.analog.com/jp/products/ad633.html

第14章

便利に使えて理解も深まる測定回路の世界②

ランダム雑音ジェネレータ回路

登地 功

一般的に言えば，雑音は邪魔なもの，ないほうがよい信号ということになるでしょう．オーディオ・アンプでも無線受信器でも，設計者は雑音を小さくすることに苦労しています．

でも，ときに信号源として雑音が必要になります．例えば，高周波やマイクロ波の低雑音増幅器の雑音指数を専用測定器(雑音指数アナライザ)で測定するとき，雑音のレベルが正確にわかっている基準雑音源(ノイズ・ソース)が必要です．また，FFTアナライザで正弦波を回路に入力して周波数を掃引すると，その伝達関数を求めることができます．しかし，回路に鋭い共振点があると，その周波数で振幅が大きくなりすぎて，正しい測定ができません．そんなときは，正弦波の代わりにホワイト・ノイズを信号源として利用します．

本章では，ランダム性の良い2大雑音「ホワイト・ノイズ」と「ピンク・ノイズ」の生成回路を作ります．

2大雑音その①…ホワイト・ノイズの基礎知識

● 特徴

ホワイト・ノイズは，**図1**のように単位周波数帯域あたりの電力密度が周波数によらず一定の信号です．どの周波数でも大きさが同じ雑音が理想的です．ホワイト・ノイズをオシロスコープのように時間軸で観測すると，ある電圧を中心に正規分布しています．

● 応用①…周波数特性測定に利用できる

ホワイト・ノイズの信号成分の分布がフラットなので，被測定システムを通った後の周波数スペクトルを測定すれば，システムの周波数特性がわかります(**図2**)

2チャネル入力のFFTアナライザを使って，入出力を同時に測定すればレベルと位相の周波数特性(ボーデ線図)が得られます．ネットワーク・アナライザとよく似ていますが，サーボなどシステムに機械系が含まれている場合などでは，ネットワーク・アナライザで正弦波をスイープすると特定の共振点で振幅が非常

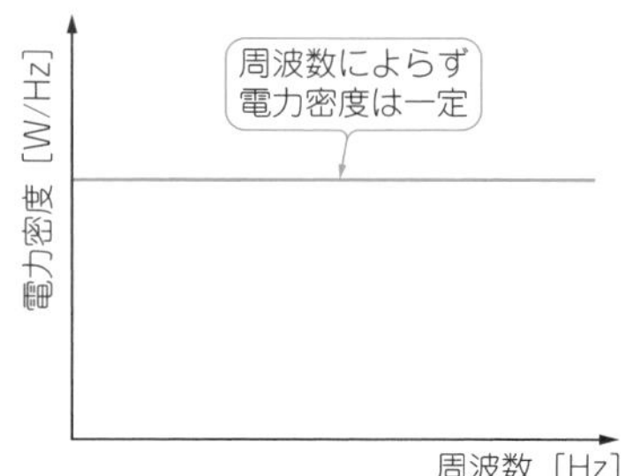

図1　ホワイト・ノイズのスペクトラム
単位周波数帯域あたりの電力密度が周波数によらず一定

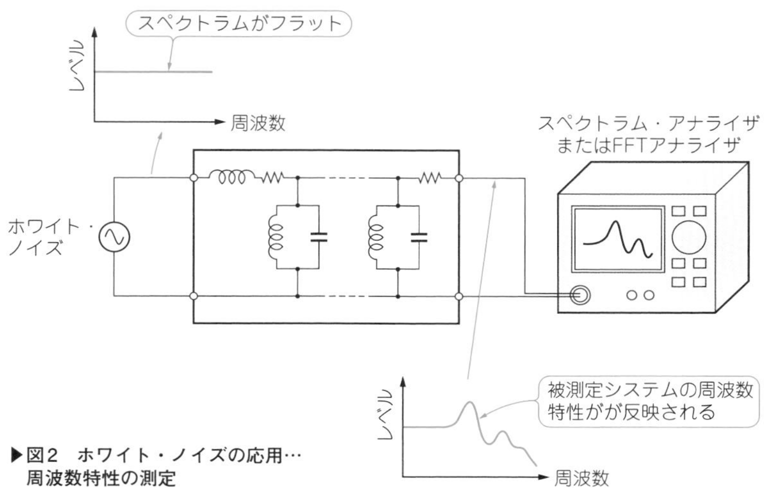

▶図2　ホワイト・ノイズの応用…周波数特性の測定

に大きくなってしまい，装置を壊したり，応答が非線形になったりします．

ホワイト・ノイズは帯域あたりのエネルギは比較的小さいので，測定のダイナミック・レンジはあまり広くありませんが，比較的安全な測定ができます．

FFTアナライザの多くは，正弦波のほかにホワイト・ノイズを発生する信号源を内蔵しています．このホワイト・ノイズはM系列で生成しているので，周期性があります．

FFTアナライザのサンプリング期間をホワイト・ノイズ源のM系列の周期に合わせれば，窓関数をかける必要がなくなり，周波数分解能，レベル分解能ともに向上させることができます．

● 応用②…周波数成分の生成に利用できる

ホワイト・ノイズは，あらゆる周波数の成分を含んでいますから，フィルタで必要な成分を取り出せば，いろいろな音を作り出すことができます．楽器のアナログ・シンセサイザや，初期のテレビ・ゲーム機のサウンド・チップにはホワイト・ノイズ発生器が使われていました．半導体の雑音を増幅したものもありますが，ディジタル回路でM系列(後述)を生成したものもあったようです．

● 生成の基本方式…疑似ランダム系列

M系列(Maximum length sequence)と呼ぶランダム・データを生成すれば，ホワイト・ノイズを生成できます．

M系列は，疑似ランダム系列の一種で，XOR(排他的論理和ゲート)またはXNORゲートで帰還をかけたシフト・レジスタで発生することができる最長のデータ列です．符号理論などで出てくるPN符号(疑似雑音符号)や，パターン・ジェネレータで発生できるPRBS(Pseudo Random Bit Sequence，疑似ランダム・ビット列)などもM系列を利用しています．

M系列は周期が有限なこともあって，完全なホワイト・ノイズではありませんが，周期長が長ければ十分ホワイト・ノイズとして利用できます．ディジタル回路で生成するM系列は，周波数の上限に制限がありますが，最近の高速FPGAを使えば，数百MHz以上のクロックで動作させることも可能です．周波数の下限はシフトレジスタの段数に依存しますが，FPGAなら200ビット以上のシフトレジスタでも簡単に作れますから，実用上の支障はないでしょう．

ハードウェア的に簡単であることや，疑似ランダム系列としては性質が良いこともあって，M系列が最もよく使われています．ディジタル通信などで使われるGold系列は複数のM系列を合成したものです．

2大雑音その②…ピンク・ノイズの基礎知識

● 特徴

自然界の揺らぎ，例えば，そよ風の強さや，風に吹かれるランタンの灯り，さざ波などは，その波のエネルギが周波数に反比例します(**図3**)．この雑音を1/*f*ゆらぎと呼びます．

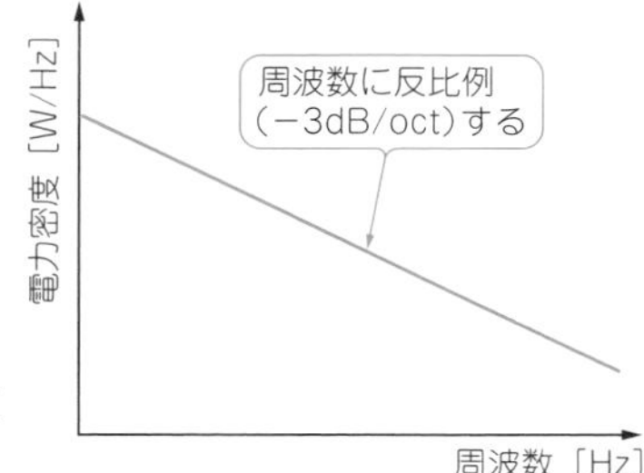

図3　ピンク・ノイズのスペクトラム
自然界の揺らぎに近い信号．波のエネルギが周波数に反比例する

1/*f*ゆらぎは，ホワイト・ノイズをフィルタに通すことで作ることができます．ピンク・ノイズという名称は，白色光に対して，波長の短い成分が少ない光が赤味がかって見えることから来ているようです．

ピンク・ノイズは周波数に反比例してエネルギが小さくなります．高域に大きなエネルギがあると具合が悪い用途に適しています．音楽や自然音のエネルギの周波数分布は，ピンク・ノイズに近いと言われています．

● 応用①…スピーカの周波数特性の測定に利用できる

複数のユニットをもつマルチウェイ・スピーカの，低周波再生を受けもつウーハーは許容入力が大きく，ユニットあたり数百W以上の製品もあります．

高域を受けもつツイータは，大型PA(Public Address)システム用のユニットでも数十W程度の許容入力しかありません．ツイータの効率はウーハーよりずっと高いので，許容入力が小さくてもよいわけです．

ある程度，大きな電力を加えてスピーカの周波数特性を測定したい場合，ホワイト・ノイズでは高域のエネルギが大きくなりすぎて具合が悪いことがあります．こういった用途にはピンク・ノイズが使われます．

● 応用②…自然界の変化「1/*f*ゆらぎ信号」を生成できる

エアコンの「自然風」や，風にゆらぐローソクの明かりを模したLED照明などに使われています．自然のそよ風，湖面のさざ波などのエネルギ分布は，ある範囲で周波数(*f*)に反比例すると言われていて，1/*f*ゆらぎと呼ばれています．エネルギ分布が周波数に反比例するというのは，ピンク・ノイズの特性そのものですから，ピンク・ノイズを使って1/*f*ゆらぎを再現できます(**図4**)．

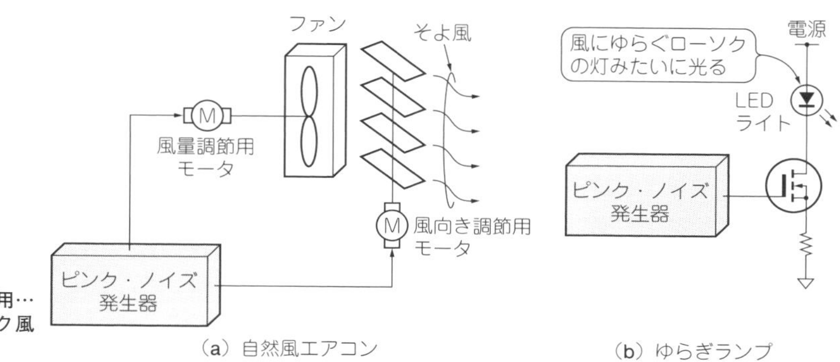

図4 ピンク・ノイズの応用…自然風エアコンやローソク風LED照明

その①…ホワイト・ノイズ発生回路の基本

オーディオ帯域をカバーできる100 kHz程度まで周波数特性がフラットなホワイト・ノイズ発生器を製作しました．下限周波数は1 mHz以下です．

● M系列データを生成する回路の基本LFSR

図5に示すように，M系列データはシフトレジスタとXOR（またはXNOR）だけで生成できます．XOR（またはXNOR）で帰還をかけたシフトレジスタをLFSR（Linear Feedback Shift Register，線形帰還シフトレジスタ）と呼びます．簡単な回路で複雑な符号系列が生成できる点が面白いところです．

nビットのレジスタがとり得る状態の数は2^nですが，M系列を生成しているシフトレジスタは，これより1だけ少ない2^n-1の状態をとります．

帰還をかけるタップ（**図5**のQ_i，Q_n）の位置は決まっています．他のフリップフロップから帰還をかけてもM系列にならず，もっと短い周期の符号になります．

帰還タップの位置は**表1**を参照してください．23ビットのLFSRの場合，タップ位置は23と18ですから，Q_{23}とQ_{18}のXORをとってシフトレジスタのシリアル入力に接続します．**表1**を見るとわかるように，帰還タップを2本ではなく4本にする場合もあります（**図6**）．

● ツボ…回路が固まったら抜け出す回路が必要

nビットのLFSRで生成されるM系列のシーケンス長（1周期の長さ）は2^n-1ですから，nビットのレジスタが取り得る全ステート数である2^nより1だけ小さくなります．この使われないステートは，XOR帰還のLFSRの場合はレジスタの全ビットが'0'，XNOR帰還の場合は全ビットが'1'のときです．

このステートに入ると，そのままでは，永久に全ビットが'0'または'1'になったまま何も変化せずに停止（スタック）します．これをスタック・ステートと呼びます．電源投入時などにこの状態にならないように初期化してやるか，スタック・ステートに入って停止してしまったら，これを検出して，シフトレジスタの帰還信号を強制的に反転するなどして，スタック・ステートから抜けるためのエスケープ回路が必要です．

● LFSRは汎用ディジタルICで構成できる

LFSRの構成要素はシフトレジスタとXORまたはXNORゲートだけですから，どんなディジタルICファミリでも作ることができます．もちろんFPGAやCPLDでも作れます．

後出の**図8**と**図10**では，入手しやすい74HCファミリのICを使いました．もし，部品箱に手持ちのICがあれば，74LSや4000シリーズなど他のファミリでも動作します．ただし，動作可能なクロック周波数など

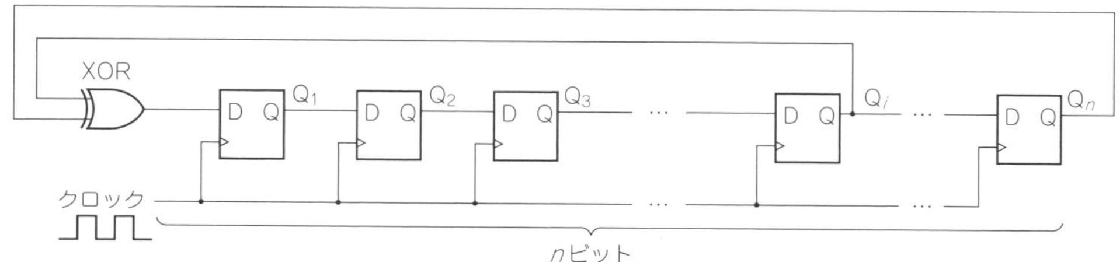

- XORの代わりに，出力が反転したXNORを使用してもよい．
- 発生する符号シーケンスの周期長が2^n-1（M系列）になる帰還タップ（Q_i，Q_n）の位置は決まっている．タップは2カ所以上必要な場合もある．
- XORの場合は全ビットが'0'，XNORの場合は全ビットが'1'になるとスタック・ステート（停止状態）になって抜けられなくなる．

図5 LFSR回路で構成したホワイト・ノイズ発生回路の基本形
M系列符号データを生成する

表1[3]　M系列データを生成するLFSR回路のビット長とXNORに帰還するレジスタの番号

ビット長n	XNORへ	ビット長n	XNORへ	ビット長n	XNORへ	ビット長n	XNORへ
3	3，2	45	45，44，42，41	87	87，74	129	129，124
4	4，3	46	46，45，26，25	88	88，87，17，16	130	130，127
5	5，3	47	47，42	89	89，51	131	131，130，84，83
6	6，5	48	48，47，21，20	90	90，89，72，71	132	132，103
7	7，6	49	49，40	91	91，90，8，7	133	133，132，82，81
8	8，6，5，4	50	50，49，24，23	92	92，91，80，79	134	134，77
9	9，5	51	51，50，36，35	93	93，91	135	135，124
10	10，7	52	52，49	94	94，73	136	136，135，11，10
11	11，9	53	53，52，38，37	95	95，84	137	137，116
12	12，6，4，1	54	54，53，18，17	96	96，94，49，47	138	138，137，131，130
13	13，4，3，1	55	55，31	97	97，91	139	139，136，134，131
14	14，5，3，1	56	56，55，35，34	98	98，87	140	140，111
15	15，14	57	57，50	99	99，97，54，52	141	141，140，110，109
16	16，15，13，4	58	58，39	100	100，63	142	142，121
17	17，14	59	59，58，38，37	101	101，100，95，94	143	143，142，123，122
18	18，11	60	60，59	102	102，101，36，35	144	144，143，75，74
19	19，6，2，1	61	61，60，46，45	103	103，94	145	145，93
20	20，17	62	62，61，6，5	104	104，103，94，93	146	146，145，87，86
21	21，19	63	63，62	105	105，89	147	147，146，110，109
22	22，21	64	64，63，61，60	106	106，91	148	148，121
23	23，18	65	65，47	107	107，105，44，42	149	149，148，40，39
24	24，23，22，17	66	66，65，57，56	108	108，77	150	150，97
25	25，22	67	67，66，58，57	109	109，108，103，102	151	151，148
26	26，6，2，1	68	68，59	110	110，109，98，97	152	152，151，87，86
27	27，5，2，1	69	69，67，42，40	111	111，101	153	153，152
28	28，25	70	70，69，55，54	112	112，110，69，67	154	154，152，27，25
29	29，27	71	71，65	113	113，104	155	155，154，124，123
30	30，6，4，1	72	72，66，25，19	114	114，113，33，32	156	156，155，41，40
31	31，28	73	73，48	115	115，114，101，100	157	157，156，131，130
32	32，22，2，1	74	74，73，59，58	116	116，115，46，45	158	158，157，132，131
33	33，20	75	75，74，65，64	117	117，115，99，97	159	159，128
34	34，27，2，1	76	76，75，41，40	118	118，85	160	160，159，142，141
35	35，33	77	77，76，47，46	119	119，111	161	161，143
36	36，25	78	78，77，59，58	120	120，113，9，2	162	162，161，75，74
37	37，5，4，3，2，1	79	79，70	121	121，103	163	163，162，104，103
38	38，6，5，1	80	80，79，43，42	122	122，121，63，62	164	164，163，151，150
39	39，35	81	81，77	123	123，121	165	165，164，135，134
40	40，38，21，19	82	82，79，47，44	124	124，87	166	166，165，128，127
41	41，38	83	83，82，38，37	125	125，124，18，17	167	167，161
42	42，41，20，19	84	84，71	126	126，125，90，89	168	168，166，153，151
43	43，42，38，37	85	85，84，58，57	127	127，126		
44	44，43，18，17	86	86，85，74，73	128	128，126，101，99		

帰還タップを４本にする

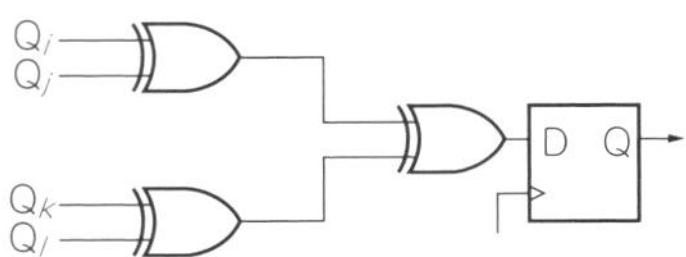

図6　帰還タップが４本のときのLFSR回路（表1参照）

はファミリによって異なります．

シフトレジスタは帰還タップを取り出すので，パラレル出力があるものが必要です．ここでは8ビットの74HC164を，XORは74HC86を使います．**図7**にSN74HC164（テキサス・インスツルメンツ）の内部回路と入出力信号を示します．クロックは1 MHzの水晶発振器です．

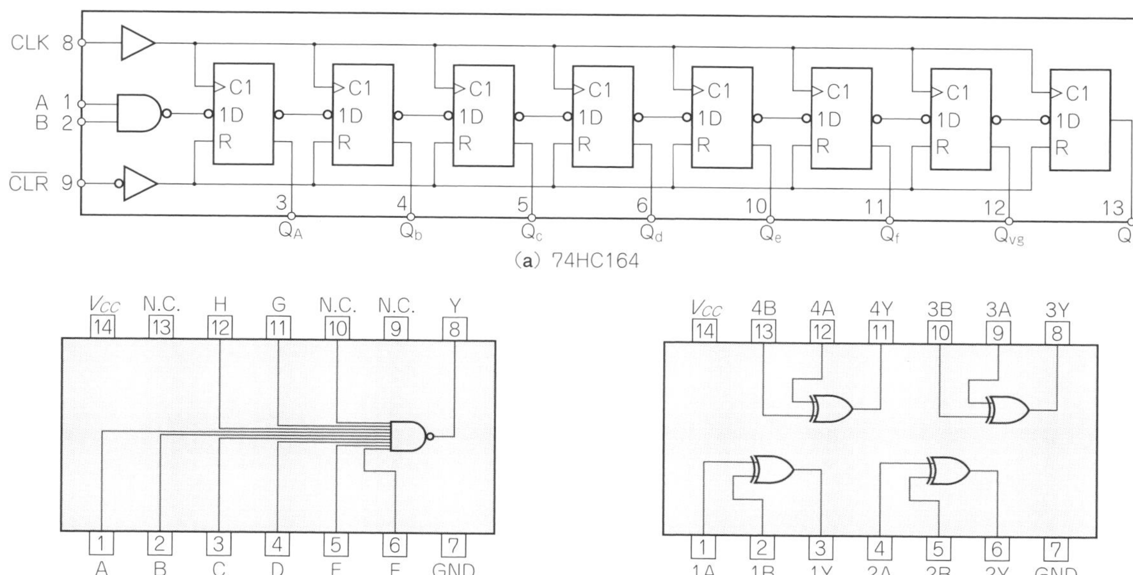

図7 入手しやすい汎用ロジックIC 74HCシリーズを使うとLFSRを簡単に作れる

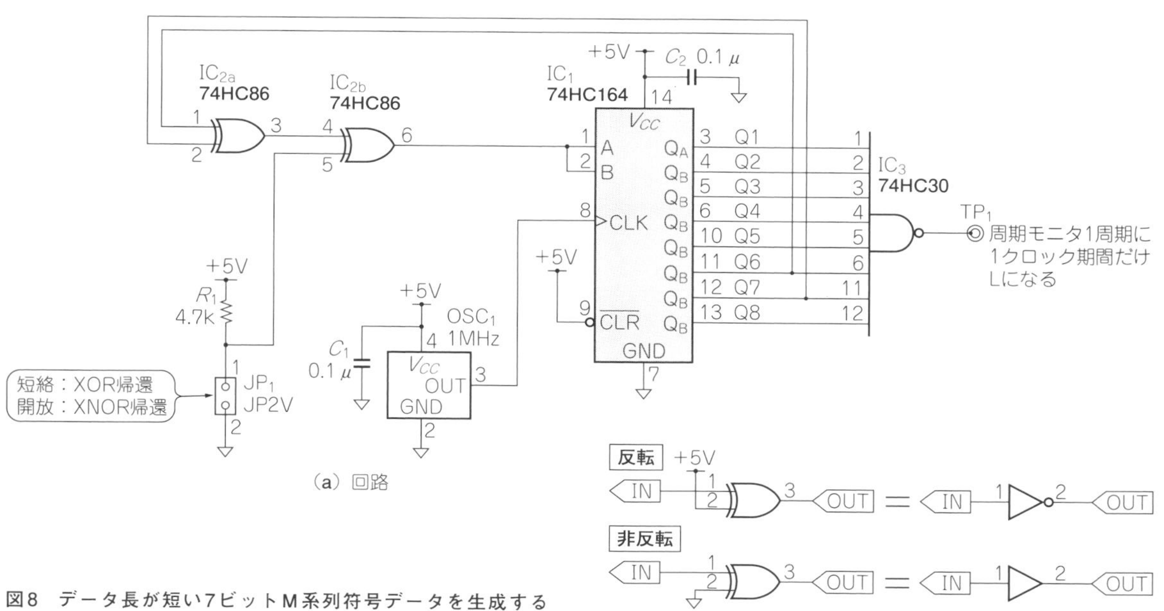

図8 データ長が短い7ビットM系列符号データを生成するLFSR回路

まずは短い7ビット長LFSRでホワイト・ノイズのふるまいを見る

ビット長とホワイト・ノイズのランダム性の関係を調べるために，まず短めのM系列を生成してみました．

74HC164 1個とXORゲートで7ビットのLFSRを作ります(**図8**)．帰還はQ_6とQ_7からかけます．シフトレジスタが1ビット余りますが，8ビットのLFSRだとXORの数が増えるので，ちょっと面倒です．7ビットだとM系列の長さは127(＝2^7-1)クロックになります．

M系列の信号出力はシフトレジスタのどの段からでも取り出せます．後の段ほど遅延が大きくなるだけで，信号はまったく同じです．

図8(**a**)では，XORが2段になっていますが，2段目のXORはバッファまたはインバータとして動作するので，XOR帰還とXNOR帰還を切り替えることができます［**図8**(**b**)］．**図8**(**a**)のJ_1が短絡なら非反転バ

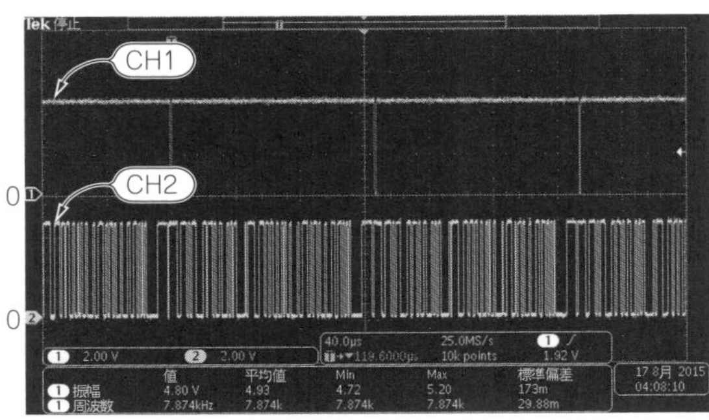

(a) 波形(2 V/div, 40 μs/div)

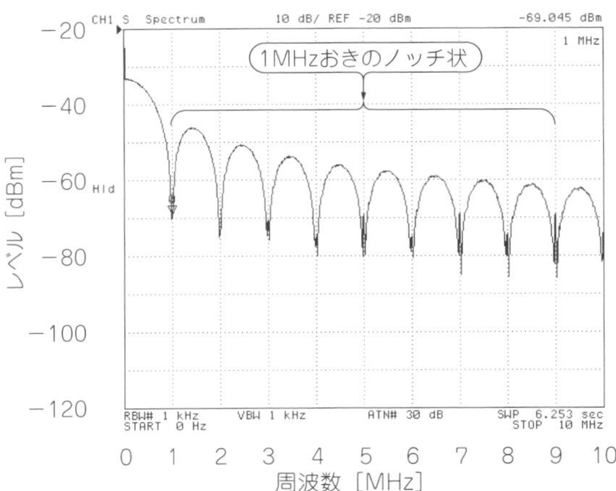

(b) スペクトラム(スパン10 MHz)

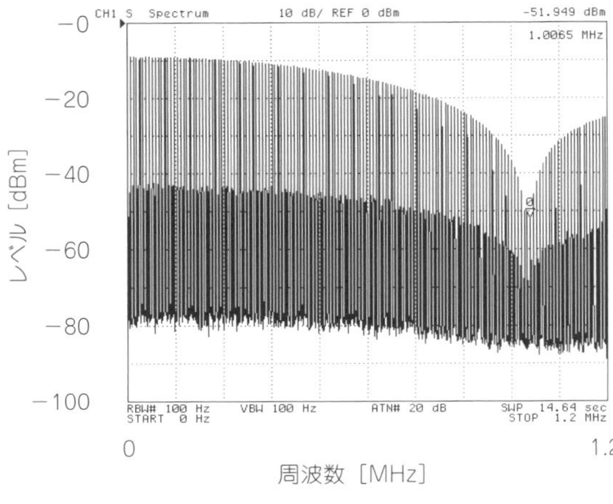

(c) スペクトラム(スパン1.2 MHz)

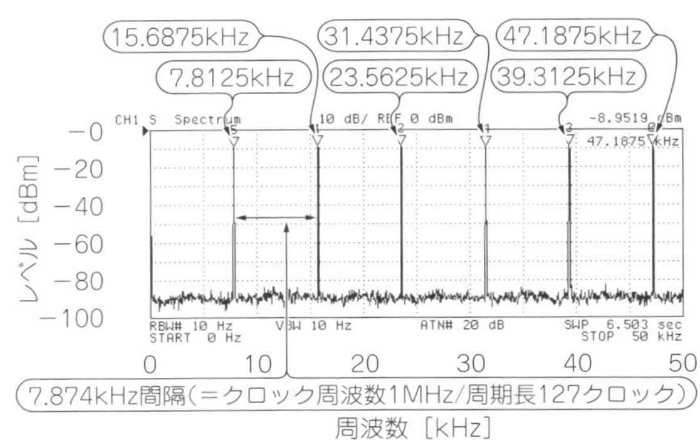

(d) スペクトラム(スパン50 kHz)

図9 ビット長の短いLFSR回路(図8)の出力信号波形とスペクトラム
ビット長の短いLFSR回路では周期性がはっきりと出る. 理想的なホワイト・ノイズは周期性がない

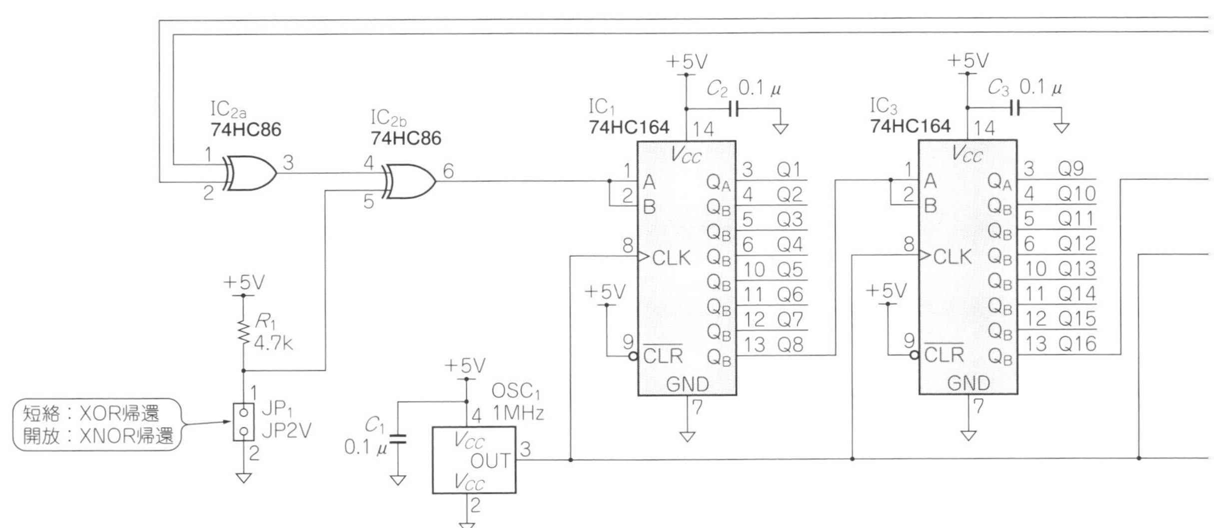

図10 データ長が長い31ビットM系列符号データを生成するLFSR回路

ッファになるのでXOR帰還，オープンならインバータになるのでXNOR帰還になります．

74HC164はレジスタを全部‘0’にするリセット端子は付いていますが，‘1’にするプリセット端子はないので，XOR帰還の場合は全ビットが‘0’になってスタックすると抜ける方法がありません．

データシートには書かれていませんが，SN74HC164は電源投入時にレジスタが‘0’にリセットされるようで，XOR帰還では全ビット‘0’でスタックしますが，XNOR帰還にすると，何もしなくても自走します．一度走り始めれば，途中でJ_1を短絡してXOR帰還に切り替えても止まりません．

● ランダム性が高いとはいえない

▶観測に当たり1周期の区切りを見つけるモニタ回路を追加する

M系列はランダムな信号なので，オシロスコープで観測しても，どこまでが1周期なのか判然としません．これでは不便なので，XOR帰還の場合には1周期に1ステートだけ全ビットが‘1’になるのを74HC30，8入力NANDゲートでデコードしてモニタします．の回路はM系列の生成には関係しません．また，XNOR帰還の場合には全ビット1の状態は取りませんから(スタック・ステートになる)，同期モニタ信号は出力されません．

▶観測する

発生した周期帳127クロックのM系列を，時間領域(オシロスコープ)と周波数領域(スペクトラム・アナライザ)で観測してみました．

オシロスコープで波形を観測すると［**図9**(a)］，ランダムっぽい信号とはいえ，この程度の周期長では，まだ繰り返し信号です．スペクトラム・アナライザで観測したスペクトラムは，周波数スパンを10 MHzと広くすると［**図9**(b)］，クロック周波数(1 MHz)と，その整数倍のところがノッチ状に信号が弱くなっています．

スパン1.2 MHz［**図9**(c)］では，低周波側から1 MHzに向かって，ゆるやかにレベルが下がっています．これは，$\sin x/x$(sinc関数)になっています．さらにスパンを狭くして50 kHzにすると［**図9**(d)］，信号は等間隔に並んだ線状のスペクトルからできていることがわかります．線スペクトルの間隔は7.874 kHz(＝1 MHz/127)になっているので，クロック周波数を周期長で割った間隔になっています．

ホワイト・ノイズに近づける，つまり線スペクトルの間隔を十分に狭くするには，周期長を長くする必要があります．

お手本ホワイト・ノイズ生成回路

● 長い31ビットLFSR回路

より理想的なホワイト・ノイズに近づけるため，M系列の周期を長くして，シフトレジスタを31ビットにしてみました．

回路を**図10**に示します．線スペクトルの間隔は，0.4657 mHz(＝1 MHz/$2^{31}-1$)です．

シフトレジスタは，8ビットの74HC164を4個直列にして32ビット長にします．最後の1段だけは使いません．シフトレジスタを32ビットにすると帰還XORゲートが3個必要です．XORゲートに帰還するシフトレジスタのタップは**表1**からQ_{28}とQ_{31}になります．

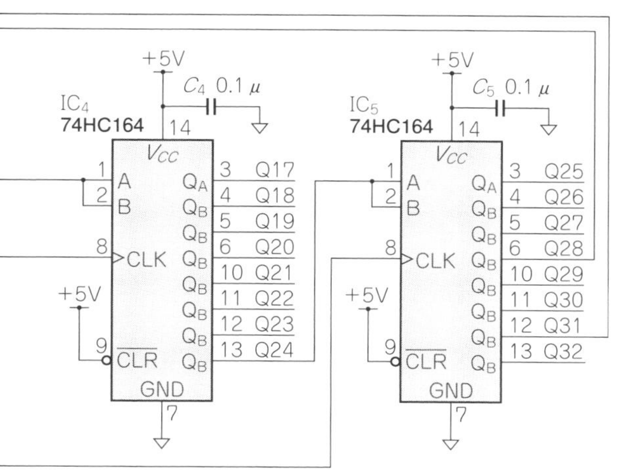

● ランダム性が高い

オシロスコープで観測した波形を**図11**(a)に示します．1周期の長さは2147秒もあります．時間軸を遅くするとオシロスコープで見ても一面ベタでなんだかわかりませんので，一部分を拡大してみました．それでも，なんとなくランダムっぽい波形という以外はよくわかりません．

スペクトラムを観測してみましょう．スパン10 MHzのときが**図11**(b)です．7ビットのときより，少しノイズっぽい感じですが，全体のカーブは似ています．スパン1 MHz［**図11**(c)］も同じような感じです．さらにスパンを200 Hzに狭くしても［**図11**(d)］，7ビットのときのような線スペクトルは観測できません．

計算上の線スペクトルの間隔は0.4657 mHzで，使っているスペクトラム・アナライザの最小分解能(*RBW*)が1 Hzですから，スペクトルを分解しても見ることができません．

(a) 波形(2 V/div, 100 μs/div)

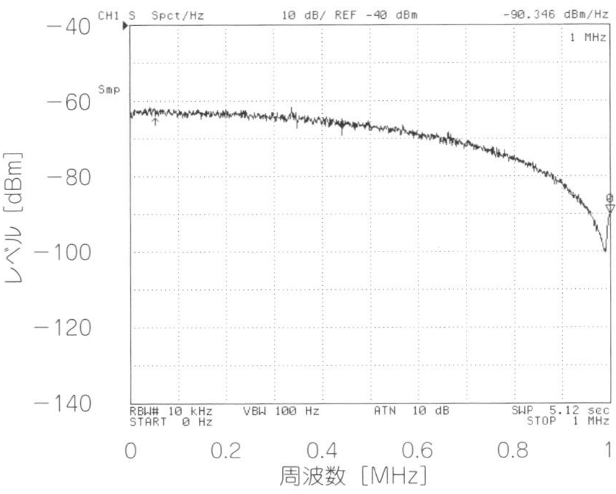

(c) スペクトラム(スパン1 MHz)

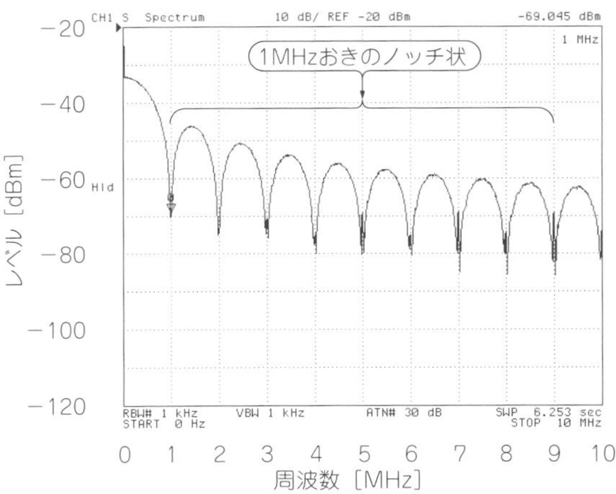

(b) スペクトラム(スパン10 MHz)

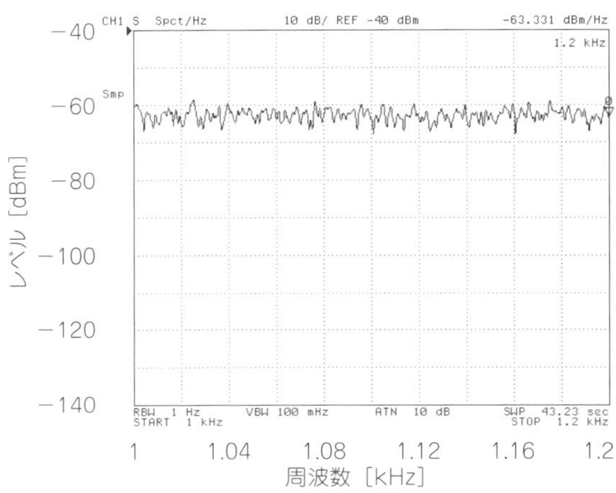

(d) スペクトラム(スパン200 Hz)

図11 お手本ホワイト・ノイズ生成回路(図10)の出力信号波形とスペクトラム

長い31ビット長のLFSRで構成. 1周期の長さは2147秒. 線スペクトルの間隔は0.4657 mHz. スペクトラム・アナライザの最小分解能を1 Hzに設定してもスペクトルを分解して見ることはできない. ランダム性が高い

● ローパス・フィルタに通せばホワイト・ノイズ完成

ディジタル信号のままでは, アナログ雑音源としては使えません. 必ずローパス・フィルタを通します. 理想的なホワイト・ノイズは, その電圧の分布が正規分布になるので, 理論的には無限大の値を取り得ます. ただし, M系列ではディジタルICで信号を生成しているので, ICの電源電圧より大きな信号は原理的に出てきません.

ホワイト・ノイズは帯域幅1 Hz当たりの電力が一定なので, 帯域が広くなるとその平方根に比例して電圧が大きくなりますから, 帯域を広げすぎるとピーク値が電源やグラウンドに達して飽和することがあります.

ここでは, オーディオ帯域をカバーする周波数範囲として, DC～20 kHzのホワイト・ノイズを発生させます. もとの信号の周波数スペクトラムを見ても, 100 kHzくらいまでは十分に平坦です.

図12に示すローパス・フィルタ回路を入れます. 簡単なCR 1段のローパス・フィルタにOPアンプNJM4558のバッファを付けたものです. 元の信号が74HC164の出力で, 0～5 Vの間をランダムに変化するので, 2.5 Vを中心に信号が振れます. 0 Vを中心に振りたい場合は, OPアンプの出力にコンデンサを入れて直流をカットします. この場合, 周波数の下限はコンデンサの容量と負荷抵抗で決まります.

図13に示すのはローパス・フィルタの出力信号です. いい具合にノイズっぽくなっています. アンプにつないで音を聞くと, 受信信号がないFMチューナのノイズによく似ています.

その②…ピンク・ノイズ発生回路

● 作り方の基本

ピンク・ノイズは, ホワイト・ノイズを周波数に対して－3 dB/octで減衰する特性のフィルタに通せば作れますが, －3 dB/octの特性をもつ素子や回路は見当たりません.

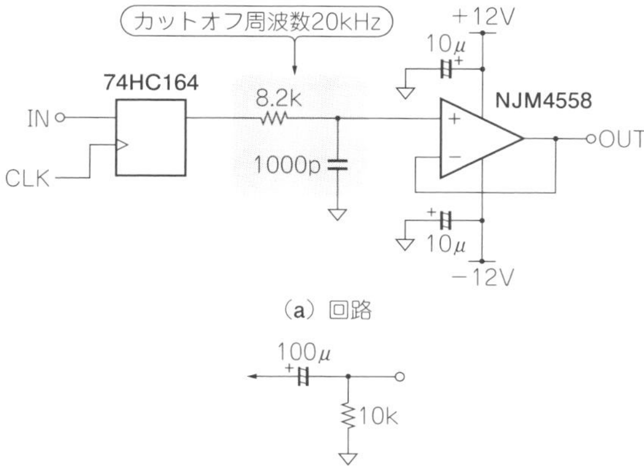

図12 お手本回路(図10)で生成されるM系列データをアナログ・フィルタでスムージングしてホワイト・ノイズ発生回路完成

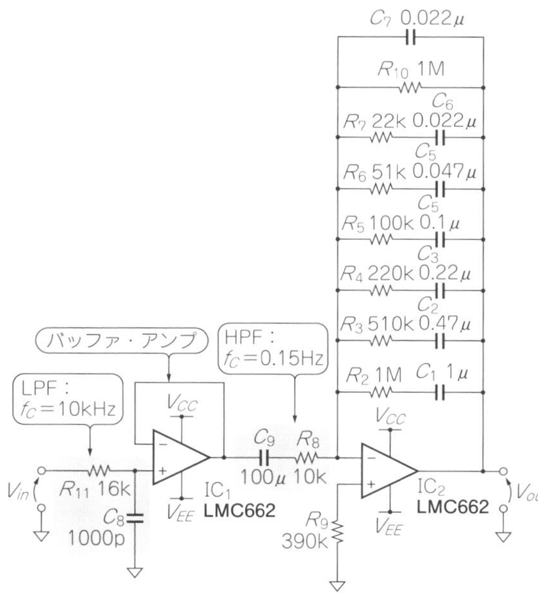

図14 ホワイト・ノイズ生成回路にこの−3 dB/octのLPFを追加するとピンク・ノイズが得られる

−6 dB/octなら積分回路そのものですから簡単なのですが，−3 dB/octの場合は，*CR*回路などで近似する以外に方法がありません．

● 回路

入手しやすい*CR*部品とOPアンプを組み合わせて，ピンク・ノイズ用のフィルタを作ってみました(**図14**)．

フィルタで帯域を絞ると，ノイズのトータル電力が小さくなって，信号振幅が小さくなるため，ピンク・ノイズ用フィルタでゲインが稼げるように，1段バッファを入れて，直流カットを兼ねてインピーダンス変換をしています．

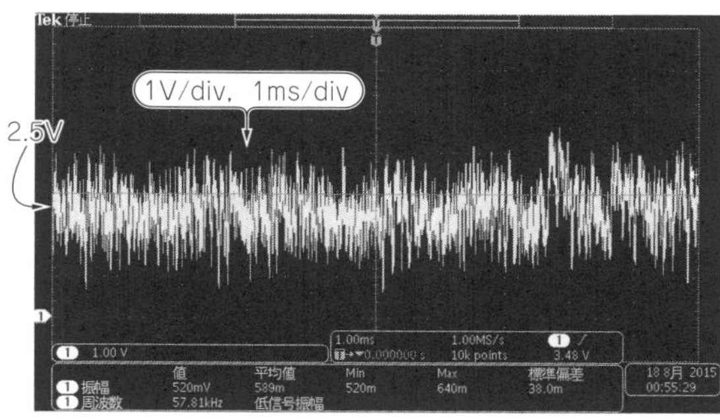

図13 ホワイト・ノイズ用ローパス・フィルタ(図12)の出力信号
ランダムなホワイト・ノイズが得られた．音は受信信号がないFMチューナのノイズに似ている

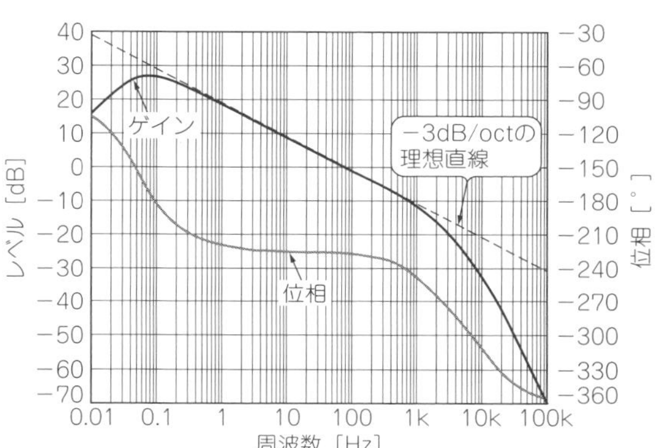

図15 ピンク・ノイズ生成用ローパス・フィルタ(図14)の−3 dB/oct LPFのゲイン-周波数特性

初段の抵抗(16 kΩ)とコンデンサ(1000 pF)は，高周波のノイズを除去するためのものです．OPアンプを使ったフィルタは，OPアンプが動作できないような高周波では十分な減衰量が得られませんから，簡単な*CR*フィルタを前置すると効果があります．

● 特性

図15に**図14**の回路の周波数特性を示します．電子回路シミュレータ LTspiceを使った計算結果です．0.1～1 kHzの4桁の周波数範囲で，参照用信号(V_{ref})とほぼ一致しています．周波数範囲を変えたいときは，コンデンサの値を周波数比の逆数倍します．例えば，周波数を10倍の1 Hz～10 kHzにしたければ，コンデンサの値を全部1/10にします．

◆参考・引用*文献◆

(1) 柏木 潤：M系列とその応用，1996年，昭晃堂．
(2) R. C. Dixon：最新スペクトラム通信方式，1978年，ジャテック出版．
(3)* XAPP 052：Efficient Shift Registers, LFSR counters, and Long Pseudo Random Sequence Generators, 1996年，ザイリンクス．

コラム1　疑似ランダム・データ生成回路のレベルアップ・テクニック

登地 功

● LFSRの周期長は2^n-1より2^nの方がうれしい

本文で紹介しているM系列の周期長は2^n-1で，nビットのレジスタが取り得る全状態は2^nより1だけ少なくなっています．XOR帰還の場合は全ビットが‘0’（XNOR帰還の場合は全ビットが‘1’）の状態に陥ると，スタック（停止）して永久に状態が変化しなくなります．

M系列に現れる‘1’と‘0’の数は，XOR帰還の場合は‘0’が1つ少なく，XNOR帰還の場合は‘1’が1つ少なくなっています．M系列の周期長を2^nにすることができれば，いろいろと便利なことがあります．

M系列を生成するLFSRは，シフトレジスタにXORまたはXNORで帰還をかけただけのとても簡単な回路なので，カウンタとして使えれば便利です．しかし，普通のM系列の周期長2^n-1は，カウンタとしては，ちょっと使いにくい値です．M系列の周期長を2^nにすることができれば，バイナリ・カウンタの代わりに2^n分周のカウンタとして使うことができます．

ランダム信号としてM系列を使う場合，1周期に現れる‘1’と‘0’の数が同じでないと具合が悪い場合があります．特に短い周期長の場合は，‘1’と‘0’の数の違いが目立ちます．また‘1’と‘0’の数が違うと，信号にDCオフセットが乗りますから，回路的にも少し具合が悪いことがあります．

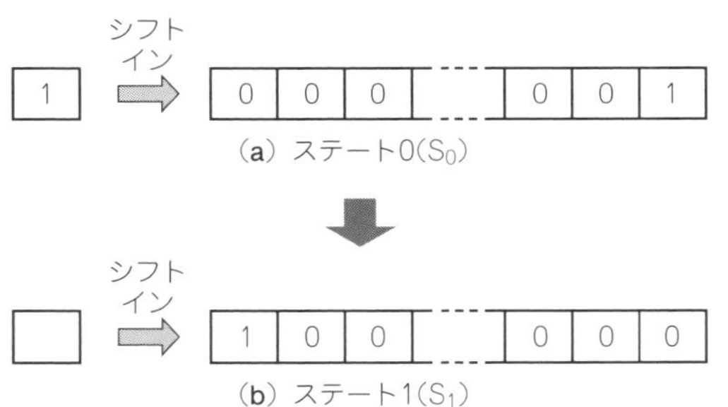

図A　スタック（停止）する問題を抱えている改良前の周期長2^n-1のLFSRの各レジスタの信号

● 周期長を2^nにする

使われていないスタック・ステートを利用すると，周期長は2^nになります．XOR帰還のLFSRでその方法を考えてみましょう．

▶問題点の確認

図Aは，普通のM系列を生成する回路のデータの状態を示しています．

図A(a)のステートS_0のようにシフトレジスタの一番右側が‘1’で，それ以外が全部‘0’のとき，‘0’を左からシフトインすると，全ビットが‘0’になって停止します．‘1’をシフトインしてステートS_1にしなければなりません．

つまり，**図B**のように，S_0とS_1の間に全ビットが‘0’のS_aを押し込めば，このスタック問題を解決

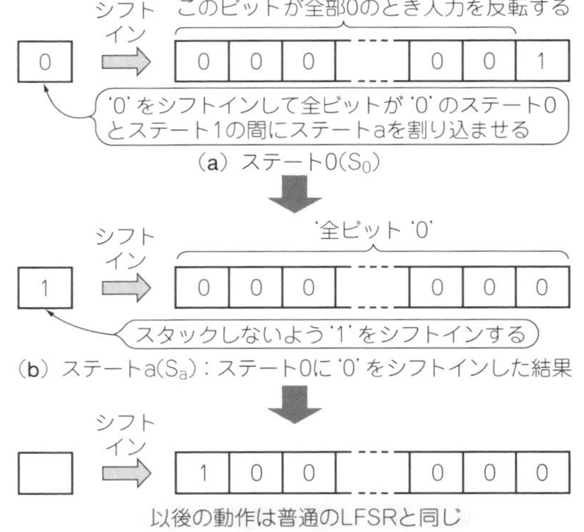

図B　スタック（停止）する問題を解消する改良後の周期長2^nのLFSRの各レジスタの信号

できます．

▶実際の対策

図Bに示すように，S_0［**図B(a)**］の次に全ビットが‘0’のS_a［**図B(b)**］が来るのですから，S_0では‘0’をシフトインします．しかし，このままではスタックしますから，S_aでは‘1’をシフトインしなければなりません．S_1［**図B(c)**］以降は普通のM系列を生成するのと変わりありません．

図B(a)をよく見ると，シフトレジスタの一番右側のビットを除いた全部のビットが‘0’になっているときには，シフトインするデータを普通のM系列を生成するときと反転すればよいことに気づきます．

こうすれば，S_0の次に全ビットが‘0’のステートが挿入され，次のクロックでスタックすることなく無事にS_1に遷移できます．

▶これはゲート数最小，かつ最高速の同期カウンタ

対策を回路にすると**図C**のようになります．

シフトレジスタの一番右側のビットを除いて全ビットが‘0’になったのを検出する負論理入力のANDゲートを追加して，このゲートの出力が‘1’になったときだけシフトレジスタにシフトインする帰還信号をXORゲートで反転します．XORゲートは片方の入力を制御することで，もう片方の入力と出力の関係を反転/非反転に切り替える機能があります．

この回路は，一般的なバイナリ同期カウンタより，ゲート数もゲート段数もきわめて少ないです．バイナリ・カウンタは，カウンタのビット数が増えると，下位桁からの桁上げ信号(キャリ・チェイン)のゲート段数が増えて，これがボトルネックになってカウント速度が落ちます．FPGAなどでは，専用のキャリ・チェインを用意して速度を上げています．

図Cの回路なら，ビット数が増えてもANDゲートの入力数が増えるだけですから，ゲート数もゲート段数も大したことにはなりません．おそらく，同期カウンタとしてはゲート数最小，かつ最高速で動作するのではないかと思います．ついでに，2入力ANDゲートを1個追加すれば，全ビットが‘0’の状態をデコードできますから，1周期に1回出力する信号を得ることができます．

＊

この回路は数年前に15分ほど考えて思いつきました．簡単な回路ですから誰か同じようなことを考えた人はいないのかなと調べてみたら，ザイリンクス社のアプリケーション・ノートに載っていました．

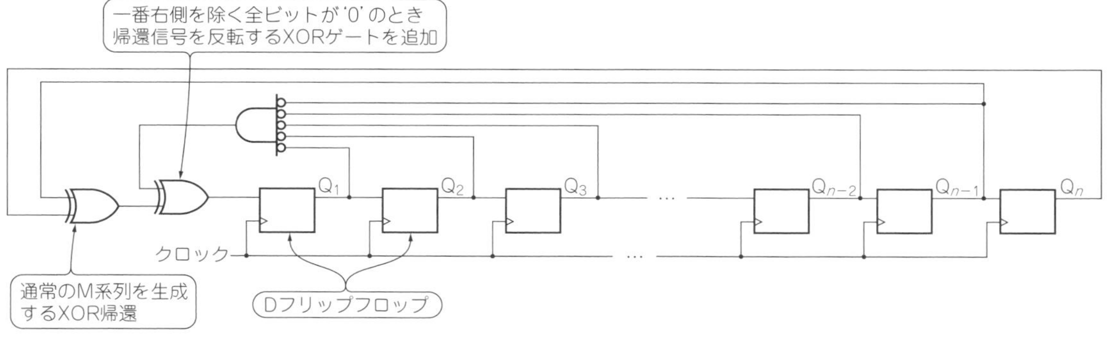

図C　ビット長を2^n-1から2^nに増やしてスタック(停止)問題を回避した改良版LFSR

Appendix 5

使えると便利なIC回路の世界①

μVディジタル電圧計回路

加藤 高広

ディジタル電圧計ICについて

写真1は，40ピンDIPのワンチップ・ディジタル電圧計用IC ICL7136CPL(ルネサス エレクトロニクス，旧インターシル)です．この中に基準電圧源や自動極性判定回路，2重積分型A-D変換回路やLCDドライブ回路などのディジタル電圧計に必要なすべての機能が内蔵されています．わずかな部品を外付けするだけで高精度なディジタル電圧計が作れる便利なICです．

表示分解能は1/2000で，フルスケール値は200 mVまたは2Vです．200 mVで使う場合は，100 μV分解能，2Vなら1mV分解能です．1/2000というのは中途半端な印象をもつかもしれません．1/2000の分解能にしておけば1000を超えた数値も読み取ることができますが，もし1/1000だと1000をわずかでも超えた値は表示オーバーになって測定できません．このような形式を3・1/2桁(3.5桁)表示と言います．

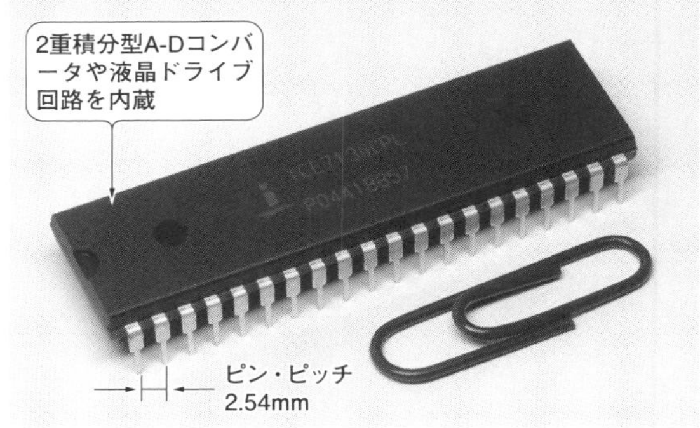

写真1　ディジタル電圧計を簡単に手作りできるDIPタイプのワンチップIC ICL7136CPL(2重積分型A-Dコンバータ内蔵，旧インターシル)

このくらいの測定器だったらメーカ製を買うまでもない．DIPタイプなのでユニバーサル基板を使って試作するのも楽ちんで，装置に電圧表示機能を組み込むこともできる

お手本ディジタル電圧計回路

● 必要なもの

ディジタル電圧計ではアナログな電圧の大きさをA-D変換回路でディジタル量に変換します．

ディジタル的な数値になった電圧値を表示器に表示します．

ディジタル電圧計を作るために必要なのは，基準電圧源，A-D変換回路，表示ドライブ回路です．入力部(IN HI)に減衰器(アッテネータ)を置いてA-D変換回路が扱い易い電圧にするとともに，アッテネータを切り換えて測定範囲を拡大します．

● 仕様

図1はICL7136CPLで作った電圧計の回路です．**写真2**にブレッドボードで試作した外観を示します．測定レンジは次の(1)～(5)のとおりです．

(1)　±0～200 mV　：分解能100 μV
(2)　±0～2V　：分解能1mV
(3)　±0～20 V　：分解能10 mV
(4)　±0～200 V　：分解能100 mV
(5)　±0～2000 V　：分解能1V

2000 Vレンジは，レンジ切り換えに使用するスイッチの耐圧で上下限の電圧が決まります．一般的な市販品のスイッチでは±500 V以内が安全な範囲です．

(1)の±200 mVレンジでは入ってきた電圧をそのまま測定します．(2)の±2Vレンジでは入ってきた電圧を1/10にすることでA-D変換回路で扱える大きさにします．以降，1/100，1/1000，1/10000にして広い範囲の電圧に対応します．

製作するディジタル電圧計では，2重積分型A-D変換回路を使います．

2重積分型A-D変換回路は，変換速度はやや遅いのですが，直線性が良く変換精度が良いのが特徴です．OPアンプやコンパレータ，アナログ・スイッチなどの汎用ICを使って構成することも可能ですが，回路の規模が大きくなるので，特別な性能を目指す場合を除いてワンチップ化されたICを使います．

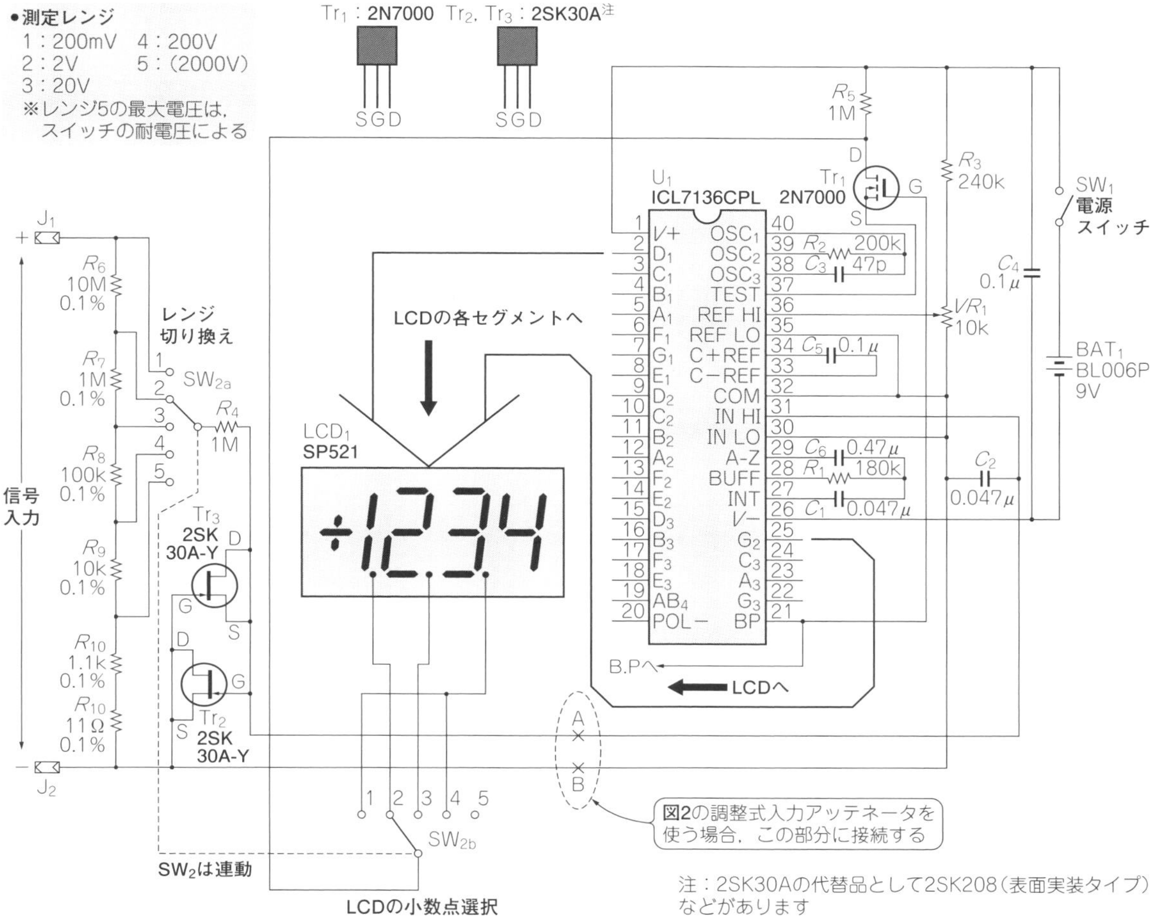

●測定レンジ
1：200mV　4：200V
2：2V　　5：(2000V)
3：20V
※レンジ5の最大電圧は，スイッチの耐電圧による

Tr_1：2N7000　Tr_2，Tr_3：2SK30A注

注：2SK30Aの代替品として2SK208(表面実装タイプ)などがあります

図1　ワンチップ電圧計用ICを使ったディジタル電圧計回路

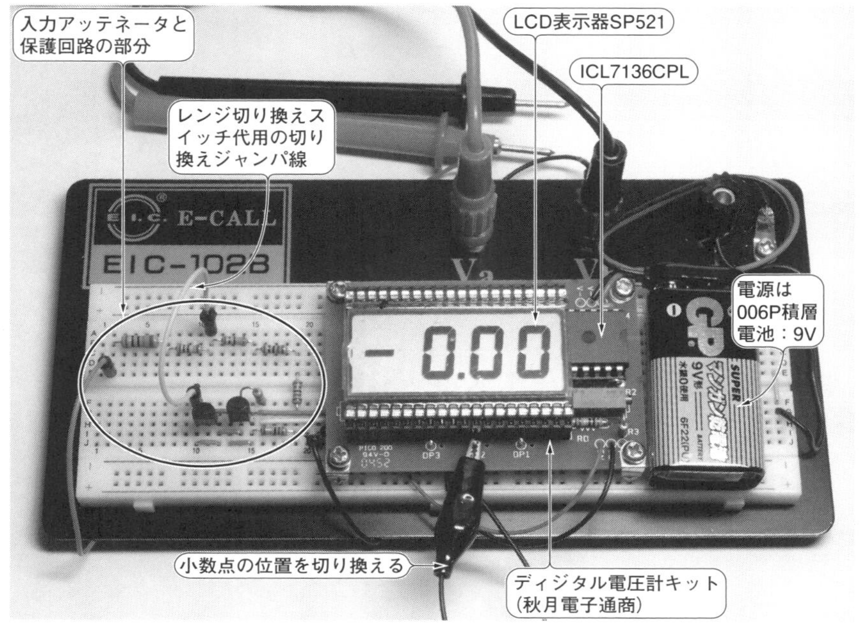

写真2　実際のディジタル電圧計回路(図1)

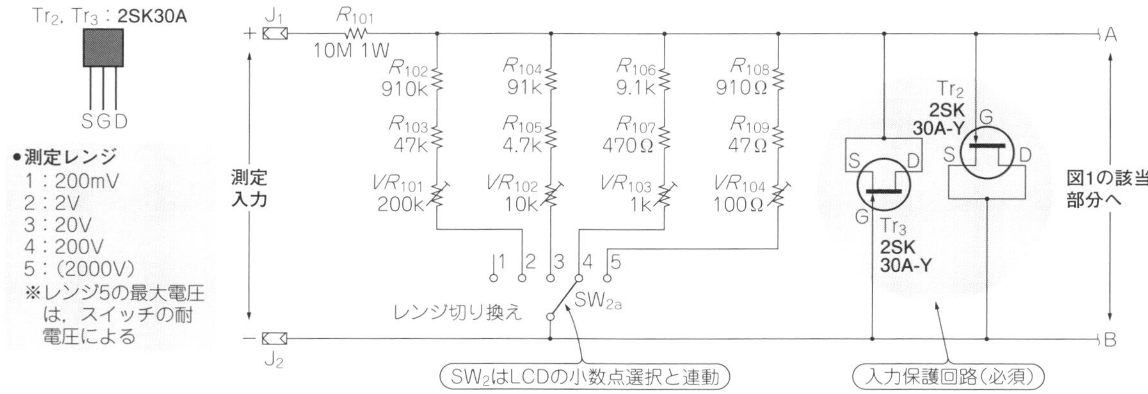

図2　1％精度の抵抗器で構成できる調整式の入力アッテネータ回路
2SK30Aの代替品として2SK208(表面実装タイプ)などを使うこともできる

● ここで使用した部品

ICL7136CPLと液晶表示器(SP521)を個別に購入して製作することもできます．ただしA-D変換ICと液晶表示器の間の配線本数が多くミスしやすいので，もし入手できるならキットが便利です．ここでは基本的な200 mVの電圧計が作れるプリント基板付きの「ディジタル電圧計キット」(秋月電子通商)を利用しました．

キットは±200 mVまでの単レンジなので，測定範囲を広げるための減衰器(アッテネータ)を入力部に設けます．アッテネータにより，ICC7136CPLに入力する電圧を200 mV以下に減衰することで(1)～(5)の5つの測定レンジを実現しています．

● 基準電圧の調整

第1のポイントは基準電圧の調整です．

ディジタル式テスタを使って調整します．けた数が多くて校正から時間が経過していない，なるべく新しいものを使います．高い電圧のレンジでは感電に注意して調整してください．

IC_1(ICL7136CPL)の35番ピンと36番ピンの間の電圧が200 mVちょうどになるようにVR_1を調整します．または，レンジを(1)の200 mVにした状態で，150 m～190 mV程度の電圧を与え，既存のディジタル・マルチメータと並列にして電圧を測定しながらVR_1で同じ値になるように合わせます．

● 入力アッテネータに使う抵抗器は精度にこだわる

入力アッテネータの抵抗器(R_6～R_{11})の精度で各レンジの精度が決まります．回路図にあるように0.1％精度の抵抗器が入手できれば無調整で良い性能が得られますが入手は難しいでしょう．

その場合は，入力のアッテネータ部分を変更します．

全体の回路図，**図1**でA，Bとある部分で切り離し，アッテネータを**図2**の回路に変更します．**図2**の回路なら各レンジが調整可能なので，高精度な抵抗器は必

写真3　液晶(LCD)表示器と小数点切り換え

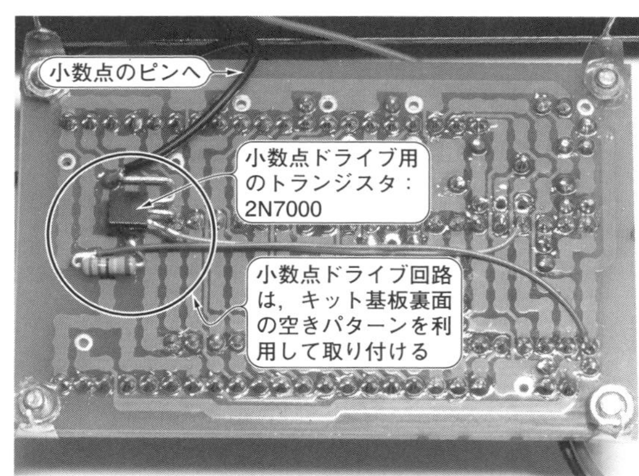

写真4　LCD小数点のドライブ回路実装状態
「デジタル電圧計キット」の説明どおりに小数点を点灯させると焼き付きが起こって小数点を消せなくなることがある．焼き付きの起こらない小数点ドライブ回路を基板裏面の使っていない基板パターン部分を利用して実装する

表1　ICL7136CPLと液晶表示器SP521の接続

LCDのピン番号	LCDのセグメント名称	ICL7136のピン番号	LCDのピン番号	LCDのセグメント名称	ICL7136のピン番号
1	B.P(バックプレーン)	21	40	B.P(バックプレーン)	21
2	マイナス・マーク	(NC)	39	プラス・マーク	(NC)
3	1bc	20	38	LOBAT文字	(NC)
4	(NC)	19	37	(NC)	(NC)
5	(NC)	(NC)	36	(NC)	(NC)
6	(NC)	(NC)	35	(NC)	(NC)
7	(NC)	(NC)	34	(NC)	(NC)
8	DP3	(NC)	33	(NC)	(NC)
9	2e	18	32	2g	22
10	2d	15	31	2f	17
11	2c	24	30	2a	23
12	DP2	(NC)	29	2b	16
13	3e	14	28	コロン	(NC)
14	3d	9	27	3g	25
15	3c	10	26	3f	13
16	DP	(NC)	25	3a	12
17	4e	8	24	3b	11
18	4d	2	23	4g	7
19	4c	3	22	4f	6
20	4b	4	21	4a	5

(NC)は無接続

要ありません．R_{101}～R_{109}は一般的に手に入りやすい1％精度(記号F)の抵抗器を使えます．金属皮膜型抵抗器がおすすめです．各レンジごとに調整が必要ですが，他のディジタル式テスタと並列にして同じ値になるように各レンジの可変抵抗器(VR_{101}～VR_{104})を調整すれば十分実用的な電圧計が作れます．

● 液晶表示器

液晶表示器は，数字のほかに小数点が表示できます．入力レンジを切り換えるスイッチと連動させて小数点の位置を切り換えてください(**写真3**)．液晶表示器のドライブは交流信号で行う必要があるので，小数点の点灯も交流で行なわねばなりません．交流信号でドライブする回路にしないとやがて液晶が劣化して小数点が消えなくなるトラブル(焼き付き)が発生します．その対策の回路が，**図1**のTr_1(2N7000)の部分です．「ディジタル電圧計キット」を購入しただけでは含まれない部品なので，キットを使って製作する場合でも別途部品を購入する必要があります．

写真4がTr_1(2N7000)の取り付け状態です．

基板の空きパターンを利用して実装します．なお，ICL7136CPLと液晶表示器SP521を個別に購入して組み立てるときのために液晶表示器とIC_1(ICL7136CPL)のピン接続一覧を**表1**と**図3**に示します．キットで組み立てる場合には，表の参照は必要ありません．

表示器とアッテネータ部分を含めて小型のケースに組み込んでおくと手軽なディジタル電圧計として便利です．消費電流が小さく電池が長持ちするのも特徴です．

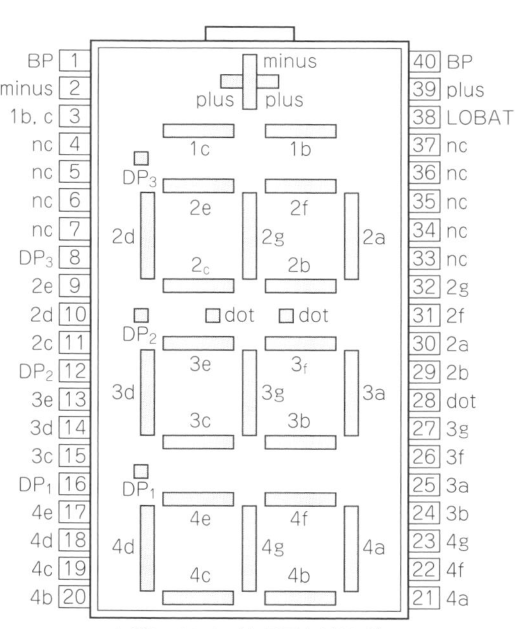

図3　液晶表示器SP521の表示面

◆参考文献◆

(1) ICL7136 Data Sheet, FN3086.6, July 21, 2005, インターシル.
(2) デジタル電圧計・デジタル温度計キット総合マニュアル，秋月電子通商.

Appendix 6

使えると便利なIC回路の世界②

正弦波/三角波/方形波ファンクション・ジェネレータ回路

加藤 高広

任意波形発生ICについて

ファンクション・ジェネレータは可変電流源，電圧コンパレータ，フリップフロップ，電流スイッチ，積分器，サイン・コンバータ(正弦波変換器)などのさまざまな回路から成り立っています．

これらの機能が集積された専用のICの例を**写真1**に示します．このXR2206CP(EXAR社)は，振幅変調回路も内蔵しているので外部の信号によって変調を掛けることもできます．執筆時点で在庫限りの扱いですが，中国の通販(AliExpress)で同等品を入手できるほか，同等機能をもつICL8038(旧インターシル，現ルネサス)などを使うこともできます．

正弦波は，三角波をサイン・コンバータで波形変形して得ている関係で，ひずみ率があまり良くありません．それでも1％以下のひずみが実現できるので一般的な用途には十分です．発振可能な周波数範囲の上限は標準1 MHzですが，実際には100 kHzあたりまでで使うのがよいようでした．下限は，良質の大容量コンデンサを使えば0.01 Hz(正弦波の1周期が100秒)というような超低周波でも使えます．

このICには，外部電圧によって周波数を可変するVCO(Voltage Controlled Oscillator)機能もあります．

お手本ファンクション・ジェネレータ回路

● 約200～4.5 kHz正弦波/三角波/方形波を出力する

正弦波のほかに，三角波，方形波が発生できるファンクション・ジェネレータを作りました．

正弦波は，オーディオ回路のテストに使えるほか，三角波で回路の直線性を見るという使い方もできます．矩形波は，ディジタル回路のテスト用信号源に使えるので，テストベンチに1つあると便利です．

● 回路構成

図1に回路を示します．**表1**にXR2206のピン配置を示します．メーカ製のファンクション・ジェネレータのように，数十Vの大きな電圧波形や数mVといった小さな電圧波形を得るためには，アンプやアッテネータ(減衰器)を設けます．

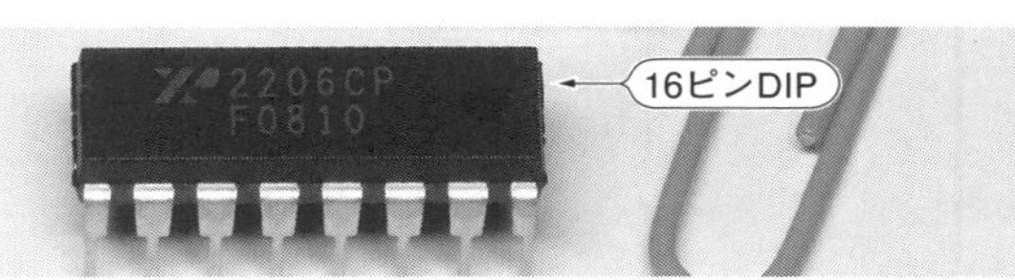

写真1　ワンチップで任意波形を発生できるファンクション・ジェネレータ用IC
XR2206CP(EXAR社)の例．他にも同等機能をもつICとしてICL8038C(ルネサス)などがある

● 発振周波数を求める

発振周波数fは，$VR_1 + R_1$の値をRとし，コンデンサC_1の値をCとした場合次式で求まります．

$$f = 1/RC \text{ [Hz]} \cdots\cdots (1)$$

図1の$R_1 + VR_1$ではRは4.7 k～104.7 kΩの範囲を可変します．コンデンサの値は0.047 μFなので，計算上の発振周波数は203～4527 Hzです．実測では206～4513 Hzを発振しました．下限周波数が少し高いほうにずれているのはコンデンサC_1の値にややマイナスの誤差があったためのようです．精度の良いCRを使えば周波数精度も良くなります．Rの範囲は4 k～200 kΩが推奨範囲です．Rは最大2 MΩまで可能ですが，200 kΩ以上では温度による周波数変動が大きくなります．

● コンデンサを選ぶ

コンデンサは1000 p～100 μFが推奨範囲で無極性タイプを使います．電解コンデンサ(無極性型)のように温度特性の悪いものを使うと周波数変動が大きくなります．なるべくフィルム型など温度による容量変化が少ないものを使います．

11番ピンには正電圧と負電圧に振れる矩形波が出てきます．これをTr_1(2N7000，オン・セミコンダクター)を使って0 Vから正方向の矩形波に整形してい

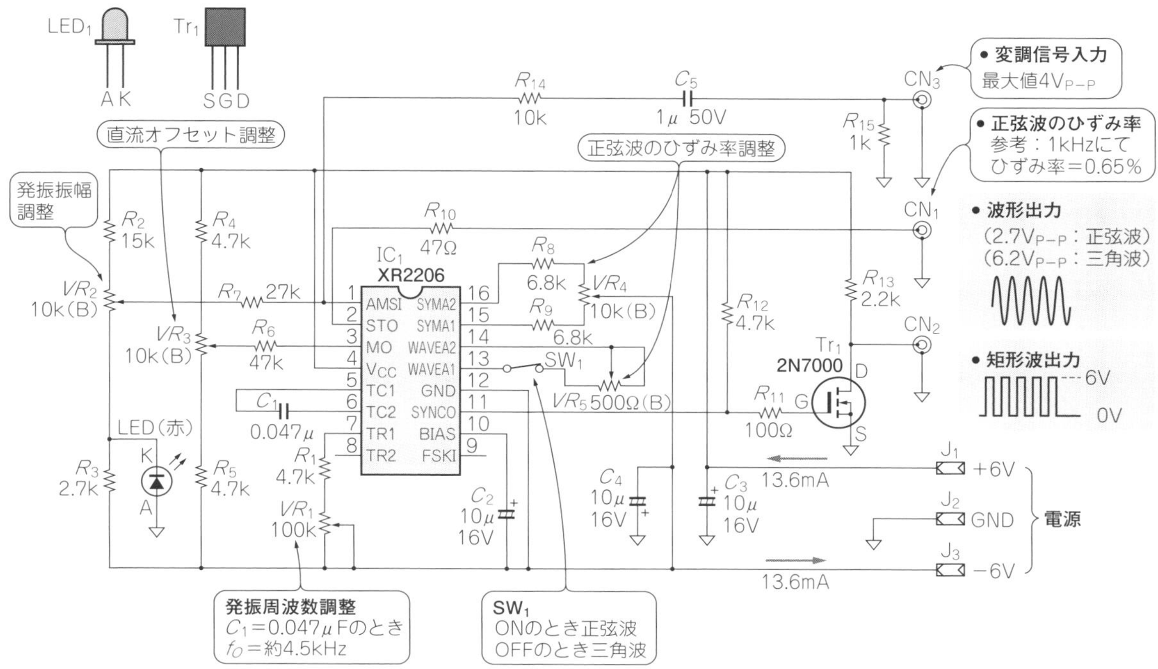

図1　ワンチップICを使ったファンクション・ジェネレータ回路

表1　ファンクション・ジェネレータIC XR2206のピン配置

番号	端子名	機　能
1	AMSI	AM変調入力
2	STO	正弦波または三角波の出力
3	MO	変調出力
4	V_{CC}	電源
5	TC1	発振器のコンデンサ接続端子1
6	TC2	発振器のコンデンサ接続端子2
7	TR1	発振器の抵抗接続端子1
8	TR2	発振器の抵抗接続端子2
9	FSKI	FSK変調入力
10	BIAS	内部基準電圧
11	SYNCO	同期信号出力(オープン・コレクタ)
12	GND	グラウンド
13	WAVEA1	波形形状調整端子1
14	WAVEA2	波形形状調整端子2
15	SYMA1	波形対称性調整1
16	SYMA2	波形対称性端子2

ます．VR_3は直流オフセット電圧の加減用で通常は中央の位置に置き，正弦波と三角波が0Vを中心に正負に振れるようにして使います．

必要に応じて正あるいは負の直流オフセット電圧を重畳させられます．VR_2は出力振幅の調整用です．振幅がゼロの状態に調整し，変調入力端子CN_3から変調信号を与えると搬送波を抑圧した両側帯波(DSB：Double Side Band)を得ることができます．

振幅変調波形(AM波)を得るときには変調度の調整ツマミを使います．

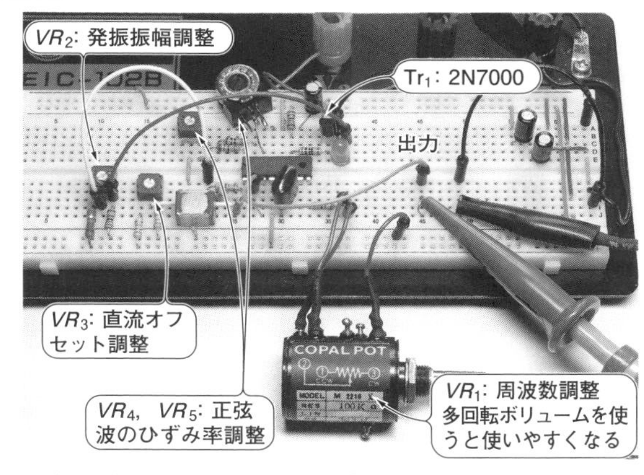

写真2　実際のファンクション・ジェネレータ回路(図1)

写真2にブレッドボードに試作しているようすを示します．VR_1に多回転型の可変抵抗器を使うと周波数が調整しやすくなります．電源は±6Vが必要です．

VR_4とVR_5は正弦波のひずみ調整用です．VR_4で正のサイクルと負のサイクルの比率を調整し，VR_5でサイン・コンバータ(正弦波変換器)の効き具合を加減します．あまり効かせすぎると正弦波の頂部が平たんになってひずみ率が悪化します．

コンデンサC_1を数種類(4.7 μF，0.47 μF，0.047 μF，4700 pF)切り換えられるようにすると約2Hzから45kHzをカバーする発振器になります．

◆参考文献◆

(1) XR-2206 Monolithic Function Generator, Rev1.0.4, February 2008, EXAR.

〈**著者一覧**〉 五十音順

青木 英彦
小川 敦
加藤 大
加藤 高広
瀬川 毅
登地 功
藤崎 朝也
細田 隆之
宮崎 仁
脇澤 和夫

達人への道 電子回路のツボ

編　集　トランジスタ技術SPECIAL編集部
発行人　小澤 拓治
発行所　CQ出版株式会社
〒112-8619　東京都文京区千石4-29-14
電　話　編集 03-5395-2148
広告 03-5395-2131
販売 03-5395-2141

2021年4月1日発行

定価は裏表紙に表示してあります
乱丁，落丁本はお取り替えします
編集担当者　上村 剛士
DTP・印刷・製本　三晃印刷株式会社
Printed in Japan